GHQの占領政策と
経済復興

再興する日本綿紡績業

大畑貴裕

［著］

京都大学学術出版会

プリミエ・コレクションの創刊にあたって

「プリミエ」とは，初演を意味するフランス語の「première」に由来した「初めて主役を演じる」を意味する英語です。本コレクションのタイトルには，初々しい若い知性のデビュー作という意味が込められています。

いわゆる大学院重点化によって博士学位取得者を増強する計画が始まってから十数年になります。学界，産業界，政界，官界さらには国際機関等に博士学位取得者が歓迎される時代がやがて到来するという当初の見通しは，国内外の諸状況もあって未だ実現せず，そのため，長期の研鑽を積みながら厳しい日々を送っている若手研究者も少なくありません。

しかしながら，多くの優秀な人材を学界に迎えたことで学術研究は新しい活況を呈し，領域によっては，既存の研究には見られなかった溌剌とした視点や方法が，若い人々によってもたらされています。そうした優れた業績を広く公開することは，学界のみならず，歴史の転換点にある21世紀の社会全体にとっても，未来を拓く大きな資産になることは間違いありません。

このたび，京都大学では，常にフロンティアに挑戦することで我が国の教育・研究において誉れある幾多の成果をもたらしてきた百有余年の歴史の上に，若手研究者の優れた業績を世に出すための支援制度を設けることに致しました。本コレクションの各巻は，いずれもこの制度のもとに刊行されるモノグラフです。ここでデビューした研究者は，我が国のみならず，国際的な学界において，将来につながる学術研究のリーダーとして活躍が期待される人たちです。関係者，読者の方々ともども，このコレクションが健やかに成長していくことを見守っていきたいと祈念します。

第25代　京都大学総長　松本　紘

まえがき

　本書は，GHQ の占領政策が，占領復興期（1945 年〜1955 年頃）の日本の経済復興に果した役割を，当時の基幹産業の 1 つであった日本綿紡績業に検討対象を限定した上で解明することを企図している。

　では，経済復興の要因を探るのに，なぜ本書は GHQ に着目するのか。この問いの答えとして，一旦，日本綿紡績業を離れて大局的に述べるとすれば，次の 3 点を挙げることができる。

　第 1 に，占領復興期の中でも特に占領が続いた 1945 年 9 月から 1952 年 4 月までの時期（占領期）の日本経済が持つ，構造的な特徴を理解するのに，GHQ という圧倒的な権限を有した政策主体の存在は無視できないからである。占領期は戦時期に引き続き強力な経済統制が行われていたから，日本政府を超越した政策主体の GHQ が下した政策判断は，日本経済の帰趨に大きな影響を与えざるをえなかったと考えられる。

　実際に，こうした観点に立って，多くの研究が蓄積されてきた。GHQ は米国政府の対日占領政策を基本方針としていたものの，具体的な占領政策を自ら立案し，多方面にわたって占領政策を実施したことが，今日までに行われた膨大な諸研究によって知られている。例えば，GHQ が経済面で実施した占領政策に関する先行研究は，3 大経済改革（財閥解体，農地改革，労働改革）に関係した研究，また金融・通貨・財政に関する研究など

多数に及んでいる[1]。

ところが，こうしたGHQの経済面における一群の占領政策が，総体として，どのような歴史的意義を有したのかに関しては，未だ定見がない。幅広い先行研究の蓄積は，例えば「連続説」か「断絶説」かを明快に結論付けるような，単純な見方をとることを不可能にしたが，それでも，GHQの経済面における占領政策に関して，個別研究を一層積み重ねていくことで，そのような歴史的意義に関して，不断に問い直しを重ねる必要があるだろう[2]。

第2に，占領復興期に米国政府が戦災を受け植民地を失った日本へ供与した経済援助（純粋な軍事援助以外の有償・無償双方の援助）が，日本の経済復興に寄与したとすれば[3]，どのようなメカニズムを経て効果を発揮したのかを考えなければならないが，GHQがそこで果した役割は無視できないものであったと推定できるからである[4]。

経済援助をただ供与すれば，与えられた地域・国がそれを有効利用して経済発展・復興に役立てるとは限らない。一例を挙げれば，援助機関によって戦後約60年間に2.3兆ドルの援助が行われたとされるが，内戦や飢餓に苦しむ地域・国や旧ソ連圏に供与された経済援助は，経済発展・復興に有効利用されたとは評価できないだろう[5]。

占領復興期の日本の場合，米国政府の経済援助が効果を発揮したとしたら，それはなぜだろうか。経済援助の現場に存在して，日米双方を真摯に仲介する存在が必要であったのではないだろうか。もしそうだとしたら，GHQの歴史的役割の一端は，そこに求められるのではないだろうか。

第3に，第1の点と関連するが，経済復興を担った産業・企業の動態を評価する際には，日本政府が実施した経済統制・政策だけではなく，日本政府の上位に位置したGHQが産業・企業に与えた影響も分析しなければ，産業・企業の動態のどこまでが，自主的な判断に基づいたものなのかが，曖昧になってしまうからである。

さらには，そのような分析は，GHQが主導権を発揮した1950年頃までの時期はもちろんのこと，経済統制が解除され始めてGHQの存在感が徐々に薄れていく1950年頃から後の時期（GHQは1952年4月に解散）に

おける，産業・企業の動態を評価する際にも，必要であろう。なぜならば，ある時期の歴史像を構築する際には，現時点の構築者における価値基準から出発してその時期の歴史像を構築する認識作業が必要であるが[6]，同時に，実際の作業としては，前の時期の歴史事象から因果連関を辿ってその時期の歴史像を描写しなければならないからである。したがって，1950年代前半期の産業・企業の動態の理解のためには，1940年代後半期のそれらの特徴も把握する必要がある。

また上記に関連して，占領復興期の日本経済を，特定の時期の特徴を重視する観点から眺めて，「過渡期」と評価する先行研究も存在する[7]。過渡期と結論付ける研究は，その拠って立つ観点においては正しいであろうが，他面では占領復興期固有の時代像を構築する観点から眺めれば，時代特徴の描写の点で予定調和的な研究に見えてしまう。しかし，当然ながら，そのような前後の特定の時期の特徴に重点を置く観点から解明される，因果関係に関する研究は，占領復興期の特徴を明らかにする点で，非常に重要である。結局のところ，特定の時期の特徴に重点を置く研究と，時代像の構築に重点を置く研究がともに進展しなければ，占領復興期の特徴の把握は達成されない[8]。GHQ に着眼する研究は，占領復興期の実態を一層解明することにつながるから，双方の観点からの研究にとって有益であろう。

本書では，GHQ の占領政策に関する分析の前提として，個別の歴史事象の事実確定を念入りに行うように努めた。それは，占領復興期の日本綿紡績業を叙述した日本側の文献資料には，GHQ の占領政策や内部の政策実施過程についての記述の中で，日付から指令内容に至るまで曖昧な点が多く，また誤りも散見されるからである。これは，日本綿紡績業に限らず，当該時期に関する日本側の幅広い文献資料に見られる特色であろう。個々の事実をまず確定しないことには確実な分析も行えないので，GHQ が残した文書群等をできる限り調査して，考証に努めた。

なお本書は，京都大学大学院経済学研究科へ筆者が提出した博士論文に，改訂・増補を施したものである。第 1 章と第 2 章は，拙稿「日本綿紡績

業に対するGHQの生産設備管理政策の形成——政策形成過程を中心に」（『歴史と経済』第189号，政治経済学・経済史学会，2005年10月）が原型であるが，博士論文および本書のために改訂・増補を加えた。

　また本書は，京都大学の「平成23年度総長裁量経費若手研究者に係る出版助成事業」の出版助成を得た。謝辞は，本書のあとがきでまとめて記すが，まずは出版助成に関わった全ての方々へ，深い感謝の念を持っていることを表する。

目 次

まえがき　iii
凡例　xii
略字表　xiii

序論　1

第 1 節　研究方針―何を目的にしてどのように分析するか―　1
第 2 節　復興概念―「復興」をどのように捉えるか―　3
第 3 節　分析視角―産業支援的な占領政策への着目―　6
第 4 節　先行研究の検討　10
第 5 節　GHQ の基本方針と GHQ 官僚の 3 類型　13
第 6 節　重点的な研究対象と本書の構成　23

第 1 章　日本綿紡績業に関する政策形成システム　29

はじめに　29
第 1 節　ESS 繊維課の設立　31
第 2 節　ESS 繊維課の任務規程と組織・人事の変遷　35
　1. 1946 年 6 月 19 日付の任務規程　36
　2. 1948 年 4 月 16 日付の任務規程　39
　3. 1948 年 8 月 11 日付の任務規程　42
　4. 1949 年 8 月 22 日付の任務規程　44
　5. ESS 繊維課解散後の繊維産業の主官部署　45
第 3 節　綿紡績業に関する政策形成システムの実態　47
　1. ESS 内部の政策形成に関する規程　47

2. 書面による接触と ESS 繊維課への統計情報の定期的な提出　48
   3. ESS 繊維課と日本側の対面での接触　54

 おわりに　61

第 2 章　日本綿紡績業に対する GHQ の生産設備管理政策の形成と廃止　63

 はじめに　63

 第 1 節　生産設備管理政策の形成　65
   1. 10 大紡の設備復元計画と「繊維産業再建 3 ヶ年計画」の提出　65
   2. 400 万錘枠の形成過程　68
      （1）1946 年 10 月の会合と報告書の作成　68
      （2）ESS 内および日本側との調整と SCAPIN-1512 の策定　71
   3. 10 大紡の現有設備に関する指令の策定　77
      （1）復元融資の許可　77
      （2）10 大紡現有設備の保有継続の許可と新規参入問題　79
   4. 新紡の参入許可　82
   5. 化繊工業と羊毛工業に対する生産設備管理政策の形成　83
      （1）化繊工業に対する生産設備管理政策　83
      （2）羊毛工業に対する生産設備管理政策　88
   6. 日本政府の対応　89

 第 2 節　生産設備管理政策のその後の推移と廃止　90
   1. GHQ の対応と 10 大紡各社の綿紡機復元　90
      （1）1949 年までの生産設備管理政策の推移　90
      （2）10 大紡各社の復元状況　94
   2. 生産設備管理政策の廃止　97
      （1）拡大もしくは撤廃に対する日本側の要望　98
      （2）廃止までの経過　100

 おわりに　104

第3章　占領復興期前半期における日本綿紡績業を中心とする統制体制　107

はじめに　107

第1節　棉花の輸入と統制体制の構築　108
    1. 日本側の棉花輸入の申請とGHQの米国政府との折衝　109
    2. 国務省の動向と繊維使節団の訪日　114
    3. CCC棉協定の締結とCCCグループ1棉　116
    4. 米棉の取扱いに関する統制体制の形成　119
    5. 1947年の棉花調達　122
        （1）CCCグループ2棉　122
        （2）印棉とエジプト棉の調達　130
        （3）USCCの輸出業務からの離脱とCCC棉協定の解消　136
    6. 統制体制の改変　138
    7. 1948年以降の棉花調達　139
        （1）OJEIRFとPL820　139
        （2）印棉の調達　145

第2節　綿製品の生産　145
    1. 1946年における生産促進策の実施　146
    2. 1947年の操業短縮と復元促進策　155
    3. 1948年の操業短縮　159

第3節　綿製品の配分　160
    1. 輸出向けと国内向け　161
    2. 国内向けにおける配給先　165
        （1）生産資材用　165
        （2）民生用　169
        （3）占領軍向け　170

第4節　米棉借款の返済と統制体制の解消　171

第5節　統制体制の下での10大紡の収益　177

第4章　10大紡に対する集中排除政策の実施過程　187

はじめに　187

第1節　集排政策の実施過程の概要　190

第2節　ESS反トラスト課による10大紡への集排政策の始動　194

第3節　1948年8月頃までの日本側の陳情とESS反トラスト課の反論　203

第4節　ESS繊維課の動向とESS反トラスト課との対立　209

第5節　ESS反トラスト課の繊維総合経営の解体の理由　211

第6節　DRBとその審査に影響を与えた副次的要因　214

第7節　DRBの勧告　217

おわりに　222

第5章　占領復興期における10大紡の経営戦略　223

はじめに　223

第1節　戦時期の綿紡績企業の企業経営の概要　226
　1. 10大紡の形成と多角化の進展　226
　2. 10大紡の収益源　227

第2節　占領復興期前半期の企業経営と経営戦略の策定　241
　1. 敗戦時から1946年頃までの復元計画と新経営陣　241
　2. 占領復興期前半期における10大紡の経営戦略の策定　253
　　(1) 1948年3月頃までの経営戦略　253
　　(2) 10大紡各社の経営戦略の確定　263

第3節　占領復興期後半期の経営戦略　270
　1. 生産設備の推移と経営戦略　270
　2. 経営戦略が保持された要因　293
　　(1) 売上額と収益　293

(2) 需要の見通し　300
　　　(3) 経営者の特性　307
　おわりに　307

結論　311

　1　米国政府と日本側の間における GHQ の役割　311
　2　GHQ の占領政策と日本側の対応　315

あとがき　321
注　323
資料・参考文献　391
事項・人名索引　399

凡　例

・（　）内は，出典表記もしくは筆者による補足説明を表す。
・［　］内の文章は，説明文（（　）内の文書）もしくは引用文の中における，出典表記もしくは筆者による補足説明を表す。
・日本語資料から引用を行う場合に，旧漢字や旧かなづかいは，常用漢字と新かなづかいに改めた。また漢数字で読みづらいと判断した際に，アラビア数字に改めた。
・資料を並べて表記する場合に，日本語資料も英語資料と同様に，ゼミコロン（；）を用いた。
・英語資料の出典表記において，原資料で単語が大文字で表されていても，その単語の先頭アルファベットだけを大文字にして残りは小文字に改めた。また，誤記と思われる単語は，訂正した場合がある。

略字表

略字	本表記	日本語
AC	Anti-trust and Cartels Division	(ESS) 反トラスト・カルテル課
ADM	Administration Division	(ESS) 総務課
AG	Adjutant General's Section	高級副官部
BT	Board of Trade	貿易庁
CAD	Civil Affairs Division	(陸軍省) 民事局
CCC	Commodity Credit Corporation	商品金融会社
CCS	Civil Communication Section	民間通信局
CTS	Civil Transportation Section	民間運輸局
CINCAFPAC	Commander in Chief, U. S. Army Forces, Pacific	米国太平洋陸軍総司令官
CLO	Central Liasion Office	(日本政府の) 中央連絡事務局
CS、C/S	Chief of Staff	参謀長
CTS	Civil Trasportration Section	民間運輸局
DRB	Deconcentration Review Board	集中排除審査委員会
ESS	Economic and Scientific Section	経済科学局
FC	Funds Control Division	(ESS) 基金管理課
FEC	Far Eastern Commission	極東委員会
FECB	Foreign Exchange Control Board	外国為替管理委員会
FIN	Financial (Finance) Division	(ESS) 金融課
FT (FTC)	Foreign Trade (and Commerce) Dividsion	(ESS) 貿易課
GHQ	General Headquarters of the Supreme Commander for the Allied Powers	連合国軍最高司令官総司令部
HCLC	Holding Company Liquidation Commission	持株会社整理委員会
IND	Industrial (industry) Division	(ESS) 工業課
IR	Internal Revenue Division	(ESS) 内国歳入課
JCS	Joint Chiefs of Staff	統合参謀本部
lb (s)	pound (s)	(重量単位の) ポンド
LD	Legal Division	(ESS) 法務課
NRS	Natural Resources Section	天然資源局
NSC	National Security Council	国家安全保障会議
OJEIRF	Occupied Japan Export-Import Revolving Fund	占領下日本輸出入回転基金
OOC	Office of Controller	会計検査局
PHW	Public Health and Welfare Section	公衆衛生福祉局
PS	Price and Distribution Division	(ESS) 価格・配給課
RS	Research and Statistics Division	(ESS) 調査・統計課
SCAP	Supreme Commander for the Allied Powers	連合国軍最高司令官
SWNCC	State-War-Navy Coordinating Committee	国務・陸軍・海軍3省調整委員会
TB	Textile Bureau	(商工省) 繊維局、(通産省) 通商繊維局
TEX	Textile Division	(ESS) 繊維課
USCC	United States Commercial Company	米国商事会社
WARCOS	War Department, Chief of Staff	陸軍省参謀長
WD (DA)	War Department (Department of the Army)	陸軍省
yd (s)	yard (s)	(長さの単位の) ヤード

序論

第1節　研究方針
—何を目的にしてどのように分析するか—

　日本経済は，アジア太平洋戦争の敗戦後の荒廃した状態の中から復興を成し遂げた。この復興は，戦後日本の高度成長の歴史的前提となった点で重要であるが，どのような要因のおかげで実現したのであろうか。当然ながら，様々な要因があったであろうが，本書で特に問題にすることは，次の点である。すなわち，日本経済を構成する諸産業に対して，政策主体が復興に有効な政策を実施したのであろうか。より詳しく述べれば，復興の具体的な「主役」として第1次的な研究対象となりうるのは各種の産業であり，その産業レベルの復興を実際に担ったのは企業であったが，それら産業や企業の復興を有意義に支援する政策主体は存在したのであろうか，また存在したのであればそれはどのような特徴を持っていたのであろうか。

　本書は以上のような問題意識に基づき，占領復興期[1] (1945年～1955年頃) において基幹産業の1つであった日本綿紡績業の復興が，GHQ (the General Headquarters of the Supreme Commander for the Allied Powers. 連合国軍最

高司令官総司令部。また連合国軍最高司令官の英語の頭文字をもって SCAP とも呼ばれる）が策定した占領政策によって実現したことを，解明することを目的としている。論点を具体的に表せば，次の通りである。

(1) GHQ のどの部署が，どのような方針や意図をもって，日本綿紡績業の復興のための政策を策定したのか。
(2) その GHQ の部署は，いかなる占領政策を日本側（日本の綿紡績業企業，また日本綿紡績業に関係する中間団体・政府機関）に指令したのか。
(3) その GHQ の指令を，日本側はどのように具体化して経済統制を実施したのか。
(4) そのような占領政策は，日本綿紡績業の復興にどのような影響を及ぼしたのか。
(5) また占領政策は，日本綿紡績業の中心に位置した 10 大紡[2]の経営戦略に，どのような影響を及ぼしたのか。

　本書は，主に 1 次資料を通じて以上の諸点を解明することによって多数の歴史事象を析出し，それらがどのような因果関係のために個別具体的に結びついていたのかを記述する手法をとる。そして分析に際しては，できるかぎり信用性の高い 1 次資料を使用するために，米国の国立公文書館所蔵の GHQ 文書や極東委員会文書等に収められ，研究史上大半が未使用である資料を主に用いて分析を進める[3]。主に GHQ 文書に依拠する理由は，GHQ が策定した占領政策に関する 1 次資料が存在するだけではなく，日本側が GHQ へ提出した比較的信用性が高いと考えられる各種の資料とデータも存在するからである[4]。また 10 大紡が時期的にほぼ同列に提出した資料とデータも多いために，10 大紡を一括して時系列的に分析する際にも有用であるからでもある[5]。

　なお，本書では綿紡績企業を検討対象にあげる場合に，ほぼ 10 大紡に限定する。1947 年以降に綿紡績業[6]へ参入した新紡 25 社や，1950 年以後に参入する新々紡への検討は本書ではほとんど行わない。なぜならば本書は，占領復興期全体にわたって分析しているが，主要な対象時期は占領復興期前半期であり，その時期の新紡はまだ最大規模の企業でも保有許可

が5万5,000錘であり,小規模な企業の集まりであったからである[7]。

第2節　復興概念―「復興」をどのように捉えるか―

　敗戦直後の日本綿紡績業は,大きな困難をいくつも抱えていた。第1に,日本綿紡績業は戦時期を通して著しく縮小した。すなわち,何より注目すべきことに企業数自体が,激減した[8]。1940年に大日本紡績連合会に加盟していた77社の綿紡績企業は,日本政府主導の企業整備により寡占化を強いられ,10社(10大紡)にまで集約された。そして,生産設備も極度に減少させている。1937年に日本綿紡績業は戦前最高の1,236万7,695錘の綿紡機を保有したが[9],敗戦時には3分の1以下の366万5,366錘しか残存しておらず,しかもそのうち運転可能な綿紡機は200万5,052錘しか残っていなかった[10]。また戦前来,綿紡績企業が兼営していることが多かった綿織物部門(兼営織布部門)は,織機を1940年末に戦前最高の11万4,005台所有していたが[11],敗戦時には4万2,749台が残存するにとどまり,そのうち運転可能な織機は2万3,178台であった[12]。主要生産設備の綿紡機が3分の1以下に減少した主な理由は,綿紡機の屑鉄化のために日本政府へ供出したことであった。その他の理由は,戦災による被害や生産設備の海外移駐計画のための取り外し等であった。また綿紡績業関連の稼働工場も,戦時期の軍需工場への転換や戦災のために1937年の285工場が敗戦直後には38工場へと大きく減少していた[13]。このように多くの生産設備が失われ,また残存した生産設備においても,大幅な復元[14]を必要とする状態にあった。

　第2に,占領復興期前半期の綿紡績企業が置かれた経営環境は非常に厳しかった[15]。主原料であった棉花の不足や,食糧不足に起因した労働者の確保の困難,石炭[16]と電力の不足等により,操業は低迷した。その上,在華紡等の海外資産の消失,戦時期までに投資収益をもたらしていた有価証券類の没収(持株会社指定のため),GHQの指示に基づく日本政府の戦時補償(軍需品代金の未払分や戦争保険金等)の打切りが,敗戦までに構築

されていた収益基盤に大きな打撃を与えた。

　本書では以上のような状況を踏まえ，日本綿紡績業の「復興」を次の2点がともに達成された状態と定義する。日本綿紡績業の中心に位置した10大紡が，①通常稼働が困難になっていた残存綿紡機を，GHQによって保有許可の下りた錘数にまで復元し，②占領政策によって受けた経済的損失にもかかわらず，戦時期とは異なる新たな事業構造を整えて，安定的に収益を上げることを可能にする経営基盤を構築したこと，である。

　結果として日本綿紡績業は，1950年頃までに，上記の意味で復興を成し遂げた。日本綿紡績業に関する従来の先行研究でも，1950年頃に復興を達成したということが通説となっている。ただし，1950年頃の日本綿紡績業の復興を指摘する文献や先行研究は多いが，なぜ1950年頃に復興を達成したと言えるのかを明確に示しているものは少ない。日本綿紡績業の復興時期を1950年頃とする理由が示されている見解を挙げると，次のようなものが存在する。

　(1) 通商産業省が外貨不足を背景にして1952年10月以降外貨統制を発令し，新規に設置された綿紡機向けに棉花輸入用外貨を割り当てないようにしたために，日本綿紡績業保有の綿紡機の増大は止まったものの，それでも約750万錘に至った。これを戦前最盛期の1935年から1937年においても実稼動設備は平均約850万錘だったことと比較して，「綿紡績設備の復興」が成し遂げられた根拠とする見解[17]。

　(2) 1952年3月に生産過剰を背景にした通商産業省の勧告に基づく操業短縮が実施されたことを，「綿業復興達成のメルクマール」とする見解[18]。

　(3) 東洋紡績の事例に限られるが，生産設備の復元率や操業度の増大により「生産本格化の態勢が整えられた」ことや，生産や売上の増大を背景にして，1950年4月期に戦後初の配当金が出されたことを重視する見解[19]。

　(2) の見解における勧告操短の根拠として指摘されている過剰生産は，過剰設備に起因するから，結局は(1)と同様に，生産設備が著しく増大したことをもって復興の定義としていると考えられる。この(1)と(2)のように設備過剰の状態をもって復興とする見解は明快ではあるものの，綿

紡績企業の収益基盤等の経営内容への分析が欠如した定義である。もちろん，綿紡機をはじめとする綿紡績業関連の生産設備は10大紡の収益基盤の基礎をなしていたから，本書も，少なくとも敗戦直後から持ち越した水準までの生産設備の復元を含めることをせずに，復興を定義できるとは考えていないものの，占領当初に大きな打撃を受けていた綿紡績企業の収益基盤の安定性を問題にせずに，設備過剰状態を指摘するだけでは，復興の定義としては不十分であろう。

それに対して(3)の見解は，綿紡績企業の収益基盤に関する詳しい検討を行っているわけではないが，収益基盤の安定性の存在を前提にしている。本書は(3)の見解を発展的に継承して，10大紡が安定した収益基盤を構築し直したことを復興の定義に含めるべきだと考えている。

なお上記の復興概念や以下の叙述の背景的事情であるために，戦前来から占領復興期にかけての日本綿紡績業固有の産業的特質に関して，2点，述べておこう。

第1に，1920年代から1930年代にかけて確立した綿業に関する産業構造において，綿紡績業が他の綿業関連産業に比較して最も高い収益力を有しており，それが輸出に依拠していたことである。すなわち，棉花輸入商社⇒綿紡績企業⇒綿織物企業⇒染色加工企業⇒衣類製造企業⇒綿製品国内向問屋・輸出商社といった，製品の流れの順に企業単位で表した産業構造の中で見ると，綿紡績企業(特に大手企業)は，第1次大戦期頃より資本蓄積や寡占化を進めたことを背景にして，1920年代から1930年代にかけて安価な棉花を買い付け，低賃金労働力と混棉技術を用いて紡績を行い，また兼営織布部門へ自社製綿糸の大半を回して綿織物の生産を行った。そして綿糸を産地綿織物業者・賃織物業者へ回して，そこからさらに綿織物の一部を輸出商社へ渡したり，自ら生産した綿織物を直接輸出商社へ渡したりすることで，輸出企業として大きな収益をあげる経営基盤を構築していた[20]。

占領復興期において10大紡は，綿糸の大半と綿織物の半分程を生産したために綿工業の川上産業から川中産業にかけて高い寡占比率を有していた[21]。また輸出用綿織物の過半を生産していたのも，10大紡であった[22]。

後述するように占領復興期には綿製品の輸出による外貨獲得がGHQや日本政府によって強く求められていたこともあり，占領復興期前半期の統制体制下の日本綿業の中心的な産業は，10大紡が中心に位置していた綿紡績業であったと言うことができる。

　第2に，日本綿紡績業は主原料である棉花を完全に輸入に依存していたことである。生産設備に関しては，大部分は国産製品の使用でまかなうことができたから，復元資材の不足という副次的要因を除けば大きな問題はなかった[23]。しかしながら主原料に関しては，棉花を海外に完全に負っていた点で，鉄鋼業のように一定量は国産鉄鉱石に期待できた産業とは，同じ素材産業でも大きな相違があった。また，第序-1表から分るように，占領復興期前半期の日本綿紡績業は，棉花の大半を米国に依存していた。これは外貨不足のために，米国政府が日本へ与えた棉花関連援助（米棉を対日輸出するための借款の供与もしくは無償での米棉の提供）に依存せざるをえないという事情があったからであった。その意味で占領復興期前半期の日本綿紡績業は，米棉の輸入状況によって操業可能性が左右されることになったのである。

第3節　分析視角―産業支援的な占領政策への着目―

　本書の分析視角は，GHQが日本綿紡績業に対して策定した産業支援的な占領政策に置かれる[24]。本書で言う産業支援的な占領政策とは，GHQが策定した占領政策の中で，日本の諸産業の復興を主要な目的として策定された政策を指している。

　GHQが策定した産業支援的な占領政策を日本綿紡績業に関する限りで挙げれば，次のような政策である。対日賠償政策が議論され米英の綿製品製造企業が復興を邪魔しようとする国際環境の中での日本綿紡績業の現有設備所有の保証，棉花の対日輸出を米国政府へ要請したことや綿製品輸出のために貿易相手国側と交渉したこと，綿紡績業の生産活動に対する介入（生産促進策の策定や操業短縮を日本側へ指示したこと），集中排除政策によっ

て綿紡績企業が弱体化することを防ぐために政策緩和を行ったこと等である。

　ここで，産業支援的な占領政策の理論的背景を確認しておこう。産業支援的な占領政策は，経済政策の理論的な立場から見れば，産業政策の一種と見ることができる。産業政策は，産業政策を整理した「古典」的文献と考えられる伊藤元重・清野一治・奥野正寛・鈴村興太郎『産業政策の経済分析』[25]によれば，次のように定義される。「一国の産業（部門）間の資源配分，または特定産業（部門）内の産業組織に介入することにより，その国の経済厚生に影響を与えようとする政策である」[26]。

　もちろんGHQによる産業支援的な占領政策は，戦時期と同様に経済統制が継続し市場メカニズムが著しい制約を受けた中での政策であったために，自由市場を標準的な市場経済の状態と仮定する経済理論の上では，厳密な意味で産業政策とは言い難い。また，戦時期の被害と後述する改革志向型の占領政策とによって，収益基盤の主要部分を喪失し弱体化した状態にあった日本綿紡績業という，歴史的に特異な状況にあった産業が政策対象であったために，産業政策が一般的に想定する政策手段とは異質の手段が使用されたことも事実である。しかし，産業支援的な占領政策が統制経済から市場経済への復帰過程に行われた産業育成的な政策であったことや，政策目標が日本経済の復興を包含していたこと（後述するようにGHQは綿紡績業の復興が日本経済の復興につながると考えていた）を考慮すれば，広義の産業政策と言うことができるだろう。

　なお，産業政策に関しては，近年，戦後日本の経済発展に限定的にしか作用しなかったのではないかとする見解が広まりつつある[27]。しかしながら少なくとも本書で検討するように占領復興期においては，GHQによる産業支援的な占領政策が日本綿紡績業の復興を促進することを通して日本経済の復興の一翼を担ったと述べることができる。その意味でGHQによる産業政策は，一定の有効性を有していたと評価できよう。

第序-1表 棉花輸入国の推移

西暦	米国		メキシコ		サルバトル		ニカラグア		ブラジル		イン
	t	%	t	%	t	%	t	%	t	%	t
30年	234,868	40.6									285,788
31年	321,808	47.7									290,797
32年	550,459	71.4									165,702
33年	449,651	59.5									240,541
34年	392,309	47.9									350,316
35年	348,262	46.9									315,157
36年	358,563	39.0									406,837
37年	255,460	30.7									424,333
38年	196,494	34.6									187,247
39年	172,368	28.5									203,358
40年	166,661	35.9	—				64	0.0	55,137	11.9	142,136
41年	28,240	7.9	944	0.3			255	0.1	64,905	18.2	131,059
.	.	.	.	.	.	.	.	.	.	.	.
46年	154,003	97.0	—		—		—		—		—
47年	88,019	81.4	—		—		—		—		20,093
48年	72,741	66.9	—		—		—		—		32,009
49年	141,414	75.6	—		—		—		497	0.3	11,482
50年	282,233	80.2	9,585	2.7	—		—		473	0.1	10,944
51年	178,461	46.9	68,295	18.0	—		1,396	0.4	19,599	5.2	8,305
52年	210,643	49.2	74,314	17.4	—		715	0.2	11,036	2.6	32,309
53年	146,979	30.4	99,746	20.6	762	0.2	2,384	0.5	14,069	2.9	21,744
54年	202,060	41.3	102,769	21.0	2,367	0.5	6,150	1.3	59,322	12.1	15,145
55年	142,438	32.3	96,843	22.0	11,079	2.5	11,201	2.5	41,941	9.5	37,366
56年	213,143	35.5	158,727	26.4	18,873	3.1	5,388	0.9	44,024	7.3	39,084
57年	308,067	52.3	102,278	17.4	9,473	1.6	3,457	0.6	33,273	5.7	33,868
58年	200,938	39.4	124,884	24.5	18,452	3.6	6,026	1.2	17,486	3.4	40,081
59年	148,280	24.4	193,252	31.8	33,509	5.5	22,682	3.7	27,248	4.5	48,692
60年	373,946	53.3	143,554	20.5	22,238	3.2	10,841	1.5	11,869	1.7	24,996
61年	414,919	52.1	169,096	21.2	30,957	3.9	17,913	2.3	29,370	3.7	43,210
62年	191,557	31.8	174,425	29.0	38,613	6.4	23,375	3.9	37,349	6.2	45,800
63年	227,591	32.2	171,858	24.3	58,296	8.2	31,544	4.5	28,017	4.0	46,723
64年	236,316	34.2	173,140	25.0	54,961	7.9	38,742	5.6	24,080	3.5	39,082
65年	227,952	32.2	157,057	22.2	53,009	7.5	72,951	10.3	25,457	3.6	34,694
66年	201,269	28.6	189,495	26.9	34,862	5.0	63,140	9.0	25,834	3.7	24,699
67年	255,643	33.9	118,823	15.8	24,293	3.2	76,597	10.2	20,635	2.7	36,723

ド		パキスタン		エジプト		中国		ソ連		その他		合計
%	t	%	t	%	t	%	t	%	t	%	t	t
49.4				11,043	1.9	42,507	7.3			4,766	0.8	578,972
43.1				17,367	2.6	43,131	6.4			1,647	0.2	674,750
21.5				19,980	2.6	32,150	4.2			2,217	0.3	770,508
31.8				16,962	2.2	34,416	4.6			13,760	1.8	755,330
42.7				33,236	4.1	19,997	2.4			23,922	2.9	819,780
42.4				32,472	4.4	25,849	3.5			21,164	2.8	742,904
44.2				26,941	2.9	28,059	3.1			99,551	10.8	919,951
51.0				40,544	4.9	24,241	2.9			87,906	10.6	832,484
33.0				24,477	4.3	86,631	15.3			72,348	12.8	567,197
33.6				34,666	5.7	64,863	10.7			130,345	21.5	605,600
30.6				24,448	5.3	45,122	9.7			30,182	6.5	463,750
36.8				10,031	2.8	55,789	15.7			65,250	18.3	356,473
.		.		.	.	.	.	.	.	.	.	.
		—		(4,809)	3.0	—		—		—		158,812
18.6		—		—		—		—		—		108,112
29.5		—		3,927	3.6	—		—		—		108,677
6.1	16,542	8.8		11,324	6.1	—				5,878	3.1	187,137
3.1	36,308	10.3		3,823	1.1	—				8,335	2.4	351,701
2.2	55,074	14.5		12,607	3.3	—				36,712	9.6	380,449
7.6	63,568	14.9		12,678	3.0	—				22,647	5.3	427,910
4.5	127,070	26.3		17,629	3.6	—				53,425	11.0	483,808
3.1	33,245	6.8		19,267	3.9	—				49,005	10.0	489,330
8.5	51,989	11.8		18,042	4.1	—				30,018	6.8	440,917
6.5	63,373	10.5		22,837	3.8	50	0.0			35,590	5.9	601,089
5.8	55,759	9.5		18,534	3.1	—				23,806	4.0	588,515
7.9	43,681	8.6		15,413	3.0	—				42,874	8.4	509,835
8.0	41,975	6.9		14,564	2.4	9	0.0	4,673	0.8	72,494	11.9	607,378
3.6	31,810	4.5		15,512	2.2	—		10,244	1.5	56,384	8.0	701,394
5.4	15,704	2.0		13,327	1.7	—		6,887	0.9	54,382	6.8	795,765
7.6	28,719	4.8		8,030	1.3	—		1,389	0.2	52,961	8.8	602,218
6.6	55,865	7.9		16,955	2.4	—		1,215	0.2	69,234	9.8	707,298
5.6	27,888	4.0		19,791	2.9	—		2,919	0.4	74,859	10.8	691,778
4.9	20,493	2.9		24,132	3.4	—		13,120	1.9	78,278	11.1	707,143
3.5	24,595	3.5		15,614	2.2	22	0.0	21,373	3.0	103,107	14.6	704,010
4.9	22,147	2.9		20,523	2.7	3,006	0.4	59,179	7.9	115,898	15.4	753,467

序論 9

68 年	235,110	29.1	130,479	16.2	22,576	2.8	64,810	8.0	30,194	3.7	32,497
69 年	109,084	16.1	172,908	25.6	29,200	4.3	55,320	8.2	74,102	11.0	29,021
70 年	137,637	17.9	122,162	15.9	41,900	5.5	44,976	5.9	85,727	11.2	33,147
71 年	193,492	25.6	111,655	14.8	42,723	5.7	58,491	7.8	61,712	8.2	29,487
72 年	148,553	18.5	115,767	14.4	49,603	6.2	67,178	8.4	60,659	7.6	30,116
73 年	249,072	29.1	75,072	8.8	50,914	6.0	48,330	5.7	46,095	5.4	35,043
74 年	302,734	37.9	98,265	12.3	16,638	2.1	26,387	3.3	14,909	1.9	39,178
75 年	207,269	30.0	74,074	10.7	52,541	7.6	59,540	8.6	22,269	3.2	19,874
76 年	173,597	26.0	50,343	7.5	38,478	5.8	54,060	8.1	8,843	1.3	26,975
77 年	210,249	32.3	70,572	10.8	31,516	4.8	42,303	6.5	11,127	1.7	3,952
78 年	257,481	35.9	61,494	8.6	32,528	4.5	34,259	4.8	9,550	1.3	3,510
79 年	312,339	42.5	65,649	8.9	30,723	4.2	15,524	2.1	8,944	1.2	13,770
80 年	314,105	43.7	56,999	7.9	12,789	1.8	3,820	0.5	293	0.0	13,875

資料:『綿糸紡績事情参考書』昭和35年上半期版,『紡績事情参考書』昭和56年下半期版。
注:1. %は合計値に対する比率を示す。「—」は輸入がないことを示す。空白は資料に記載がないことを
　　2. 1942年から1945年にかけて主に中国より輸入があった。その他を含め,4カ年合計251,824トン
　　3. 1946年のエジプト棉は,米国のCCC所有のエジプト棉の米国からの輸入である。

第4節　先行研究の検討

　ここでは,占領復興期の日本綿紡績業に関する研究史を検討する。これらの研究史を各研究が重点を置いた研究対象の点から整理すると,大きく3つに分けることができる。第1に米国政府の占領政策に注目した研究,第2に日本政府の経済統制に焦点を置いた研究,第3に占領復興期における日本綿紡績業の実態に関する経済史・経営史的研究である。以下では,本書の分析視角の観点からこれら3つを検証する。
　まず第1に,米国政府の占領政策に注目した研究を見てみよう。米国政府が,日本綿紡績業に米棉の対日輸出に関して便宜を図った点を強調する研究である。藤井光男は,1940年代から1950年にかけての米国政府の対日棉花輸出政策が,米国内に在庫として滞留していた棉花の処理を目的にした政策であったことを強調している[28]。李石もその点を論じた上で,占領復興期の日本綿紡績業の復興過程にとって,1948年における改革から経済復興への米国政府における対日占領政策の大きな転換を契機にして

4.0	37,851	4.7	23,364	2.9	5,428	0.7	73,175	9.1	152,340	18.9	807,824
4.3	13,960	2.1	25,801	3.8	50	0.0	68,089	10.1	99,113	14.6	676,648
4.3	15,637	2.0	24,211	3.1	—		37,822	4.9	225,502	29.3	768,721
3.9	32,476	4.3	28,745	3.8	1		47,707	6.3	148,213	19.6	754,702
3.8	83,486	10.4	28,145	3.5	—		95,247	11.9	123,364	15.4	802,118
4.1	48,070	5.6	42,115	4.9	—		126,394	14.8	133,962	15.7	855,067
4.9	18,775	2.4	58,011	7.3	—		126,145	15.8	97,687	12.2	798,729
2.9	45,265	6.5	3,708	0.5	8,598	1.2	116,548	16.8	82,324	11.9	692,010
4.0	15,689	2.3	28,167	4.2	6,490	1.0	103,711	15.5	161,949	24.2	668,302
0.6	12,992	2.0	21,302	3.3	1,941	0.3	109,923	16.9	135,060	20.7	650,937
0.5	37,050	5.2	17,364	2.4	—		101,609	14.2	163,019	22.7	717,864
1.9	22,427	3.1	25,028	3.4	—		84,254	11.5	155,803	21.2	734,461
1.9	73,355	10.2	27,033	3.8	—		56,012	7.8	160,854	22.4	719,135

示すが，その他に含まれる場合があると見られる．
の輸入を見た．

新たに供与された米棉借款，および1950年6月の朝鮮戦争勃発に起因した特需と輸出増進が大きな要因となったことを指摘している[29]。本書も両者の分析姿勢にならい，米国政府の対日棉花輸出政策はGHQの綿紡績業に対する産業支援的な占領政策の背景となった重要な歴史事象と考えて，第3章で分析している。しかしながら両者は，あくまで米国政府の役割に焦点を当てているために，GHQの占領政策とその影響にまで検討が及んでいないという弱点を有している。

また藤井光男と李石は，1946年から1948年までに日本へ輸出された米棉（後述するようにCCC棉と呼ばれる）に関して過剰米棉の処理という米国側の利害を強調するにとどまっている。また李石は米国政府の意図から見て，「『救済』という消極的な意味しかもたなかった」と捉えて[30]，踏み込んだ分析をしていない。そのため本書の第3章で後述するように，CCC棉の受け入れのために1946年中にGHQの指示の下で日本側によって統制体制が整備された点や，その中で10大紡に安定した収益がもたらされていた点にまで把握が及んでいない。

第2に，日本政府の経済統制に焦点を置いた研究としては内田星美，ま

た日本政府の統制に力点を置きつつも，米国政府と GHQ の占領政策を全般的に叙述している研究として阿部武司を挙げることができる[31]。内田星美は商工省の繊維工業に対する統制全般を体系的に明らかにしている。また阿部武司は，日本綿紡績業に対する米国政府と GHQ の占領政策と日本政府の経済統制，そして日本綿紡績業の動向の要点を跡付けている。本書は，GHQ の占領政策が日本政府の経済統制として具体化し，それを通して日本綿紡績業に対する統制体制を構築するに至ったことから，日本政府の経済統制も重要な分析対象と捉えている。この点で両者の分析は，本書が日本政府の経済統制を分析する際の指針となっている。しかしながら内田星美は，日本政府の経済統制が GHQ の占領政策に基づいて行われた事実には踏み込んだ検討を行っていない。また阿部武司は，米国政府，GHQ，日本政府の各々の政策や統制を混然一体に論じており，GHQ の位置づけが不明確である。

　第3に，占領復興期における日本綿紡績業の実態に関する経済史・経営史的研究を見てみると，藤井光男，渡辺純子の研究を挙げることができる[32]。藤井光男は，主に1950年代から1960代にかけての10大紡と化繊工業の大手7社との間の繊維間競合の全体像を明らかにしている。渡辺純子は，戦時期の10大紡の企業経営を分析して詳細に明らかにした上で，占領復興期前半期の10大紡が，改革志向型の占領政策（後述する）によりどのような損失を負い，どのような企業経営の再編を行ったのかを明らかにしている。なお渡辺は，占領復興期後半期には復興を成し遂げて過剰設備を抱えるようになった10大紡が，日本政府による産業調整（援助）政策を受けるようになったこと[33]，また主に1970年代以降の9大紡（呉羽紡績は1966年に東洋紡績に吸収合併された）の多角化等も分析している。

　このように両者の分析によって，時系列的・体系的に明らかになった部分は大きい。しかしながら藤井光男は，占領復興期前半期の企業経営や GHQ の占領政策に関しては，ほとんど検討していない。渡辺純子も，GHQ の占領政策について詳細な検討をしていない。また両者の検討においては，1950年頃までに達成された日本綿紡績業の復興は，それ以後の時期に関する分析の与件となっていて，なぜ復興したのかという点は空白

のまま残されている。

第5節　GHQの基本方針とGHQ官僚の3類型

　GHQの産業支援的な占領政策の主要な特徴の1つは，米国政府の対日占領政策の基本方針から離れた独自の立場から，策定される傾向があったことである。GHQは米国政府から通達された指令を根拠にして活動していたから，本来，産業支援的な占領政策も米国政府の指令を根拠にしていなければならなかった。しかし実際には，1948年12月11日付でGHQへ通知された経済安定9原則に関する指令[34]が送られるまで，日本経済の復興を明示的に規定した指令はなかった。したがって特に，1948年末までに策定されたGHQの産業支援的な占領政策は，米国政府の対日占領政策の基本方針から独自の立場で，策定された政策であったと述べることができる。

　産業支援的な占領政策の特徴をより具体的に検討するために，GHQが行った占領政策全般の特徴を抽出しよう。まず，GHQの全占領政策の枠組みを定めた，米国政府の基本方針から検討する。GHQが実施すべき占領政策に関して，根本的な方向性と体系的に整理された実施項目とを規定した基本方針は，占領復興期を通して占領当初に連合国軍最高司令官D・マッカーサー（Douglas MacArthur）宛に通知された2つの指令しかなかった。それは1945年9月6日付で送付された「降伏後における米国の初期の対日方針」（United States Initial Post-Surrender Policy for Japan. 以下，「初期の対日方針」と略称する）であり，もう1つは，1945年11月8日付で通達された「日本占領および管理のための連合国軍最高司令官に対する降伏後における初期の基本的指令」（Basic Initial Post-Surrender Directive to Supreme Commander for the Allied Powers for the Occupation and Control of Japan. 以下，「初期の基本的指令」と略称する）であった[35]。

　双方ともに米国政府内における占領政策の最高決定機関であった国務・陸軍・海軍3省調整委員会（State-War-Navy Coordinating Committee. 以下，

SWNCCと略称する）で決定された文書であり，内容を比較すれば明らかなように「初期の対日方針」を一層詳細に規定したものが「初期の基本的指令」であったと言えることから，根本的な相違があったわけではない。しかし「初期の対日方針」と異なり「初期の基本的指令」は，GHQ内で圧倒的な影響力を有した[36]。したがって「初期の基本的指令」は，GHQの占領政策全般の基本方針をなすことになったと評価することができる。以下でも，「初期の基本的指令」を主に検討する。

「初期の基本的指令」において経済面一般に関するGHQの占領政策を規定したものは，第2部（Part II）であり，全50条の内の第11条から第33条までを含んでいた[37]。全体の基調は，経済面での民主化と非軍事化であったために[38]，日本経済の復興には冷淡であった。第13条によれば，「貴官〔連合国軍最高司令官を指す。以下，同様〕は，日本経済の復興（rehabilitation）または日本経済の強化についてなんらの責任を負わない」とあり，このことをよく示している。

ただし「初期の基本的指令」は，民主化と非軍事化，賠償政策，占領軍の必要性に抵触しない限り，次のように概括できる形で生産と貿易を許可していた。すなわち，日本政府は「著しい経済的困窮を避ける」（第19条）との条件付きではあったものの，「農業・漁業収穫物，石炭，木炭，家屋修理のための材料，衣料品（clothing）その他」（第19条）の生産を最大にすることができた。

また貿易に関してGHQは，「広範囲の疾病または民生不安の防止に補充が必要な限度においてのみ」（第29条），必要物資の輸入を行う責任があるとされた。そして輸出可能なものがあった場合，「輸出品の見返りとして必要な輸入品を供給することに同意するか，または輸出品の代価を外国為替で支払うことに同意する仕向国にたいしてのみ」（第26条）輸出を行うことができた。しかしながら，「輸出予定商品（Exports）が，国内の最低需要を満たすのに必要なことが明らかである場合」（第26条）には，輸出できないことになっていた。占領復興期初期の日本は一般に，どの産業でも，また国民の衣食住の広範囲にわたって物資が不足していた。したがって「初期の基本的指令」をGHQが厳格に運用するのであれば，日本人の

福祉が優先されたために,生糸・絹織物等を除いて,ほとんど輸出できるものは存在していなかった。このように「初期の基本的指令」は,生産と貿易に関して強い制約を日本経済に強いていた。

他方で「初期の基本的指令」は,「占領期間中の日本の経済問題に関する米国政府の政策」の「目的」の1つとして,「日本の経済的組織の運用と経済的活動とが,占領の一般的目的に合致することを確実にし,かつ平和的貿易国家の列への日本の最終的な復帰を可能とする」(第11条)(傍点は引用者)ことを挙げていた。傍点部分は,平時経済への日本の復興を前提にしなければ達成できないであろうことから,経済復興を間接的ながら目的としているとも考えられる。この点では,上記の厳格な日本経済の制約方針と矛盾していた。

以上のために現実には,一方では「アメリカ本国政府と占領軍当局とのあいだの個々の政策ごとの意見の交換や折衝を経て決定されることにな」った[39]。また他方でGHQは必要と判断した占領政策について,米国政府の指示を仰ぐことをせずに占領政策を策定することもあった。このようなGHQの政策策定の根拠は,「初期の基本的指令」でも認められていた自由裁量権であった。すなわち,「初期の基本的方針」の第2条に「貴官は,貴官が降伏およびポツダム宣言の規定の実施に得策かつ適当と考えるいかなる措置をも取る権力を有する」とあり,また第12条には「日本における連合国軍最高司令官としての貴官の最高権限は,経済的分野におけるすべての事項に及ぶ」とあったからである。例えば,農地改革や女性解放政策は米国政府から実施の指示が通達されていなかったが,マッカーサーの指示により実施された占領政策であった[40]。

GHQの産業支援的な占領政策はその根拠の点から見れば,一方では上記のような米国政府の許可や支持を得て策定されたこともあれば,他方では米国政府の基本方針から独自の立場で策定されたこともあった。しかし独自の立場で策定された占領政策と言っても,基本方針への抵触やその不履行が大幅に行われたわけではなかった。あくまで現地日本での現実にとって必要と判断された場合に,基本方針の枠組みを利用もしくは一定程度だけ逸脱して策定されたものであったと言うことができる。

よく知られているように，GHQの占領政策に関する先行研究では，GHQ内の政策形成担当者としては，いわゆる「ニューディーラー」(「リベラル派」)，もしくは「保守派」の存在が指摘されてきた。そのような研究の中で，ニューディーラーは，非軍事化や民主化を目的に，日本の政治・経済・社会に関わる広範な改革を特に積極的に実施した者たちとして扱われ，保守派は，占領初期よりニューディーラーとしばしば対立し，さらに1948年頃から生じる「逆コース」の動きを，GHQ内で主導した勢力として論じられてきた(両派については後述する)。それに対して，本書で注目する産業支援的な占領政策を担った政策形成担当者に関しては，研究史上，十分な検討が加えられることはなかった。従来，産業支援的な占領政策自体がほとんど研究されてこなかったために，それを担った政策形成担当者に関しても，十分な注意が払われてこなかったと言えるだろう。従来の通説的理解では，例えば，後述するように実際には，綿紡績業に対する産業支援的な占領政策をGHQが実施していた占領初期の1946年頃について，GHQの政策関心は「政治改革面に集中し，経済政策への配慮が軽視された」とされ[41]，GHQは産業政策的な特徴を持つ占領政策等を積極的に実施することはなかった，と考えられてきた。

　では実際に産業支援的な占領政策は，どのようなGHQの政策形成担当者によって担われたのであろうか。「初期の基本的指令」に対する姿勢から，GHQの政策形成担当者は3つに分類することができる(第序-2表を参照)。その中で産業支援的な占領政策を実施したのは，経済復興への志向性を有したGHQ政策形成担当者たちであった。彼らは日本の現実から考慮して，何も占領政策を実施しなかったりもしくは厳しすぎる占領政策を行ったりすることで現状が悪化することを避けようとする志向を有したと判断できることから，本書では現実派と呼ぶ。

　産業支援的な占領政策を担った現実派は，実際にはどのような者たちであったのだろうか。ここで注意が必要なのは，GHQは上意下達の官僚組織であり，個々の部署単位で政策形成が行われていたことである。したがってこの点を見る際には個々の政策形成担当者と言うよりも，個々の部署における上層部の志向性が重要であろう。GHQ内の通常の組織構成では，

第序-2 表　政策実施上の志向ごとに分類した GHQ 政策形成担当者の特徴

	リベラル派（ニューディーラーを含む）	保守派	現実派
米国政府からの指令「初期の対日方針」と「初期の基本的指令」への姿勢	熱心に実施する姿勢	原則として服従し実施する姿勢。ただし容共的に運用することには，反対する志向あり	原則として服従し実施する姿勢。ただし日本の現状に合わせるために，場合によっては，柔軟に運用したり逸脱したりする志向あり
米国政府からの指令を運用する際の主要な目標	民主化と非軍事化の徹底	反共政策	経済復興，または終戦時以後の現状をできる限り維持
GHQ 内における主要な所属部署	民政局，経済科学局，民間情報教育局	参謀第 2 部	経済科学局
日本の政界への姿勢	社会主義的勢力への親和性あり	保守主義的勢力への親和性あり	政治的中立性

資料：各種の文献と，1 次資料に基づき著者作成。

　まず Section（局）があり，その下に Division（課）があり，さらにその下に Branch（係）や Unit（班）があった。これら各部署の上層部（局長，課長，係長などと，その側近や助言者にあたる部下）によって，その部署の活動に特徴が生まれた。

　GHQ 内で現実派が比較的多かった部署の 1 つは，経済科学局（Economic and Scientific Section. 以下，ESS と略称する）であった。そして本書の検討対象である日本綿紡績業に対する産業支援的な占領政策を策定したのも，ESS であった。

　そこでまず，ESS の初代局長 R・クレイマー（Raymond C. Kramer）の考え方を見てみよう。1945 年 8 月 17 日付で，当時，米国太平洋陸軍（司令官はマッカーサー）の副参謀長補佐官を務めていたクレイマーは，経済問題を専門に扱う部署の設置を上伸していた[42]。この中でクレイマーは，副参謀長に対して経済問題を専門に扱う部署を設置する理由の 1 つとして，「日本人を自立した状態（self sufficient）にするための基本的責任はどこが有するのか」という問題点を挙げている。すでに ESS 設立前からクレイマーは，占領軍が日本進駐した後に，日本の経済的な自立が現実的な問

第序-1図　GHQ組織図（1946年8月頃）

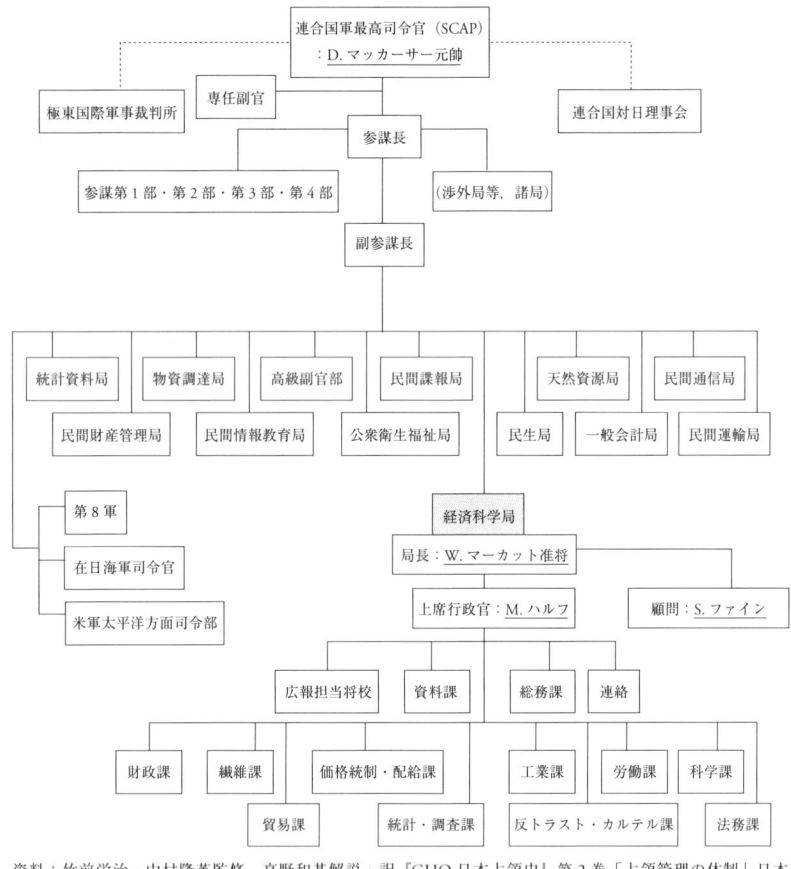

資料：竹前栄治・中村隆英監修，高野和基解説・訳『GHQ日本占領史』第2巻「占領管理の体制」日本図書センター，1996年，45，151頁；"Tokyo, GHQ, Telephone Directory, July 1946"（国立国会図書館憲政資料室所蔵）。

題になることを見通していたと考えられる。また，同年9月14日付でクレイマーが参謀長へESSの設立を上申した文書の中で[43]，ESSの任務の1つとして「民間人が必要とする財の最大限の生産と公平な配分とを保証する勧告を立案すること」や「日本経済の復興（restoration）と最終的な形態に関して勧告を立案すること」を挙げている。クレイマーは「最大限の生産」に関して，「初期の基本的指令」のように何らかの条件を付けていな

い。これらから推測するに、クレイマーは大まかながら民需品の生産最大化という形で戦後日本の経済復興を一応、構想していたと言ってよいだろう。この後10月2日付で正式にESSは設立されるが、その設立命令書を確認すると[44]、クレイマーが9月14日付で上伸した文書は一部改訂されたものの上記の引用部分はそのままの形で採用されている。このようにESSは発足時の理念から見れば、経済復興を企図した組織であったとも言えるだろう。

クレイマーは1945年12月にESS局長を辞任したために、ESSの2代目局長としてW・マーカット（William F. Marquat）が就任した。マーカットは以後、1952年4月の占領終了までESS局長を務めた。マーカットに関しては第1章でも後述するが、マーカットの側近として経済顧問などを務めたT・コーヘンによると、「プラグマティズム」の志向を持っていたと評価している[45]。ESS局長は2代にわたり、現実派に親和的な人物であったと言うことができる。

ここでESSの組織構成を確認しておこう。1945年10月に設置されたESSは徐々に組織構成を整備し、1946年前半期には主要な課として総務課（Administrative Division）、財政課（Finance Division）、輸出入課（後に貿易課と改称[46]）（Import-Export Division → Foreign Trade Division）、労働課（Labor Division）、反トラスト・カルテル課（Antitrust and Cartels Division）、工業課（Industry Division. 場合によってはIndustrial Divisionとも表記される）、価格統制・配給課（Price Control and Rationing Division）、調査・統計課（Research and Statistics Division）、科学・技術課（Scientific and Technical Division）、法務課（Legal Division）、繊維課（Textile Division）の11課を擁した。なお第1章で後述するが、日本綿紡績業に関して策定された産業支援的な占領政策の大半は、繊維課が所管した。

これら11課は、その後、改組（分離と統合）や改称を繰り返し、場合によっては解散することもあったが[47]、以後のESSの組織構成の原型を形成するものとなった。

これら各課の1947年5月時点の人数を、第序-3表で見てみよう（現時点で他の資料を見つけることができず、各課別の人数はこの時点でしか確認す

第序-3表　1947年5月15日現在のESS要員数

	長	米国人	外国人
上席行政要員	1	12	0
統制調整委員会	—	7	0
総務課	—	45	25
財政課	1	74	19
法務課	1	28	5
労働課	1	44	29
価格統制・配給課	1	42	5
工業課	1	137	29
貿易課	1	145	22
繊維課	1	47	28
反トラスト・カルテル課	1	58	5
科学・技術課	1	40	33
調査・統計課	1	73	350
合計人数	11	752	550

資料："ESS Work Sheet as of 15 May 1947," ESS (A) 00451.
注：1. 総務課と統制調整委員会の長が欠落しているのは，上席行政要員（Excetive）に含められていたためかもしれない。両部署ともに上席行政官（Executive officer）に直属していたからである。日付は後だが，次を参照。"Administrative Memorandum No. 48," 7 June 1947, ESS (A) 00449.
　　2. 合計人数は一部原資料を訂正。

ることができなかった）。占領政策の策定や占領行政にあたっていたのは，「米国人」の欄の要員の大半（いわゆるGHQ官僚。他は秘書や事務要員と見られる）であったと考えられるが，これは各課の占領政策策定と占領行政実施に関する頻度や業務量を間接的ながら推定するのに役立つ[48]。第序-3表によれば，最も米国人が多いのは，貿易課であった。これはこの当時，後述するように外国政府や米国政府と協議して実質的な貿易業務を取り仕切っていたことから，業務量が多かったためだと考えられる。工業課も多いが，これは広範囲な工業分野を一手に所管していたためであろう。財務課は大蔵省の予算案の事前承認や日本銀行の金融政策などを管轄し金融機関を所管していたことから，3番目に多い米国人を抱えていたと見られる。4番目に多かった反トラスト・カルテル課（以下，反トラスト課と略称する）

は財閥解体や独占禁止政策を管轄し、また本書の第4章で後述するように、同時期の1947年4月頃から集中排除政策を本格的に実施し始めていたので、人手を必要としていたと考えられる。

調査・統計課は米国人も少なくないが、「外国人」の欄の人数が他課と比較して著しく多い。外国人に含められた者の大半は、通訳・翻訳や事務作業にあたった日本人だったと考えられるが[49]、調査・統計課は日本の各種の資料を翻訳する要員が大量に必要だったのであろう。

また価格統制・配給課は、価格・配給統制に関わる政策決定を実際に行っていたのであれば、米国人の要員が膨大に必要であったはずであるが、その割に比較的少ないのは、日本政府の物価庁や経済安定本部などに価格・配給統制の権限をかなり委譲していたためと考えられる。

なお繊維課は所属する米国人の数で比較して11課の中でちょうど真ん中の6番目にあたり、他課との比較による評価は難しいものの、繊維産業だけを所管する部署であるのにこれだけの人数を与えられていたことを考慮すると、ESS内で一定の役割を果たすことが期待されていた部署であったと考えられる。

他方で、「初期の基本的指令」の規定に熱心に取り組んだ者には、いわゆるGHQ内のニューディーラーが多かった。ただニューディーラーは本来、「1930年代のアメリカでとられたルーズベルト大統領の不況克服策としての、反独占・雇用促進・労働基本権の法認などの諸政策によく通じている人ないしこの政策を支持している人」[50]を指すために、「初期の基本的指令」に熱心に取り組んだ者でも厳密にはニューディーラーに当てはまらない場合が出てこよう。そこで本書では「初期の基本的指令」に熱心に取り組んだ者を、リベラル派と呼ぶ（第序-2表を参照）。リベラル派は民政局（Government Section）に多かったが、ESSにも存在した。特定時期の課長が持った政策策定上の志向性にもよるが、ESSの労働課や反トラスト課、価格統制・配給課はリベラル派として活動した時期があった。

GHQ内のリベラル派が主に取り組んだ占領政策は、「初期の対日方針」や「初期の基本的指令」、マッカーサーのGHQへの指示の中にあった次のような政策であった。それは、戦争犯罪人の逮捕と裁判、政治犯の釈放、

秘密警察の解体，超国家主義団体の解散，軍国主義者や超国家主義者の公職追放，軍国主義的な教育制度の除去，宗教的信仰の自由，民主的政党の奨励，基本的人権を保護するための制度の改正，労働組合の奨励，金融および産業上の結合体（財閥など）の解体，農地改革等であった。これらの占領政策は，従来，抽象化した場合に，民主化，非軍事化，戦後改革とも呼ばれてきたが[51]，これらの用語はその意味合いや対象領域を考えると，上記の占領政策を総称するには，適切な用語ではないように考えられる。そこで本書では，改革志向型の占領政策と呼んでいる（ただし民主化などの用語を使用しないわけではない。政策目的を表す用語として使用している）[52]。

改革志向型の占領政策の内，公職追放や警察組織の再編をめぐっては，それらを推し進めようとするリベラル派がGHQ内でいわゆる保守派（第序-2表を参照）と対立し，改革志向型の占領政策の「行き過ぎ」が阻止されたことは知られている[53]。

また改革志向型の占領政策と産業支援的な占領政策は政策目的から見て，交差する場合もあったものの，対立する場合が多かった。例えば持株会社指定，戦時補償打切り，公職追放や集中排除政策といった改革志向型の占領政策は，少なくとも短期的には，企業を弱体化させて復興を阻害する可能性が高い政策であり，産業支援的な占領政策とは相いれなかった。

GHQが実施すべき占領政策における優位順位の点で，産業支援的な占領政策が，決定的に改革志向型の占領政策の上位に立ったのは，米国政府が経済安定9原則を1948年12月11日付でGHQへ通達してからであった。米国政府がこの指令で，対日占領政策の重点を改革から経済復興へ移行する方針を指示するまでは[54]，「初期の基本的指令」がGHQの経済面での占領政策の基本方針を示す指令として効力を保ち続け，改革志向型の占領政策はその正当性を保ち続けていた。転換点となった経済安定9原則は，インフレ抑制や均衡予算を日本政府に強圧するドッジ・ラインの根拠となったが，同時に生産増大や貿易促進の必要性を明快に規定していた。すでにGHQは占領当初より，経済復興を目指した産業支援的な占領政策や，限定的ながら金融財政上の安定化政策を実施していたものの[55]，以後，米国政府の指示を受け，経済面で「初期の基本的指令」の路線から転換を

遂げることになったのである。

第6節　重点的な研究対象と本書の構成

　日本綿紡績業は，占領復興期の前半期に復興を果たした。その後日本綿紡績業は，日本の綿織物の輸出量が世界第1位の地位を再び占めるようになったこと（1951年より1969年まで）[56]に大きく寄与し，その意味で1950年代に再び発展期を迎えた。

　このような日本綿紡績業の発展は，産業支援的な占領政策が促進したものであり，ESSの現実派が復興のために与えた諸契機に依拠していたけれども，他方では当然ながら綿紡績企業自身の経営努力にも負っていた。ESSの改革志向型の占領政策に主に基づいて日本政府が実施した経済統制は，第序-4表のような枠組みを作っており，綿紡績企業は新規事業への進出等に関して著しく制約されていたものの，そのような枠内で既存事業の再編に取り組み，各社ごとの判断に基づいて安定した収益基盤の構築を図った。

　本書は，以上のような占領復興期における日本綿紡績業の復興過程を，本章の冒頭で挙げた論点を発展させた，次のような点を重点的な研究対象とすることにより明らかにする。

　(1) GHQ内で経済分野を管轄したESSの中で，日本綿紡績業を所管したESS繊維課の活動に焦点を置き，ESS繊維課がどのような任務と政策関心を有していたのかを明らかにする。そして，米国政府，ESS繊維課，日本政府，業界団体，10大紡の各行為主体[57]の間に，どのような政策形成システムがあったのかを明らかにする。

　(2) ESS繊維課が，日本綿紡績業の生産設備に関してどのような過程を経てどのような量的制限を策定し，最終的にどのような経緯を経て量的制限を撤廃したのかを明らかにし，またそのような制限を受けた日本綿紡績業の生産設備の復元過程の概要を明らかにする。

　(3) 輸入された米棉の取扱いのために，ESSの指令の下にどのような統

第序-4表 占領復興期前半期における10大紡の企業経営に対する日本政府の主な統制

	法規名	公布日	内容
1	①会社の解散の制限等に関する件（「制限会社令」）（勅令）	1945年11月24日	制限会社の事業の譲渡・解散、また動産・不動産・その他財産の売却・贈与・その他権利の移転が生ずる行為に関して許可制を規定。
	②会社の証券保有制限等に関する勅令	1946年11月25日	制限会社とその子会社は他社保有株式を処分しなければならず、今後の保有も禁止。また制限会社とその子会社の役員が、他社の役員を兼任することを禁止。
2	持株会社整理委員会令（勅令）	1946年4月20日	指定を受けた持株会社は所有株式を委員会へ譲渡。また予算案の原則毎月事前承認、役員就辞任や資金借入れの事前承認等を規定（10大紡では日東除く9社が指定）
3	①会社経理応急措置法	1946年8月15日	政府による戦時補償の支払が行われないことにより企業財務の悪化が危惧されたため、特別経理会社は46年8月11日をもって、B/Sを新旧勘定に分離し、戦時期の負債は旧勘定で日常業務は新勘定で処置することを規定。
	②企業再建整備法	1946年10月18日	特別経理会社は損失の清算と以後の事業活動に関する再編成計画を提出し、新旧勘定を合併するように規定。
4	綿紡復元に関する件（商工省令）	1947年9月7日	10大紡にはGHQによって許可された綿紡機錘数までの設備復元計画を、新規参入を希望する業者には申請書を、提出するように指示。
5	①繊維工業設備に関する件（商工省令）	1938年2月1日	設備の新設・増設・改造・譲渡・借受・移出に関して、許可制を規定。
	②企業許可令（勅令）	1941年12月11日	指定事業を始める者は行政官庁の許可が必要。また設備の新設・拡張・改良に関して、許可制を規定（1946年7月中頃まで①②は継続）。
	③臨時建設等制限規則（建設省令）	1947年2月8日	設備の設置・改造・譲受け・借受けに関して、許可制を規定（1949年6月30日に失効）。
	④臨時繊維機械設備制限規則（通産省令）	1949年7月1日	設備の設置・改造・譲受け・借受けに関して、甲号設備は許可制、乙号設備は届出制を規定（1950年11月16日に廃止）。

資料：大蔵省財政史室編、三和良一執筆『昭和財政史―終戦から講和まで』第2巻「独占禁止」東洋経済新報社、1982年；竹前栄治・中村隆英監修、岡崎哲二解説・訳『GHQ日本占領史』第40巻「企業の財務の再編成」、日本図書センター、1999年；通産省通商繊維局繊政課編著『臨時繊維機械設備制限規則の解説』商工協会、1949年。

制体制が形成されたのかを明らかにする。そしてその統制体制の中で，10大紡が収益をあげていたことを明らかにする。

（4）集中排除政策の審査過程で重要な役割を果たした集中排除審査委員会が，10大紡の審査案件に対してどのような背景事情の下で審査にあたり結論を導出したのかを明らかにする。

（5）10大紡が集中排除政策の実施過程や企業再建整備法の執行過程において強制的に作成・提出させられた再編成計画や整備計画が，10大紡の経営戦略の策定にいかなる影響を与えたのかを明らかにする。

次に，上記の重点的な研究対象に対応して構成されている，本書の各章の概要を述べておこう。

第1章では，ESSによる日本綿紡績業に関する政策形成の枠組みを，「政策形成システム」として折出し，その特徴を描写している。すなわち，この政策形成システムの中心的な存在であったESS繊維課が，どのような所掌範囲と組織構成を有していたのかを解明し，そしてESS繊維課が日本側とどのような形で接触していたのかを明らかにしている。この政策形成システムの主要な特徴として，ESS繊維課が指揮命令系統上で上位に立ちつつも，ESS繊維課と日本側との相互作用による占領行政が広範囲に見られたことを挙げることができる。

第2章では，ESS繊維課が，日本綿紡績業に対して策定した生産設備管理政策を主題としている。ESS繊維課は，GHQ内での調整に手間取りながらも，1947年中頃までに綿紡績業の復興にとって不可欠な要素であった綿紡機の復元許可水準に関する一連の指令を策定した。これらは当該産業の総枠400万錘を決めた後に，その総枠の中での10大紡各社分と新紡分の錘数を定めたものであった。その後ESSは，綿紡績業の実際の復元進度，対日賠償政策や国際世論の進展等を斟酌し，1950年6月に生産設備管理政策を撤廃した。撤廃までの間に10大紡は，主に敗戦直後の綿紡機残存のあり方によって各社ごとの復元の進捗具合に相違があったものの，生産設備管理政策によって定められた水準にまで綿紡機の復元を果たした。

第3章では，占領復興期前半期に米棉の輸入に伴い構築された，日本綿

紡績業を中心とする統制体制を析出している。まず米棉輸入が3つの借款に主に基づいて，どのようにして実現されたのかを跡付けた。そしてESS貿易課がESS繊維課と協調して，一連の借款の条件に強く規定された米棉の取扱いを円滑に進めるために，綿紡績業を中心とする統制体制を日本側に構築させたことを明らかにしている。最終的にこの統制体制は，米棉借款の返還が進捗するにつれて，漸次，解消されていった。またこの統制体制が解消されるまでに，10大紡が安定的に収益を上げられるようになったことも解明している。このように米棉借款に沿って構築された統制体制の中で，10大紡の安定した収益基盤が整備されたことにより，前章で明らかにした綿紡機の復元完了と合わせて考えると，本書で定めた復興の2大条件が達成されたと結論付けることができる。

　第4章では，日本綿紡績業に対する集中排除政策の実施過程を明らかにしている。1947年4月から本格的に開始されたESS反トラスト課の綿紡績業に対する集排政策は，1947年中は10大紡全社を対象に企業分割や資産譲渡といった再編成を計画する峻厳なものであったが，やがて1947年後半から1948年にかけて生じた米国政府の対日占領政策の転換に対応して，計画の内容は緩和された。すなわち，1948年中頃には，ESS反トラスト課は綿紡績業に関する集排政策の対象企業数を7社（大日本紡績，東洋紡績，倉敷紡績，大建産業，鐘淵紡績，富士紡績，日東紡績）に減らし，また前年に想定していたものよりも抑制した企業分割数を，再編成計画にて考慮するようになった。しかしこの7社の再編成計画を1949年2月に審査した，米国政府派遣の集中排除審査委員会は，大建産業の分割には同意したものの，他の6社は指定解除が妥当とする結論を出した。本章では，この集中排除審査委員会の結論に影響を与えた要因を分析して，ESS繊維課や持株整理委員会による集中排除審査委員会への働きかけが影響していたことを明らかにしている。

　第5章では，戦時期に約80社の紡績企業を集約して生まれた10大紡が，戦時期に構築した主要な収益基盤の大半を，敗戦後，改革志向型の占領政策によって喪失した後，占領復興期前半期に，どのような経営戦略を策定したのかを解明している。この経営戦略は，第4章で跡付けた集中排除政

策の著しい影響を受けて策定されたものであった。そして占領復興期前半期に策定された経営戦略が，そのまま占領復興期後半期に引き継がれていった状況を明らかにしている。

第1章 日本綿紡績業に関する政策形成システム

はじめに

　GHQは，日本側へ一方的に指令を通知したわけではなかった。多くの場合，GHQ内で占領政策が立案され監視や認可業務などの占領行政が行われる過程で，GHQ担当部署は日本側との意思疎通を行った[1]。このGHQと日本側の意思疎通は，無秩序で場当たり的に行われたわけではなく，両者が求めた意思疎通の必要性を満たすために，両者の頻繁で安定的な接触を保証する一定の枠組みの下で行われていたと考えられる。

　本書では，この枠組みを政策形成システムと呼ぶ。本章の課題は，日本綿紡績業に限られるものの，この政策形成システムの具体的な特徴を明らかにすることに置かれる。

　結論を先取りすれば，この日本綿紡績業に関する政策形成システムは，次の3つの特徴を備えていたと考えられる。すなわち，(1) システムを構成する行為主体が企業，中間団体，公権力の3者からなっていたこと，(2) 貿易・外貨統制の下での棉花の輸入とその後の取扱いに関する利害がその結合力の核となり，占領政策と統制の有効性を担保する要因となっていたこと，(3) 政策形成に必要な幅広い情報と知見をシステムの中枢へ収斂す

る制度の構築を伴っていたこと，であった。

これら3点の歴史的な淵源は1930年代から戦時期に求められようが，占領復興期においてそれらは，戦時期とは異なる，次のような注目すべき変容を見せることになった。

(1)に関しては，戦争ではなく経済復興に資するという，戦時期と異なる理念や目標を有した新たな行為主体が登場したことが注目される。戦時期に力を振るった軍部は解体され，GHQが占領政策の形成・監督主体として登場した。また繊維統制会等の中間団体は解散し，新たな中間団体として各種の業界団体や委員会などが組織され，また10大紡以外の新たな紡績企業も多数設立された。

(2)について重要なことは，外貨不足を要因とする貿易・外貨統制は戦後も継続され，世界的なドル不足の下で米国政府によって供給された棉花が重要性を持ったことである。GHQおよび日本側は，巨額の米棉代金のドルによる償還を行う責務を負い，その結果棉花を主原料としていた日本綿紡績業の再建が必要とされた。

(3)に関しては，GHQと日本側の間の情報と意思の伝達経路が整備されたことが注目される。例えば，統計作成活動は繊維統制会から日本繊維協会（最終的には日本紡績協会）へ受け継がれたが，GHQや日本政府による統計改善措置の影響を受けつつ，幅広い統計情報を末端の工場から定期的に集約し，主に週報や月報の形でそれら業界団体と商工省からGHQへ提出する体制が整えられた。

次に，占領復興期の政策形成システムに関する先行研究について触れておこう。特に綿紡績業に限定せず，上記(1)〜(3)を総括的に提示した代表的な研究としては，岡崎哲二・奥野正寛による研究が挙げられる[2]。岡崎・奥野は，日本政府と統制会と企業の3者が政策と統制を調整し合うシステムが戦時期に形成され，基本的に戦後へ継承されて産業政策の策定を担ったことを明らかにし，経済統制が次々に廃止された1950年頃にも外貨と長期資金の割当制は残されて以後の産業政策の手段になったこと，また審議会や業界団体を通して民間の要望や情報が集約されたことを示した[3]。

しかしながら，岡崎・奥野の研究の問題点として，第1に，占領復興期の主要な政策主体であったGHQが果たした役割に対して，十分な着目がなされていないことが挙げられる。このために政策形成システムが，占領復興期に上記(1)～(3)の諸面で変容を示した後に，どのようにして占領後に継承されていったかについての歴史過程が不明瞭となっている。本章では，綿紡績業の事例に限られるものの，GHQの果たした役割をGHQと日本側の相互作用に注目しつつ，検討する。また岡崎・奥野の第2の問題点としては，主に鉄鋼業の事例に依拠して政策形成システムを導出し，資金配分の統制の問題に重点が置かれているために，貿易・外貨統制の重要性についてはほとんど触れられていない。したがって，資金配分の問題よりも貿易・外貨統制の影響が顕著であった綿紡績業を検討対象とする本章では，こうした特性を持つ産業分野を視野に入れた，異なるタイプの政策形成システムを想定することが必要であると考える。
　本章では，これまでに述べた諸点を踏まえ，占領復興期に上記(1)～(3)の変容とともに新たに構築された，綿紡績業に関する政策形成システムについて明らかにする。
　以下では，第1節で占領復興期において産業支援的な占領政策が重要であった期間を通して活動した，ESS繊維課の設立までの経緯を検討する。第2節では，ESS繊維課の所掌範囲と組織構成の変遷を跡付ける。そして第3節では，綿紡績業に関する政策形成システムの具体的な実態を明らかにする。

第1節　ESS繊維課の設立

　ESS繊維課は，ESS局長W・マーカットの指示で1946年6月に設立された。以下ではマーカットが，なぜESS繊維課の設置を行ったのかを検討する。
　1945年10月のESS設置以降，ESS内で一般に日本の諸工業は，ESS工業課が所管していた[4]。繊維工業も，ESS繊維課が設置されるまでは，

ESS工業課内にあった繊維係 (Textile Branch) が所管していた。

しかしながらマーカットは，1946年2月には，繊維工業が日本経済に占める重要性を認識し，繊維工業を専門に所管する新部署の存在が必要であると考え始めていた。同年1月に米国より来日した繊維使節団（テーラー使節団。第3章にて後述）の一員であったH・ローズ (H. W. Rose) は，2月2日にマーカットと会合を持ち，繊維工業や新部署設置に関するマーカットの見解を知った。ローズは，2月5日付で滞在中の大阪よりマーカットに書簡を送り，会合で示されたマーカットの見解に同意してESS内に新部署を設置するように勧めた[5]。マーカットのそのような見解は，この書簡の次の部分で確認できる。「あなたが，日本の繊維製品に関する行政のための部署を考慮していることを我々は知って，喜んだ。あなたが，有能で経験があり実際的な繊維の知識を持った者から成る強力な部署の必要性を認識していることは，日本に必須な経済における，繊維工業の力，重要性，複雑性に対するあなたの評価を表している。」

マーカットがこのような構想を抱くようになった契機は，前年1945年12月にマーカットが第2代ESS局長に就任した頃に懸案となっていた，ESSと米国政府との間の棉花輸入のための交渉（第3章にて後述）であったと考えられる。この交渉に関わったことから，繊維工業に関する理解が深まり，新部署設置の必要性を考えるようになったと推測される。

さらに，マーカットのESS繊維課設置の構想に影響を及ぼしたのは，1946年5月3日付でマーカットへ提出された，ボグダン＝タマーニア報告 (An Economic Program for Japan. 「日本経済のための計画」)[6] であった。この報告書は，マーカットの3月29日付の指示により，N・ボグダン (Norbert A. Bogdan) とF・タマーニア (Frank A. Tamagna) によって作成され，マーカットへ提出された[7]。この報告書の影響は，次の記録から確認できる。GHQが日本での活動に関して自ら編纂した，*History of the Non-military Activities of the Occupation of Japan, 1945-1951* シリーズの第2巻，*Administration of the Occupation: 1945 through July 1951*[8] によれば，ESS繊維課設置の理由は，「自立経済復興計画にとっての繊維産業の重要性が明瞭になったため，繊維産業をさらに重視する必要性が認識され，ついに繊維課の設

置へと至った」としている[9]。この「自立経済復興計画」は，提出時期から見て，上記のボグダン＝タマーニア報告を指すものと考えられる。

　ボグダン＝タマーニア報告は，GHQ 内で「日本の『平和時の経済構造』について試みた最初の総合的分析」[10]であった。この報告書は，次のように，日本経済の重化学工業化を否定し，繊維工業の重要性を強く主張する内容を有していた。機械工業 (a large engineering and heavy machinery industry) の維持やその製品の輸出には，非軍事化の観点から反対するとし，またアルミニウムやマグネシウムの生産禁止，銑鋼の生産と輸出や原塩 (salts) の輸入の制限も謳われていた[11]。その上で，「繊維製品は，主要な輸出品目であり続けるであろうし，製造業における雇用に関して最も重要な源である」とされていた[12]。

　マーカットに ESS 繊維課を設置する決断を促した直接の契機は，1946 年 6 月に戦後初めての棉花の輸入を開始したことであった。第 3 章で後述するが，1946 年 2 月 7 日付で米国政府は日本へ米棉を輸出することを決定していた。この日本へ初めて輸出されることになった米棉は CCC 棉と呼ばれ，1948 年中頃までの輸入棉花の大半を占めた。CCC 棉は，米国政府が供与した借款によって日本へ輸出された棉花であり，その返済のために GHQ が監督責任を負うことになっていた。1946 年 6 月 5 日に CCC 棉輸入が開始されたが[13]，その 2 日後の 6 月 7 日付で，ESS 絹担当顧問 (Silk Adviser) の P・マガーニア (P. F. Magagna) は，繊維課の設立を提案する文書をマーカットに提出した[14]。この中でマガーニアは，現在，絹と綿に関する計画が遂行されることになっており，また化繊と羊毛の輸出計画も策定中であることを指摘した。そして彼は，そのように ESS の繊維工業関連の行政事務は増大していることから，専門に所管する部署が ESS 内に必要である旨を主張した。この時期に，綿以外の他繊維工業に関する ESS 内の行政事務が増大した可能性は低いことから[15]，マガーニアの繊維工業に関する行政事務の増大の指摘は，ほぼ CCC 棉輸入関連の業務であったことが分る。また後に，設立と同時に ESS 内に公布された ESS 繊維課の任務規程によれば，「f 項　陸軍省，USCC (第 3 章で後述) その他の米国政府機関の間で結ばれた特別の協定によって対象とされる全ての繊維製品

の生産を監督すること」とされて，GHQ が負っていた CCC 棉取扱いの監督に関する主要任務を ESS 繊維課が所掌することが規定されていた[16]。

またマーカットの繊維課設置の構想には，絹担当顧問として側にいた[17]マガーニアの繊維工業に関する見解も寄与したものと考えられる。マガーニアの見解は，上記の 1946 年 6 月 7 日付文書の結びの文から窺い知ることができる[18]。マガーニアは繊維課が管轄することになる繊維工業について，「平時の国内外にわたる日本経済全体の少なくとも 70% を構成するだろう。そしてこの部門は日本の全人口の 30% を雇用するだろう」と見通しを述べ，繊維工業の重要性を強調した。この引用文章中の比率の数値の典拠は示されていないが，国民総生産か全産業の総生産額に相当すると思われる数値の「70%」を繊維工業が占めるとするのは，日本経済が一応の近代化を成し遂げた明治期末頃にも存在しなかった極度に繊維工業に依存した経済構造をマガーニアは想定していたことになる[19]。また全製造業就業者数の「30%」ならば，戦前と比較して可能性のある数値であるが[20]，「全人口の 30%」という比率は大幅に繊維工業に依存した経済構造を想定した数値であった。いずれにせよ，マガーニアは，繊維工業に依存した経済構造に基づく日本経済の再建を構想していたことが分る。

上記のような経緯の末にマーカットは，1946 年 6 月には，繊維工業の重要性と専門に所管する部署の必要性を強く認識するようになった[21]。こうしてマーカットは，上記のマガーニアの提案を採用し，1946 年 6 月 19 日付で ESS 繊維課を設置した[22]。

初代 ESS 繊維課長には，それまで繊維工業を管轄していた ESS 工業課の繊維係長 H・テイト (Harold S. Tate) が就任した[23]。テイトは戦時中，憲兵指揮官を務め，1945 年 8 月に一時，地方軍政局に勤めた後，1945 年 10 月まで地方軍政部の下位機関の上席行政官 (Executive Officer, MG Team) を務めた。そして 1945 年 11 月 1 日より ESS 工業課の繊維係長に就き，1946 年 1 月末時点で 42 歳であった[24]。占領復興期における綿紡績業の業界団体の事務方のトップにいた田和安夫は，テイトについて「繊維は全然素人であったが，人物は悪い方ではなく，真剣に綿業の復興を考えてくれた」と評価している[25]。

最後に，ESS繊維課設置の意義を検討しよう。占領復興期を通してESS内に繊維工業以外で，ESS工業課とは別の主管部署が一度でも設置されたことがある工業分野は，石炭鉱業関連だけである[26]。それだけでも，ESS繊維課設置は，ESS内で繊維工業が特別扱いされたことを意味していた。この特別扱いは，次の2つのことを表していた。第1に，設置の直接的な理由からみれば，専門部署が必要とされるほどに，ESS内でCCC棉の取扱いの監督が重要視されたことである。

　第2に，ESS繊維課が設置されるまでの経緯を検討して確認できることは，占領復興期初期の「ESS上層部」[27]が，日本経済の復興のために繊維工業への強い依存を構想していたことである。GHQの大半が米国政府によって指示された改革志向型の占領政策を実施し，また米国政府を中心にして旧連合国が極東委員会で対日賠償政策を形成し始めていた当時，重化学工業を中心にした復興を構想することは非現実的であった。このような状態の中で，繊維工業の中心を占めていた綿工業は，次章以降で跡づけるように，ESS上層部の支持の下でESS繊維課が実施した産業支援的な占領政策の主要対象となったのである。

第2節　ESS繊維課の任務規程と組織・人事の変遷

　ここではESS繊維課が，どのような活動をどのような組織構成の下で行っていたのかを，ESS繊維課の任務規程から検討する。ESS繊維課は，CCC棉を原料にした綿製品生産の監督を主要任務とする構想の下に設立されたが，それ以外にも，綿紡績業をはじめ繊維工業[28]に関する種々の任務を有していた。それら任務をまとめたESS繊維課の任務規程は，第1-1表に示したように，ESS繊維課が1946年6月19日付で設立されてから1949年11月14日付で廃止されるまでに3回改定され，そのたびに所掌範囲に変化が生じた。第1-1表では，それら4つの任務規程ごとに，繊維工業に直接関係する所掌範囲を5つ任意に挙げて，それぞれに該当する条文があるかどうかを示した。以下で，4つの任務規程の変遷を5つの所

第1-1表　ESS繊維課の所掌範囲の推移

ESS 行政指令日付 （総条文数）	1946年6月19日 (6)	1948年4月16日 (11)	1948年8月11日 (18)	1949年8月22日 (7)
原料の輸入		▲：FTに助力せよ	●：許認可	●：資金計画策定
原料の配分	●：決定	●：監督	●：監督	●：監視
生産	●：監督・勧告	●：監督	●：監督	●：監視
製品の国内割当・配給	●：決定			
製品の輸出	×：FTに移譲せよ	▲：FTに助力せよ	●：許認可	●：許認可

資料：ESS (A) 00574, 00938-00939, ESS (E) 00772.
注：1. 記号の意味は次の通り。●＝所掌範囲であることを示す条文あり。▲＝間接的に所掌する範囲であることを示す条文あり。×＝所掌範囲でないことを明示する条文あり。また空欄は、特に言及がないことを表す。
    2. 記号の後の言葉は、当該所掌範囲に関する最も強い程度の遂行概念を示す言葉。
    3. 「総条文数」は、当該指令に含まれる所掌範囲に関わる範囲での総条文数を示す。当表で示さなかった所掌範囲も含む。また実際、ほぼ全ての条文の合計値である。枝分かれしている条文に関しては、枝分かれ先の条文数のみを合計値に計上した。
    4. 表中のFTは、ESS貿易課。

掌範囲の観点から分析し、その変遷にあわせて組織と人事に関しても検討することで、ESS繊維課の活動実態を概括したい。なお途中で触れる棉花に関する事柄は、第3章にて後述する。

1. 1946年6月19日付の任務規程

　この任務規程は設立当初に定められたものであり、1948年4月16日付の任務規程が定められるまでの約1年10ヶ月間、有効性を持続した。

　この任務規程において何よりも重要であった点は、ESS繊維課がCCC棉に関係する生産面の主管部署であることが、任務規程に記されていたことであった。ESS繊維課が負っていた、CCC棉の借款返済に関する責務の重要性は、次のような資料からも読み取ることができる。ESS繊維課が1947年6月4日付で、財界追放を所管していたESS法務課へ送った、綿紡績企業の経営者の追放に関する見解を見てみよう[29]。「綿工業の活動はこの時期最も重要である。というのも我々は世界市場で繊維品の最終製品を販売することによってのみ支払いうる棉花に関して、CCCに対して1億3500万ドルの巨額の負債を抱えているからだ。……[引用者省略]……

我々はもし可能ならば，この時期，綿紡績業から公職追放を実施することの延期がなされるべきだと信じている」[30]。このようにESS繊維課は，米棉借款の返済に支障が生じること等を案じて，10大紡の弱体化につながる可能性のある占領政策には反対だった。後に第4章で見るようにESS繊維課は，10大紡に対する集中排除政策に反対姿勢をとったが，その主要な理由はここにあったと考えられる。

また「原料の配分」に関する規定も，CCC棉の借款返済に関わる責務と関係があった。これは，具体的には，繊維原料を輸出向けと国内向けに割り当てる役割を指していた。この所掌範囲についてESS繊維課に決定権が与えられた理由は，CCC棉協定に定められていたCCC棉を原料とする綿製品の最低でも60％を輸出しなければならないとする条文を順守し，その裏返しとしてどの程度を日本国内向けに残すかを決める必要があったためだと考えられる。

「製品の国内割当・配給」も所管していた。ただし，「製品の国内割当・配給」を規定する任務規程の条文に定められた実際の行政内容が曖昧であること（「繊維原料と完成品の可能な配分を決定すること」(b項)）や，また本来，「製品の国内割当・配給」はESS価格統制・配給課が所管していたため，具体的な占領行政にESS繊維課は関与することはなかったと見られる[31]。

次に，「生産」の所掌範囲に関して見てみよう。ESS上層部で繊維工業の重要性の認識が深まったことを背景として，特に「生産」に関わる責務を多く保持することになっていた。任務規程の全6条の内，4条までが「生産」に関連する条文であった。前述したCCC棉を原料とする生産への監督の他に，「生産政策に関することで助言し勧告」すること（b項）をはじめとして，「c項 占領政策に一致するような，全ての種類の繊維製品と関連製品との生産水準を確立するための政策を助言し勧告すること (Advises and recommends)」，また「d項 繊維工業が望まれる生産水準を超えないように，操業と必要生産能力に関する政府の統制に関して助言し勧告すること」，さらに「e項 必要な統制と製品供給とを含むように，全ての種類の繊維製品の国内生産と国内配分のための包括的な計画に関して

第1章 日本綿紡績業に関する政策形成システム 37

助言し勧告すること」も定められていた。1946年中頃以降，輸入が開始された棉花の取扱いのために綿紡績業を中心にした統制体制が築かれるが，ESS繊維課はその統制体制の中で綿製品が順調に生産されるような制度の形成・維持・監督も主要な任務としていたことが分る。

　最後に，貿易面であるが，これはESS繊維課ではなくESS貿易課が所管していた。したがって「原料の輸入」に関して，何の規定も見られない。また「製品の輸出」に関しては，任務規程にわざわざESS貿易課への権限の移譲が明記されていた。「輸出可能な繊維原料と完成品の種類，形式，量について，貿易課に通知すること。販売（sale）とそれ以降の処置のために，貿易課へ供給面での輸出に関する統制権を移譲すること（Transfers control）」（b項）とあった。ESS上層部は，ESS繊維課の前身が工業一般を所管するESS工業課内の部署であったことから，貿易の所掌範囲に関しては，貿易面の占領行政を所管していたESS貿易課に任せることが適切と判断したと考えられる。

　ただし貿易面での管轄権がESS貿易課に移譲されたために，ESS繊維課がその所掌範囲の「原料の配分」や「生産」についての占領政策を策定する際には，次章で見るように，ESS貿易課の方針と対立することにつながった。

　このようにこの任務規程は，CCC棉取扱いと，繊維工業の生産体制の形成・維持・監督とを2大特徴としており，このことは，この時期の繊維工業に関するESSの懸案がこの2点に集中していたことを表している。

　最後に，この任務規程が有効であった期間の組織・人事面に関して，GHQ電話帳[32]を資料にしている第1-2表をもとに検討しよう。第1-2表は，資料上の制約から全ての月に関して網羅することはできないものの，ESS繊維課が設置されていた1946年6月から1949年11月までの期間における当課内の組織と人事のおおよその姿を，整理したものである。

　ESS繊維課の課長は全期間中で3人いたが，この期間の課長はH・テイトが務めた。彼は，基本的に繊維原料ごとに課内に係（Branch）を設け，それぞれの係に紡績から織物までの工程に属する工業分野を所管させた。それに加えて，染色・仕上や衣類製造の工程を扱う係をそれぞれ設置した

り，他部署との連絡や計画策定専従の係を置いたりして，役割分担を整えた。1946 年から 1948 年頃にかけての ESS 繊維課の中心的人物は，課長のテイト，綿・羊毛係（後に綿係）（Cotton and Wool Branch → Cotton Branch）長の W・イートン（William R. Eaton）[33]，計画・連絡係（Program and Liaison Branch）長の S・ウェソン（Sheldon C. Wesson），彼らを補佐した C・キャンベル（Carl C. Campbell）を挙げることができる。

2. 1948 年 4 月 16 日付の任務規程

1948 年 4 月頃までは，上記のように繊維工業に関わる「原料の輸入」と「製品の輸出」の貿易分野については ESS 貿易課（その中でも繊維班〔後に繊維係〕〔Textile Group → Textile Branch〕が所管していた）が所管しており，この所掌範囲に関する ESS 繊維課の活動は，ESS 貿易課に繊維製造企業からの要望と見解を伝達することに制約されていた。

しかし 1948 年 4 月 16 日付の ESS 繊維課の任務規程では，「原料の輸入」と「製品の輸出」の貿易分野について ESS 貿易課に助力する（assist）ように特記されるようになり，間接的な表現ながら，正式に繊維貿易に対して関与を許されるようになった。実際，この時期，ESS 繊維課内で綿業を所管していた綿係長 W・イートンは，第 3 章で後述するように 1949 年 4 月から綿花買い付けのためにインド，パキスタンへ出張している。

この任務規程が有効だった時期は約 4 ヶ月と短いが，この時期には ESS 繊維課の存否に関して議論が生じた。ESS 繊維課の廃止がとりざたされたのである。実際 1948 年 6 月 16 日付で一旦，ESS 繊維課は廃止されることになり，ESS 工業課内の係の 1 つになるように ESS 行政指令が出されている[34]。これは，次のような見解を ESS 上層部が持ったためであろう。第 1 に CCC 綿輸入が完了して，その代金償還に関しても目途が立ち始めた時期にあたること，第 2 にそれまで繊維課長として ESS 繊維課の活動を率いてきたテイトが同年 5 月頃に課長職を退いており[35]，課長職が欠員状態になっていた。このため，他に適任者がいないのであれば，ESS 繊維課自体の廃止をしてもいいのではないかという判断が，ESS 上層部に存

第 1-2 表　ESS 繊維課の組織・人事の変遷

1946 年 9 月			1947 年 4 月		
部署・職名		人名	部署・職名		人名
課長		H・S・テイト	課長		H・S・テイト
上席行政官 (Executive Officer)		R・N・ディビー	行政係 (Executive Branch)	上席行政官	R・N・ディビー
繊維顧問 (Textile Adviser)		P・F・マガーニア	綿・羊毛係	係長	W・R・イートン
綿・羊毛係	係長	W・R・イートン		係長補佐	C・C・キャンベル
絹・化繊係	係長	R・A・ヒッカーソン	絹係	係長	R・A・ヒッカーソン
計画・連絡係	係長	S・C・ウェソン		絹担当顧問	J・カーン
絹専門員 (Silk Specialist)		J・カーン	皮革・皮革製品係	係長	C・C・キャンベル
			染色・仕上係	係長	W・O・ヘスラー
			衣類製造班 (Group)*¹	班長	D・エドガーズ
			計画・連絡係	係長	S・C・ウェソン

1948 年 4 月			1948 年 10 月		
部署・職名		人名	部署・職名		人名
課長		H・S・テイト	課長		F・A・ウィリアムズ
上席行政官		C・C・キャンベル	副課長		R・D・クリーブス
連絡官 (Liaison officer)		A・A・ラザファー	貿易協定官		E・B・ブラチィリー
綿係	係長	W・R・イートン	課員補佐 (Staff Assistant)		D・エドガーズ
綿紡績係	係長	W・ブッシー	上席行政官		A・A・ラザファー
羊毛係	係長	M・ラウプハイマー	綿係	係長	W・R・イートン
絹係	係長	R・A・ヒッカーソン	織物班 (Weaving Unit)		
化繊係	係長	R・クリュードソン	紡績班		
染色・仕上係	係長	W・O・ヘスラー	絹・化繊係	係長	R・クリュードソン
麻・靱皮繊維・皮革係	係長	B・モントゴメリー	絹班		
消費財係	係長	D・エドガーズ	化繊班		
計画・連絡係	係長	S・C・ウェソン	羊毛・雑繊維係	係長	M・B・ラウプハイマー
配送・視察係	係長	R・D・ブラウン	麻・靱皮繊維班		
			羊毛班		
			商品企画・販売係		B・W・アダムズ
			絹・化繊販売班		
			綿製品販売班		
			羊毛・雑繊維販売班		
			調達・取引係	係長	J・G・トレンズ

		報告・分析班		
		契約促進班		
		棉調達班		
		麻・靭皮繊維調達班		
		羊毛・染料調達班		
1949年4月			1949年7月		
部署・職名		人名	部署・職名		人名
課長		F・A・ウィリアムズ	課長		R・D・クリーブス
副課長		R・D・クリーブス	生産担当課長補佐		W・A・ラング
使節担当官（Missions Officer）		C・C・キャンベル	綿担当顧問		W・S・カーター
上席行政官		A・A・ラザファー	特別使節担当官		B・W・アダムズ
綿係	係長	W・R・イートン	使節担当官		C・C・キャンベル
綿織物班（Unit）			綿係	係長	B・シュワルツ
絹・化繊係	係長	R・クリュードソン	綿製品生産班		
絹班			棉調達班		
化繊班			綿製品販売班		
羊毛・雑繊維係	係長	M・B・ラウプハイマー	染色・仕上係		
生産班			絹・化繊係	係長	W・N・ロビンズ
商品企画・販売係	係長	B・W・アダムズ	絹班		
絹・化繊販売班			化繊班		
綿製品販売班			絹・化繊原料調達班		
羊毛・雑繊維販売班			羊毛・雑繊維係		M・B・ラウプハイマー
契約管理・促進班			麻・靭皮繊維・雑繊維班		
調達・取引係	係長	J・G・トレンズ	羊毛班		
棉調達班			繊維製品班		
麻・靭皮繊維班			契約・報告係		J・J・シェリドン
羊毛・雑繊維調達班			契約管理班		
製品原料（materials）調達班			報告・分析班		
染料調達班					

資料：" Tokyo, GHQ, Telephone Directory September 1946," "Greater Tokyo Area, Occupation Forces Telephone Directory, March & April 1947," "Tokyo and Vicinity Telephone Directory," (April 1948, April 1949, 1 July 1949 各版).

表注：＊1：班とあるが，実際には他の係に属さずに独立して活動していたと見られる。

注：誤植と考えられる部分は訂正した。

在した可能性がある。

　しかし，廃止の決定からわずか8日後の6月24日付で，「状況の再検討」の結果，この廃止の行政指令は延期された[36]。その状況の変化の理由は不明であるが，この時期はCCC棉協定に代わって，他の借款による棉花の対日輸出が米国政府により検討・実施されるようになった時期でもあった。ESS上層部では，この借款による輸入棉花の債務返済に関連して，綿工業の生産活動等を所管する部署が当面，独立に存在した方が妥当だと判断したのであろう。また，綿工業を始めとする繊維工業の復興もまだ目途が立っていないという判断もあずかったと考えられる。そうなると，テイトに代わる人物が必要であったが，4月21日付で副課長に昇進していた[37] C・キャンベルが，6月28日付で課長代理に就いて，当面のESS繊維課を率いることになった[38]。

3．1948年8月11日付の任務規程

　1948年8月までの間にESS上層部では，ESS繊維課の任務規程の見直しが行われ，8月11日付でESS繊維課廃止の延期が撤回されて，その存続が決定され，新たな任務規程が通達された。この任務規程では，「原料の輸入」と「製品の輸出」の繊維貿易分野をもESS繊維課が主管することが定められた。そのため総条文数も，4つの任務規程の中で最多になっている。ESS繊維課は，繊維原料の輸入に関して，外貨(funds)面でESS資金管理課(Funds Control Division)の事前承認の下で調整を行うこと(arrange)が定められ，また政府間貿易の許認可に関しても任せられた。こうして繊維課は，「原料の輸入」から，「原料の配分」と「生産」，そして「製品の輸出」にいたる，ほぼ繊維産業の川上から川下までの全体（最終製品の国内割当・配給の分野は除く）を主管する部署になった。

　このように1948年になって，紆余曲折の末に，ESS繊維課の所掌範囲が最大になったのは，ESS上層部が，次第に貿易方式が米国政府・GHQ主導ではなく，日本側にも委譲する部分が増えてきたことから，貿易面から原料配分，生産にいたる一元的な監督を行う部署があった方が，日本側

と協調して体系的・合理的に占領行政ができると判断したからだと考えられる。

なおこの時期には,「生産」に関する所掌範囲は単なる「監督」にとどまるようになった。しかし貿易面では,「h項　繊維製品の輸出販売を拡大し,輸出された繊維製品の代価として外国為替からなる収益を最大限可能なものにするための政策を勧告すること」という条項が加えられたように,監督や許認可のような権限とは異なる一層積極的な政策策定機能が,ESS繊維課に期待されるようになっている。

なおESS繊維課の組織と人事であるが,ESS繊維課の再出発となった1948年8月11日と同日付で,キャンベルは課長代理を外され,F・ウィリアムズ(Frederick A. Williams)が第2代繊維課長に就任した[39]。ウィリアムズは,従来のESS繊維課の組織をほぼ踏襲した。そして,新しくESS貿易課からESS繊維課へ移動してきた繊維原料の輸入と輸出に関わる部門を,それぞれ商品企画・販売係(Merchandising and Sales Branch)と調達・取引係(Procurement and Operations Branch)として[40],従来の課内組織に付け足した(第1-2表の1948年10月と1949年4月の項を参照)。

これら新しく加わった部署が,ESS繊維課の他の部署と効率的に連携できたかどうかは不明である。例えば1948年10月の段階で,多くのESS繊維課内の部署は農林中金ビル(千代田区有楽町)3階にあったが,調達・取引係はESS貿易課時代と同じく,1階の104号室に置かれており,近接性の点から見れば,必ずしも効率的に協調できたとは評価しがたい[41]。しかし少なくとも,全ての繊維関連部署が同じESS繊維課として1つの指揮命令系統上に置かれたわけであるから,同列の他部署(ESS貿易課など)との調整が不要となり,意志決定をより迅速に行うことが可能になったと考えられる。

この後,1949年6月10日付でウィリアムズに代わり,副課長であったR・クリーブス(Richard D. Cleaves)が第3代繊維課長に昇進した[42]。クリーブスは,ESS貿易課から移動した部署を含めて,各繊維原料の単位に係を再編した。第1-2表から分るように,1949年7月には各繊維担当の係ごとに,川上から川下までの産業を所管させたのである。例えば,綿係は,

原料入手から生産,染色・仕上,販売(=貿易)までの産業を一括して所管している。1949年前半になると,4月に単一為替レートが設定されるなど,貿易自由化のための制度・法律が整えられつつあり,これにあわせて段階的に貿易自由化が進行しつつあった。したがって,貿易関連部署を特別に設置する必要がないと判断して,各繊維担当の係に吸収させたのであろう。また,貿易専門の係と各繊維担当の係が離れていると,効率的な業務が難しいと判断したのかもしれない。ただし前任のウィリアムズの時代と同様に,貿易協定・契約や使節団関連などの特殊な対応が必要な貿易面での問題に関しては,第1-2表から分るように担当者(使節担当官)を独立に設置している。

4. 1949年8月22日付の任務規程

この任務規程で,注目すべきことは,「原料の配分」や「生産」といったこれまで,ESS繊維課が一貫して所管した所掌範囲に関して,「監督」(supervise)ではなく「監視」(maintain surveillance)と,行政内容が一段,落とされているように読み取れることである。同時期に任務規程が改定された他課との比較でも,このような表現は異例である[43]。

この頃から1950年頃は,米棉借款の返済も順調となり,初期のESSが策定した占領政策に基づく貿易・生産・配分等の諸統制が次第に解除され,また撤廃の要望が日本側から高まりつつあった時期であった。ESS繊維課が進めた産業支援的な占領政策が功を奏して,繊維産業の復興が達成されつつあったのである。上記のような表現の改変は,そのような繊維産業の復興の進展に伴い,ESS繊維課が積極的な占領政策を策定する余地が少なくなったことが背景にあったと考えられる。

以上のように,ESS繊維課が独立して存在する意義は薄れつつあった。結局,1949年後半期に,「産業復興が進展したことによって」繊維産業を主管する部署はもはや必要ない[44],とESS上層部は判断し,1949年11月14日をもってESS繊維課を解散して,その機能の生産面はESS工業課へ,貿易面はESS貿易課へ分担することが指示された[45]。

5. ESS 繊維課解散後の繊維産業の主管部署

　ここでは，ESS 繊維課の解散から 1952 年 4 月 27 日の占領終了時までの期間において，繊維産業を主に所管した ESS 工業課と ESS 貿易課の組織上の変遷を簡単に確認しておこう。ESS 工業課内には，ESS 繊維課の生産面の機能を吸収して繊維製品生産係 (Textile Production Branch) が置かれ，ESS 繊維課時代に羊毛関係の係長を務めていた M・ラウプハイマー (M. B. Lauphimer) がその係長に就いた[46]。1951 年 1 月まで，ESS 工業課内にラウプハイマーに率いられた繊維製品生産係の存在が確認できるが，その後，同年 4 月までに同係は解散し，繊維製品を扱っていた商品生産係 (Commodities Production Branch) に吸収されたと見られる[47]。1950 年には，次章で見るように繊維工業の生産設備に対する占領政策が撤廃されるなど，大半の生産面での占領政策や統制は撤廃されていた。1951 年になると，もはや独立した繊維担当の係を課内に設置する必要はないと，ESS 工業課内で判断が下されたのであろう。

　他方，ESS 貿易課では，ESS 繊維課の機能を吸収した後，繊維製品を専門に扱う係は特に設立されなかった。ただ貿易調整係 (Trade Coordinating Branch) の中に，1950 年 4 月に，繊維班 (Textile Unit) と綿花輸入班 (Cotton Import Unit) が設置されていたことが確認できる[48]。しかし 3 ヶ月後の 7 月には，貿易調整係がなくなって，代わりに貿易統制係の中に繊維班 (Textile Unit) が置かれた[49]。その後，1951 年 4 月頃にも，繊維班の存在が確認できる。1951 年後半から 1952 年初めにかけて貿易統制係が改組されて，繊維班は解消され，占領終了直前の 1952 年 4 月には，貿易統制課の化学・繊維・雑品班 (Chemicals, Textiles and Miscellaneous) が繊維貿易を所管していたと見られる[50]。1950 年から 1951 年にかけて日本側に全般に貿易関連の権限が委譲されて貿易自由化が進んだことから，1951 年後半になる頃には，繊維貿易を専門に所管する部署は必要ないと判断されたのであろう。

　また ESS 繊維課の中心的人物の 1 人であった C・キャンベルは，ESS 繊維課から ESS 貿易課に移って，課長の繊維製品担当特別補佐官 (Special

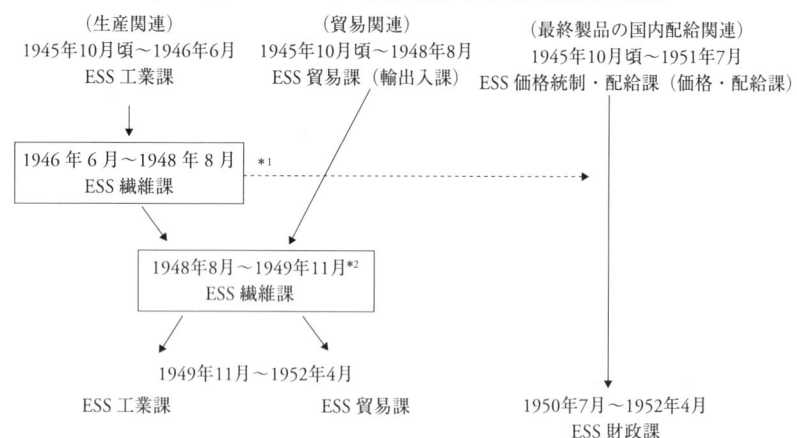

第1-1図　ESSにおける繊維産業に関する主管部署の変遷

```
(生産関連)                    (貿易関連)                      (最終製品の国内配給関連)
1945年10月頃～1946年6月      1945年10月頃～1948年8月         1945年10月頃～1951年7月
ESS工業課                    ESS貿易課（輸出入課）            ESS価格統制・配給課（価格・配給課）
     │                            │                                    │
     ▼                            │                                    │
┌──────────────┐                  │                                    │
│1946年6月～    │ *1               │                                    │
│1948年8月     │─ ─ ─ ─ ─ ─ ─ ─ ─ ─ ─ ─ ─ ─ ─ ─ ─ ─ ─ ─ ─ ─ ─ ─ ─ ─ ─▶│
│ESS繊維課    │                   │                                    │
└──────────────┘                  │                                    │
        │                         │                                    │
        ▼                         ▼                                    │
    ┌──────────────────────────────┐                                   │
    │1948年8月～1949年11月 *2      │                                   │
    │ESS繊維課                    │                                   │
    └──────────────────────────────┘                                   │
        │                         │                                    │
        ▼                         ▼                                    ▼
1949年11月～1952年4月                                        1950年7月～1952年4月
ESS工業課                    ESS貿易課                      ESS財政課
```

資料：ESS行政指令（第2-1表参照）；竹前栄治・中村隆英監修，高野和基解説・訳『GHQ日本占領史』第2巻「占領管理の体制」，日本図書センター，1996年，43-50頁。

図注：*1：この時期，最終製品の国内配給関連の管轄権はESS繊維課にあったものの，実際上は，ESS価格統制・配給課が所管していた。

*2：1948年4月から1948年8月まで，貿易関連についてESS繊維課の間接的な関与が公式に認められていた。

Assistant for Textiles）になった[51]。後に1951年4月には副課長に昇進していることが確認でき[52]，最終的に課長に昇進した[53]。ESS繊維課が設置された1946年頃からの主だった課員で，最後までGHQにとどまったのはキャンベルのみだと見られる。

最後に，占領初期から占領末期までの，繊維産業に関する主管部署の変遷を概括すると，第1-1図のようになる。綿紡績業は，1946年6月に戦後初めて棉花が輸入された頃から本格的な復興を開始し，やがて1950年頃までに復興を完了することになるが，ちょうど同じ時期に綿紡績業を所管したのが，ESS繊維課であることが分る。ESS繊維課の産業支援的な占領政策は，本節で検討したGHQの強力な管轄権を基盤にして実施されたのである。

第3節　綿紡績業に関する政策形成システムの実態

　本節では，ESS繊維課が日本綿紡績業に対する占領政策を形成・実施するために，どのような政策形成システムを構築していたのかを明らかにする。

　このような政策形成システムが作られた背景には，ESS繊維課と日本側双方の利害の一致が存在していた。一般的にGHQの占領政策の形成・実施は，GHQに与えられていた指揮命令の権限の下で，日本側の意思を顧慮せずに強圧的な形式で行われていたわけではなく，一定程度，GHQと日本側の意思疎通を有した過程を通して行われた。このことは，次のような背景事情に裏打ちされていた。すなわち，GHQは，間接統治下において占領政策を形成・実施することとなったために，日本全土を統治するために不可欠の大規模な行政機構を有していなかった[54]。そのために，政策形成に必要な幅広い情報の収集と意見聴取，および決定済みの政策の実施を，円滑に行うためには，日本側の協力を必須としていた。他方で日本側も，自らの必要性に基づく要望や，またGHQの許認可を必要とする様々な規制措置に関する要請を，GHQへ伝達することが必要であった。

　以下では，ESS繊維課を中心に置き，日本側を必須の行為主体として構築された政策形成システムの特徴を析出していきたい。

1. ESS内部の政策形成に関する規程

　ESS繊維課は，前節に示したような所掌範囲の全ての事項に関して，自分たちの責任だけで政策形成を行っていたわけではなかった。GHQ内の関連部署と協調しながら，政策形成を行っていたのである。ここでは，ESS繊維課がどのような規程に従って，協調を組み込んだ政策形成を行っていたのかを検討する。

　GHQには，ESS以外にも複数の局が存在し，またESS内には複数の課が存在していた。これら各局各課は異なる所管対象や所掌範囲を有した

が，ある政策・指令を立案する際には複数の部署が関係する場合が存在した。ESS はそのような場合，関係部署との調整をどのように行うかに関して，「標準行政規程」(Standard Operating Procedure. 以下，SOP と略称する) の中で定めていた[55]。

この SOP は，占領行政の進め方に関する心構えから始まり，実際の政策形成の手順や注意事項，また各種文書・電報の作成やその書式等についての規則を定めたものである。SOP では，日本政府に対する覚書 (Memorandum. 本書では GHQ の日本政府に対する「覚書」は主に「指令」と呼ぶ) を作成する場合，草案および草案の内容や背景事情を記した記録用覚書 (Memo for Record, Memorandum for Record) 等の文書を，ESS 局長または重要事項に関しては GHQ 参謀長[56]へ，承認を得るために提出することが定められていた。そして指令の立案を主導する部署は，SOP 第 68 条に「全ての必要な同意 (concurrences) が得られなければならず，ESS 局長へ提出される前の記録用覚書に同意が記されなければならない」と規定されていたために，指令の影響が GHQ 他部署の所掌範囲に及ぶ場合には，それら関係部署の同意を取り付けなければならなかった。

このような調整は，ESS に限らず GHQ 内部での政策形成にとって必要不可欠の要素であったが，他方で，もう1つ不可欠の要素が存在した。それは日本側との接触であり，これは書面による接触と対面での接触とに分けることができる。次項以降では ESS 繊維課と日本側の接触について分析するが，書面による接触と対面での接触に分けて検討する。

2. 書面による接触と ESS 繊維課への統計情報の定期的な提出

公式には日本政府の終戦連絡中央事務局 (後に連絡調整中央事務局) を介して，日本側と GHQ 諸局の間で書面による接触は行われていた。特にこのルートを通った GHQ の指令は「SCAPIN」と呼ばれ，通し番号を付けて通達された。またこれ以外でも書面による接触は広範に行われていた[57]。多くの場合このような書面による接触によって，GHQ と日本側は意思表示と情報交換を行った。

では綿紡績業に関してこのような文書の往還は，どのような特質を有する伝達経路で行われていたのだろうか．本項では ESS 繊維課が関与し整えた統計制度の検討を通して，そのような伝達経路の概観を抽出する．このように伝達経路に関する特質を抽出するのに統計制度に着目する理由は，統計調査に関する ESS 繊維課の指示と日本側の対応が比較的長期にわたり定期的・継続的に行われたことから，好個の分析対象と考えられることによる．

　第 1-3 表は，ESS 繊維課文書に残されている日本側が提出した綿紡績業に関する多種・多数の統計調査の中から，定期的に提出されていたことが確認できるものを整理したものである．

　①作成・提出主体：当初これらの統計調査を作成していたのは，繊維統制会が戦後改組して生れた日本繊維協会の綿紡績部であり，この改組の際，日本繊維協会は統制会の統計調査機能を引き継いだと見られる[58]。やがて 1947 年 3 月に日本繊維協会が解散し各繊維工業別に業界団体が組織されると[59]，綿紡績業では日本紡績同業会（1948 年 4 月に日本紡績協会へ改組）が設立された．日本紡績同業会はその際，日本繊維協会から綿紡績業に関する統計調査の権限を受け継ぎ，一時は第 1-3 表に挙げられた全ての統計調査の作成に従事した．

　「タイプ A」～「タイプ F」は，ESS 繊維課の指示に基づき作成・提出されたが，その背景には 1946 年後半，ESS 繊維課が抱いていた日本側の統計調査の仕様・内容に関する強い不満があった．まず 1946 年 9 月と 10 月には，綿糸布生産高に関する統計基準の一部を米国仕様に合わせるように指令を出している[60]．またそのような不満は，ESS 繊維課員キャンベルが，同年 12 月 2 日付のテイト宛文書で，「日本繊維協会は，我々の目的にとって無駄な大量の情報を収集し提出している」と述べ，ESS 調査・統計課に「日本繊維協会の統計部署を審査する (review)」ように提案すべきだと主張していることからも窺い知ることができる[61]．こうした不満を背景に ESS 繊維課は，第 1-3 表の「統計開始期間」欄から推測できるように，1946 年後半から 1947 年初頭にかけての時期に必要な統計情報の作成・提出について日本側へ指示を出したと見られ，その結果，同時期から

第 1-3 表　ESS 繊維課へ定期的に提出された綿紡績業に関わる統計調査（1946 年から

	作成［提出］者	代表的な英題	内容・表示方法
タイプA	日本紡績同業会（1948 年 4 月より日本紡績協会へ改組）	Weekly Report of Yarn and Fabric Production by CCC Cotton	紡績各社別に，原料に CCC 棉を使用した綿糸布の生産量を表示。
タイプB	日本繊維協会綿紡績部→日本紡績同業会（日本紡績協会）	Production of Cotton Yarn by Count	番手別の生産量を，原料で CCC 棉（48 年 3 月より輸入棉と表示変更）と他の棉花別に，更に輸出向と内需用とに分けて表示。
タイプC	同上	Production of Cotton Yarn	紡績各社の綿糸の生産量を，CCC 棉（1948 年 4 月より輸入棉と表示変更）と他の棉花とに分け，更に輸出向と内需用とに分けた上で，需要先別に区分し表示。
タイプD	同上	Production of Cotton Fabrics for Export (for Domestic) by CCC Cotton	CCC 棉（1948 年 4 月より輸入棉と表示変更）を原料としたシャツやタオル等の商品品目ごとに，紡績兼営織布業者と織布専業業者に分けて生産量を表示。
タイプE	同上	Cotton Yarn Pro-duction Per Day Per Spindle	紡績各社の工場別に，据付・運転可能・運転中紡機数，生産量，1 錘当り 1 日の平均生産量，平均番手を表示。
タイプF	同上	Production & Delivery Status of Cotton Yarn	紡績各社生産の綿糸に関し，輸出向と内需用とに分けた上で，生産・引渡・在庫量を，4 半期別に表示。
タイプG	日本繊維協会綿紡績部→日本繊維連合会及び日本紡績同業会→商工省（1949 年 5 月より通産省へ改組）	Explanation on Monthly Report→Textile Monthly Report	各繊維工業別に分類されて表示。綿業の場合，2 部構成で，①棉花種類別需給状況，各種糸生産・引渡・在庫量，需要別各種糸生産量，需要別織物生産量，それらの明細，紡織機数，および②散文での生産等の現状説明。
タイプH	日本繊維協会綿紡績部→日本紡績同業会→商工省（通産省）	Cotton Spinners' Weekly Report	棉花種類別需給状況，屑の発生・在庫状況，各種糸別生産・引渡・在庫量等につき表示。
タイプI	日本紡績同業会→商工省（通産省）	Cotton Spinners' Report	設備・労働状況，燃料消費，棉花種類別需給状況，混紡糸生産状況，屑糸・各種糸別生産量等につき表示。

資料：ESS (B) 09035-09038, (C) 07138-07165, 07178, 07179, 07186-07199.
注：1.「統計開始期間」とは，定期的な提出が開始された，統計調査期間の最初を示す。
　　2.「時間差」とは，統計期間の最終日（ESS Form の規定と同様であるとみなし，全タイプとも 25 日と差を示している。なお提出日が不明の事例は計算から除外したが，半分程が不明であった。また同した。（　）内は最頻値であり，最頻値が複数ある場合，それらを算術平均した後に四捨五入した。

50

1949年11月ESS繊維課解散時まで）

統計開始期間	時間差	備考
1947年8/3～9（→48年 7/4～10まで）（週報）	7～20日（12日）	1947年12/18～1/3より各企業の工場別の，綿糸のみの生産量の統計も提出されている。時間差の幅は9～31日（最頻値は16日）。ただし1948年5/8～14より原料がCCC棉限定ではない生産量の統計に変更されている。
1946年12月分（月報）	23～62日（29日）	
1946年9月分（月報）	24～45日（26日）	
1946年11月分（月報）	24～54日（28日）	また国内向と輸出向とに区分されて表が作成されている。
1946年10月分（月報）	23～40日（29日）	さらに1947年11月分より稼働時間と運転可能紡機換算1錘当り生産量（但し48年11月まで）も表示。
1947年1月分（月報）	18～74日（37日）	在庫把握を目的に作成されたと考えられる。4半期別に在庫量を標示。また1947年1月末分より10月末分は輸出向に限定されたもの。
1946年11月分（月報）	20～27日（23日）	1948年3月分までは日本繊維連合会が綿糸布生産と生産設備に関する現状説明を作成し，1947年11月分より商工省が綿糸布生産・在庫，棉花需給状況，等作成している。また1947年8月分まで綿糸生産計画と実際の値との比較の表が作成されあわせて提出されている。
1947年1/26～2/1（週報）	7～30日（9日）	ESS指定の統計調査様式ESS Form No. 23に則って工場別調査が作成され，繊維課へは集計されたものが提出。
1947年11月分（月報）	17～34日（23日）	ESS指定の統計調査様式ESS Form No. 21に則って工場別調査が作成され，繊維課へは集計されたものが提出。

した）から，統計の提出日（実際の提出日は不明のため，提出された統計に付けられた日付で代替）までの一タイプの統計においても時間差はちらばりを見せているので，項目内には時間差の最小値と最大値を示

「タイプB」〜「タイプF」が定期的に作成・提出されるようになった[62]。

他方,「タイプH」と「タイプI」は,もともと1946年6月にESS調査・統計課が日本側へ指示した統計調査様式(ESS Form)に基づき,繊維工業の各事業所から日本繊維協会へと調査票が送られ,集計されてからESSへ提出されていた統計調査である[63]。しかしESSが,統計調査活動を民間団体から官庁へ移管することを求めたことが主な契機となって,1947年中に統計制度の改正が行われ[64],これによって1948年以降,各事業所が「タイプH」と「タイプI」の基礎となる調査票を,都道府県庁等に提出しそれを商工省が集計してESSへ提出する形式に変更された[65]。

②**内容と使途**:「タイプA」〜「タイプF」は,「タイプG」〜「タイプI」内の諸統計項目を一層詳細に報告しているものであり,ESS調査・統計課の指示に基づいた「タイプG」〜「タイプI」に比べて,ESS繊維課の必要性により適合したものであった。そのことを示すのは,「タイプA」〜「タイプD」,「タイプF」におけるCCC棉の情報の取扱いである。「タイプA」はCCC棉から生産された綿糸布の統計であり,「タイプB」〜「タイプD」もCCC棉を原料とする綿糸布の統計数値を,CCC棉以外の棉花を原料とする綿糸布の統計数値と区別して載せている。また「タイプF」は輸出向在庫の統計数値であり,CCC棉代金償還の見通しに直結する統計であった。このようにESS繊維課の指示で定期的に提出された6つの統計調査の内,5つまでがCCC棉関連のものであり,CCC棉取扱いに対する監督責任を負っていたESS繊維課の主要な関心の所在を,端的に示していたと言える。

また,「タイプE」のように生産設備関連の統計調査も実施されており,次章で後述する設備復元状況の把握に役立てられたと見られる。

③**提出日までの期間**:表中の「時間差」の項から,日本側はおおむね,週報の場合には10日から2週間後に,また月報の場合25日から30日後にESSへ提出していたことが分る。ESS繊維課はこれらについて必ずしも迅速な提出とは考えておらず,CCC棉輸入1周年に際してのメッセージの中でESS繊維課長テイトは,「日本のCCC棉取扱い業務における1つの欠点として,各工場への通知の伝達および逆に各工場よりの報告提出が

遅延することを挙げなければならない」と述べていた[66]。しかし，週報・月報の形でほぼ定期的に，おおむね2週間から1ヶ月程の間には提出されていたことや，日本紡績協会が当時毎月公刊していた『日本紡績月報』巻末の月別統計資料は，通常約3，4ヶ月前のものを公表していたことを考慮すれば，ESSは日本側の報告により比較的早期に綿紡績業の状況を把握することが可能であったと評価できよう。

　④内容の信憑性：第1-3表の統計調査の数値は，『日本紡績月報』の巻末に記載された統計資料や日本紡績協会が半年ごとの統計を集大成した『綿糸紡績事情参考書』，また通商産業大臣官房調査統計部作成の『繊維統計年報』1953年版に載せられている1952年までの占領復興期における統計数値と比較して，大きな差異はない。また各タイプとも原資料中に，数値の訂正をESS繊維課に通知する文書が散見される。日本紡績協会と商工省は，把握していた統計数値を客観的に通知する点でESSに協力していたと言うことができる。

　ここで以上の検討をまとめると，1947年初頭までに，末端の各工場（1946年末で復元中・稼働工場58ヶ所）から紡績企業を媒介して業界団体と商工省で集計されて，ESSへと定期的に流れる情報の伝達経路が構築され，統計調査を使ったESS繊維課による監督体制が成立した。ESS繊維課のそのような監督活動における主要関心事は，②で見たようにCCC綿などの輸入綿花の取扱いにあった。日本側は指令された通りに統計調査を行うことでCCC綿取扱いの監督活動の一端を担ったが，それは③と④の検討から窺い知れるように，おおむね協力的な対応であり，統計調査によるESS繊維課の監督の有効性を支えていた。外貨不足の下での綿花輸入に関わる事柄であったことから，そういった日本側の協力は得られやすかったと言えよう。

　また，上記した上層への情報の伝達経路は逆から見れば，ESS繊維課が官庁もしくは業界団体に指令を通知する，ESS繊維課を頂点とした日本側への指揮命令系統でもあった。しかし，これは単にESS繊維課の指令の「上意下達」および指令への日本側の応答の経路ではなくて，日本側の利害に関わる意思も下からESS繊維課へと伝達され，次項で見るように，

第1-4表　ESS各課が通行許可を申請した日本人の人数（各半期ひと月あたり平均人数

		貿易課	財政課	繊維課	工業課	労働課	ST
1945年	12月		31 (1)	翌年6月設立			
1946年	上半期		29 (8)	2 (3)			
	下半期	7 (3)	41 (10)	10 (4)		1 (1)	8 (3)
1947年	上半期	40 (4)	39 (7)	15 (4)	9 (5)	3 (1)	11 (4)
	下半期	116 (11)	66 (7)	44 (6)	48 (7)	8 (1)	14 (6)
1948年	上半期	276 (31)	67 (6)	68 (6)	112 (5)	6 (6)	23 (7)
	下半期	307 (27)	77 (6)	145 (5)	90 (5)	13 (6)	23 (6)
1949年	1・2月	263 (4)		214 (1)	93 (1)	27 (2)	19 (1)

資　料：ESS (A) 00142-00146, (B) 00303-00304, 03023, (C) 00210, 00212, 00214, 00215, 00217-00221, (F)
注：1. 表中の略記が示すものは次の通り。ST：科学・技術課，PC：価格・配給課，AC：反トラスト・カ
　　　他」には複数の課に出入りする由を申請された者を分類した。
　　2. 申請のない月を，各期の平均計算における分子からだけでなく分母からも除外したが，それは申請
　　　上でのゆがみを減らすためである。
　　3. 繊維課の1946年上半期の数値は，工業課繊維係（繊維課の前身）が提出した申請書の分である。

いわば双方向の意思の疎通を可能とする経路でもあった。この意思のやり取りは主に，本項の最初に述べたように文書の往還の形式でなされていたが，この書面による接触は，対面での接触と相補的関係にあった。次項では，その対面での接触について検討する。

3. ESS繊維課と日本側の対面での接触

　第1-4表は実際の通行者の人数を示すものではないが，ESSの各課が，入館していたビルの守衛部隊の本部に提出した日本人の通行許可申請書（ESSに勤めていた日本人従業員は除く）について整理したものである。ただし，資料上の制約から1949年2月までに申請されたものに限られる。この申請書によって通行証が発行された日本人は，所定時間内であれば，形式上自由にESS各課への通行が可能であった。

　第1-4表から分るように，各課は概ね年月の経過とともに申請した人数を増大させている。ESS財政課のように，すでに1945年末から比較的多数の日本人との接触の必要性を考慮していたと思われる課もあったが，

〔申請のない月は計算から除外〕）

( ) 内は申請書の各期合計数

PC	AC	RS	IR	FC	その他
1 (2)					1 (1)
8 (2)	6 (4)				
34 (3)	10 (3)				
19 (10)		16 (2)			
13 (1)			8月設立	7月設立	
			20 (2)	7 (4)	
			2 (1)	1 (1)	

00090, 00094-00099.
ルテル課，RS：調査・統計課，IR：内国歳入課，FC：基金管理課。また「その
書が散逸した月が存在する可能性や設立年月を考慮し，各期の傾向を把握する

ESS繊維課を始め大半の課では，1946年後半から1947年前半以降に，日本人との接触の一層の必要性を顧慮するようになったことが窺い知れる[67]。

次に，同じ資料をESS繊維課への通行者に絞って検討する。所属先が判明した人物を第1-5表で見る限り，業界団体や企業に属する者よりも官庁・公団に属する者の人数の方が多いことが分る。特に，棉花の輸入業務や製品輸出に密接に関わった繊維貿易公団に属する者[68]や商工省所属の者の多さが目立つ。また各組織の上位の人物ばかりではなく，一般職員・社員と見られる人物や技官といった，より現場や実務を知る者の通行許可も申請されており[69]，ESS繊維課は幅広く情報収集や意見聴取を行いうる体制を整えていたと考えられる。

続いて，実際の対面での接触の内実を分析するために，ESS繊維課内で綿紡績業を担当していた綿係に所属・関係する課員と日本側とが出席した会合の記録を検討する[70]。第1-6表は，ESS繊維課文書[71]に残された会合の記録を整理したものである。ESS繊維課文書では，綿係が作成していた1週間の「活動記録」にある会合が開かれたと記載されていても[72]，

第1章 日本綿紡績業に関する政策形成システム 55

第1-5表 ESS 繊維課が通行許可を申請した日本人（1946年4月から1949年1月までに申請された者）

所属先（団体・企業名）	数・人数 (ア)：申請団体 (イ)：(ア)の内、申請回数5回以上 (ウ)：(イ)の内、所属先での地位が判明する者の名前及び地位（名前の後の（ ）内は申請回数合計） の人数（技）は技官を指す		
官庁・公団（名前の後の（事）は事務官、（技）は技官を指す）	(ア)人数	(イ)	(ウ)
商工省（煩雑さを避けるために、右に挙げた人名は課長職以上の者に限った）	62人	22人	鈴木重郎（事）(20回) 繊維局長 中野哲夫（事）(14回) 繊維局 酒井弘（事）(13回) 綿業課長 中曽根人郎（技）(14回) 羊毛課長 渡辺佳夫（事）(5回) 人造繊維課長 福井政男（事）(5回) 絹業課長 讃岐喜八（事）(15回) 絹人繊課長→経済安定本部 生産局繊維課長 藤森輝次（技）(19回) 絹人繊課庶務一班・組合・絹紡績・担当等→特殊繊維課長 藤井淳一（技）(18回) 製品課長 柴田龍雄（技）(12回) 検査課長 小林正（事）(5回) 調査統計局 繊維統計課長
経済安定本部	18人	7人	細左薫（事）(7回) 生産局 繊維課需給係・麻業係 加藤貞夫（技）(9回) 繊維課需給係・麻業係 江上龍彦（事）(12回) 繊維課総務係 木村春吉（技）(9回) 繊維課総務係 足立修三（技）(11回) 繊維課化学繊維係
農林省	14人	6人	平田左武郎（事）(19回) 蚕糸局長 青柳暉郎（事）(16回) 蚕糸局 大村草（事）(18回) 糸政課海外係 富山眞三（事）(18回) 糸政課海外係
貿易庁	20人	0人	―
棉花買付委員会	3人	1人	上柳昇平（5回）
繊維品海外販売委員会	19人	12人	―
繊維貿易公団	104人	2人	―
横浜生糸検査所	1人	0人	―
内務省	1人	1人	―
終戦連絡事務局	2人	1人	委員の補助（黄洲紡績 業務部長→取締役兼、商務部原料部長＊）

56

繊維関連業界団体			
日本繊維協議会(1945年12/20設立)→日本繊維連合会(1947年3/28設立)→日本繊維協議会(1948年4/15設立)	15人	8人	加藤末雄(13回) 日本繊維協議会理事長→日本繊維連合会理事長→繊維品海外販売委員会事務局長
			小嶋知帆(26回) 日本繊維協議会理事→日本繊維連合会理事
			奥正助(8回) 日本繊維協議会理事→日本繊維連合会理事
			古沢千代(15回) 日本繊維協議会常任参与→日本繊維物染色同業会専務
日本紡績同業会(1947年4/1設立)→日本紡績協会(1948年4/15設立)	8人	4人	堀文平(6回) 日本紡績協会委員長兼、日本紡績同業会長(富士紡績社長)
			田和安夫(10回) 日本紡績協会理事→日本紡績同業会専務→日本紡績協会常務
			田川信一(17回) 日本紡績協会理事→日本紡績同業会常務→日本紡績協会常務
その他の業界団体(後縮団体も同一として数えた。また繊維課が所管していた皮革業の関連団体も含む)	13団体	15人	吉田清三(22回) 日亜米業会副会長→中亜米業協会長
			木重志(9回) 日本化学繊維協会能務部部長、調査部長
			片岡俊一(10回) 日本化学繊維協会絹部長兼、人絹部長
	41人		小林文太郎(14回) 絹人絹織物同業会専務
			西村英雄(6回) 麻糸同業会常務
			山内正夫(13回) 日本羊毛工業連合会理事長
			山田芳三(8回) 日本繊維製品同業会長
繊維関連企業			
10大紡	8社	4人	木村義雄(9回) 鐘淵紡績 渉外部長→総務部次長
	21人		古村武七(6回) 日東紡績 監査役兼、渉外部長
その他(商社名を含む)	19社	9人	花岡真澄(15回) 片倉工業 取締役兼、販売部長
	35人		原佳一郎(6回) 郡是製糸 営業部長→取締役 ＊
			小島俊文(6回) 東京麻糸紡績 常務→専務→常務 ＊
			朝倉一彦(7回) 東洋麻織 輸出課長 ＊
			煙右学(9回) 旭化成工業 渉外部長 ＊
詳細不明の組織	2団体6人	0人	
所属不明	137人	9人	

資料：A．ESS (A) 00142–00146, (B) 00303, 03023, (C) 00210, 00215, 00217, 00218, 00220, (F) 00090, 00095, 00096, 00098, B．『繊維年鑑』昭和22年、23年、24・25年各版. 時事通信社. 昭和22年、24年版. 時事通信社人名録. 1950年版. 時事通信社. D．『主要繊維会社人名録』1950年. C．人事興信所編『日本職員録』人事興信所.

注：1. 表中の「→」は、事実上同一団体と認められる組織の変遷が個人の地位の推移を。名の頭文字で記載がある場合、①英文字の場合、所属先が不明である場合は別人、不一致があれば同一人物、とした。「―」は、該当者なしか地位の判断ができなかったことを示す。また、名の不記載がある人物がいた場合、申請書間の時系列的な人物の同一を判断する際には、資料B～Dを参照しつつ次の基準に従った。①英文字の場合、所属先が不明であれば別人、名とともに一致すれば同一人物、不一致があれば同一人物、とした。
2. 所属先が移動している場合、それまでの所属先のみで数え所属先ごとに重複しないようにした。
3. 1人の人物の所属先が数多く記載される場合、申請書に記載される所属先の多い所属先のみで数え所属先ごとに重複しないようにした。
4. 所属先は申請書記載のものを採用したが、出身母体等を兼任した地位を（ウ）内に記載する場合もある。
5. 1949年以前は申請書記載とは異なる可能性があるが、資料Dから判明した1950年5月時点の地位を、後ろに「＊」を付けた上で記載した。

第1-6表　ESS繊維課綿係と日本側との綿業に関係する会合お

	会議数 (( )内 は内訳 の数)	出席者				
		GHQの 他部署 の同席	日本側出席者の所属先			
			官庁・ 公団	業界 団体	企業	労働 組合
1946年 8・9月	5	1	3	4	2	
10・11・12月	47	12	20	28	14	1
1947年 1・2・3月	20	4	5	8	8	
4・5・6月	14	1	5	11	3	
7・8月	3	1	1	2		
9・10・11月	17 (7)	6	6	7	5	1
1948年 12・1・2月	66 (58)	8	19	25	26	3
3・4・5月	33 (30)	3	5	23	7	1
6・7・9・12月	4		3			1
1949年 1・2・3月	51 (35)	1	27	14	16	
4月	4		1	3	1	

資　料：ESS (C) 07073, 07138-07140, 07142, (E) 03541-03560, 03589,
注：1．各項目の数値は，各期間の合計数。
　　2．紡績工場に対する視察（inspection）は1回で複数の工場を回るのが普
　　3．「会議数」の欄の（ ）内は，本文中で触れた綿係の1週間の「活動
　　4．「出席者」の各項の数は，参加人員の合計数ではなく，その項の属性の
　　　する人物の場合，会議録に記載されている地位を所属先として採用し
　　　多寡があるためこれを考慮し，その期間ごとに区切った場合もある。

　その会合の会議録[73]は残されていない場合が多い。したがって，活動記録が残されていない期間においても，会議録が残されなかった会合の存在が推測できるので，その2種の資料を典拠にした第1-6表は，実際の会合全てを網羅していないと考えられる。しかし，この第1-6表から一定の傾向を読み取ることは許されよう。

　第1-6表の「議題・会合内容」欄の各項目は，おおよその傾向を把握するために主要議題について分類したものである。ESS繊維課綿係は，綿業の川上部門から川下部門にわたる幅広い事柄に関して日本側と協議していたことが分るが，中でも棉花の輸入や取扱い（生産・分配）に関する会合が多く，双方の利害関心が棉花の輸入と取扱いに集中していたことが注目される。

　第1-5表では官庁・公団所属の者が目立ったが，第1-6表の「出席者」欄の接触回数を見てみると，官庁関係者に劣らず，業界団体や企業そして

よび視察

議題・会議内容										綿業係による視察
原料（主に棉花）	生産・分配	輸出	生産設備	融資	石炭電力	労働	染色加工	検査	その他	
	3							1	1	1
2	20		9	3	2	1	6	3	1	
4	4	1	5	2			3		1	3
5	2	1		2			3		1	4
	1		1			1				2
	6	3	4		1				1	4
12	26	7	3	4	2	7		2	1	1
6	11	2	3			4	5		2	1
	2			1	1					6
13	33	2	1					1	1	2
1	3									1

03600-03603, 03647-03650, 03652, 03669, 03670

通であったが，各々数えないでまとめて1回と数えている。
記録」に記載されている会合の合計数。
人物が参加している会合の合計数を示している。5．業界団体と企業の地位を兼任
た。6．期間の取り方は4半期を基準としたが，資料の残り具合に一定期間ごとに

労働組合に属する民間部門の者も頻度の点ではESS繊維課との接触が活発であったことが分る。ESS繊維課が主導した政策形成過程において，日本側の官庁部門以外に民間部門の影響も無視できないものであったことを窺い知ることができる。

また第1-6表に取り上げたように，会合とは別にESS繊維課員は紡織工場への視察も実施してその記録を残しており，そういった視察によって工場内の調査と意見聴取がなされていた。

以上のようなESS繊維課と日本側との会合の内容を大きく分類すると，①ESS繊維課による日本側への口頭指令や状況説明，②日本側によるESS繊維課への説明や意見・要望の具申，およびESS繊維課の指令や意向に対する質問，③意見交換を通して問題点を明らかにし，また合意形成を行うこと，の3つが挙げられる。①のようにESS繊維課による一方向の接触の場合以外に，②や③のように直接・間接的に日本側が政策形成に関与

第 1-2 図　日本綿紡績業に関する政策形成システム

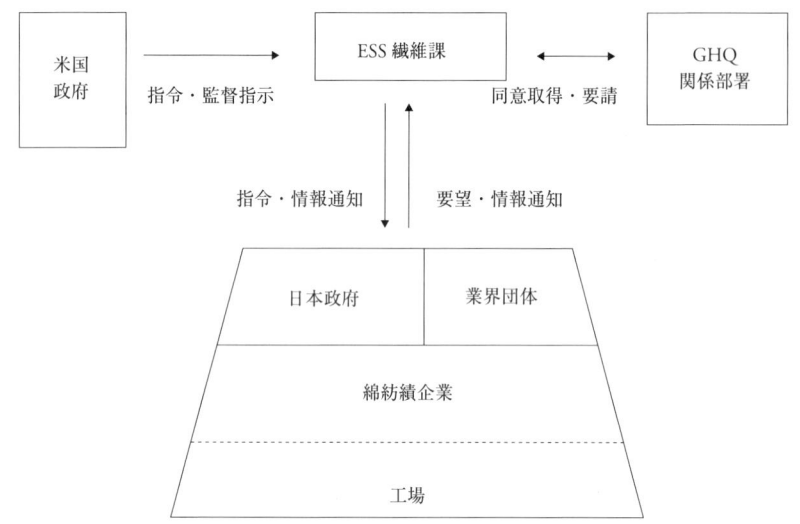

```
┌──────┐  指令・監督指示  ┌──────────┐  同意取得・要請  ┌──────┐
│ 米国 │ ───────────────→ │ ESS 繊維課 │ ←─────────────→ │ GHQ  │
│ 政府 │                  │          │                │関係部署│
└──────┘                  └──────────┘                └──────┘
                              ↕
                    指令・情報通知 ／ 要望・情報通知
                    ┌──────────────────────┐
                    │ 日本政府  │ 業界団体 │
                    ├──────────────────────┤
                    │      綿紡績企業       │
                    ├──────────────────────┤
                    │        工場          │
                    └──────────────────────┘
```

注：貿易に関しては，1948 年 8 月まで ESS 貿易課が主管し，その後は 1949 年 11 月まで ESS 繊維課が主管した。1949 年 11 月以降は，再び ESS 貿易課が主管している。

する場合も存在していた。ESS 繊維課は最終的決定を主導したが，日本側との事前の調整が実際の政策執行過程での指令の順守にとって重要になることを考慮し，すべての政策課題に関してではないものの，指令の正式な通達の前に主にこれら対面での接触によって，合意の形成を図ろうとしたものと思われる。その際，これまでの検討から窺えるように棉花の輸入と取扱いを円滑に進める点で双方の利害は一致しており，それが双方を合意形成へと導く主要な鍵の 1 つであったと考えられる。

　こうして 1947 年初頭までに，第 1-2 図に示されるような，棉花の輸入と取扱いへの利害関心を軸として各主体が結びついた政策形成システムが成立した。それは，米国政府や GHQ の関係部署と密接に関わりつつも，ESS 繊維課 (1949 年 11 月の解散後は，ESS 工業課) を頂点にして日本側の官庁・業界団体から工場へと至る指揮命令系統であり，他方で，日本側が，ESS 繊維課へ情報を伝え自らの利害を連絡・協議することも可能である上層への伝達経路であった。

おわりに

　ESS繊維課は1946年6月に，設置された。設置の理由は，ESS局長マーカットらESS上層部が，第1に，外貨不足のために供与された特殊な借款に基づいて，同時期の6月から輸入されるようになった米棉の日本側による取扱いを監督する専門部署が，必要であると判断したからであり，また第2に，綿工業を含む繊維工業が日本経済の復興にとって重要であり，専門部署によって復興支援が必要であると考えたからであった。

　ESS繊維課の設立時より，繊維工業の生産面はESS繊維課が所管し，貿易面はESS貿易課が所管するという形で，管轄権の分業体制が存在したが，ESS繊維課は，ESS貿易課の繊維工業に関連した貿易に対する政策立案に間接的ながら関与し続け，さらに1948年8月から1949年11月までは，貿易面を直接に所管した。ESS繊維課は，任務規程の改定・変遷や歴代の課長の構想に基づいて，その組織と人事を整えた。しかし，1949年後半期になるとESS上層部は，米棉借款の返済や繊維工業の復興の目途が立ったことから，繊維工業を専門に扱う部署は不要と判断したために，ESS繊維課は1949年11月に解散した。ESS繊維課の機能の生産面はESS工業課，貿易面はESS貿易課に引き継がれた。

　また，ESS繊維課は，日本綿紡績業に関する政策実施・執行を円滑に進めるために，日本側との協調を保証する政策形成システムを構築することを企図し，およそ1947年初頭までにその根幹を築いた。

　ESS繊維課が整えた綿紡績業に関する政策形成システムの特徴は，第1に，SOPに規定された同意の取得を目的に，GHQ内の関係部署との意見の調整が必要不可欠とされていたことである。第2に，1947年初頭までに，ESS繊維課を頂点に商工省や業界団体を媒介して末端の紡績工場に至る「上からの」指揮命令系統と，情報・意思の「下からの」伝達経路が構築され，それを通した書面による接触と対面での接触が行われて，双方向の意思疎通がなされた。このような政策形成システムが作られたことの背景には，占領下という特殊な環境要因に加えて，GHQと日本側双方に棉

花の輸入を軸とする利害関心が存在しており，その利害がシステムを構成する諸行為主体を結び付けていたと考えられる。すなわち，ESS繊維課は米棉借款に基づき輸入された棉花の監督責任のために，また日本側は物資輸入を目的とした外貨獲得のために棉花の輸入と製品輸出等の実現を望んでおり，このように棉花の安定した輸入と取扱いは，双方の共通の利害となっていた。

第2章
日本綿紡績業に対するGHQの生産設備管理政策の形成と廃止

はじめに

　戦時期，日本綿紡績業の生産設備は甚大な被害を受けた。このような状態は，10大紡が占領復興期当初に所有していた，化繊・羊毛部門などの他繊維部門の生産設備においても同様であった。

　敗戦後，10大紡は，これらの生産設備に関する復元を望んだ。日本政府にとっても，基幹産業の綿紡績業の復興を左右する生産設備の復元は，望ましいことであった。

　しかし，占領復興期前半期において綿紡績業を始めとする繊維工業は，生産設備の復元を自由に進められない状態にあった。その理由は，次に見るように2点あった。第1に10大紡は，1946年前半期に制限会社指定を受けており，生産設備の復元資金を借りたり調達した資金を生産設備の復元に投下したりするには，GHQの許可が必要であった[1]。第2に綿紡績業等の綿工業の生産設備は，連合国の賠償対象となる可能性があった。実際に，米国政府が賠償問題の調査のために日本に派遣したE・ポーレー（Edwin W. Pauley）によって作成され，1946年11月17日に公表された総括報告書によれば，綿紡機350万錘，綿織機15万台以上の賠償撤去が提案

されていた[2)]。

　復元を阻害する上記の難点を解決するために，日本綿紡績業や日本政府はGHQに対して1946年中頃から，生産設備の復元水準に関する許可を求めて，復元計画の提出や陳情を行った。これらの日本側の活動に対してGHQは，回答を与える必要性に迫られるようになった。

　本章の目的は，GHQが綿紡績企業の生産設備を対象にして策定した占領政策（以下，生産設備管理政策[3)]と記す）の形成から廃止までの全体像を明らかにすることである。

　GHQにおいて，繊維工業に対する生産設備管理政策を所管していたのはESS繊維課であった。1946年6月の設立当初のESS繊維課は，生産設備等を含む生産面の監督を責務の1つとしていた。

　しかしながら，ESS繊維課にとって生産設備管理政策を進めることは，2つの点で容易ではなかった。1つは，綿紡績企業の生産設備の復元水準の決定作業の進行途中でGHQ関係部署の所掌範囲と抵触する点が出てきたために，GHQ関係部署間の調整が必要となったことに起因した。例えば，復元水準の決定は綿紡績企業の復元融資の金額を左右したから，制限会社を所管したESS反トラスト課の所掌範囲と交差していた。また復元水準の決定のためには，後述するように日本経済にとっての綿糸の必要量の推定をしなければならなかったが，綿製品の輸出量を推定することはESS貿易課の所掌範囲に抵触していたし，綿製品の国内配給量を推定することは他のGHQ関係部署（ESS価格統制・配給課やESS工業課，民間運輸局など）の所掌範囲と重なっていた。このように，ESS繊維課は，GHQ関係部署の同意を得るために調整を図らなければならなかった。

　もう1点は，上述したように米国政府の対日賠償政策が，綿紡機など繊維工業の生産設備を賠償対象に含めるか否かという点であった。また，米国や英国などの綿製品製造企業が，日本綿紡績業の復興に対して批判的な姿勢をとっていたことも問題であった。ESS繊維課は，米国政府の対日賠償政策や国際世論も視野に入れつつ，生産設備管理政策の形成を行わなければならなかった。また形成された生産設備管理政策を改変する際にも，これらの要因は重要であった。

以上を踏まえて本章の課題は，まず第1にESS繊維課が1946年から1947年にかけて，前章で明らかにした政策形成システムを前提にして，いかなる生産設備管理政策をどのような過程を経て形成したのかという点を解明することに置かれる。そして第2に，生産設備管理政策をどのような過程を経て1950年に廃止するに至ったのかを解明することである。以下の叙述は，この2つの課題に対応して2節に分れている。

第1節　生産設備管理政策の形成

　本節では，1946年から1947年中頃にかけてESS繊維課が主導して策定した，日本綿紡績業の生産設備に関する一連の指令（第2-2表を参照）の形成過程を検討する。

　実際の政策形成過程では，まず日本綿紡績業が保有できる綿紡機の総枠が決定され，次にその総枠の中で10大紡各社の保有制限錘数と新規参入する独立企業の錘数とが定められた。これらの政策形成の直接の契機は，日本側から提出された生産設備に関する要請に対してGHQの返答が必要になったことから生じた。そこで，まずこの点から検討する。

1.　10大紡の設備復元計画と「繊維産業再建3ヶ年計画」の提出

　占領復興期当初，日本綿紡績業の生産設備の復元計画は，まず日本繊維協会と10大紡によって作成された。この復元計画は1946年初頭に来日した繊維使節団（第3章にて後述）に提出され，使節団の報告書にも採用された[4]。日本側はこれに一層の検討を加え，同年10月30日に復元資金の調達許可の申請とともに，GHQへ提出された[5]。

　他方で，商工省も繊維工業の復興を計画していた。1946年7月までの期間に商工省繊維局は，「五ヶ年後の生産目標を年15億ポンドとして，これに対応する繊維別復元計画を立案し」て，GHQへ提出した[6]。しかしGHQは，「(1)三ヶ年の再建計画をたてること。(2)立案にあたっては，

敗戦国としての現実に則した実行可能な案をたてること。(3) 各界の権威を網羅して綿密な検討を加えること」という回答をした。さらに GHQ は次のような補足の指示を出した。「一つには三ヶ年後には世界的繊維生産過剰の可能性があるということであり，また二つには戦勝国製品の市場をできるだけ侵蝕しないことは勿論，仕向国における繊維工業に脅威を与えぬよう，従来日本品に依存した市場および商品に重点をおき，最小限数字を計上するよう」にと伝え，復元水準を抑制することを求めた。

そこで日本政府は次のような措置をとった。まず 1946 年 7 月 22 日の次官会合において，商工省を中心とする官庁の者と繊維産業の関係者および学識経験者からなる繊維産業再建委員会を設置し，繊維各部門の復興計画を策定することが決定された。8 月 16 日以降の数回にわたる会合での検討の末，9 月 20 日に，綿，スフ，羊毛，人絹，絹，メリヤス，布帛製品，繊維雑品の 8 部門から成る「繊維産業再建 3 ヶ年計画」（以下，3 ヶ年計画と略称する）の最終案が政府へ答申された[7]。計画最終年度（1948 年 10 月より 1949 年 9 月）の綿紡績業の稼動設備の目標は，第 2-1 表の A 欄にあるように 437 万錘とされた。また綿織機は，計画最終年度に綿織物専業企業も含めて 15 万 6,536 台（広幅綿織物用の織機のみ）とされた。

3 ヶ年計画は，1946 年 10 月 18 日に正式に GHQ へ提出されることになるが，すでに 9 月の内に ESS 繊維課へその一部が提出されており，9 月 25 日には同計画に関して ESS 繊維課と日本側との間で会合が開かれた[8]。この席で ESS 繊維課顧問 P・マガーニアは，今後資金面や原料輸入の面で，米国政府の協力や極東委員会の同意が必要だとする見解を日本側に述べるとともに，「繊維課が勧告を出すために 3 ヶ年計画を検討するだろうが，最終的決定を行う権限が与えられているかどうかは疑問だ」と述べて，3 ヶ年計画に関する ESS 繊維課の検討成果には，GHQ の上位にある米国政府や極東委員会の承認が必要になる可能性をほのめかした。つまりこの段階での ESS 繊維課は，独自に 3 ヶ年計画に承認を与えたり生産設備水準を決定したりすることはできない可能性が高いと判断していた。

いずれにせよ，この日本側の 3 ヶ年計画策定の動きから ESS 繊維課は，日本側への回答を準備する必要性を考慮したと見られ，日本側の 3 ヶ年計

第2-1表 綿紡績業の生産設備水準の推移

単位:他に単位記載がなければ,糸量換算でポンド(lbs)

		A. 1946年10月提出,繊維産業再建3ヵ年計画(綿の部)	B. 1946年11月23日付報告書	C. 1946年12月7日付報告書	D. 1947年1月3日付報告書
綿糸の配分先	ア. 国内向民生用	綿糸配分の優先順位はウ,イ,ア,また輸出(ウ)と国内消費(イ,ア)の割合は6:4 第1年度:1億2055万 第2年度:1億9696万5千 第3年度:1億7706万7千	日本人8000万人とし,a. 1人年間綿織物消費量5.76と仮定し*3,4億6060万と算出。b. それをスフ等で20%代替して,1人当り4.6,3億6848万。c. 更に1人当り消費量を3.85まで削減して,3億848万	a. 左bと同じ仮定で,3億6848万と算出	a. 日本人8000万人,1人年間綿織物消費量4.2と仮定し,3億3600万と算出
	イ. 国内向生産資材用	第1年度:7894万 第2年度:8154万 第3年度:9131万8千	d. 9156万*4	b. 左に同じ	b. 左に同じ
	ウ. 輸出向	第1年度:3億28万 第2年度:3億3618万5千 第3年度:4億2825万5千	e. 総生産の約3分の2を輸出と仮定。cとdより計算して,6億5000万	c. 2億5800万*5	c. 左に同じ
エ. 必要生産量(ア,イ,ウ合計)		第1年度:4億9977万 第2年度:6億1469万 第3年度:6億9164万	c+d+e=10億5004万	a+b+c=7億1804万	a+b+c=6億8556万
オ. 一錘当り生産高		1年300日,1日16時間,22番手で1年に①162,②165.24,③166.86産出*1	1ヶ月26日,1日2交代17時間,20番手で200産出	左に同じ	左に同じ
必要錘数(計算の基本式はエ÷オ)		各年度の終期稼働設備は, 第1年度:352万錘 第2年度:392万錘 第3年度:437万錘*2	525万錘	約360万錘となるが,今後数年先の輸出の緩やかな拡大の可能性を考慮し,400万錘	約350万錘となるが,今後数年先の輸出の緩やかな拡大の可能性を考慮し,400万錘

資料:「繊維産業再建計画の答申に関する件(案)」(国立公文書館所蔵);ESS (A) 08900-08902, (E) 03588.
表注:*1:ここでは①で,第1年度を示す。
*2:エ÷オによる所要設備値を上回るが,実際の設備復元・新造の遅延等を考慮して余裕を入れたものと思われる。
*3:1930-34年平均にほぼ等しくなるようにとられた。
*4:3ヶ年計画を参照している。
*5:GHQの推定値。
注:1. 原計画内で端数が切り捨てられて計算されている場合があるが,それに従って記した。
  2. なお紡機以外の織機等の生産設備に関して,3ヶ年計画では復元計画の対象とされたが,ESS繊維課の報告書では紡機数の設定により自然に定まるとされ復元計画の対象外とされた。

画の正式の提出に先駆けて,日本綿紡績業の生産設備の復元水準を定める指令の立案作業を開始することになった。次項では,この指令の形成過程を検討する。

2. 400万錘枠の形成過程

(1) 1946年10月の会合と報告書の作成

1946年10月15日，日本繊維工業の生産設備の将来的な水準を議論するために，ESS 繊維課の主催の下でESS 関係諸課を集めた会合が開かれた。この会合の目的や背景を説明するためにESS 繊維課は，当日か前日に配布されたと見られる10月14日付の文書（以下，会合指針と呼称する）を作成している[9]。この中で注目されるのは，ESS 繊維課が検討成果のワシントン送付を望んでいたこと，また関係部署へ協力関係の構築と資料の提供とを要望していたことである[10]。これらの点は10月15日に行われた会合においても再度確認され，質疑応答の焦点となった。そこで，次にこれらの点を中心に10月15日のオリエンテーション会合と，同日引き続き開催された綿紡績業に関する第1回会合について検討する[11]。

まずオリエンテーション会合では，会合開催の背景や今後の方針についてのESS 繊維課による説明と他課との質疑応答とが行われた。会合指針と同様にここでもESS 繊維課は，検討成果のワシントン送付が必要であることと，他課との間での最大限の調整と協力が計画策定に必要であることを強調した。この後，ESS 繊維課とESS 貿易課の間で質疑応答が行われた。ESS 貿易課は，ワシントン送付が「適切な経路 (channel) であるかどうかは確かではない」と疑問を呈した。ESS 繊維課長テイトは，「我々も正しい経路については確信が持てない……［引用者省略］……が，その主題に関する最終的な決定は我々よりも高度の次元で成されなければならない」と返答した。

ESS 繊維課がこのようにワシントン送付にこだわった理由に，1つはテイトが同会合内で述べたように，「日本繊維工業は世界の他産業 (the other industries) との経済的関係において非常に重要であるので，最終的な承認はワシントンレベルの当局から受けなければならない」[12]という判断があったからだった。他に主要な理由としては，生産設備に関するESS 内の決定が，米国政府や極東委員会（ワシントンに設置されていた）での議論に抵触することを，ESS 繊維課が恐れたからだと考えられる。これは，前

項で見たマガーニアの発言や，後述する12月19日の会合でESS繊維課の計画・連絡係長S・ウェソンが，当時米国政府や極東委員会で議論されていた賠償問題により，GHQの決定が制約されることに懸念を示している事実から窺い知ることができる。

同日中にこのオリエンテーション会合に引き続いて，同じ出席者によって綿紡績業に関する第1回会合が開かれた。ここでもESS繊維課は，会合指針と同様に各課に対して必要とする資料の提供を要請した。またここでは，他課より次の2つの質疑が出された。

第1の質疑はESS貿易課からの発言であった。同課では日本の「繊維製品の外国市場を正確に把握することは困難」であり，そして「輸出向けに望まれる繊維製品の量に関する正確な見解を提供するための準備は行わない」とESS繊維課への協力を拒むような趣旨を述べた。これに対しESS繊維課の綿・羊毛係長W・イートンは，「日本において我々は他の誰よりもそのような推定をする資格をもっている」のであって，「我々よりも状況に詳しくないワシントンにいる誰かに，我々への命令のために (for us) そのような推定を行わせてはならない」と返答している。第2の質疑はESS価格統制・配給課から出された。同課は，「計画はこの先の2，3年間のために作られるべきである」と主張した。ESS繊維課は，「我々はまさしくそれを避けようとしている……［引用者省略］……特定の時間の観点からこの問題の考察をするつもりはない。我々は望ましい生産水準のための計画を策定しようとしている」と反論した。

会合は，次回の会合開催日を1946年10月29日と定めて終了した。上記のような質疑応答を通してESS繊維課と他課との間で見解の相違が浮かび上がった。それは，①ESS繊維課への情報提供の有無，②検討成果のワシントン送付の賛否，③将来的・長期的観点に立った上での計画策定の是非，の3つにまとめられよう。これらは，以後の展開の焦点ともなった。

1946年10月29日に第2回目の会合が開催され，ESS繊維課の他にESSの計6課の代表が出席したが[13]，成果の乏しい会合となった。ESS価格統制・配給課とESS工業課より，要請された調査がまだ不十分である

旨が伝えられ，ESS 貿易課に至ってはこの会合に代表を出席させなかった[14]。このため ESS 繊維課は必要な情報を得られず，また「手持ちのデータが不完全である以上，会合を続けることは無益である」とする他課の意見を受け入れ，会合の延期を告げざるを得ないことになった。GHQ 文書において，これ以後の時期に，復元水準を扱った会合の開催を確認することはできなかった。

それでも ESS 繊維課は，計画・連絡係長 S・ウェソンが中心になって，11 月 23 日付で報告書 (staff study) を完成させたことが確認できる[15]。この報告書は，会合指針で作成が計画されたものの第 1 稿であると考えられる。その大要は第 2-1 表の B 欄の通りであり，ESS 繊維課は国内向けの民生用，国内向けの生産資材用，輸出向けと 3 つの面から必要な綿糸の数量を計算し，これを基礎にして最終的に，日本綿紡績業には 525 万錘が必要であるという結論を導き出した。

この報告書で使用された資料から，興味深いことが分る。この計算に使用された資料の引用元が，上記報告書の最後に記されているが，そこには ESS 価格統制・配給課や商工省繊維局の名が挙げられているものの，ESS 貿易課の名はない。当報告書では，輸出量の推定のために輸出市場・条件の考察が行われ，注を除く本文の半分弱の頁が割かれているが，その考察に関して ESS 貿易課は基本的に関与しなかったと考えられる。他方で，先に見た 3 ヶ年計画がその引用元の 1 つとして挙げられており，需要先として民生用，生産資材用，輸出向けの 3 つに分けて考察されている点の形式的類似性や，生産資材用の必要量の根拠が 3 ヶ年計画に置かれていることから，3 ヶ年計画はこの報告書の内容に一定の影響を及ぼしたことが分る。もっとも 10 月のオリエンテーション会合で ESS 繊維課は，日本側のデータの信用性に疑問を呈し，それらデータから「できる限り独立して研究を行う」ことや，またそれらはあくまでも GHQ 側の「結果を別の方法で確認することには利用可能であろう」とする方針を述べていた。しかしながら ESS 他課の情報提供が不十分だったために[16]，結果としていくつかの基本的な点で，3 ヶ年計画に頼らざるを得なかったと考えられる[17]。

この報告書をまとめたことにより，ESS 繊維課の次の目標は，GHQ 関

係部署から当報告書とそのワシントン送付への同意を取り付けることになった。次にその帰結を検討する。

(2) ESS 内および日本側との調整と SCAPIN-1512 の策定

　1946 年の 11 月 23 日付報告書で 525 万錘と結論付けられた生産設備水準であったが，その約 2 週間後の 12 月 7 日付で ESS 繊維課によって作成された報告書[18]ではこの点で大きな変化を見た。また，ワシントン送付問題に関しても新たな動向が生じることになった。

　そこでまず，この 12 月 7 日付報告書の内容を検討する。11 月 23 日付報告書と比較をしてみると，注目すべき改訂個所は以下の 3 点に整理できる。

　①従来のように「望まれる」水準 (desired level) ではなく，「中間的・暫定的な」水準 (interim level) の策定が目指されている。

　② ESS 繊維課による輸出市場等の考察が削除され，代りに ESS 貿易課が策定したと見られる 1947 年の輸出推定値がこの先数年間も妥当である，とされて採用された[19]。その結果 360 万錘の稼働が必要との判断が導出されたが，将来数年間の輸出の緩やかな増大の可能性を斟酌すると 400 万錘という目標が実際的であると，結論付けられた（第 2-1 表の C 欄を参照）。

　③報告書のワシントンへの送付について，全く触れられていない[20]。

　では，なぜこのような改変を見たのだろうか。まず②の要因として挙げうるのは，1946 年 11 月 17 日に米国で公表され対日賠償政策の方針が示されたポーレー総括報告書である[21]。そこで明らかにされた，綿紡機の保有制限を 300 万錘とするという提起が，その数値から大きくかけ離れた 525 万錘という水準を決定することを躊躇させた可能性がある。しかしより本質的な原因は，関係部署の同意が得られなかったことにあったと考えられる。11 月 26 日付で ESS 繊維課は記録用覚書を作成しており，ESS 貿易課，ESS 価格統制・配給課，ESS 工業課等に対して報告書の内容およびワシントン送付への同意を求めたと見られるが，結局，どの課からも同意は得られなかった[22]。このような関係部署の 11 月 23 日付報告書

とワシントン送付に対する不同意が，12月7日付報告書の作成に大きな影響を与えたと考えられる。そこで，ESS繊維課と関係部署との関係に注目しつつ，上の①〜③の改変の理由をさらに突きつめて検討しよう。

　まず②について検討する。ESS繊維課とGHQ関係部署，特にESS貿易課との間に確執が窺えたことは先にも触れたが，この点を確認する上で，1946年12月19日のESS繊維課とESS諸課を統轄していたESS上席行政官（executive officer）のM・ハルフ（Mayer H. Harff）との会合は注目に値する[23]。ここでハルフは，ESS繊維課がESS貿易課の担当する「市場調査や輸出の目標をあまり取り上げるべきではないと思われる」と述べ，他課の所掌範囲への抵触に注意を促した。ESS繊維課のウェソンは，ESS貿易課が進んで協力してくれなかったためにESS繊維課独自の分析をした旨を述べて弁明し，また「将来の市場に関する長い議論を完全に削除するために，この報告書を改訂することを提案している」と述べていた。このことは12月7日付報告書で，ESS繊維課の輸出に関する独自の考察に基づく輸出推定値が削除されて，代わりにESS貿易課が策定したと見られる数値が採用され，復元水準が400万錘へと変わったことに，対応していると見ることができる。ESS貿易課は，先に見た10月の会合で主張したように輸出条件の長期的な推定は不可能と考えており，加えてハルフが「代弁」したように，貿易計画策定の権限を侵されることを嫌ったために，報告書作成への協力を拒み，その上ESS繊維課が輸出について独自の考察を施した報告書に同意することに，難色を示したものと考えられる。

　では次に，③のワシントン送付問題に関してはどうだろうか。上記の1946年12月19日の会合でハルフは，「やむにやまれぬ理由がないのであれば，ワシントンへ情報を自発的に提出することはあまり適切ではないと我々には感じられる」と述べた。ワシントン送付への反対意見は，前述したようにESS貿易課から示されていたが，ESS調査・統計課も12月12日付でESS繊維課へ意見を寄せ，棉花および他の輸入物資の支払いのために必要な外貨獲得のために輸出量の増大が重要とされている状況なので，ワシントンはGHQが繊維工業を制限しようとしていると解釈するかもしれず，報告書と電信の送付は行うべきではないと主張した[24]。ESS繊

維課は ESS 上席行政官や他課の送付への否定的な見解を前にして，報告書への同意を取り付けるために，送付を断念せざるを得なくなったと考えることができる。

　最後に，①を検討しよう。第 1 に，上記したように将来の輸出に関する分析が事実上禁じられれば，必然的に長期的な生産設備水準を検討することは困難となる。第 2 に，ESS 他課や ESS 上席行政官の反対により報告書のワシントン送付を断念する必要が生じ，米国政府や極東委員会の承認が得られる見込みがなくなった以上，今後決定されるかもしれない綿紡績業に関する対日賠償政策に抵触する可能性のある，生産設備に関する長期的な計画を策定することは難しくなる。①のように算出された綿紡機の錘数が中間的・暫定的な水準であるという制約が付けられたことの背景には，このような理由があったものと考えられる。

　また関係部署との調整と並んで，日本側との協議も行われていた。商工省繊維局は生産設備の総枠に関して，1946 年 10 月に正式に提出された前述の 3 ヶ年計画と 10 大紡の設備復元計画とに記載された数値に比べて，より低い復元水準を提示する別の要請も行い，いわば 2 段構えの交渉を行った。まず商工省繊維局は，1946 年 7 月から 9 月上旬頃に ESS 繊維課へ提出したと見られる復元計画概要において，「さしあたり 360 万錘」（内，10 大紡の割当分は約 330 万錘）の復元と 10 大紡以外の業者の参入を計画していることを説明している[25]。また，商工省繊維局は 11 月 6 日の ESS 繊維課との会合で，3 ヶ年計画において第 3 年度に必要とされる綿紡機は 414 万 5,000 錘であると報告している[26]。この数値は，第 2-1 表に挙げた 3 ヶ年計画における「計算の基本式」（A 欄のエ÷オ）によって算出することができる必要錘数と一致しているものの，同計画の終期稼働目標値とされた 437 万錘よりも 20 万錘強も低い。商工省繊維局は，復元水準について，より低目の数値が決定されてもよいというシグナルを送ったと解釈できる。生産設備の復元水準の早期の決定を望んでいたとも考えられる。

　他方，商工省繊維局とは別に，日本繊維協会によるルートでも協議が行われた。第 1-5 表に名が挙がっていることや日本繊維協会の幹部であったことから，この時期にも ESS 繊維課と幾度も接触していたと推測され

る田和安夫は、「繊維協会は420万錘を申請し、種々折衝の結果、360万錘に決定された。これは現存設備200万錘と修理可能錘80万錘および紡績手持ち設備を合計したものに近い数字であった。この360万錘はその後、在華紡などの復元を含めて400万錘にまで拡大された」(傍点は引用者)と回顧している[27]。この「420万錘」は、恐らく商工省繊維局が上述の会合で報告した、3ヶ年計画の必要錘数414万5,000錘の概数と思われる。また傍点部の「種々折衝」の内容は諸資料から確認できなかったが、数値の共通性から推測して、360万錘を基準として400万錘までの保有を認めた12月7日付報告書について、ESS繊維課と日本側の一部との間で協議と合意形成が行われたものと考えられる。ESS繊維課が定めた400万錘という水準は、3ヶ年計画の必要錘数414万5,000錘に近いものであり、日本側にとって一応満足できるものであったと考えられよう[28]。

以上のような経緯の末に1946年12月27日、ESS繊維課は10月の会合指針や会合で示した方針から見れば大幅な譲歩を強いられた上で、ESS貿易課、ESS調査・統計課などGHQ関係部署より、暫定的な生産設備水準を400万錘とする報告書への同意を取り付けた[29]。この際に関係部署に同意を求めた報告書は、翌年1947年1月3日付でGHQ参謀長へ提出された報告書[30]と同一と考えられる。この1月3日付報告書は12月7日付報告書と比べて第2-1表のC欄とD欄から分るように、同様に必要錘数とされた400万錘の算出根拠が多少異なっていたものの、大きな相違点はない。

ちょうどこの時期、ESS繊維課を悩ませた賠償問題に関して、1つの転換点が生じていた[31]。1946年11月17日に公表されたポーレー総括報告書に対して、米国政府内部で反対意見が生じたのである。さらにGHQからも反対意見が出されたために、米国陸軍省は改めて賠償問題を調査させるためにストライク調査団を送った。1月28日に来日したストライク調査団はESSなどGHQ諸局と協議の上、2月18日付でマッカーサーへ報告書を提出し、2月24日付で米国陸軍省にも提出された。この報告書は、大幅な賠償撤去は日本経済に悪影響を与えてその救済のために米国納税者の負担を増すことになると指摘し、ポーレー総括報告書と比較して大幅な

賠償対象の緩和を結論付けるものであった[32]。また，同報告書には綿紡織設備を賠償対象とすることも書かれていなかった。

1947年1月末から2月初頭にかけてGHQ上層部（マッカーサーおよびGHQ参謀長やGHQの各局長などの指揮命令系統上の上級職者）は，来日したストライク調査団から上記のような賠償撤去の緩和方針を聞き，米国政府内部の対日賠償政策の転換の雰囲気を感じ取ったものと考えられる。またこの段階で，綿紡織設備を賠償対象にしない方針も聞いていたのかもしれない。

1946年2月3日付で，GHQ参謀長はESS繊維課へ1月3日付報告書に対する承認を通知した[33]。これを受けてESS繊維課は2月7日付でSCAPIN-1512を日本政府へ通達し，日本綿紡績業に対して綿紡機の400万錘までの復興（rebuilding）を許可した（第2-2表を参照。以下の指令も同様）。SCAPIN-1512によれば，織機を含む必要な付属設備の復興も許可された。この織機などには，特に保有水準の制限は掛けられなかった。

GHQ上層部もストライク報告書はあくまで米国陸軍省へ提出された1つの報告書にすぎず，米国政府の最終的な賠償政策に対する意思決定ではないことを知っていたであろう。しかしながら，CCC棉の借款返済や物資輸入につながる外貨獲得のために，綿製品の輸出を確実なものにすることを考慮し，生産設備の復興を促進するために日本綿紡績業に生産設備の復元水準を早く通知する必要があると，考慮したものと考えられる。

GHQ上層部は米国政府の対日賠償政策の帰趨を確認する前に，日本綿紡績業向けに保有許可を出したことになるから，このことは厳密には米国政府内で進行中の対日賠償政策からの逸脱行為であった。さらには，もともと米国政府の対日賠償政策に対する配慮のために，ESS繊維課策定の報告書に付け加えられた「中間的水準」という表現が日本政府へ通達されたSCAPIN-1512の中にはない[34]。SCAPINは第1章でも見たように，GHQ上層部の許可の下に出されるから，GHQ上層部がこれを知らなかったとは考えられない。さらに，上記したようにSCAPIN-1512は，織機の保有制限も加えないものであった。このようにESS繊維課をはじめとするGHQは，日本綿紡績業の復興のために，1947年2月の段階でできる限

第2-2表 綿紡績業の生産設備管理政策に関する指令

	指令	指令部署	日付	題名	参照先
①	SCAPIN-1427	ESS/AC	1946年12月30日	「日本綿業再建のための金融計画」	<u>CLO覚書No. 5770</u>（46年10月30日付）
②	SCAPIN-1440	ESS/TEX	1947年1月7日	「繊維製品に関する指令の履行」	SCAPIN29, 47, 58
③	SCAPIN-1512	ESS/TEX	2月7日	「綿製品の生産能力」	<u>CLO覚書No. 5505</u>（46年10月18日付）
④	SCAPIN-1562	ESS/TEX	3月8日	「紡績企業の規模の制限」	③①
⑤	TD-7	ESS/TEX	3月13日	「綿製品の生産能力」	②④③
⑥	TD-8	ESS/TEX	3月13日	「紡績企業の規模の制限」	②④
⑦	TD-9	ESS/TEX	3月24日	「綿製品の生産能力」	②③
⑧	TD-10	ESS/TEX	4月14日	「綿製品の生産能力」	②⑤
⑨	SCAPIN-1646	ESS/TEX	5月2日	「紡績企業の規模の制限」	③①④
⑩	TD-17	ESS/TEX	7月15日	「紡績企業の規模の制限」	③①④⑤⑥⑨, <u>47年6月13日付繊維局書簡</u>, ②
⑪	TD-19	ESS/TEX	7月21日	「紡績企業の規模の制限」	②⑩
⑫	TD-22	ESS/TEX	8月14日	「綿業の規則」	②, <u>47年7月28日付繊維局覚書</u>

資料：ESS (E) 03587.
注：1.「参照先」(reference)とは，各指令の第1条に記された他の指令・日本側提出文書名で，その指令が
  の「参照先」欄の番号は表の左欄に記した指令の整理番号を表しており，傍線が引かれた文書は日

り許容範囲を広げた生産設備の復元水準を通知したと評価できるだろう。

　前年1946年10月の会合指針によれば，生産設備の水準が決定されれば，次に第2段階としてそこに至るまでの再建の具体的方法の検討を始めるとされていた。次項以降で見る，1947年3月以降に出された10大紡の規模の制限と新紡の参入許可に関する諸指令は，その一環であったと考えられる。次項では，10大紡の現有綿紡機に関する指令の形成過程を検討する。

指令の概要
申請のあった復元資金約13億円のうち，6億円を許可する
SCAPIN-29, 47, 58の説明・解釈・履行に関して，ESS繊維課と商工省繊維局，農林省蚕糸局との間での直接的な意思の伝達（direct communication）が許可される
400万錘までの紡機及び織機を含む補助的設備の再建と，それらの最大限の運転とが許可される
10大紡の紡機の保有錘数を制限。新造の紡機は，10大紡及び制限会社及びその関連企業以外の企業のみが購入できる［＝独立業者の参入を間接的に許可］
商工省は，400万錘から10大紡と独立業者9社との現有設備数を差引いた残余分を，その9社か新規参入企業に配分すること
SCAPIN-1562の改正。「1946年12月30日現在で」報告された10大紡保有錘数ではなく，「1947年1月31日現在で」に修正
SCAPIN-1512の補足説明。「最大限の運転」とは，「1日標準2交替（1交替8.5時間）」とする
TD-7の改正。独立業者9社に関する記述を省く
SCAPIN-1562の改正。新造の紡機の購入を，制限会社に禁止した条文を修正［＝制限会社の参入を許可］
これまでの指令中の「紡機」にはコンデンサー等を含まないものとする。400万錘枠内での10大紡以外の企業に割当てられる錘数が増えるが，それは制限会社ではない企業に配分せよ
TD-17の改正。紡機配分を制限会社に禁止する文句を削除
7月28日付商工省繊維局覚書と，それに添付された綿紡績業再建に関する法規（「綿紡復元に関する件」）とを承認する

対応している他の指令・文書，また間接的に関係する指令や法的根拠となる他の指令を表していた。表本側提出文書であることを示す。原資料にある順番で並べた。

3. 10大紡の現有設備に関する指令の策定

(1) 復元融資の許可

　前述したように1946年10月30日に日本側よりGHQへ10大紡の設備復元計画と復元資金との申請が行われたが，これは10大紡各社が保有している未据付設備を含む，全ての綿紡機数（第2-3表のA）と織機数，およびそれらを操業可能状態にするために必要な各社別の資金（合計13億

第 2-3 表　10 大紡の綿紡機の復元水準の推移

単位：錘, %

企業名	A. 1946 年 10 月 日本側申請		B. 1946 年 12 月 キャンベル案		C. 1947 年 3 月 SCAPIN-1562		D. 1947 年 7 月 TD-17	
大日本	462,532	12.4	445,232	12.4	462,532	12.5	462,532	12.6
東洋	523,192	14.0	503,692	14.0	523,192	14.2	523,192	14.3
敷島	373,664	10.0	359,664	10.0	373,664	10.1	373,664	10.2
大和	368,680	9.9	354,880	9.9	368,680	10.0	368,016	10.0
倉敷	315,852	8.4	304,052	8.4	315,852	8.6	315,852	8.6
大建	462,932	12.4	445,632	12.4	429,840	11.7	429,840	11.7
鐘淵	415,426	11.1	399,926	11.1	415,426	11.3	403,906	11.0
富士	325,280	8.7	312,980	8.7	325,280	8.8	323,300	8.8
日清	287,952	7.7	277,152	7.7	287,976	7.8	284,016	7.7
日東	204,144	5.5	196,444	5.5	184,576	5.0	181,048	4.9
合計	3,739,654	100	3,599,654	100	3,687,018	100	3,665,366	100

資料：ESS (E) 03576, 03577, 03587.
注：1. 各欄の左は錘数，右は全体に対する％。
　　2. B の錘数は，原資料には削減錘数しか記載されていないので，それらを A から差引いて算出。

1,895 万 4,280 円）とを記載した計画であった。したがってこれは，日本側が 10 大紡各社の現有紡織機の保有継続の許可を申請したことを意味していた[35]。

　この件は，直接的には制限会社の監督を管轄していた ESS 反トラスト課によって担当された。10 大紡は 1946 年 6 月に制限会社指定を受けており，資金借入には GHQ の許可が必要であった。復元資金については，日本側が正式に申請を行う前の 1946 年 10 月 15 日に開かれた ESS 関係諸課が集まった会合で，ESS 繊維課と ESS 反トラスト課の間で議論が生じていた[36]。ESS 繊維課のイートンは，現状では「運転可能な紡機を全て運転させられるとは限らず，復元資金の融資が必要である」と述べたのに対して，ESS 反トラスト課は「新造設備が現存の紡績企業に据付けられないことを保証する一層の分析がなされない限り，復元資金の第 1 次融資は承認できない」と返答し，融資が 10 大紡の生産設備の拡張に流用されることへの懸念を示すと同時に，融資を分割して承認する方針を示した。そこで復元資金の使途を厳密に確定する目的で，両課は 10 大紡に対し調査票を送り回答を提出させる方針を取り決めた。これに対応して，10 月 18 日に

開かれた ESS 繊維課と 10 大紡の代表等との会合においてイートンは，各紡績工場で綿紡機等に関する調査を行うように日本側へ命じ，そして「現状に関する完全な分析がなされれば，ただちに GHQ は十分な融資に関して承認を出すだろう」と伝えた[37]。

以後，復元融資の許可のための手続きは，ESS 繊維課の尽力により，特に支障なく進捗した。1946 年 11 月 8 日付で ESS 反トラスト課は，日本側の申請に対する返答（SCAPIN）の草案を ESS 繊維課へ送った[38]。そこには融資の使途は 10 大紡の現有設備の復元に限られる旨の他に，今回の許容融資額は約 13 億円の内の半額であることが記されていた。11 月 25 日の ESS 繊維課と ESS 財政課の会合で，ESS 財政課もそのほぼ半額に相当する 6 億円の融資について同意を示した[39]。1946 年 12 月 11 日に ESS 繊維課と ESS 反トラスト課は業界団体・10 大紡代表との会合を開き，生産設備に関する追加的な情報を提出することと資金を新規設備の据付けには使用しないこととを条件として，申請の半額を承認することを伝えた[40]。こうして 12 月 30 日付で，復元資金として申請された約 13 億円の内，6 億円までを許可する SCAPIN-1427 が通達された[41]。

(2) 10 大紡現有設備の保有継続の許可と新規参入問題

ここでは，10 大紡各社別の生産設備の保有に関する占領政策の形成過程を検討しよう。そして，そのような占領政策と並んで，独立企業の綿紡績業への新規参入が検討されていたことを確認する。ESS 繊維課は 1947 年 2 月 11 日付で ESS 関係諸課に文書を送り，「第 2 段階の計画」の策定への協力と，それに関連して 2 月 14 日開催予定の会合への参集とを要請した[42]。この文書の中で ESS 繊維課は，ESS 反トラスト課と協力して，10 大紡の規模の制限措置と独立企業の参入とを計画していることを明らかにした。2 月 14 日の会合では，参加した諸課との間で，今後 ESS 繊維課と各々が協議して計画の策定およびその実施を行っていくことについて合意がなされた[43]。ESS 反トラスト課との間では，当計画の目的のために 10 大紡を制限し独立企業を参入させるための措置を協議すること，また綿業に関する統制計画につき議論していくことが取り決められた。この後，

上記の「第2段階の計画」は，上述した400万錘設定のもとになった報告書のような形にはまとめられなかったが，その生産設備管理政策に関する方針は，次に見るSCAPIN-1562やその他の指令として実現したと考えられよう。ともあれ，ESS繊維課は，10大紡各社別の生産設備の規制と独立企業の参入とを結び付けて，何らかの措置をとるつもりであったことが分る。

　それでは，商工省繊維局のこの問題に関する姿勢はどのようなものであったのだろうか。また，それを確認したESS繊維課が，どのような占領政策を策定したのかを，見てみよう。1947年3月5日に，イートンと商工省繊維局との会合が行われた[44]。この場でイートンは，400万錘という総枠と10大紡保有の全紡機数との差を，10大紡以外に綿紡機保有が確認されていた計9社の企業や新規参入を希望する企業に配分する方針を伝え，10大紡の現有綿紡機の保有継続を前提とすると同時に，独立企業の参入を促した[45]。しかしながら商工省繊維局は，「GHQから詳細が明らかにされるまで，独立企業からの一層の紡機据付のための融資申込みに関して静観している状態だ」と述べるにとどまった。ESS繊維課は，このような動きの鈍い商工省繊維局に積極的な行動を促すためにも，10大紡の保有紡機数および，それと400万錘との間の差の配分とを明らかにした指令を，早急に通達する必要性を感じたものと考えられる。こうして3日後の1947年3月8日付でSCAPIN-1562が通達され，10大紡の設備保有数は現有綿紡機と補助的設備に制限されて，今後新造される綿紡機は10大紡以外の企業が購入することが命じられた。この指令は，2つの点で重要であった。1つは，後に新紡と呼ばれる独立企業の参入を認めたことであり，もう1つは，形式上は10大紡の保有制限の指令であったが，実質的には前年来の日本側の希望通り，10大紡の全現有設備の保有継続を許可するものであったことである。

　実は，ESS繊維課内で，この10大紡各社の現有設備の保有許可はスムーズに決定されたわけではなかった。ESS繊維課内では課員のキャンベルによって，一時10大紡各社の現有綿紡機の縮小が主張されていたのである。1946年12月に彼は，10大紡現有綿紡機約374万錘と，繊維使節団が勧

告したとする10大紡の復元水準360万錘[46]との差の約14万錘を独立業者に売却させる指令の通達（第2-3表のB）を，課長のテイトに提案している[47]。また彼は翌年初頭のESS法務課員との会合で，10大紡に設備を売却させる指令を出すことに法的根拠があることを確認しており[48]，ESS繊維課内では一時，10大紡の生産設備の縮小化措置について真剣に検討が行われていたと考えられる。

しかしながらこの時期，ESS繊維課は10大紡の縮小化措置を忌避せざるを得ない状況にあった。当時，CCC棉の（第1期）契約分の輸入完了を間近にして，次の米棉を輸入するための交渉が日本側，GHQ，米国政府間で行われていたが（第3章にて後述），それが，影響したのである。ESS繊維課は当時，ESS反トラスト課との会合のために作成した協議事項において，集中排除政策の一環としての10大紡各社の解体に関して，「GHQが棉花輸入の融資のための協定を取り結ぶ前に取られる行動は，反作用を生むだろう。棉花輸入が決定される前には保証された生産が存在しなければならない」と記載し，反対意見の表明を想定していた[49]。このことから分るようにESS繊維課は，この時期10大紡の生産設備の縮小化措置は，新規の棉花獲得に好ましくない影響を与えると判断していたと考えられる。こうして，10大紡の現有設備の保有継続を決定した前述のSCAPIN-1562が通知された。

また1947年6月に商工省は，10大紡が保有を許可された綿紡機錘数からコンデンサー[50]錘数分を除外することをESS繊維課へ要請した。ESS繊維課はこれに対応して，7月15日付でTD-17を通達した[51]。これは紡績企業のコンデンサー保有を自由化し，10大紡各社が保有を許可された錘数（合計368万7,018錘）からコンデンサー錘数分（合計2万1,652錘）を除外する指令であり，次項で見る400万錘枠内の10大紡を除く新規参入企業に対する綿紡機の割当分が，その2万1,652錘分増大することにも帰結した。

4. 新紡の参入許可

　ESS繊維課が，どのようにして新紡の参入許可を決定したのかを検討しよう。先述したように，ESS繊維課は10大紡以外にも綿紡績を所有する企業の存在を，早くから間接的に知っており，加えて1946年11月興和紡績や，1947年2月には綿紡績業への参入を望む，戦前綿紡績業を営んでいた愛知県の企業経営者とも対面して[52]，10大紡以外の紡績企業と直接会うことで，参入要望の概要を聴取していた。

　また先述した1947年2月14日の会合でESS繊維課とESS反トラスト課は独立業者の参入を決定していたから，その方針の下でESS繊維課は，上記の参入希望企業の要望に応え，また400万錘と10大紡保有錘との差の処理方針を指示する目的で，まず先述のSCAPIN-1562を3月8日付で出して，一般的な参入許可を通達し，さらに3月13日付でTD-7を出した。これは，400万錘と10大紡保有錘との差である約31万錘を綿紡績業への参入を望む独立企業に商工省が公平な形で配分するように命ずるものであった。

　当初TD-7には綿紡機を保有するとされた9社の参入を優先的に認める条文があった（9社の社名は無記載）が，後に1947年3月18日付で商工省繊維局から9社全てが操業を望んでいるわけではないことや，9社以外にも紡機を所有する業者が4社存在することが伝えられ[53]，結局4月14日付でその9社への優遇措置を取り消す指令TD-10が出された。他方，当初SCAPIN-1562では制限会社の新規参入は認められていなかったが，参入を要望していた興和紡績が制限会社であることを3月にESS繊維課が認識したことが確認できることから[54]，この3月以降，制限会社の参入を許可するかどうかについて，ESS繊維課は検討を行ったものと考えられる。結局，5月2日付でSCAPIN-1562の制限会社参入禁止に関する字句を削除する指令としてSCAPIN-1646が出され，制限会社も紡績業に参入する道が開かれた[55]。

5. 化繊工業と羊毛工業に対する生産設備管理政策の形成

　10大紡（およびその前身企業）は，戦前・戦時期に，化繊工業や羊毛工業に対しても多角化を進めていた（第5章で後述）。そのため占領復興期の10大紡も，この両繊維工業を中心に他繊維事業を保有していた。そこで，化繊工業と羊毛工業に対しても形成されたESS繊維課の生産設備管理政策に関しても触れたい。それによって，10大紡が綿紡績業だけではなく他繊維事業の生産設備に関してもESS繊維課の規制を受けていたことが明らかとなり，またESS繊維課が綿工業を含め主要繊維工業の生産設備に対して，特別の政策関心を有していたことが一層明白になるからである。

　1946年の内からESS繊維課は，綿紡績業だけではなく，他の繊維工業に対しても生産設備管理政策を形成する予定であった。これは，ESS繊維課が先述した1946年10月15日の会合の前に，会合開催を案内するためにESS関係6部署に対して送付した文章の中に，「化繊と羊毛等に関しても他の議論が行われるであろう」との記載があることから，確認できる[56]。実際に1947年前半にESS繊維課は，化繊工業と羊毛工業に関して生産設備管理政策の策定を行った。この両部門における生産設備管理政策の形成過程を，以下で跡付ける（第2-4表も参照）。

(1) 化繊工業に対する生産設備管理政策

　化繊工業では，1947年2月28日付でESS繊維課は，年産15万トンの化繊（人絹とスフ[57]）の製造を認める報告書「日本の化学繊維に関する計画」（Rayon Program for Japan）を作成し，3月7日付で関係部署6課の同意を得た[58]。この計画は同日，ESS局長マーカットへ許可を求めて送付され[59]，さらに3月13日付でマーカットよりGHQ参謀長へ許可を求めて送付され[60]，4月2日付でGHQ参謀長の承認を得た[61]。この報告書を根拠とするSCAPIN-1600は，4月4日付で日本政府に通達された。これは，「化繊工業の再建のために，人絹とスフとの15万トンまでの年間生産能力を許可する」と伝えられるものであった。上記の報告書は，その後，6月25日付で統計数値や内容が改訂され，7月8日付でGHQ参謀長へ

第 2-4 表　日本の繊維工業に対する GHQ の生産設備管理政策の根拠となっ

	報告，指令番号	通達・作成年月日	題名
綿紡績業			
1	報告書	1947 年 1 月 3 日	日本綿製品生産の中間的水準
2	SCAPIN-1512	1947 年 2 月 7 日	綿製品の生産能力
3	SCAPIN-1562	1947 年 3 月 8 日	紡績企業の規模の制限
4	SCAPIN-2109	1950 年 6 月 27 日	SCAPIN-1512，1562，1646 の廃止
5	SCAPIN-2133	1950 年 12 月 15 日	日本綿業の復元資金計画
化繊工業			
1	報告書	1947 年 4 月 9 日	日本の化学繊維に関する計画
2	SCAPIN-1600	1947 年 4 月 4 日	化学繊維の生産能力
3	TD-15	1947 年 7 月 8 日	化学繊維紡績の生産能力
4	TD-20	1947 年 7 月 22 日	化学繊維紡績の生産能力
5	SCAPIN-1600/1	1950 年 6 月 19 日	化学繊維の生産能力
6	(指令番号なし)	1950 年 6 月 27 日	化学繊維紡績の生産能力
7	SCAPIN-2128	1950 年 10 月 23 日	SCAPIN-1600，1600/1 の廃止
羊毛工業			
1	報告書	1947 年 8 月 25 日	日本の羊毛工業に関する計画
2	TD-23	1947 年 8 月 21 日	羊毛工業の生産能力
3	(指令番号なし)	1950 年 6 月 27 日	羊毛工業の生産能力

資料：ESS (A) 00418，01302，01306，ESS (B) 00828，ESS (D) 00800，00803，00807，ESS (E)
注：綿紡績業に関しては第 2-2 表と重なるので，主要なものに限った。

報告が上がっている[62]。この改定に対応して 7 月 8 日付で TD-15 が商工省繊維局へ通達された。これはスフに必要な紡機を 50 万錘と規定し，他繊維との混紡を基本的に禁止した指令であった[63]。

　この化繊工業に対する年産 15 万トンという水準は，基本的に 1950 年までの暫定的な水準という位置づけであった。これは上記の各報告書に，「1947 年から 1950 年の期間，および可能であればその期間を超える時期」

た指令とその撤廃

内容
SCAPIN-1512 の 400 万錘という数値の根拠等を論じたもの。
400 万錘までの綿紡機の復元を許可。織機は具体的規制なし。
10 大紡各社ごとの保有許可錘数を通達。新紡の参入も許可。
綿紡機に関する諸制限の撤廃。
SCAPIN-1427 の撤廃。第 1 回復元資金許可に付随する条件・制限撤廃。
SCAPIN-1600 の基礎を論じたもの。6 月 25 日付で統計数値や内容を改訂。改訂版は TD-15 の基礎にもなった。
化学繊維（人絹，スフ）の年間生産能力を 15 万トンまで許可。
50 万錘までの化繊紡機の復元を許可。他繊維に転用禁止。
スフ，絹紡糸，亜麻糸の混紡のために，化繊紡機の内の 11,812 錘の使用を許可。
SCAPIN-1600 の改定。ビスコース法・銅アンモニア法による生産能力を 16 万 9020 トン，強力人絹（ビスコース法）の生産能力を 2 万トン，アセテート法による生産能力を 1 万 5,000 トンまで許可。
TD-15 の廃止。
題目にある指令の廃止。
TD-23 の数値や生産高目標値等を定めたもの。
梳毛紡機 73 万 3,000 錘，紡毛機 815 台までの復元を許可。
TD-23 の廃止。

03587, 03588；竹前栄治監修『GHQ 指令総集成』第 10 巻，第 15 巻，エムティ出版，1993 年。

における水準であるという記載があることから読み取れる。つまり，綿紡機の場合と同様に，暫定的な水準とされ，将来，拡張されることが考慮されていたと考えられる。

　またこの年産 15 万トンという水準は，賠償政策と関わっていた。算出基礎が，化繊の主要原料である苛性ソーダ等の化学製品に関する生産設備の賠償撤去後の残存生産整備に，求められていたからである。その上で，

日本の内需と輸出向けの必要量を満たすものであることが確認されていた。

これら指令の重点は，化繊工業の生産設備の制限ではなく，年産15万トンという枠組みの中での生産設備の復元推進に置かれていたと見ることができる。これは，次の理由による。ESS 繊維課は当時の化繊工業の稼働生産設備を，「人絹日産48トン」(年産で約1万7,500トン)，「スフ日産163トン」(年産で約6万トン)と認識しており，これら数値は足し合わせても，年産15万トンに全く及ばない数値であった[64]。そして後述するように，化繊工業の現有生産設備は年産約15万トンであった（これは ESS 繊維課も認識していたと考えられる）ことと考え合わせると，ESS 繊維課は，単純に保有生産設備の復元を進捗させることを企図していた，と見ることが可能であるからである。

もっとも ESS 繊維課は，化繊工業の復元を積極的に支援するまでに政策方針を進めていなかった。このことは，SCAPIN-1600 に，SCAPIN-1512 と同様に，「この許可は，燃料，電力，鉄鋼，その他物資の優先的配分 (priorities) を付与するものと解釈されてはならない。この復元 (reconstruction) 作業のための物資の配給は，日本帝国政府の適切な機関によって命令されるであろう」とあることから分る。

そしてこのような ESS 繊維課の政策方針は，スフ紡機の水準を50万錘と規定した TD-15 においても見ることができる。当時日本国内のスフ紡機の既存登録錘数は，10大紡所有分を含め23万3,120錘であり，復元はそれを目標に実施されていた。そこへ，26万6,880錘の事実上の新設が許可されたのである。そしてこの新設分の80％は，商工省繊維局の斡旋によりスフ専業企業に回されたために，スフ専業企業は紡糸から紡績までの一貫経営が可能となってスフ製品の品質改善に役立ったとされる[65]。こういった化繊工業に対する ESS 繊維課の期待の背景には，化繊工業は，綿工業や羊毛工業に比べ，外貨手取率が90％と高かったために，輸出産業として有望視されたこともあったと考えられる[66]。また，化繊製品は，綿製品のような輸出向けの繊維製品ではなく，不足気味の国内向けの繊維製品として期待されていたとも推測される（第3章にて後述する）。ただし，

第 2-5 表　化繊登録（残存）日産能力

単位：t

	人絹	スフ
東洋レーヨン	33.4	45.4
帝国人絹	53.7	36.75
旭化成	24.0	—
倉敷絹織	11.8	30.6
東洋紡績	8.2	40.4
興国人絹	—	39.75
三菱化成	—	25.3
帝国繊維	—	26.1
大日本紡績	—	19.9
富士紡績	—	19.8
日東紡績	—	17.2
計	131.1	301.2

資料：日本化学繊維協会編『日本化学繊維産業史』日本化学繊維協会，1974年，347頁。

　このTD-15においても，上述の条文，「この許可は，燃料，電力，鉄鋼，その他物資の優先的配分を付与するものと解釈されてはならない。この復元作業のための物資の配給は，日本帝国政府の適切な機関によって命令されるであろう」が付与されており，GHQが，生産設備の復元を積極的に支援することを意味していなかった。結局，全50万錘の稼働が可能となるのは，1950年に入ってからであった[67]。

　また，人絹とスフの復元許可の下りた生産能力15万トンは，化繊工業の現有の生産設備の保持を認めたことも意味していた。実際日本側は，この15万トンという数値は，当時の日本の化繊専業企業または化繊部門を有する企業に残存する未稼働設備を含めた全生産設備である，人絹日産約131トン（年産約4万8,000トン），スフ日産約301トン（年産約11万トン）の生産設備にほぼ対応するとみなした[68]。企業別の保有制限等の細かい規定がESS繊維課から指令されなかったこともあり，日本政府および企業は単純に残存設備の復元を目標とした（登録能力の詳細は，第2-5表を参照)[69]。

　なお10大紡では，人絹とスフの両事業を東洋紡績が保有し，スフのみ

を大日本紡績，富士紡績，日東紡績の3社が保有しており（第2-5表），またスフ紡機に関しては大日本紡績，東洋紡績，倉敷紡績，鐘淵紡績，富士紡績，日東紡績の6社が保有していた（第5章にて後述）。

(2) 羊毛工業に対する生産設備管理政策

ESS繊維課は，羊毛工業の復元水準に関して，1947年8月17日付でESS局長マーカットへ報告書を送付し，その承認を求めた。その添え状にて，1930-1934年水準の国内消費量と羊毛輸入量の支払に相当する輸出量とを生産できる水準を策定したことを告げている[70]。報告書の完成は1947年8月25日付であったが[71]，その前に8月21日付でESS繊維課は商工省繊維局へTD-23を通達した。「中間的据付水準である梳毛紡機73万3,000錘と紡毛機815台まで，羊毛紡績業の復元をここに許可する。それは当該産業が所有している未据付能力の据付と稼働が，ESSの判断において必要であり，望ましいと思われる時まで継続する」とされた。

この指令も，制限と言うよりは，むしろESS繊維課がこの枠組みの中での生産設備の復元推進を期待していることを示すものであった。確かにTD-23には，綿紡績業や化繊工業の指令と類似の条文，「この許可は，建設物資，燃料，その他物資の羊毛工業に対する優先的配分を付与するものと解釈されてはならない。そのような物資の利用可能性を考慮して復元の割合を管理することは，日本政府の責任である」とあり，GHQの積極的な支援は構想されていない。しかし，8月25日付報告書でESS繊維課は，日本羊毛工業の1946年1月当時の登録生産能力は，梳毛紡機65万6,142錘，紡毛機635台と把握しており，これを上回る生産能力の保有を許可したことになる。また，化繊工業と同様に，企業別の設備保有の制限の指令を出していないことから，羊毛工業の既存企業の現有設備の保有を暗に認めるばかりか，場合によっては既存企業に生産設備の増大も認めることを意図していたと考えられる。

6. 日本政府の対応

　ここでは，ESS繊維課が策定した生産設備管理政策に対して，日本政府がいかなる対応を示したかを跡付ける。これによって，日本政府がESS繊維課の命令に忠実に対応して，各種法規を整えたことが明らかになろう。

　占領復興期当初，日本政府による綿紡績業を始めとする繊維工業における事業の開始や設備の新設・増設に対する統制は，1938年制定の「繊維工業設備に関する件」や1941年制定の「企業許可令」を根拠にして継続した。しかし，「企業許可令」は「国家総動員法」の廃止に伴う諸法規の廃止によって1946年9月30日に自然失効し，1947年2月まで日本政府の設備統制は一時的に空白期を経た。しかし設備統制は，1947年2月からは「臨時建築等制限規則」に基づいて再開され，さらに1949年7月からは「臨時繊維機械設備制限規則」へ法的根拠を変えて続けられた[72]。これらは，先述したESS繊維課の指令（第2-2表と第2-4表）を順守する法的枠組みとなった。

　他方で，商工省繊維局はESS繊維課の一連の指令に基づき，10大紡に関係する，より具体的な措置を取った。1947年7月28日付で，商工省は10大紡や新紡に関する生産設備の統制法規「綿紡復元に関する件」の草案をESS繊維課へ提出し[73]，翌日7月29日に開かれた商工省繊維局とESS繊維課・法務課の会合で，GHQ側の承認を受けた[74]。さらにESS繊維課は8月14日付でTD-22を通達して，「綿紡復元に関する件」を正式に承認した。この「綿紡復元に関する件」は，9月6日付で商工省令として発令され，10大紡に対しては，許可された水準までの綿紡機の復元計画の提出を命じると同時に，新規参入を希望する企業に対しては，計画書を申請するように指示するものであった[75]。「綿紡復元に関する件」は，上述した設備の新設・増設に対する許認可制度を規定した「臨時建築等制限規則」等とともに，GHQの生産設備管理政策に対応する，日本政府の法的措置として機能した。

　綿紡績業への新規参入を目指す企業の選抜は，日本側が主導して行った。「綿紡復元に関する件」に基づき，新規参入のための申請書を商工省

へ出した企業は，50社に及んだ。商工省によって審査を委嘱された綿紡績復元審査委員会は，1947年11月17日に行われた会合で，新紡25社を選んだ[76]。具体的な審査方法は，50社が申請されていたが，これを「建物」，「機械」，「資金」，「経験」の4つの領域で点数化を行い，その点数の合計値が上位の企業25社を選び，さらにその25社の間で，33万4,464錘を分けた[77]。ESS繊維課は日本側よりこういった選抜作業に関して報告を受けていたが[78]，直接に関与はしなかったと考えられる。

また前述した1946年10月30日付の日本側の融資申請額の合計13億1,895万4,280円の内の，未許可の金額7億1,895万4,280円に関して，1947年9月29日付でGHQの許可が下りた[79]。生産設備管理政策の枠組みの成立をまって，許可が下りたと言えよう。

第2節　生産設備管理政策のその後の推移と廃止

本節では，1947年中頃までに綿紡績業に対して策定された生産設備管理政策が，その後，どのような要因のために継続されて，最終的にどのようにして1950年6月27日に廃止されるに至ったのかをみる。

1. GHQの対応と10大紡各社の綿紡機復元

ここでは生産設備管理政策が，1949年頃までにどのような経過をたどったのかを確認する。

(1) 1949年までの生産設備管理政策の推移

ESS繊維課は1947年2月7日付でSCAPIN-1512を通達し，400万錘枠を定めたが，その後ESS繊維課は，この枠組みの保持に関してどのような見解をもって対応したのであろうか。

ESS繊維課は，400万錘枠の拡大や撤廃に関して否定的な態度を一貫して持ち続けた。この態度の理由となったESS繊維課の見解は，早くも

1947年4月22日付の文書で明確に示されている[80]。これは，ESS繊維課の綿係長イートンが繊維課長テイトへ400万錘枠の拡大計画は現時点で不要であるとの見解を具申した文書であった。この文書から，その理由を3つ抽出することができる。第1に，棉花輸入量の増大の見通しが立っていなかったことである。イートンによれば，現在1948年7月から1949年6月までに輸入される予定であり，内需向綿製品のための棉花の加工用に，わずか110万錘しか必要としない。290万錘が残されるが，これは輸出向綿製品に必要な棉花の生産に十分であるとされた。第2に，米国や他の連合国における「繊維製品利害関係者」(the textile interests)によって最近表明されている400万錘枠への反対意見があった。イートンは，このために，これ以上の繊維製品生産能力の計画策定には，非常に注意を要する(very cautious)と述べている。第3に，綿製品のドル決済での輸出に困難が生じていたことである。イートンは，ワシントンは最近，世界市場にてドル決済で繊維製品が売れる可能性に疑問を提示していると指摘し，世界情勢が安定し他国がドルで購入可能になるまでは，輸出見込量増大につながる生産設備の拡大の問題には注意深くあるべきである旨を述べている。

　この3つの点は，1947年から1950年当初頃まで，ESS繊維課(1949年11月以降はESS工業課繊維係)の400万錘枠保持のための見解として生き続けた。まず，第1の理由の棉花輸入量の見通しに関してであるが，結局，1950年頃まで，外貨保有に余裕が生じなかった(第3章にて後述する)。充分な外貨がない状態では，棉花の輸入量の増大は期待することはできなかった。

　第2の点に関しては，米国や英国等の綿製品製造業者による日本製綿製品の輸出増大への懸念が寄せられ続けたために，配慮を怠ることができなかった[81]。例えば，1947年3月24日付で米国綿織物協会(the Cotton-Textile Institute)の機械委員長(Chairman, Machinery Committee) W・プランツ(William C. Planz)は，国務省に提出した書面の中で，ポーレー総括報告書が示した紡機300万錘，織機15万台の制限案に賛意を示した。これに関してテイトはESS局長マーカットに対して，「確立済みの制限措置は400万錘であり，これは国内消費用および輸出向けに十分な繊維製品を供給す

るのに必要であると考えられる」として，反論書を提出している[82]。ただし，テイトの反論が国務省へ送付されたかどうかは，GHQ文書から確認することができなかった。

第3のドル決済での綿製品輸出の困難に関しても，ESS繊維課は一貫して意識せざるを得ない点であった。占領復興期の前半期，米国から供給された米棉から生産された綿製品の販売は，ドル決済を義務付けられていた。しかし世界的なドル不足のために，日本製綿織物の輸出は不安定なままであった。結局，この点の解決は，1949年から1950年代にかけて構築された2国間の貿易・支払協定網を基盤にした，綿製品の輸出の増大を待つしかなかったのである[83]。

このような見解を有していたESS繊維課は，1949年までに日本側やESS他課から，400万錘枠の拡大を主張する見解が出されても，反対を表明した。例えば，1948年6月7日付でESS繊維課副課長キャンベルは，ESS局長マーカットに宛てた文書の中で[84]，日本側が最近800万錘を必要とする日本経済再建 (the rehabilitation of the Japanese Economy) のための計画を発表したことや[85]，ESS調査・統計課の報告書において約600万錘が必要であるとされていることに言及したものの[86]，特に理由は示さずに400万錘枠の保持を強調した。「ESS繊維課は常に，SCAPIN-1512で確立された400万錘という水準を，承認済みの計画と考えてきた。あなたから別の指示が下されない限り，これを承認済みの水準として考慮しつづけるだろう」とESS局長に伝えている。

それでは，ESS繊維課の生産設備管理政策の通常の運用は，どのようなものであったのだろうか。これは，第1節で述べた綿紡績業に関する政策形成システムの一部として日本側から定期的に報告されていた統計情報で，綿紡機の運転可能錘数等を確認し，復元率が進展するように監視することを主としたものであった。実際，次項で見るように，1947年後半頃から10大紡各社に許可された綿紡機保有数に対する実際の運転可能錘数を示す復元率が，緩やかな上昇しか示さなくなると，ESS繊維課内では綿紡機の復元の促進をどのように進めるかが問題となった。例えば1947年10月の段階で，ESS繊維課のキャンベルはテイトに対して，繊維機械製

造企業は現在，600万錘以上に綿紡機を拡大するのに十分な生産能力を有しているが，石炭や鉄，等の物資不足でその生産活動が制限されていると述べ，この状況の改善がなければ，綿紡績企業へ機械が供給されないこと（実際上部品供給や機械修理も行われないことを含むと考えられる）を指摘している[87]。

また，1948年12月に，ESS繊維課の綿業係副係長W・ブッシー（W. H. Bushee）は，現在10大紡の保有設備の3分の2しか稼働しておらず，復元のスピードも遅いことを問題にし，これへの対処策として，実際上，「（10大紡の）多くが自分たちの機械工場で機械設備を復元している」のであるから，「復元進度（the rate of rehabilitation）」に関する指令を商工省繊維局へ送るべきではなく，直接10大紡へ復元のための物資を割り当てるように施策をとったらどうかと意見を上申している[88]。

これらの見解は，実際に政策立案へとつながって指令として出されたわけではなかった[89]。しかし，ESS繊維課は，日本側やGHQ他部署の400万錘枠の拡大の主張とは異なり，400万錘を保持した上で，その枠内での綿紡績企業各社の復元が確実に実行されることに関心を有していたことが分る。

ESS繊維課の400万錘枠内の確実な復元を求める政策方針は，日本側にも伝わっていた。戦後，日本繊維連合会理事長等の繊維工業の業界団体の要職を務めた加藤末雄は，400万錘枠の拡大を「折に触れて非公式に関係方面の意向を叩いてみても，いつもきまったように先ず復元を完遂してからだという返事でこの枠は容易に動かないもののように感じられた」と証言している[90]。

紡績各社の復元率は新紡を除き，1949年頃から横ばい傾向を明確にしたために（第2-1図），通産省はついに1950年2月20日付で，通産省令2号「綿紡績設備復元促進に関する件」を通達した。これは，以前より復元計画を提出していた紡績企業が同年6月30日までに復元に着手するか，または同年12月31日までに復元を完了しない場合には，復元の打ち切りやその他の措置を取りうることを定めたものであった[91]。通産省は，主として繊維製品の輸出をてこにした経済復興の促進のために強制的な措

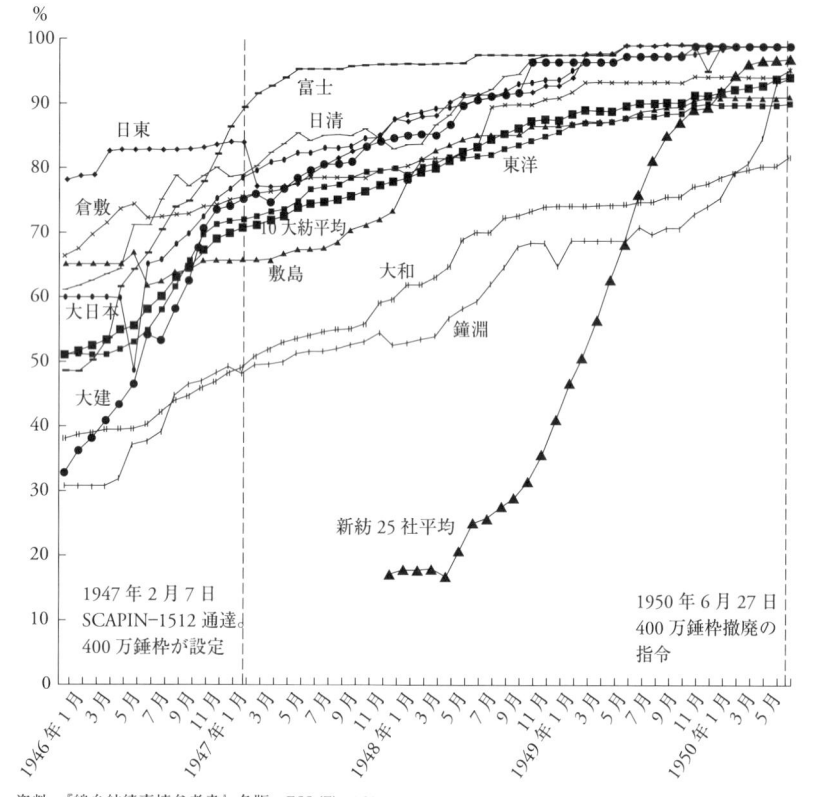

第 2-1 図　紡績各社綿紡機の復元率

資料：『綿糸紡績事情参考書』各版；ESS (E) 03587.
注：復元率とは，各社各月運転可能錘数を各社復元許可錘数で除して 100 を掛けたものを示す。

置を取ったと考えられるが，同時に GHQ の意向を体現した措置を取ったと考えられる。

(2) 10 大紡各社の復元状況

ここでは，10 大紡各社の復元状況を検討する。第 2-1 図は，1946 年 1 月から 1950 年 6 月までの間における 10 大紡各社と 10 大紡平均の復元率，また新紡 25 社平均の復元率も示したものである。概観すると，各社によって復元率に相違があることが分る。当初 1946 年 1 月時点の数値では，10

大紡で最も数値が高いのは日東紡績であり80％弱を示していたが，一番低い鐘淵紡績は30％強であり，両社で50％近い相違が生じていた。また1946年1月時点で大建産業も鐘淵紡績と似て30％近かったし，大和紡績も40％を切っていた。この後，鐘淵紡績，大建産業，大和紡績3社の内，大建産業は急速に復元率を高めるが，鐘淵紡績と大和紡績は1950年にいたるまで80％にも達していなかった。他の8社は1949年までにいずれも80％を達成しているが，数値にばらつきが見られた。

このような各社による復元率の相違は，主として戦後当初の各社の綿紡機残存の在り方に大きく負っていた。各社によって程度は異なっていたが，状況は類似していた[92]。設備は残存していても，それを据え付ける工場が戦災で焼失している場合があった。また工場は残っていても，戦時中に軍需関連産業へ転換していた場合には，格納されている設備を据え付けるために工場の補修が必要であった。また設備を戦時期に倉庫へ格納したものの，運転に支障を生じるような状況になった場合，自社内修理設備があった10大紡企業では自社で修理を行うこともあったし，繊維機械製造企業に修理を依頼する場合もあったと考えられる。また工場の転換（羊毛工場から綿工場への転換等）や設備の工場間の再配置に伴って，運転可能設備を移動しなければならず，復元率の一時的な低下を示すこともあった。

特に鐘淵紡績と大和紡績は，工場の罹災率が高かったことが当初の復元率の低下に大きく響いた。鐘淵紡績は，戦災で操業工場だった兵庫工場，大阪工場，和歌山工場が全焼し（焼け跡から取りだされた紡機約4万6,400錘の修理の目途が立ったとされる），敗戦時に西大寺工場，洲本工場の2工場のみが稼働工場であった。残存綿紡機も15万7,808錘だけであった[93]。大和紡績は，戦災により操業工場の姫路工場，紀ノ川工場，未操業工場の和歌山工場が全焼し，操業工場の福井工場も大半が焼失し，綿紡機も18万5,100錘が被災した。敗戦時，稼働工場は出雲工場，佐賀工場，二見工場の3工場のみであり，残存設備は18万3,580錘であった[94]。

復元率が1946年1月から高かった日東紡績では，戦災を受けたのはロック・ウールや化繊原料の硫酸を製造していた富久山工場や東京工場であ

り，綿紡績工場は，一部工場で社宅等が燃えただけでほとんど戦災を受けなかった[95]。このため戦後の綿紡機の復元も，比較的順調に進んだのである。

10大紡各社の復元率の相違の原因を検討するために，復元率の「分母」に関して掘り下げてみよう。前述のTD-17により，復元率の低かった次の2社の内，鐘淵紡績は40万3,906錘，大和紡績は36万8,016錘の綿紡機保有が「確認」されて，その錘数までの復元を認められたが，この保有数値は，実際の数値ではなかったと考えられる。戦災に関する社史の記述を信じるならば，この2社がとてもそのような多量の紡機を，占領復興期当初に，保有していたとは考えられないからである。

では，TD-17の数値の根拠は何であろうか。敗戦時の各社の保有錘数は，原則として，戦時期の1944年5月29日付の日本政府の通達「昭和19年度綿ス・フ紡績業設備供出に関する件」で認められた錘数に準じていたが[96]，ここで鐘淵紡績は7工場で39万680錘，大和紡績は4工場で34万6,064錘の保有が許可されていた（10大紡で合計343万6,160錘）。鐘淵紡績，大和紡績に限らず，各社ともにこの戦時期の通達で認められた錘数に，戦災を受けたが修理可能とみなした設備（実際には鉄スクラップに近かったと考えられる）や戦時中に海外移駐するために港湾で格納されていた設備が返還された分を含めて，戦後，業界団体や商工省に報告し，それが「保有」錘数として認められたと考えられる。

したがって，日東紡績のように綿部門の工場自体がほとんど戦災を受けなかった10大紡企業は，格納中の綿紡機の修理や据付等だけに集中すればよかっただけに復元率も高めに推移したが，もともと綿紡機が多数焼失していた鐘淵紡績や大和紡績は，一から調達を余儀なくされ（SCAPIN-1562にあったように，新規購入を10大紡は禁止されていたから，事実上自社で製造したのであろう。2社ともに機械製造部門を有していた），復元率もなかなか上昇しなかったのである。

10大紡の復元率の上昇の阻害要因は，敗戦時の設備残存状況の他にも多々存在した。まずSCAPIN-1512やSCAPIN-1562等が通達される1947年中頃までは，設備保有がどこまで許されるのかが不明の状態であり，復

元を進める見通しが立ちにくい状態にあったと考えられる。また復元資金の調達上の問題もあった[97]。10大紡は制限会社指定を受けていたためにESS反トラスト課に許可をもらう必要があり，その上で日銀斡旋の下で銀行シンジケート団から資金調達を行ったが，インフレーションの進行によって必要資金額の改定が必要になり，数度にわたり資金調達をESS反トラスト課に許可申請する必要が生じた。工場の修繕・再建，綿紡機の修理・据付作業に必要な鋼材，木材，セメント類の入手が困難であったことも問題であった。その上，棉花の輸入状況が1947年中頃から1948年にかけて不安定になったために，この時期10大紡は操業短縮を実施しており，復元を進めても原料がない状態であった。これらの事情のために，1948年までは多くの10大紡の復元率は緩やかな上昇を示すにとどまった。

　1949年に入ると，鐘淵紡績と大和紡績を除いて，大半の10大紡が80％以上の復元率を達成し，復元完了を成し遂げる10大紡も出てきた。大日本紡績や日清紡績は1949年6月，大建産業も同年11月には復元を完了した。しかし前年から引き続き棉花輸入量がなかなか増大せずに急速な復元が必要な状況ではなかったこと，前年1948年12月の経済安定9原則に発表によるドッジ・ライン下で金融機関の貸出制限が生じて設備投資資金の調達が困難になったことを背景に[98]，10大紡平均の復元率は横ばい傾向を示すようになった。

　最終的に，後述するように1950年6月27日付で400万錘枠等の一切の生産設備管理政策が撤廃された時期の前後に，10大紡全社が復元を完了した。富士紡績が1950年1月，日東紡績が同年2月，倉敷紡績が同年10月，東洋紡績が同年12月，敷島紡績が翌1951年1月，大和紡績が同年2月，鐘淵紡績が同年3月に復元を完了した[99]。

2. 生産設備管理政策の廃止

　本項では，生産設備管理政策がどのような経緯の末に，撤廃されたのかを跡付ける。

前項で，ESS繊維課が400万錘枠を保持した理由として，主として3点を考慮していたことを挙げた。棉花輸入量増大の見通しが立っていなかった点，米国や英国等の綿製品製造業者による日本製の綿製品の輸出増大への懸念，そしてドル決済での綿製品輸出の困難，の3点であった。したがってこれら3点が解消されれば，400万錘枠を始めとする生産設備管理政策の見直しや撤廃がESS内部で検討されることになったはずである。以下では，これら3点に留意しつつまず日本側に400万錘枠の拡大・撤廃の意思があったことを確認し，その後具体的な撤廃までの過程を確認する。

(1) 拡大もしくは撤廃に対する日本側の要望

　日本側では1949年後半頃から，輸出が増大しつつあったことを背景に，特に英国の主張に警戒しつつも，400万錘枠の拡大もしくは撤廃を主張する声が高まりつつあった。

　まず紡績企業と業界団体から上がった主張を見てみよう。10大紡の中では大日本紡績社長の原吉平が，1949年より紡機錘数の拡大を主張していた。

　原吉平の主張は，1949年当時，次のようなものであった。繊維製品の不足が世界中で生じており，国内も闇値の高さを見れば綿製品は枯渇状態にある。このように需要が生じているのに生産設備が足りない。戦前中国・朝鮮・満州（および日本を合わせて）2,000万錘あったのに，今は半減して1,000万錘しかない，とても需要を補えない。だから，日本で800万錘くらいは必要である，というものであった[100]。ただし英国の動向に警戒を示し，その勢力圏には（生地織物ではなく）加工品は輸出しないから，代わりに中国やインドネシア等の「東洋市場」は日本へ譲ってほしい，としていた[101]。さらに1950年3月には，900万錘は欲しいと述べている[102]。ただし，1950年6月に400万錘枠の撤廃が実現されると，主張はトーンダウンした。同年7月の記事では妥当な数値は約740万錘であり，増錘競争の出現や増錘に対する外国の批判，棉花買付資金の制約を考慮して，日本政府の繊維設備制限令は残すべきだとする旨を述べている[103]。

それでも，400万錘以上の拡大が必要との見解に変わりはなかった。
　このような原吉平の主張の背景には，大日本紡績が前述したように1949年6月には復元を完了していたために，綿紡機の拡大を行う余裕が生じていたことがあったと見られる。他の10大紡でも復元が遅かった鐘淵紡績の社長の武藤絲治などは，増錘の主張を出版物などから確認できない。1949年から1950年にかけての紡績企業各社にとっては，復元完了の見通しがついていなければ，設備拡大策は考慮されることではなかったのである。
　また日本紡績協会は，1950年5月の米英日の3国綿業者会談の直後の5月25日，日本政府へ400万錘に加えて83万錘の増錘希望の陳情書を提出している[104]。非公式には400万錘枠の拡大または撤廃を要望してきたが[105]，これは初めて正式に陳情したものであった。日本紡績協会が主催する形で大阪にて行われた上述の3国綿業者会談で[106]，米国と英国から錘数制限の議題が提出されず，英国側代表も日本の紡機数が不足していると認識しているように日本側に受け止められたことから[107]，この陳情は行われた。日本紡績協会（委員長は富士紡績社長の掘文平であり，その他各種委員には10大紡経営者が名を連ねていたことから10大紡の総意とも言えよう）の米英の綿製品製造企業の利害関係者に対する強い警戒感が，1950年になるまで正式の要望を押えていたのである。
　紡績企業や日本紡績協会がまず陳情する相手であった通産省も，増錘の必要性をESSへ陳情した。後に事務次官となる佐橋茂は1948年から1951年にかけて，通産省通商繊維局綿業課長であったが，陳情のために「日参をした」。佐橋茂は，400万錘では国内需要しかまかなえない，必要な外貨の獲得のためには，綿紡績業が生産を増大することが有益であり，これはさらに米国の援助負担の軽減にもつながると論じ，撤廃を主張したという[108]。
　1950年になるとESS繊維課はなくなっており，その機能はESS工業課とESS貿易課へ分けて移管されていた。しかし，生産面において，ESS工業課の繊維担当係を頂点として日本側から情報や陳情を受け止める政策形成システムは生きていた。日本側からの働きかけを受けて，GHQがどの

ような判断を下したのかを次に見てみよう。

(2) 廃止までの経過

　1950年当初, ESS工業課の態度は日本側の要望に対して, 400万錘枠保持を譲らない強硬なものであった。経済安定本部による1950年2月27日付のESS工業課への陳情に対応したESS内部の会合が, 1950年3月22日に行われ, 繊維機械の統制解除に関して議論された[109]。ESSからは貿易課, 工業課, 価格・配給課, 公正取引課 (反トラスト課が改称した部署), および法務局の代表が出席した。この際に議題に上がった経済安定本部の陳情は, 綿紡機を除いた他の繊維機械に関する統制 (事実上, 羊毛工業と化繊工業) の解除を希望するものであった。しかしながら会合の結論は, 日本側は統制を維持すべし, というものであった[110]。

　さらにESS工業課は, この会合の結論に関して, 3月25日付でESS副局長に報告した[111]。経済安定本部へは, 繊維設備に関する規制を解除することに「強力に反対している」(strongly objects) ことと, 綿紡績業・化繊工業・羊毛工業における生産設備管理政策の根拠となっている諸指令に合致するように, 「十分な設備を確保する」(insure ample implementation) こととを, 非公式に伝えるべきであると具申した。

　ESS内で10大紡を所管していたESS工業課の強硬な態度は, ESS他課からの勧告に対しても同様であった。1950年4月, ESS計画・統計課がESS副局長に対して, 第2-2表と第2-4表にある綿紡績業・化繊工業・羊毛工業における生産設備管理政策の根拠となっている全指令を撤廃するように勧告した[112]。理由は, 棉花輸入計画における輸入量の規模の大きさや国内消費量の少なさ (limitations) を考慮して綿製品の生産拡大のために, 撤廃が望ましいからというものであった。これに対して, ESS工業課は5月3日付でESS副局長に反論を行った[113]。その際の反論理由を引用すれば, 「繊維の制限措置は, 経済的諸影響を広く及ぼすために, 国際的な側面を有している (bear an international aspect)。十分な検討がこの面で行われ, 設備増大への必要性が明確に論証されるまでは, 工業課は提案を支持することはできない」というものであった。

ここで上記のような ESS 工業課による日本側と ESS 他部署に対する反対論を，検討してみよう。1949 年まで ESS 繊維課が 400 万錘枠を保持する理由と考えた 3 点の内，棉花輸入は 1950 年に入ると増加傾向を示すようになっていたし，ドル決済での綿製品輸出問題も，第 3 章で後述するようにドル払いが義務付けられていた米棉借款での輸入に依存しなくなっていたこの時期には，かつてほどには大きな問題ではなくなっていた。しかし米英両国における綿製品製造企業の動向に関する懸念だけは，残っていたのである。これが，上述の 5 月 3 日付の ESS 工業課の「国際的な側面を有している」という主張につながったのであろう。そして，この点から生産設備管理政策の継続を決めたと考えられる。したがって，設備許可水準枠内での復元促進（3 月 25 日付文書での「十分な設備を確保する」ように，という主張）を改めて日本側へ伝えるように考慮したのである[114]。

　以上から今や生産設備管理政策の廃止の帰趨を握っていたのは，米英両国における綿製品製造企業の動向であったといえるが，1950 年 5 月に大阪で開催された上述の 3 国綿業会談は，ESS 工業課を始め GHQ に驚きを与えたと考えられる。この会談には，米英両国における綿製品製造・輸出企業の業界団体関係者も出席したが，400 万錘枠に対する議題が特に出されなかったからである。

　さらに 1950 年 6 月になると，ESS 工業課を指揮する立場にあった ESS 生産・施設担当官（Director of Production and Utilities）[115]が，国内消費量に注目して一層の綿製品を供給することに力点を置いて検討すれば，400 万錘では不十分である，と結論付ける文書を作成していた[116]。この検討結果を示す文書は，ESS 局長マーカットにも渡されたと見られ[117]，この後のマーカットの意思決定に一定の影響を与えたと推測される。

　1950 年 6 月 24 日には米国上院の法務委員会の反独占調査小委員会（Senate Sub-Committee on Anti-monopoly Investigation）委員長 J・イーストランド（James O. Eastland）上院議員から，GHQ へ電信が寄せられた[118]。イーストランドは，5 月の 3 国綿業会談に参加した米英両国代表団が提出した反独占に関する調査結果から，日本側が 80 万錘増錘することを希望して

いると知ったために，GHQ は日本側に年に約 50 万錘ずつの増錘を認めるべきだ，と勧告した。この電信は，5 月の綿業会談に来日した米英両国代表が米国上院に対して，400 万錘枠の固定化や 400 万錘以下への減錘を要望していないことを示していた。

この電信に対して，マーカットはただちに，返信を行い，紡機の最大値を決めるような指令は直ちに撤廃すると伝えた[119]。なぜならば，そのような措置によって日本の輸出の増大が妨げられており，米国の日本援助額を減らすことにつながらないからと述べている。輸出拡大と援助縮小を直接の理由としていたが，このマーカットの決定の背景には，米英両国の綿製品製造企業から 400 万錘枠を撤廃することに対する異議が生じにくくなっている状況を，イーストランドの電信から改めて把握したことがあったのは間違いないと考えられる。

こうしてマーカットの決定に対応して，ESS 工業課は，1950 年 6 月 27 日付で，綿紡績業における生産設備管理政策の根本を定めた SCAPIN-1512，またそれに関連した SCAPIN-1562，SCAPIN-1646 の 3 つの指令を廃止する指令を出した（第 2-4 表の SCAPIN-2109）。これは同時に，それらから枝分かれした ESS 繊維課通達の指令（TD-×の番号のついた指令）を撤回する意味も有していた。さらに同年 12 月 15 日には，10 大紡に復元資金の支払明細報告を提出するような細かな義務を負わせていた SCAPIN-1427 も撤廃し，綿紡績業における生産設備管理政策を根拠づけた，全 GHQ 指令を撤廃したのである（第 2-4 表の SCAPIN-2133）。

なお，化繊工業と羊毛工業における生産設備管理政策の廃止に関しても，触れておこう（第 2-4 表参照）。

まず化繊工業では 1950 年 6 月の内に ESS 工業課は，生産設備の枠を広げることを決定した。その理由は 2 つあった[120]。1 つは，1947 年 4 月以降，ESS 繊維課は化繊の生産設備の年産能力 15 万トンまでの枠を，事実上，現有の生産設備に基づいて認めていたが，実はこの 15 万トン以外に，日本には年産能力 1 万 9,020 トンの生産設備があった。またこの 15 万トンの制限は，化繊の種類（製造方法）に関して分類を特定しておらず，強力人絹（high Tenacity yarns）とアセテート法化繊[121]とは「制限において考慮

していなかった」ことをESS工業課が認めたことがあった。第2に，化学繊維の生産を増大することは国産の糸を供給することにつながり，棉花，羊毛，麻といった繊維原料の輸入減少を助けるからであった。

こうして，ESS工業課は1950年6月19日付でSCAPIN-1600を改定したSCAPIN-1600/1を通達し，ほぼ製造方法ごとに3つの化繊種類の年産能力の枠を決定した。ビスコース法化繊とキュプラ法化繊とを合わせて16万9,020トン，強力人絹を2万トン，アセテート法化繊を1万5,000トン，枠を定めた。また同時に，ビニロンやアミロンのような合繊を制限しないとも，決定していた[122]。SCAPIN-1600の記述を改定することで，枠内での化繊の生産能力の一層の復元推進を企図したと考えられる。

このSCAPIN-1600/1の通達から8日後，1950年6月27日付でESS工業課は，スフ紡績数を50万錘と定めていた指令TD-15を撤廃した[123]。これはESS工業課が，過去1年ほどの間にスフ糸の生産番手が高番手化しているが，高番手化は一層多くの紡機を要するものである点，またSCAPIN-1600/1で「化繊生産能力が年産15万トンから16万9,020トンへ増大しており，これは一層多くの紡機を必要とする」点の2点を考慮したからであった[124]。

最終的にESS工業課は1950年10月17日付の文書で，綿製品の予想される不足状態を充足するのに，化繊工業の現在の生産能力では不十分であるので，化繊工業は拡大を必要としている，と結論付けた[125]。こうして10月23日付で，SCAPIN-1600/1を撤廃し完全に化繊の生産能力の枠を取り払った（第2-4表のSCAPIN-2128）。1950年6月25日に勃発した朝鮮戦争の特需のために，化繊製品の輸出需要が増大していたことが，背景にあったのである[126]。

他方，羊毛工業に関して，1950年6月27日にESS工業課は，現在，羊毛製品の生産活動と輸出の見通しとが好調な状態にある（favorable）ことを理由に[127]，同日付で羊毛工業における生産設備管理政策を規定していたTD-23を撤廃した[128]。

日本政府も，これら生産設備管理政策の廃止を通達する一連のGHQ指令を受けて，1950年11月16日付で「臨時繊維機械制限規則」を廃止し

た[129]）。こうして1950年の内に，GHQによる生産設備管理政策は終焉を迎えたのである。

おわりに

　日本綿紡績業に対するGHQの生産設備管理政策は，次のような経過を経て形成された。ESS繊維課は，ESS他課の協力を十分に取り付けられなかったことを主因として，日本綿紡績業の綿紡機の将来に渡る長期的水準を決定できなかったが，それでも暫定的水準400万錘を決定し，日本側へ指令した。また10大紡各社別の綿紡機の保有制限に関して，ESS繊維課は，10大紡各社の現有の綿紡機全錘の保持を許可する指令を出した。そして10大紡以外の紡績企業の存在とその要望がESS繊維課に考慮されて，新紡の参入も認められた。

　こうして1947年中頃までに，日本側の要望に応えて示された数度の修正や補足説明を加えた一連の指令が出揃って，ESS繊維課の生産設備管理政策を規定する指令体系が完成し，その下で日本政府が生産設備統制を行う体制が成立した。

　生産設備管理政策は，産業支援的な性質を有していた。日本綿紡績業が戦前最高で，約1,200万錘を保有していたことに比べれば，この400万錘という水準はその3分の1に過ぎなかった。しかしこの400万錘枠は，当時の日本綿紡績業にとって十分に満足できる水準であった。まずこの400万錘枠の中で，10大紡各社に保有許可数が定められたが，それは当時実際の運転可能錘数を超えて各社主張の保有錘数であり，保有錘数の所有許可とそこまでの復元を認めるものであったからである。また参入を許可された新紡25社は当時10大紡に比較して保有を許可された綿紡機の規模は小さかったが，新紡の中には，1950年代以後に10大紡を超えて日本綿紡績業における主要企業となる近藤紡績や都築紡績，近江絹糸[130]）が含まれており，後から見れば，これら企業に成長のきっかけを与えたと評価することができよう。そして何よりも，1947年の段階では対日賠償政

策の帰趨はまだ明確ではなかった。そのような時にESS繊維課が保有許可を出したことは，日本側に対して生産設備の復元促進の効果を与えた。その上，同時期以降に復元資金の借入も許可されるようになり，10大紡が生産設備の復元に専念する体制が整えられた。

またESS繊維課は，化繊工業や羊毛工業に対しても，現有設備の保有を許可する生産設備の水準を指令し，それら産業での生産設備管理政策の根本とした。

1947年2月の400万錘枠の指令後，400万錘枠の拡大もしくは撤廃を主張する見解が，日本側やESS他課から生じることがあった。ESS繊維課は，第1に棉花の輸入進捗状況，第2に諸外国(特に米英)の綿製品製造企業の業界団体の動向，第3にドル決済での綿製品輸出の困難を考慮して，400万錘枠の保持が現実的と判断した。そしてESS局長等へ上申し，結果として1950年中頃までのESSの決定事項とした。またESS繊維課の生産設備管理政策の平時の運用としては，綿紡績企業の設備の復元率が1949年頃まで緩やかであったことから復元促進を計画することであったが，結局は，積極的に促進策の指令を通達することもなく監視することに終始した。他方，10大紡は，許可された錘数の復元を進めたが，各社によって戦後の出発点より工場や生産設備の被災状況に相違があったことから，綿紡機の復元率にも相違が見られた。

生産設備管理政策の撤廃は，次のような経過を辿った。1949年11月にESS繊維課は解散し，生産面での機能はESS工業課が引き継いだが，旧来のESS繊維課の政策方針が堅持された。しかし1949年から1950年にかけて，日本綿紡績業をめぐる環境は変化する。棉花輸入と綿製品輸出の状況は以前よりも好転し，1950年5月の米英日3国綿業会談では，米英両国代表から日本綿紡績業の生産設備の拡張を問題とする動きが出なかった。また1950年6月に入ると，ESS上層部で400万錘枠保持への異論が検討され始めた。

こういったことを背景にして，最終的に6月24日の米国議会上院小委員会からGHQへ出された勧告が直接の契機となり，ESS局長マーカットの指示の下で，ESS工業課は，6月27日付で400万錘枠を始め一切の綿

紡機に関する指令を撤廃した。また ESS 工業課は 1950 年の内に，化繊工業や羊毛工業に対しても生産設備に関する枠組みに関する指令を撤廃した。

第3章
占領復興期前半期における日本綿紡績業を中心とする統制体制

はじめに

　本章は，占領復興期前半期において，棉花の輸入，綿製品の生産およびその配分（輸出向けと国内向け）の各領域において，GHQがどのような産業支援的な占領政策を行い，またそれに対して日本綿紡績業を始めとする日本側がどのような対応を示したのかを，解明することを目的にしている。

　占領復興期前半期の日本綿紡績業の生産面の主要な制約条件は，棉花不足であった。そして棉花不足の根本的な要因は，外貨不足による輸入途絶であった。したがって米国政府の借款に基づいて行われた米棉の輸入は，日本綿紡績業にとって死活的に重要であり，GHQの産業支援的な占領政策もこれを起点にして策定された。

　日本政府は，棉花輸入に関する貿易統制を行い，さらに綿製品の生産や配分に関しても統制を行ったことが，先行研究で明らかにされている[1]。しかしながら，それら先行研究は，GHQの役割にはほとんど言及せずに，貿易や生産等の各領域における統制を個別に分析しており，それら統制を体系的に解明しているわけではない。

本章では，占領復興期前半期における米棉借款に注目することにより，日本綿紡績業に関係して棉花の輸入，綿製品の生産およびその配分の各領域にわたって構築された統制体制の全体像を把握することを課題とする。より具体的に述べれば，まず米棉借款を基盤にして，GHQ，日本政府，業界団体，綿紡績企業等の諸行為主体の間で，どのような指揮命令系統の下にどのような統制体制が築かれていたのかを明らかにした上で，輸入・生産・配分の各領域における経済統制の実態を解明する。そして占領復興期前半期に築かれた綿紡績業を中心とする統制体制より，代表的な綿紡績企業であった10大紡がどのような影響を受けていたのかを，収益の点から分析する。

第1節　棉花の輸入と統制体制の構築

　占領復興期前半期に日本が輸入した棉花の多くが米棉であったが，この米棉の大半は米国政府が供与した諸借款により輸入されていた。第3-1表は，米国政府が供与した借款や買付資金の種類ごとに，占領復興期前半期に輸入された米棉の数量を分類したものである。この表から，1949年から1950年にかけては，CCC棉協定（後述する）と占領下日本輸出入回転基金（Occupied Japan Export-Import Revolving Fund. 以下，OJEIRFと略称する）と米国第80議会法律第820号（Public Law 820, 80th Congress. 以下，PL820と略称する）に基づく3つの借款による米棉輸入が，大きい割合を占めていたことが分る。特にCCC棉協定により輸入されたCCC棉は，1950年までの占領復興期前半期の日本の米棉輸入量の約25％を占め，また1948年中頃までの棉花輸入は，ほぼ全面的にCCC棉に依存するほどの存在感を持った。そこで以下では，特にCCC棉協定に焦点を当てつつ，この3つの借款がどのような経緯をもって供与されたのかを明らかにし，そしてそれら借款がどのような特徴を有していたのかを跡付ける。さらに大別すると，CCC棉協定とそれ以降の借款との間では，日本における統制体制に変化が生じたことを明らかにする。

1. 日本側の棉花輸入の申請と GHQ の米国政府との折衝

　1945年敗戦直後の8月末，日本国内に棉花の在庫量は2,225万lbsしかなかった[2]。この数値は，戦前最高の棉花消費高を記録した1937年の消費高が18億4,606万5,843 lbsであったから[3]，1937年当時であれば1週間の平均消費高にも満たない数字であった。敗戦直後には綿紡機の運転可能錘数が激減して約200万錘しかなかったものの，綿紡績業の操業を継続していくには十分な棉花の在庫量とは言えなかった。

　また，1945年9月2日付でGHQは全ての種類の戦争用資材の現状維持と保存を日本政府へ命令したために[4]，綿紡績工場も操業を停止した[5]。この繊維製品の生産停止は，まもなく撤回された。それは，商工省が繊維製品や鉄鋼，アルミニウム，自動車等の民需向けの生産を9月23日付でGHQへ申請し，この申請を受けたGHQが9月25日付で絹以外の繊維製品の生産を許可したからである[6]。しかしこの時期，棉花不足の他に，労働者不足や戦災の影響もあり生産は一般に停滞した[7]。

　そのような状況の中でGHQは，綿紡績業の生産を何よりも阻害していた棉花不足を解消するために，棉花輸入の具体化のための活動を開始することになる。この点を以下で確認しよう。GHQは占領当初，日本経済の状況を知るために日本側から情報を収集することから始めていた。その一環として後にESS初代局長となるR・クレイマーらが1945年9月12日に，商工省と農林省の代表と会談している[8]。GHQ側の質問に対して，日本側が返答する形の会談であった。GHQ側は，戦時統制，鉄，米に及ぶ幅広い質問を33項目挙げたが，その内，18が繊維関連の質問であった。ただし，この時点では，主に生糸が質問の中心であった。

　やがてGHQは，日本側より深刻な棉花不足を知らされることになった。その最初の場となったのは，1945年9月27日にクレイマーらと綿紡績企業の代表（大日本紡績の原吉平，東洋紡績の関桂三，日清紡績の桜田武ら）との間で行われた会合であった[9]。ESSの目的は「過去，現在，未来の綿工業に関する情報とデータを得ることであった」が，この会合の中で日本側は，1945年9月20日時点で棉花は，9万1,244担（piculs）（1,204万4,208

第3-1表　1946年-1951年の買付資金別輸入米棉

資金名		1946年	%	1947年	%	1948年	%
政府貿易	a. CCC	704,710	100	426,149	100	123,402	41.2
	b. QM					49,117	16.4
	c. OJEIRF					78,893	26.4
	d. PL820						
	e. ECA						
	f. EROA						
	g. UNICEF						
	計	704,710	100	426,149	100	251,412	84.0
h. 商業勘定等						47,813	16.0
合計		704,710	100	426,149	100	299,225	100

資料：a，b：『棉花月報』『綿花統計月報』各号，c，d：ESS (B) 09481，安本資会調査課長『エコノミストのための紡績入門』青泉社，1954年，119-号より算出。

注：1. f．gは，契約俵数。それ以外は入港した実際の俵数。
　　2. 1951年，1952年の合計値には落棉俵数が加算されている。それ以前の
　　3. eからgについて（『エコノミストのための紡績入門』120-121頁）：
　　戦により日本に振替輸入された。f. EROA：米国政府の占領地経済復興
　　際児童基金から日本の児童に贈られた。

lbs[10])しかないと述べ[11]，「この在庫高は，現在の生産性で約2ヵ月分の工場操業に見合う量」でしかないと，近日中の棉花の払底の見通しを伝えた[12]。さらにGHQ側は，綿紡績企業の代表から「使用可能な円資金は十分にある」と聞いたが，「綿紡績業者は財政上健全であるが，外貨については何も知らない」と認識した。また日本政府は，1945年9月21日にGHQへ穀類，塩，棉花等の輸入の要望と，輸入品の支払いに充当しうる輸出品として生糸，絹製品等があることを通知している[13]。そして1945年10月13日には，後のESS繊維課長のH・テイトに日本側の代表が「綿業の実情を具申」している[14]。このように日本側からの陳情が，何度か続けられたものと見られる。ESS（1945年10月2日に設置）はこれらの情報から日本側に外貨のないことを確認し，棉花輸入のためには自分たちが米国政府と折衝しなければならない可能性を考慮し始めたと考えられる。

単位：俵（bales）

	1949年	%	1950年	%	1951年	%	合計	%
							1,254,261	30.4
							49,117	1.2
	336,237	46.0	188,244	16.2			603,374	14.6
	55,401	7.6	171,400	14.8			226,801	5.5
	47,938	6.6	2,588	0.2			50,526	1.2
	92,993	12.7					92,993	2.3
	808	0.1	1,470	0.1			2,278	0.1
	533,377	73.0	363,702	31.4			2,279,350	55.3
	197,001	27.0	796,160	68.6	800,189	100	1,841,163	44.7
	730,378	100	1,159,862	100	800,189	100	4,120,513	100

料［貿易］reel. 9「貿易局資料第8号」, e, f, g, h：有田圓二（当時，日本紡績協120頁（原資料は日本棉花協会および通産省とあり）および『棉花統計月報』各

年はaからhに落棉が含まれている。
e.ECA：経済協力局の欧州援助計画の一環として中国向にあてた棉花が中国の内基金。1949会計年度予算の一部により買付けられた。g. UNICEF：国際連合国

1945年9月末から10月にかけて，GHQは米国政府へ綿紡績業の窮状を伝えた。まず9月30日付でクレイマーは，上記の9月27日の会合で得た情報等を，統合参謀本部へ電信で知らせた[15]。綿紡績業は，1937年には291工場を有していたのに現在39工場しか有していないことや，現在の棉花在庫高は2ヶ月分の消費量であることも通知している。また10月6日付で，1930年以来の綿紡績業の諸情報（生産設備，綿製品生産高，棉花輸入量等）を送った[16]。

同時にESSは一般的な貿易再開に向けて，日本側へ準備を命じていた。ESSは1945年10月9日付で日本政府へ，日本国民の最低生活水準の維持に必要な物資を，輸出品に関する供給計画作成等と引換えに許可する指令を通達した[17]。日本政府はこの指令にしたがって手続きを踏んで計画を提出したために，ESSは11月24日付で食糧や棉花に関して輸入許可を与

えた[18]。

　ESS貿易課は1945年11月になると,棉花不足の解消のために米国政府へ,棉花輸入が必要であることをはっきりと要請するようになった。11月23日付で陸軍省へ送った電信の中で[19],ESS貿易課は日本の棉花在庫量は1月までに枯渇するだろうと見通しを伝え,「できるだけ早期に1946年前半に20万俵[20]の棉花が輸入されることが勧告される。1946年に輸入されるべき最終的な量は,当該勧告の範囲を超えると思われる……〔引用者省略〕……1935-1939年の年平均輸入量は321万9,400俵[21]であった」と伝えている。つまり,ESS貿易課はできるだけ早めに当座の必要量として,数値の根拠は不明であるが,20万俵の棉花の輸入措置を取るように米国政府へ要請したのである[22]。

　1945年9月末のGHQからの電信以来,陸軍省民事局は日本への棉花輸出を考慮し始めていたかもしれないが,上記の電信によって本格的な検討に入った。ただしこの時点で陸軍省民事局は,当時米国内に滞留していた低級品の棉花の輸出を考慮していた。陸軍省民事局はESSに上述の電信への返信を,11月25日付で送った[23]。陸軍省民事局は,綿紡績業の運転可能綿紡機の錘数と低格付 (low grades)[24] の棉花のみを使用して1錘当たり何lbsの棉花を消費するかのデータと,それに関するコメントを要請した。これに関して,ESS貿易課は商工省へ報告を求め[25],その報告結果を陸軍省民事局へ送った[26]。運転可能綿紡機の錘数は271万2,694錘,1錘当り224 lbsと報告された[27]。ここで日本側は,繊維長 (length)[28] に比べれば格付に関しては,紡績工程であまり高級・低級の相違を問わないと伝えている[29]。一部の綿製品には高格付の棉花が必要だが,「いかなる格付の棉花であっても必要としており利用することができる」と伝えている。繊維長への注文はつけたものの,低級品でもいいので棉花輸入を急いでいることを強調していることが読み取れる。

　この時期に陸軍省が日本へ輸出することを企図した棉花は,商品金融会社 (Commodity Credit Corporation. 本書を通じて,CCCと略称している)[30] が所有していた米棉であった。CCCは1945年の秋の段階で,10年間以上に渡って蓄積してきた中・低級格付で短繊維長の300万俵に及ぶ米棉を滞

貨として保有していたが，その処分を企図するようになり，一部は中国やヨーロッパの自由主義国へ与え，残りは日本とドイツに送ることになったのである[31]。

1945年12月に入ると陸軍省は，CCCに滞留している棉花を日本へ輸出する方針を立て，輸出の具体的な事項を詰めようとするようになった。また，陸軍省民事局は世界的に綿製品が不足しているという前提の下に，日本は綿製品の輸出により，米棉代金を返済することが可能であると考えたのである。ただし，次に見るように条件をつけた上でのことであった。

まず1945年12月6日付で陸軍省民事局はGHQへ電信を送り，初めて棉花輸出の方針を表明した[32]。ここで，「世界中で操業している綿工場の生産設備によって影響を受ける米国内の棉花消費には，大きな余剰が生じている。世界の繊維品需要量は，供給量を超過している。およそ1946年1月1日に始める船積の調整措置を考慮しつつ，消費されるべき棉花の量を勧告するように要請する。必要とする繊維長を含めること。……［引用者省略］……考慮中の計画では，米国の民間機関もしくは陸軍省以外の米国政府の機関による［棉花］取得・輸送費に，資金を出すことになるだろう。この機関の負担金は，［綿製品の］輸出から得られる利益および製造された綿製品の3分の1の販売によってまかなわれるだろう。残りの綿製品は，日本における消費のために販売もしくは輸出によって，労働者および製造にかかる費用を支払うのに利用可能であろう」としている。このように，陸軍省民事局は棉花輸出の条件として，綿製品の3分の1以上の輸出を義務付けていた。さらにESS貿易課へ必要棉花量を問い合わせた。

必要棉花量に関しても陸軍省は他の条件を付けてきた。1945年12月初旬頃に陸軍省は，ESSへ電信を送り，棉花輸入の要請は次のことを示すものであることを通達した[33]。すなわち，第1に「疾病と社会不安を防ぐ」(prevent disease and unrest)ために必要とされる量と[34]，第2に輸出向綿製品の供給のために必要とされる棉花の量であった。

ESS貿易課は，上述の必要量に関して日本政府へ数値を出すように指示を与えた。日本政府は1945年12月12日付で，合計136万俵[35]の輸入を

要請した[36]。内訳は，日本における必要量は，80万俵[37]，全体の約60%であり，全輸入棉花の代金と輸出費用の支払のためには残り56万俵，全体の約40%が必要であるとされていた。ESS貿易課は，この数値をそのまま12月21日付で陸軍省へ送り，同時に必要な格付や繊維長に関しても通知した[38]。

これに対して，陸軍省は20日ほど返答を保留した。1946年1月12日付でGHQへようやく返信を行った[39]。それによれば，疾病と社会不安を防ぐための棉花に関しては，陸軍省の資金でもって買い付けられることがGHQへ知らされた。そして，「長繊維やミドリング（米棉の格付で中位クラスの棉花），より高い格付の棉花などが，米国で不足しているので，選別が困難となっており，そのため最初の船積が遅延するだろう」と述べて，当初1月中には船積されるはずであった米棉の輸出が遅れていることが明らかにされた。

ESS貿易課は，何よりも前述した1945年12月21日付の電信で記した1946年の棉花輸入計画に関して，陸軍省から何の回答もないことに困惑していた。ESS貿易課は，「日本の棉花在庫量は事実上枯渇している。我々の電信に対する返答が直ちに必要である」と判断し[40]，1946年1月14日付で，前年12月21日付のESS貿易課発の電信への回答を求めた[41]。さらに，ESS貿易課は，終戦連絡事務局，貿易庁，商工省，日本紡績同業会の代表と会合を開き，前年12月21日付の電信に記載した棉花の格付等を低位のものへ落とすことで合意した[42]。そして，1月17日付でESSは陸軍省へ電信を送り，あらためて前年12月21日付電信に対する返答を求めるとともに，格付等の訂正を通知した。そして，棉花の早急な船積を促した[43]。

2. 国務省の動向と繊維使節団の訪日

以上のような1945年11月から12月にかけての，GHQと陸軍省民事局との折衝の間に，米棉輸入に関連する米国国務省関係の2つの出来事が生じた。1つは，国務省からGHQへの問合せである。国務省からGHQ

へ派遣されていた政治顧問代理（Acting Political Adviser）G・アチソン（George Atcheson Jr.）は，1945年12月11日付でGHQへ文書を提出した[44]。「我々は，米国または輸出可能な棉花を有する他国から，日本への棉花の輸入に関する最初の資金供与について，現在国務省で考慮されている提案をGHQは受け入れ可能かどうか調査するように国務省から尋ねられている」として[45]，GHQのコメントを求めた。これに対してGHQの参謀長R・マーシャル（Richard J. Marshall）は，1945年12月22日付で，その提案は受け入れ可能であり，また必要な棉花に関する情報をワシントンへすでに送付したと伝えた[46]。GHQは陸軍省だけではなく国務省にも，米棉輸入に積極的であることを示していたことになる。

もう1つの出来事は，米国代表6人，英国代表1人，インド代表1人，中国代表1人の3ヶ国・1地域代表9人（インドは1947年8月に独立）で組織される繊維使節団（Textile Mission）の訪日を国務省が取り決めたことである[47]。後述するように，この使節団は，CCC棉協定が米国政府内で取り結ばれた後に，実際にどれだけの数量の棉花が日本へ送られるのかを調整することも任務としていた[48]。

国務省は，「英国，中国，インドの各政府の強い主張と外交上の陳情」のために，日本の繊維工業の現在の状況について情報を集めるために，繊維使節団を派遣することを決定した。国務省は，「予想される世界的な繊維製品の不足の観点から，日本がこの不足状態の緩和に貢献することができるのかに関して直接の情報を得ることは有益だと考えられる」として，3ヶ国からの陳情を受け入れたのである。

マッカーサーは，国務省の意向に沿った陸軍省から，1945年12月9日付で繊維使節団の受入れへの承認を求められた。マッカーサーは12月11日付で，GHQに「一時的に委託された委員たち」であれば歓迎すると回答した。そこで統合参謀本部は，1946年1月3日付で派遣を承認し（JCS-1588）[49]，即日マッカーサーへ繊維使節団の訪日を通達した[50]。こうして米国代表5人，英国代表1人，インド代表2人，中国代表2人[51]で構成された繊維使節団が，1946年1月21日に来日することになった[52]。来日後，繊維使節団は，次項で見るようにCCC棉に関する日本側との協議や，

GHQが米国政府へ要望した89万俵というCCC棉の総量値の形成に関与した。そして1946年3月31日付で報告書をマッカーサーへ提出した後に[53]，4月上旬頃に解散したと見られる[54]。

3. CCC棉協定の締結とCCCグループ1棉

ESS貿易課からの督促にもかかわらず，米国政府内では1945年12月末から1946年2月初頭にかけて日本への米棉輸出に関して，調整が継続されていた[55]。最終的に1946年2月7日付で，CCC所有の滞貨の米棉を供給するために，1946年2月7日，米国政府内の5機関，陸軍省，国務省，農務省，CCC，米国商事会社（United States Commercial Company. 以下，USCCと略称する）[56]によって，全21条の対日棉花供給協定（本書では，CCC棉協定と呼ぶ）[57]が締結された[58]。文書では対日棉花供給の目的は，疾病と社会不安の防止，世界的な繊維品不足の緩和に求められていた。

このCCC棉協定は，CCC所有の棉花を日本へ輸出し，それによって生産された綿製品を輸出して得た販売代金で，棉花代金および輸送・船積・販売にかかった費用を償還するというものであった。

このようにCCC棉協定は，米国政府が資金を直接供与する形での借款ではなかった。最初に棉花を日本へ供給し，棉花代金や関係機関が負う経費などの負債は製品の販売代金をもって後払いされるという形の変則的な借款であった。またGHQ（担当部置はESS）はCCC棉の生産・配分の監督を任され，借款返済に関連した責任を負うことになった。

CCC棉協定の詳しい内容を，次に見てみよう。

(a) 棉花の取扱い：CCCが米国内の港でUSCCへ棉花を引渡し，USCCが日本へ運ぶ。USCCは棉花を日本側担当機関へ引渡し，GHQの監督の下で，日本側担当機関が生産・製品流通を管理。輸出向製品はUSCCへ引渡され，USCCによって輸出・販売される。

(b) 代金支払と利益の配分：USCCは，輸出して得た資金から，経費・管理費を相殺するために粗利益（gross proceed）の3％をまず受け取る。次に，CCCへ米ドルで棉花代金を支払う。残高は，陸軍省へ引渡す。

(c) CCCへの返済条件：棉花価格は，棉花がUSCCへ引渡される日の米国指定10市場（10 designed spot markets）の平均価格とする。CCCは港までの交通費等を負担するが，原棉1 lbにつき1.2セントを受け取る。また，暦年の末日のCCCへの棉花代金の未払い分には，年3%の利子が付く。USCCは負債が返済されるまで，USCCが米国内で販売した日本製の製品（綿製品とは限らない）の輸出による純益（the net proceeds）の内2分の1を特別基金として取っておき，CCCの要求があればそこから負債を支払うこと。

(d) 綿製品配分：日本国内において，3ヶ月を1期間として棉花から生産される製品の少なくとも60%は，USCCへ引渡される。

以上のようにCCC棉協定には，厳しい条件が付いていた。日本国内の衣料品不足に反して，CCCに先取特権（lien）が認められたために，CCC棉を原料にした生産量の最低60%を優先的に輸出向けに回さなければならなかった。また世界的なドル不足の中で，ドルで負債を支払う条件が付けられていた。

なおUSCCは，陸軍省と国務省の同意の下で，1946年から1947年までの期間，日本から米国への輸出全般を請け負っていた[59]。このことは1946年1月17日付でUSCCから陸軍省へ渡され，2月27日付で陸軍省が署名した協定によって規定されていた[60]。この協定の概要は次の通りであった。すなわち，日本の商品をUSCCへ渡す前に商品の所有権を日本政府もしくはその代理機関に移しておき，商品がUSCCに渡されると同時にその所有権もUSCCへ渡される。商品がUSCCへ渡された後は，USCCは全関係者に最大の利益をもたらすと思われる方法で米国において商品を販売し，経費等を除いた収益を陸軍省へ渡す。またUSCCによって輸出される商品は，USCCが事前に承認したものでなければならない。GHQは，日本での商品の梱包や船積等が保証されるような措置を取ること，などとされていた。このようにUSCCは，占領復興期初期の日本の対米輸出を全面的に管理する機関であった。

GHQは1946年2月9日付の陸軍省の電信でCCC棉協定が結ばれたことの通知を受け，日本国内におけるCCC棉の取扱いを監督する義務を

負ったことを知った。ESS 貿易課は，終戦連絡事務局，商工省，貿易庁，日本繊維協会の代表と会合を開き，CCC 棉協定にある日本側担当機関として貿易庁を充てることを決めた[61]。

1946 年 2 月以降，CCC 棉協定の下で陸軍省民事局は GHQ と連絡を取りつつ，棉花を輸出する具体的な手続きを進めていった。まず 1946 年 2 月 17 日付で GHQ に，1ヶ月以内にまず「5万トン」(小トンであれば 5 万俵) の棉花を日本へ送る予定であることを知らせた[62]。さらに陸軍省民事局は 2 月 24 日付で GHQ へ，CCC が現在取扱可能である棉花 61 万 5,000 俵の格付，繊維長や俵数の在荷明細を通知した[63]。そして CCC がそのリストから，すでに 5 万俵 (20-25%は長繊維とされた) を選び出し，すぐにでも船積されるようになっていることも知らされた。さらに 3 月 2 日に大阪へ来た繊維使節団は，日本側へ CCC 棉の 62 万 6,000 俵の品質等を記した在荷明細と，すでに 20 万俵の日本輸出が準備されていることを知らせた。日本側はその在荷明細の中から所要の棉花を選んで繊維使節団へ伝え，使節団は米国政府へ通知した[64]。さらに陸軍省民事局は，3 月 22 日付で CCC が保有しているエジプト棉 5,000 から 1 万 2,000 俵の日本への輸出を計画していることも伝えた[65]。

しかしながら 1946 年 3 月上旬の段階で，未だ，CCC 棉協定によって 1946 年に輸入される予定の棉花の総量は決定されていなかった。そこで ESS 貿易課は，この点を確定させることを図った。ESS 貿易課は 3 月 5 日のワシントンとの電信会合 (Telconference) において，米棉 89 万俵の輸入が必要であることを主張した。陸軍省はこの 89 万俵という数値に関し，3 月 16 日付電信で再確認を求めた。それに対して ESS 貿易課は，繊維使節団の団長 F・テイラー (Fred Taylor) およびイギリス代表 F・ウィンターボトム (F. S. Winterbottom) と協議して，この 89 万俵という数値に関して彼らの同意を取り付けた[66]。ESS は，3 月 30 日付で陸軍省へ電信を送り 89 万俵に関して繊維使節団とも協議し，やはり必要であるとの結論に至ったことを通知した[67]。以後，GHQ 文書中で，89 万俵という数値をめぐる陸軍省と ESS のやり取りは，確認できない。こうして正式に，4 月までに 89 万俵に及ぶ棉花 (CCC グループ 1 棉 [CCC group 1 cotton] と呼ばれた) の

輸入が決定された。

　CCC 棉の輸入は，1946 年 6 月に始まった。6 月 5 日，米棉を積んだ第 1 船アーネスト・W・ギブソン号が神戸港へ到着し，以後，CCC 棉グループ第 1 棉として，1947 年 10 月 4 日の第 51 船までの間に，CCC 保有の米棉 89 万 1,143 俵，エジプト棉 1 万 4,383 俵，計 90 万 5,530 俵が輸入された[68]。

4. 米棉の取扱いに関する統制体制の形成

　GHQ は CCC 棉の輸入に合わせて，受け入れ体制の整備に努めた。まず第 1 章で見たように，1946 年 6 月 19 日付で ESS 繊維課を設立し，CCC 棉に関する生産面での取扱い全般を所管させた。ただし 1948 年中頃まで貿易面に関しては，ESS 貿易課が所管した。実際には，生産と貿易は分かちがたく結びついたものにならざるを得ないことから，両課はできる限り情報交換を行い政策合意に努めたと考えられる[69]。

　さらに ESS は，日本政府における CCC 棉の取扱いの責任部署を定めた。1945 年 12 月 15 日に商工省の外局として設立されていた貿易庁に対して，ESS 貿易課は，1946 年 4 月 3 日付で SCAPIN-854 を通達した[70]。内容は，設立から 5 ヶ月も経ってのち，貿易庁を全ての貿易業務を取り扱う日本政府の唯一の機関であると認め，ほぼ全ての業務に GHQ の許可が必要であると規定するものであった。時期から見て，CCC 綿に関する貿易のための指揮命令系統の確立と責任部署の設立が，貿易業務独占機関と貿易庁を認定した主な目的と見られる。そして，GHQ の関係部署と商工省の間で直接的な意思の伝達が許可されることも定め[71]，煩雑な手続きの多い SCAPIN の通達を避けて，迅速に ESS の意思を貿易庁へ伝えられるようにした。

　そのような手続きを経た上で，ESS 貿易課は日本側に，CCC 棉の取扱いを目的とした綿紡績業を中心とする統制体制を形成させた。すなわち，ESS 貿易課は 1946 年 6 月 15 日付で，ESS 工業課の H・テイト（後の ESS 繊維課長）や ESS 法務課，USCC の日本駐在者の承認を得た上で[72]，CCC

棉の取扱いに関する指令 BT-2 を貿易庁へ通達した[73]。これは，CCC 棉の国内での取扱いに関する一般的な規程であり，以後この指令に基づいて，日本側によって CCC 棉の取扱いが執行された。これによれば，CCC 棉の取扱いに関しては貿易庁か，「正当に権限を与えられた機関」しか携われなかった。貿易庁は輸入された CCC 棉の所有権を有し，輸出向けの綿製品に関しては製品化されても製品が輸出されるまで，所有権を有し続けた。ただし国内向けについての所有権に関しては，取扱業者に売却できるとされた。さらに CCC 棉の到着港から倉庫への船卸し，工場等への移動，綿製品の生産，綿製品の USCC への荷渡しに関して商工省繊維局，日本繊維協会と協議して詳細な計画を策定し，GHQ の承認を受けることとされた。こうして貿易庁は CCC 棉の輸入から生産，国内配分，輸出の全般にわたり，責任を負うものとされた。

　日本側はこれに基づき，CCC 棉の取扱いに関する統制体制を整備した。まず，1946 年 6 月 20 日付で貿易庁，商工省繊維局，日本繊維協会間で協調覚書が結ばれ，CCC 棉取扱いに関して 3 者それぞれの役割が定められた[74]。さらに 8 月 28 日付で，貿易庁，商工省繊維局，日本繊維協会をはじめ，日本棉花輸入協会や日本綿糸布輸出組合等の関係諸機関の間での役割分担に関して「輸入棉花処分要領」が取り結ばれた[75]。これらの取決めによって第 3-1 図のような，CCC 棉の生産加工の起点であった綿紡績業を中心にする統制体制が形成された。

　その後 1947 年 4 月 14 日に公布された独占禁止法に，日本綿花輸入協会や日本綿糸布輸出組合，日本繊維製品輸出組合の 3 機関が抵触するという ESS 反トラスト課の見解が示され，これらの機関の機能は 1947 年 5 月 27 日に設立され 7 月 1 日から業務を開始した繊維貿易公団に移管された[76]。しかし貿易面での統制組織が変わったものの，実務はそれまでのように貿易企業等が執行しており，また他の部分に特に変更もなく全体として統制体制に大きな変化はなかった。

　この統制体制の下での輸出は，生産者は製品を規格ごとに生産して貿易庁に引き渡して加工賃の支払いを受けるだけで，製品の輸出販売には直接関与しなかった。CCC 棉協定では本来 USCC が輸出業務を行うことに

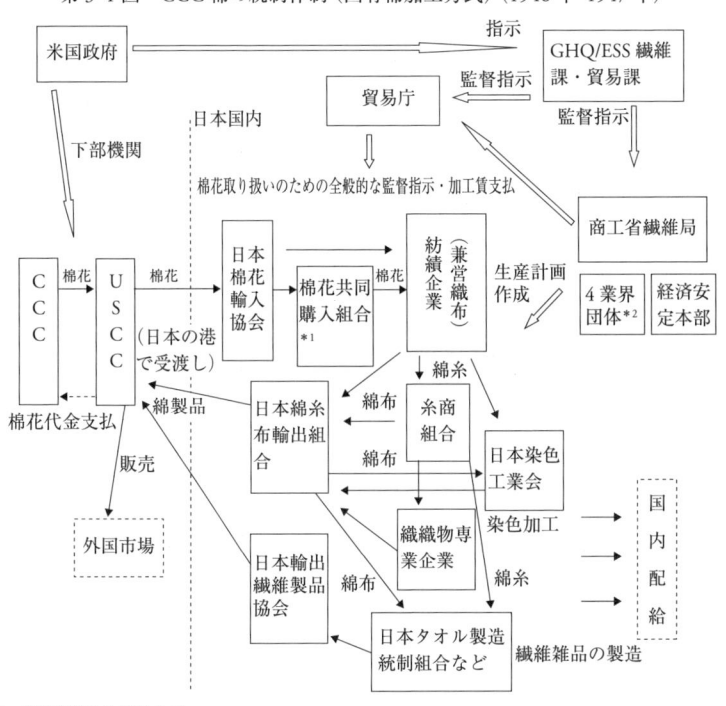

第3-1図　CCC棉の統制体制（国有棉加工方式）（1946年-1947年）

資料：各種資料より筆者作成。
表注：＊1：国内需要用の棉花は，棉花共同購入組合を通じて紡績企業に売却され製品化の後に流通組合等を通して配給され，貿易庁による委託加工方式は取られなかった。
　　　＊2：生産計画作成のために繊維局に協力した「4業界団体」は，日本繊維協会，日本綿糸布輸出組合，日本輸出製品協会，日本染色工業会。
注：1．「→」は棉花，綿製品の流れを示す。「⇒」は指揮命令系統とその内容を示す。
　　2．「糸商組合」は，日本綿糸スフ糸配給統制組合を指す。
　　3．また，国内消費（配給）向の綿製品は，生産者団体より日本織物株式会社など5社5組合の中央配給機関へ渡され，さらにそこから各県別地方配給機関や小売へと渡された。

なっていたが，実質的な業務はESS貿易課が行っていたと見られる。すなわち，契約の当事者はUSCCであったものの，ほとんどの場合でESS貿易課が日本へ来た外国のバイヤーと交渉し，綿製品の種類・数量・価格を事実上，決定して，海外へ輸出していた[77]。

　バイヤーは生産者を指定することはできず，また生産者も製品に自己の名前を表示することは許されず，単に略号を付すだけであった[78]。このよ

うな規格品だけの計画生産方式では生産品種の適切でないこともあったし,支払い条件も全額ドル決済という条件や輸出市場における世界的なドル不足もあって,上記の統制体制下での綿製品輸出は必ずしも順調に推移したわけではなかった[79]。

5. 1947年の棉花調達

CCCグループ1棉で輸入されることになっていた89万俵の棉花は,もともと1946年中に全量消費される予定であった[80]。しかしながら第3-2図から分るように,1946年後半に棉花在庫量が一気に大きく膨らんだものの,次節で述べるように棉花消費量や綿糸生産量はそれに対応するほどには増大しなかった。またCCCグループ1棉自体の輸入も遅延し,輸入完了は1947年5月4日にずれ込んだ[81]。

CCCグループ1棉に続く棉花輸入に関する,ESS貿易課と陸軍省民事局の間の協議は,難航した。まず1946年中の動向を見てみよう[82]。陸軍省民事局が8月13日付でESSへ1947年の棉花の必要量を問い合わせたために[83],ESSは日本側に必要量を提出させた。日本側は,8月22日付でESSへ,116万6,500俵(内,印棉[インド棉]は41万5,000俵)を提示した。ESS貿易課は,後述するようにこの時期の綿糸生産が低迷していたことから,しばらく生産状況を見極めた上で,10月23日付で陸軍省民事局へ,米棉30万2,400俵,印棉36万俵,その他棉花1,500俵,計66万3,900俵を要望した[84]。しかしながらこれに関して陸軍省民事局をはじめとする米国政府は,1947年初頭になっても回答を示さなかった。

CCCグループ1棉に続き1947年以降に日本へ輸入されることが構想された棉花は,大別して2種類あった。1つは米棉であり,もう1つは米棉以外の棉花(特に印棉)であった。以下,それぞれに分けて,1947年における棉花調達に関して見てみよう。

(1) CCCグループ2棉

米国政府は1946年後半期から1947年4月頃までの期間,CCCグルー

第 3-2 図　日本綿紡績業の棉花と綿糸の需給状況（1946-1952 年中頃）

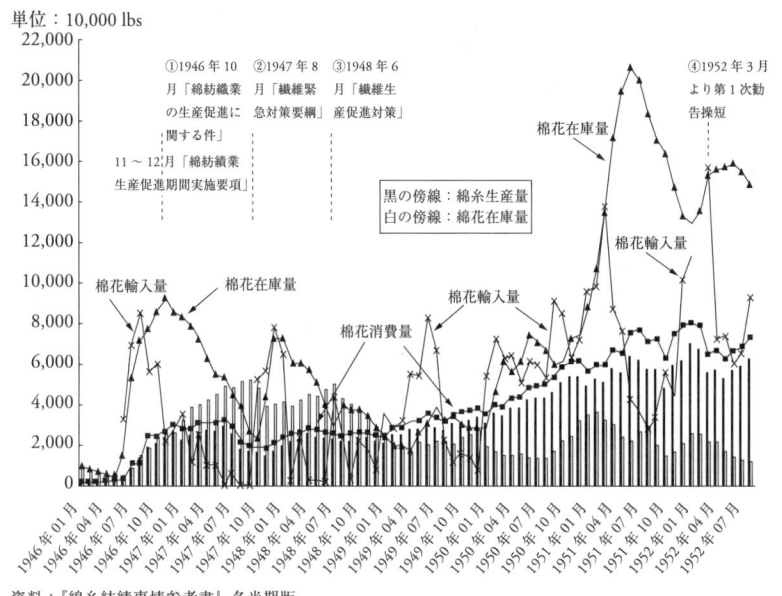

単位：10,000 lbs

①1946 年 10 月「綿紡績業の生産促進に関する件」
11～12 月「綿紡績業生産促進期間実施要項」
②1947 年 8 月「繊維緊急対策要綱」
③1948 年 6 月「繊維生産促進対策」
④1952 年 3 月より第 1 次勧告操短

黒の傍線：綿糸生産量
白の傍線：棉花在庫量

棉花輸入量　棉花在庫量　棉花消費量　棉花輸入量　棉花在庫量　棉花輸入量

資料：『綿糸紡績事情参考書』各半期版

プ 1 棉に続く棉花を日本へ供給することに関して，真剣に検討していなかったと考えられる。これは次のようなことから，裏付けられる。ESS は陸軍省民事局に 1947 年 2 月 12 日付で，改めて上記の 66 万 2,400 俵の早期の輸入を求めた[85]。しかし米国政府は 1947 年 2 月 19 日に行われた電信会合においても，棉花供給を明言しなかった。その後，「これ以上の［棉花の］調達計画は実行されないという事実を裏付ける，非公式の情報が東京へ到着したために」[86]，ESS 繊維課は 3 月 10 日に ESS 局長マーカットへ，棉花調達を米国政府と議論するために緊急の電信会合を開くことを要請した。これを受けて 3 月 13 日に行われた電信会合で ESS は，このままでは 8 月 15 日までに棉花の在庫は枯渇すると訴え，量を減らして 48 万 7,400 俵の供給を訴えた。しかしこの電信会合で陸軍省民事局は，それまでのワシントンでの棉花調達の試みが全て失敗に終わっていることを明らかにしただけであった[87]。さらに 3 月 20 日付で米国政府は，米棉および印棉の

調達は困難とする旨の電信をESSへ送った[88]。3月28日に行われた電信会合でも米国政府は，棉花調達の金融上の手当がつかないことや，今後の綿製品の販売見通しに関する疑念，綿製品市場でのドル不足状態などの要因を挙げて，日本への棉花供給は困難とする見解を伝えた。加えて4月8日に行われた電信会合においても米国政府はESSの棉花供給の要請に対して，金融上の問題を挙げた上で，調達を検討中であることを述べるに止まった。

以上のように米国政府が，棉花の対日供給に極めて消極的であることを見たESS貿易課は，米国政府へ1947年4月15日付で強い調子の電信を送った[89]。以下，ほぼ全文を載せよう。「本日までに特に最近の3回の電信会合（東京時間3月13日，28日，4月8日）を含む，多くの情報交換がなされた。しかしながら棉花の継続的な供給を保証する明確な約束（commitment）は，まだ受け取っていない。本日までに明確な調達措置が行われなかった事実から考慮して，米棉が到着しうる前に綿紡績業の生産減退か停止が生じるだろう。通常5ヶ月が，米棉の調達から日本の工場への配送までに掛かる。輸出製品の生産ができないことから生じることは，SCAP信託基金（SCAP Trust Fund）[当時日本の輸出品の外貨代金が貯められた勘定。本章第4節参照]における収入面での取り返しのつかない損失である。米棉を調達するための迅速な措置が取られることを要請する。これ以上の遅延は，日本の繊維工業に打撃を与えるだろう」。

この1947年4月15日付の電信は，ESS貿易課が陸軍省民事局に棉花の対日供給を求めた理由を窺い知ることができる点でも重要である。まず確認すべきことは，この電信で挙げられた「SCAP信託基金」の件は，ESS貿易課が，CCCグループ1棉の借款の返済が進まない可能性を米国政府へ知らせたものではなく，日本の輸出量が増大しない可能性を告げたものであったと推測されることである。なぜならば，同時期にCCCグループ1棉の返済の見通しが立ちつつあるとESS内で理解されていたからである。この事実はESS自身によって，4月26日付で陸軍省民事局へ送られた電信の中で明らかにされている[90]。ESS貿易課は，7月1日までに1億3,800万ドル相当の綿製品が生産される見通しであり（販売済分も含

む)，「その販売額は，1億3,500万ドルと推定されるCCC棉の負債の返済に充分であろう」と伝えた。実際に7月初旬，ESS繊維課が「CCC棉から製造され輸出されたか輸出待ちの状態で倉庫にある繊維製品は，CCC棉購入費用の支払いのためにドル・ベースで (in dollar value) 充分な状態にある」と認識していたことも確認できる[91]。もちろん，まだ完済は保証されていなかったものの，1947年中頃にはESS内でCCCグループ1棉の返済が確実視されていたのである[92]。これらの事実から分ることは，この時期のESSが，CCCグループ1棉の返済を理由にして，日本への棉花の供給を米国政府へ求めたわけではないことである。ESSが米国政府に棉花の対日供給を要請したことは，上記の電信にあるように，日本の「繊維工業」(実際は，綿紡績業などの綿工業)が打撃を受けることを避けようとしたことに基づいていたと考えられる。この時期は電信でも触れていたように，実際に綿紡績業の操業短縮(操短)の実施が検討されつつあった時期であり，棉花不足は綿紡績業にとって差し迫った危機であった。

またESSは1947年4月18日付の電信で，中国に米国企業所有の棉花の在庫があるという非公式情報 (informally received word) に基づいて，陸軍省民事局に中国より棉花を送るようにその企業と折衝することを要望している[93]。これは，「日本における棉花の追加在庫の重大な必要性と明確な調達計画の欠如との観点」から要望されたものであった[94]。しかし，これは結局実現しなかった[95]。

ESSからの執拗な棉花供給の要望に対して，米国政府はようやく棉花調達に真剣に取り組むようになった。陸軍省民事局は1947年5月2日付で，GHQへ2つの電信W-97334とW-97335を送り，米棉35万俵 (落棉 [waste cotton][96] を5万俵含む) の調達計画の策定を始めたことを告げた[97]。この35万俵という数値の根拠は記載されていないが，上記の1946年10月22日付および1947年2月12日付電信でESSが求めた，米棉30万2,200俵を基礎にした数字であろう[98]。この35万俵という数値は，陸軍省と国務省により，後の8月16日付電信でESSへ最終的な承認が下りたことが伝えられるが[99]，以下で見るようにESSと陸軍省民事局との間では，すでに5月から8月にかけて，35万俵を既定の前提として協議が行われた。

上記の1947年5月2日付の2つの電信は，重要な情報を伝えていた。まず電信W-97334では，陸軍省，国務省，および棉花栽培州選出の上院議員のグループを代表する議員（Senators representing large group of senators from cotton growing states）の間で，占領地域での米棉の歴史的位置を維持すること（戦前の日本での輸入シェアの維持を意味したと考えられる）が決定され，それに基づき日本への棉花の供給が計画されていることが明らかにされた。棉花利害を有する上院議員が，どのような経緯で日本への棉花供給に関与するようになったのかは不明であるものの[100]，陸軍省民事局が単独では実現できなかった日本への棉花供給が，上院議員の関与とともに，一気に推進したことは確かである。

　そして電信W-97335では，現時点ではCCCからの棉花調達は考慮していないことが伝えられ，全く新規の金融方式によって調達される方針であることが明らかにされた。つまり，これまでのようにCCCが在庫として抱えていた米棉を代金後払い方式で日本へ供給するのではなく，何らかの他の金融方式で米棉を市場で調達して日本へ供給する方針が知らされた。数ヶ月にわたって懸念された米綿購入資金の問題が一旦棚上げされ，市場から買い上げる形での供給が決定されたのである。

　GHQ文書における資料上の制約から，なぜ米国政府が1947年5月初旬に35万俵の米棉の対日供給を決定したのかに関して，決定的な要因は判然としない。ESSの度重なる要請をもって，決定的な要因と捉えるには根拠が乏しい。しかしながら，CCCグループ1棉の対日供給の決定の際に見られた，在庫として滞留していた米棉の処理という要因が，この35万俵の対日供給の際には確認できないことから推測されるように，またそれまでのESSと陸軍省民事局との棉花調達に関する協議の推移から判断できるように，ESSの粘り強い要請こそが，陸軍省民事局を始めとする米国政府を35万俵の調達に動かした，直接の契機になったと考えられる。

　ようやく決まった35万俵の供給であるが，迅速には実施されなかった。ESSは1947年5月21日付で，当座の分として7万9,000俵の米棉の供給をせかしたが[101]，陸軍省民事局は5月28日付で棉花調達は行われるが，金融上の手配が済んでいないことを告げた[102]。これに対してESSは，「工

場手持ちの棉花在庫量の状況は極端に危機的であり，生産の深刻な中断を避けるためには，迅速な調達と新たな供給のための［棉花の］船積が必要である」という認識の下[103]，6月4付で，迅速な船積をしてほしいと重ねて要望した[104]。次節で見るように6月に日本綿紡績業は操短に入っており，棉花不足は深刻な問題となっていた。

　35万俵の対日供給のための金融方式が，この後1947年9月頃までの最大の問題点となった。陸軍省は当初，ニューディール期に設立された復興金融公社（Reconstruction Finance Corporation）と借款設定を目指して協議したが[105]，うまく運ばず，陸軍省民事局は再びCCCに頼ることを6月19日の電信会合でESSへ通知した[106]。さらにこの場で陸軍省民事局は，従来のCCC棉協定の改定を行った上で，CCCが滞貨を消尽しているので今回の対日供給のために市場から米棉を購入することを告げている。そして6月28日付で陸軍省民事局は，35万俵の内の15万俵（1946年から1947年にかけて収穫された古棉10万俵と落棉5万俵）をCCCから供給することとし，残りの20万俵（1947年から1948年にかけて収穫される新棉）は民間機関を利用した他の金融方式で調達するために棉花金融使節団（Cotton Financing Mission）を日本へ派遣して，GHQと協議させる予定であることを知らせた[107]。

　まずCCC棉協定の改定から，見てみよう。陸軍省民事局は，1947年7月5日付の電信でESSへCCC棉協定の改定案の内容を通知した[108]。ESSは，7月7日付で改定案への基本的な同意を陸軍省民事局へ知らせた[109]。

　CCC棉協定の改定はおおむね，ESSに都合のよいものであった。CCC棉協定の具体的な改定点は，8点に及んだ。CCCがその在庫から供給するのではなく，市場から購入することになったことに伴う語句の改定2点を除けば，次の6点が実質的な改定点であった。

　第1に，第1条のCCC棉の定義の中に，それから発生する落棉も含められ，CCCの権利が拡張された。

　第2に，CCCが対日供給のために購入する棉花は35万俵までと，第3条に盛り込まれ，CCC棉協定による供給量の上限値が予め定められた。

　第3に，CCCが購入する棉花の量，格付，繊維長の決定からUSCCの

関与が外されて，CCC と陸軍省，GHQ の 3 者で決められることが規定された。

第 4 に，CCC に対する負債の元本に直接関係する棉花価格が，船積港での引渡時の価格から買付時の価格に変更されて，棉花価格の引渡しまでの間の CCC による高値への操作の可能性がなくなった[110]。

第 5 に，四半期ごとの生産高の 60% 以上ではなく，全生産高の 60% 以上が輸出に回されればよいことに変わり，また従来，事実上禁止されていた CCC 棉以外の棉花（印棉など）との混棉が認められた。

第 7 に，負債が返済されるまで USCC が管理していた日本の対米輸出品の販売額の純益の半分を特別基金に保留する規定が，撤回された。

これらの改定は，第 1 と第 2 の点を除けば大略，ESS の日本での CCC 棉の取扱い上の自由裁量度が高まったと評価できる。また第 7 の点は，CCC 棉返済に関係しないドル資金の使用範囲を倍増させ，ESS がドルで物資を輸入する裁量の幅を広げた[111]。しかしながら CCC 棉協定の骨子には何ら変更はなく，ESS が CCC 棉の代金償還のために，綿製品の輸出比率を高水準に保たなければならない責務を負っている点に変更はなかった。

次に，35 万俵の内の 20 万俵の金融方式を民間に任せる構想の経過を見てみよう。この構想は，1948 年以降の OJEIRF に基づく米棉借款につながるために注目に値する。この構想は先述したように，1947 年 7 月下旬に来日し 8 月中頃まで活動した[112]，9 名からなる棉花金融使節団に委ねられた。この 9 名は，陸軍省民事局長特別補佐官 P・クリーブランド（Paul Cleveland）を団長とし，農務省長官特別補佐官 E・ホワイト（E. D. White），政府系金融機関のワシントン輸出入銀行（Export-Import Bank of Washington）の副頭取 A・マフリー（August Maffry），また国務省と商務省の繊維関連部署の代表各 1 名も参加しており，加えて米国棉花商社協会（American Cotton Shippers Association）とニューヨーク棉花取引所とナショナル・コットン・カウンシルの代表各 1 名，そして米国有数の大手棉花商社であるアンダーソン・クレイトン商会（Anderson Clayton and Company）の代表 1 名によって構成されていた[113]。使節団はその構成から，米国政府および政府

系金融機関の代表と民間棉花商社（shippersと呼ばれた）の代表の合同体であったことが分る。

　棉花金融使節団の棉花供給に関する構想は大きく分けると，それら2つの勢力の見解に基づいて2点あった。1つ目は，ワシントン輸出入銀行副頭取が使節団に参加していたことから窺い知れるように，当該銀行の参加を呼び水にして民間金融機関の資金をも棉花購入の資金に充てようとするものであった[114]。その資金の担保としては，敗戦時に日本政府が保管していた貴金属等を元にGHQが設置したOJEIRFが想定されていた[115]。OJEIRFは，ESSが日本の貿易振興を企図して1947年2月中に設置を立案し[116]，その後陸軍省や統合参謀本部との調整があり[117]，おそらく棉花金融使節団の同意を確認した上で，GHQによって8月15日に設けられた[118]。この構想には陸軍省民事局も乗り気であり，CCC棉協定に代わる対日棉花供給の主要な金融方式を提供するものとして以後，検討されることになる。このような事実を背景に，使節団の団長クリーブランドは後日ESSの要請に基づいて来日し[119]，ESS内でOJEIRFの管理官（controller）等に就任している。

　もう1つの構想は，平時の民間貿易の形式を企図したもので，これは使節団に入っていた米国の棉花商社の見解に基づいていた[120]。この構想の背景には同時期の8月15日より，制限付きの民間貿易が再開されたことがあったと考えられる。これは輸入面においては，外国商社が売り手で，GHQの監督下で貿易庁が買い手（日本の商社が一部仲介斡旋）となる準民間形式の取引であった[121]。その際の決済は，前述のSCAP信託基金や後述するSCAP商業勘定（SCAP Commercial Account）が使用された[122]。米国の民間棉花商社も，完全な民間貿易でなくとも，まずはこの方式での棉花の取引を目指したのであろう。

　ただしこれら2つの構想の下での上記20万俵の購入は，結局実現しなかった。OJEIRFを担保にした棉花買付資金の銀行団出資の構想は，後述するように銀行団と米国政府とESSの3者間で調整に手間取ることとなった。また米国の民間棉花商社から直接棉花を購入する構想に関して，ESSと米国側との協議も実際に行われたことが確認できるものの[123]，その後

の経緯から推測できるように，実現に至らなかった。

　最終的に，民間金融方式の挫折のため，20万俵の棉花供給は，陸軍省民事局とESSの間の協議の結果，既決定分15万俵と同様に，CCCに調達を依頼することになった。すなわち，まず1947年9月初旬に10万俵のCCCによる追加調達が決定となり[124]，さらに9月下旬に残り10万俵の調達もCCCへ依頼することになった[125]。

　こうして，改定されたCCC棉協定に基づいて，新たに供給されることになった米棉35万俵は，CCCグループ2棉（CCC Group 2 Cotton）と呼ばれた。CCCグループ2棉の輸入は10月から開始され，翌1948年2月14日に完了した[126]。

　当初，落棉は35万俵の内の5万俵を占める予定であったが，結局1万7,295俵にとどまり，その分通常の米棉が33万1,126俵輸入された（計34万8,421俵）[127]。これは，ESS貿易課が，陸軍省民事局へなるべく通常の棉花を購入するように，要請したためである[128]。なぜならば，第3節で見るように，ESS繊維課とESS貿易課はドル獲得のために綿製品の輸出優先主義を取っており，またESS両課が，落棉や輸送中に損傷を受けた棉花のような粗悪な棉花を通常，輸出向けではなく国内向けの綿製品の生産に使用する方針を取っていたためである。操短に陥るほどの棉花不足状態にあったにもかかわらず，ESS両課は，輸出向けの高品質の綿製品を作れない落棉の輸入には消極的であり，「落棉の購入は抑制されなければならない，というのは落棉が主に国内用の使用が考慮されるからである」と考えていた[129]。

　なお次節で見るように，CCCグループ2棉の輸入に合わせて，綿紡績業の操短は解除された。

(2) 印棉とエジプト棉の調達

　ESSはCCCグループ2棉の35万俵の調達と並行して，印棉を1947年末までに16万6,943俵，輸入した[130]。輸入量はCCC棉全体に比べて少ないが，第3-2表から分るように1947年の棉花不足の時期に重要な役割を果たしたと評価できる。

ここでは，このように重要な意義を有した戦後初の印棉およびエジプト棉の輸入（CCCグループ1棉の一部として米国より供給されたエジプト棉は除く）に関して，跡付ける。

　印棉はそもそも日本綿紡績業にとって，安い棉花でより良い綿糸を生産するために紡績工程の最初に行われる混棉作業で，必須と考えられていた。例えば，戦前のある時期のある工場での混棉比率として，ESS繊維課が把握していた数値によれば，印棉の混合比率として，16番手糸で2例が挙げられていて1つは90％，もう1例では70％，また20番手糸でも2例挙げられているが2例とも70％，30番手糸でも2例挙げられていて1つは80％，もう1つは25％であった（諸格付を足し合わせた比率）[131]。これは，特に印棉の混合比率の高い綿糸の数値の例だと思われるが[132]，綿紡績企業が戦前豊富に利用可能であった諸格付の印棉を使用した混棉のノウハウの蓄積を窺い知ることができる。また1947年中頃に在庫として残されていたCCCグループ1棉の低級棉花から，品質の安定した綿糸を製造するために，特定の格付の印棉が日本綿紡績業に必要とされたこともあり[133]，印棉が求められていた。

　またエジプト棉は一般に長繊維の棉花であり，高番手の綿糸を生産するために必要とされた[134]。このことは，上記した混棉比率の記されたESS繊維課の資料に，60番手糸でエジプト棉が100％の例が挙げられていたことからも確認できる。

　ESS貿易課とESS繊維課は，当初，印棉の輸入に消極的であった。この点を，以下で確認しよう。先述したように日本側は，1946年中から印棉の輸入をESSへ陳情しており，ESSも陸軍省民事局へその旨は伝えていた。そしてすでに1946年中からESSは，インド政府との間で印棉の調達に関して議論を行っていたが[135]，具体的な進展はなかったものと考えられる。1947年に入っても日本側が印棉輸入の陳情を続けたために，改めてESS貿易課は2月12日付電信で陸軍省民事局へ，日本側の要請として米棉に加えて，印棉だけで22万9,000俵（400 lbs換算。以下，印棉は特に断らない限り1俵＝400 lbs）の輸入を訴えた[136]。ただしESS貿易課はこの電信で，米国政府内の印棉調達計画の進展具合を知らされていないことや印棉の代

金不要形式の輸入 (importing unpaid for Indian cotton. バーター取引を指したと考えられる) を困難と考えたことを挙げて，米棉 18 万 5,000 俵で代替することを提案している。さらに ESS 繊維課のイートンは 2 月初旬の時点で，未払い分の CCC グループ 1 棉と印棉を混棉すると，その混棉から製造された綿製品から上がる利益を支払いに充てるためにどのように分けるかに関して，紛争が生じることを危惧し，印棉の調達を遅らせること (CCC グループ 1 棉の消費が終わるまで遅らせるという意味であろう) などが望ましいと考えていた[137]。これには，CCC 棉協定で権利保護が強く規定された CCC 棉が，非 CCC 棉との混棉を難しくしていたことが背景にあった。そのような部下の見解を把握していたか不明であるが，ESS 繊維課長テイトは，2 月 12 日付電信に盛り込まれた印棉を米棉で代替する提案に同意の署名をしている[138]。

このように ESS 貿易課と ESS 繊維課は 1947 年 2 月中頃まで，一般に印棉の輸入を不可能もしくは不適切と捉えていた。またエジプト棉に関するこの時期の ESS 内での調達方針は資料上確認が取れないが，印棉と同様の要因で消極的な姿勢であったと推測される。

そのような状況を打開して戦後の印棉の輸入再開をもたらした直接の契機は，インド側からの棉花の対日輸出の要望であった。インド政府は 1947 年 2 月 12 日付で，東京のインド連絡使節団を介して ESS へ印棉を日本へ輸出する意思を有していることを明らかにし，1947 年における印棉の輸入量の計画値を問い合わせた[139]。ESS は 2 月 14 日付で 1947 年の印棉の輸入量に関しては，ワシントンで陸軍省やインド政府の代表との議論の結果待ちであることを伝えた[140]。しかしインド側はこの後も，ESS 貿易課に印棉の対日輸出の要望を継続したらしく，ESS 貿易課はおそらく日本側と協議した上で，3 月 18 日付で格付明細とともに，39 万 4,000 俵の印棉の輸入をインド連絡使節団へ要望した[141]。さらに ESS 貿易課は陸軍省民事局へ 3 月 22 日付で，インド側との交渉の具合を電信で報告した[142]。ここで ESS は陸軍省民事局へ，インド側が 39 万 4,000 俵の印棉 (格付明細付き) の対日輸出が可能であると述べていることや米国産の同格付棉花よりも安価であることを伝え，また支払い条件も相互の合意があれば

ルピーでもドルでも他通貨でもいいし日本製の絹・綿製品でもいいと述べていることも通知している。この電信から3月18日から22日の間に，ESSはインド側との交渉で自らの要望通り，バーターを可能とした条件での格付と俵数の調達について仮の合意に達していたことを読み取ることができる。また4月26日付でESSはインド連絡使節団へ，一般的な日印間の貿易方式に関する条件を通知しているが，決済方法は1947年12月31日以降半年ごとのオープン勘定方式（ある期間ごとに相互の輸出入額を相殺し，期末に超過分だけを実際に決済する方式）とされ，取引条件は変更も可能とされていた[143]。

ESS貿易課とESS繊維課[144]が，印棉調達に積極的な姿勢に変化したのには，1947年前半期における棉花不足の深刻化があったと推定される。この時期，前項で述べたように棉花の在庫量は加速度的に低下していた。ESS内では，米棉調達を陸軍省民事局へ上申するに止まらず，インドやエジプトからも棉花を調達すべきであるという見解が生じていた。ESS繊維課は4月12日付でESS貿易課へ，米棉輸入の見通しが立たない中で日本綿紡績業の操短を避けるためには，できる限り早く印棉とエジプト棉の輸入が必要だと要請している[145]。そして4月16日にESS繊維課とESS貿易課，USCC日本駐在部の間で行われた会合で，ESS貿易課とUSCC日本駐在部も，操短を避けるためには，印棉とエジプト棉の調達のための行動を取ることが必要であると述べている[146]。

陸軍省民事局は，印棉やエジプト棉の調達に前向きな姿勢を取るようになったESSに対して，1947年4月26日付で陸軍省は事前の承認を得ることなしに，米国以外から棉花を調達する何らかの協定（commitments）を取り結ばないように求めた[147]。さらに陸軍省民事局は5月2日付で，米国以外から棉花を調達する場合，金融上の手配をどうするのか，疑念を呈した[148]。これらから陸軍省民事局が，GHQ側が独自に印棉やエジプト棉を調達することを制約しようとしたことを窺い知ることができる[149]。これは先述したように陸軍省が同時期に，棉花関連産業の多い州出身の上院議員へ戦前の日本での米棉シェアの維持を訴えて，米棉の対日供給の支援勢力にしようとしていたことに対応していたのであろう。陸軍省は米棉の

対日供給量の確定前に、印棉やエジプト棉の対日輸出量をESSに確定させるわけにはいかなかったと考えられる。

これに対してESS貿易課は、印棉とエジプト棉の輸入許可を取り付けるために、粘り強く陸軍省民事局へ要請を続けた。ESS貿易課は陸軍省民事局へ1947年5月9日付で、インドとの棉花取引はオープン勘定方式で、支払いは商品、ドル、スターリングのどれかでの決済であることを通知して[150]、金融上の取引条件に問題がない旨を知らせた。またESSはこの電信で、エジプト棉に関してはエジプトから使節団が来日するので、その際に条件を協議することを通知している。そしてESSは陸軍省民事局へ5月14日付で、戦前日本の棉花輸入量のシェアが大略、米国45％、インド40％、エジプト3％、その他12％だったと指摘し、その上で印棉の輸入量を上記の39万4,000俵から17万俵に減らして、改めて印棉の輸入許可を求め、あわせてエジプト棉も5,000俵（750 lbs換算。以下、エジプト棉は特に断らない限り1俵＝750 lbs）の輸入許可を要請した[151]。同時期、先述したように35万俵の米棉輸入の計画が陸軍省民事局からESSへ通知されていたが、それと比べると印棉17万俵とエジプト棉5,000俵は併せても比率上30％に過ぎないとESSは考えており[152]、戦前の棉花の輸入量のシェアへの関心を持っていた、棉花利害を有する上院議員への配慮も十分であると考えたのであろう。

また輸入される印棉の米綿との混棉を、日本側が希望していることは、ESSも承知していた。そこでESSは陸軍省民事局へ1947年4月26日付で、印棉とCCC棉との混棉が可能になるようにCCC棉を使用した綿糸に対する権利を解除するように要請を出している[153]。陸軍省民事局は5月23日付でこの点は拒否したものの、混棉が可能になるようにCCC棉協定を改定することは約束した[154]。実際にその後CCC棉協定が改定され、混棉が可能になったことは前項で触れた通りである。

エジプト棉に関しては、1947年前半期にESS貿易課とエジプト側との間でどのような協議があったのか、資料上確認ができないが、6月27日付でESSはエジプト政府経済使節団に対して、5,000俵の輸入を考慮していることを伝えている。同時に、決済方法はオープン勘定方式であり、支

払いは綿製品もしくは絹・羊毛等の繊維製品とのバーター取引，もしくはドルやスターリングでの支払いも可能であることを通知している。ほぼ印棉取引と同様の条件をESS貿易課は想定していたと，言ってよいであろう。

　1947年6月末以降，陸軍省民事局は，印棉とエジプト棉の輸入をESSへ許可する姿勢に転じた。陸軍省民事局は6月28日付電信でESSへ，印棉17万俵，エジプト棉5,000俵の輸入に関して仮の許可を与えた[155]。ただしここで陸軍省民事局は，今後のインドとエジプトとの契約交渉に関して，ドル決済や米棉よりも有利な取扱い条件を禁じた。最終的に陸軍省と国務省は，8月23日付電信で印棉17万俵，エジプト棉5,000俵の輸入の許可を与えた[156]。

　同時期に，印棉の取引条件に関しても具体的な進展があった。1947年7月から9月にかけて，印棉調達に関連してインド政府が派遣した団長のT・キラチャンド（Tulsidas Kilachand）ら5人からなるインド貿易代表団[157]，東京のインド連絡使節団の代表，およびESS貿易課，ESS繊維課，そして同時期に米国から来日していた先述の棉花金融使節団に属した米国政府の代表などが会合を開き，交渉が行われた[158]。17万俵の調達に関する協定内容の骨子は，8月21日付でESS貿易課がインド連絡使節団へ通知した文書から，8月中に固まっていたことが確認できる。すなわち，17万俵の印棉の種類や数量，価格に関する明細，また決済方法に関してはオープン勘定形式（期末の決済はポンド）でその枠組みの中で印棉と日本製品のバーターが行われること等が決められた[159]。またESSはインド側との交渉の節目ごとに，陸軍省民事局と連絡を取り合った[160]。

　最終的に，印棉輸入協定は，細部の改定のためのESS貿易課とインド側の交渉の末に[161]，10月28日付で取り結ばれた[162]。協定は，インド総督（実務はインド商務省）と貿易庁の間で取り結ばれるバーターによる政府間の貿易協定の形を取ったが，ESS貿易課が大きな役割を担った。すなわち，インド側と貿易庁との意思疎通はESS貿易課を介在して行うことが規定され，協定の発効と改定にはGHQ（協定にはthe Supreme Commander for the Allied Powersとしかないが，事実上ESS貿易課が所管したと考えられる。以下でも同様）の許可が必要であるとされ，それでいてGHQは何ら責務

第3章　占領復興期前半期における日本綿紡績業を中心とする統制体制　135

を負わないとされた。また協定内容の解釈問題が発生した際には，GHQが決定権を持つとされた。さらにこの契約で注目すべきことは，米国政府の名前が全く登場しないことである。契約は，インド政府と貿易庁，およびGHQの3者間で取り結ばれる形となっていた。このように協定内容からも，ESS貿易課が印棉17万俵の輸入を主導したことを窺い知ることができる[163]。また支払条件の詳細であるが，印棉17万俵と日本製品（特に協定内で商品名の規定はされていない）とのバーター取引を基本とし，1948年6月30日付で取引を終了するものとされ，その時点で未払分があれば，1949年2月28日までにポンド決済かバーターでの決済が行われることとされた。

エジプト政府とESS貿易課との間でのエジプト棉5,000俵の契約までの経過は，資料上の制約から明確にできないが[164]，1947年11月1日付で契約は結ばれた[165]。協定によれば，決済方法はエジプト棉5,000俵と日本製品とのバーターとされた[166]。

このようにESS貿易課は，印棉17万俵，エジプト棉5,000俵の輸入に関して，米国政府から数量やドル決済禁止に関する指示を受けたものの，その他の点では米国政府の意志からほぼ離れた独自の方針を立てて，インド政府とエジプト政府の代表と交渉したのである。

(3) USCCの輸出業務からの離脱とCCC棉協定の解消

占領復興期当初の米国政府は，日米貿易を統制し，民間貿易を許容しない方針を取っていた。その方針の具体的表れの1つは先述したように，米国政府の機関であるUSCCが，日本から米国への輸出業務を請け負ったことがあった。しかし1947年に入ると米国政府は，民間貿易の開始を許容する姿勢を示すようになった。まず1947年3月4日付で米国財務省は，戦前から継続していた対敵通商法（Trading with the Enemy Act）の日本への適用を解除した[167]。これにより，米国人が，日本人との取引やそれに関する意思疎通（日本への入国を含む）を行うのに米国財務省の許可を取る必要がなくなった（ただし引き続きGHQの許可は必要であった）。さらに5月に米国から来日した貿易使節団（Foreign Trade Mission）の見解に基づいて，

対米輸出業務は漸次，USCCからGHQへ引き継がれることになった[168]。具体的には8月15日より一般商品（general commodities），10月1日より綿製品，12月31日より生糸に関して引き継ぎが行われることになった。このため綿製品に関して，USCCが実施していた販売，収益管理，CCCへの支払業務などをGHQが引き継ぐような形でのCCC綿協定の改定の必要性が，陸軍省民事局よりESSへ伝えられた。

ESS内では，USCCから綿製品の輸出業務を委譲された後の体制をどのように整えるかについて，議論が生じた。1947年9月8日には，この問題に関しての会合が開かれ，ESS繊維課，ESS貿易課，ESS法務課，USCC日本駐在部の代表が集まった[169]。ESS繊維課のイートンは，ESS繊維課が指名する契約担当官（a contracting officer）を置き，綿製品の生産と輸出を調整することを提案したが，ESS貿易課は「現存する諸課の権限を侵害する」ことを指摘して，反対した。そしてESS貿易課は，「人員に限りがあるので，貿易庁にできる限り多くの輸出業務を担わせることを望んでいる」ことを主張し[170]，これにイートンは反対せずに同意した。

このように，ESS内では，貿易庁に綿製品の輸出業務の実務を担わせる方針が定められた。実際，1947年9月9日に開かれた会合には，ESS繊維課，ESS貿易課，USCC日本駐在部，貿易庁，商工省繊維局の代表が集まり，貿易庁が，CCC綿協定の遵守のためにGHQが直接行う監督の下で，10月1日以降の綿製品の販売業務を担うことに関して協議が行われ，大筋で合意に達した[171]。そして，GHQによる監督の内実に関して，9月20日に開かれたと見られるESS繊維課とESS法務課との会合で，引き続き生産面はESS繊維課，貿易面はESS貿易課が所管することが決定された[172]。9月の内に，ESS貿易課，ESS繊維課，貿易庁との間で輸出業務に関する打ち合わせが行われ，貿易庁に新しい下部組織を作って，そこに輸出業務を行わせることが決まったと推測される[173]。

こうして，1947年10月1日に，貿易庁の下部組織として繊維品海外販売委員会が設置された[174]。ただその後しばらくは，繊維品海外販売委員会は完全に綿製品の輸出業務を委譲されたわけではなく，その業務は外国のバイヤーとの初期交渉や過去のデータから需要が見込まれそうな織物の

分析,副次的物資に関する情報を得るための綿工業との接触,等の補助的な業務に制限された[175]。ESS 繊維課は,この繊維品海外販売委員会にあまり期待しておらず,その後 12 月 30 日付で ESS 貿易課へ,日本製品の輸出最大化のために,アフリカ,ヨーロッパ,アジア,南米に GHQ 直属の販売機関 (SCAP sales agency) を置くことを提案している[176]。これに対する ESS 貿易課の回答は資料上確認できなかったが,その後このような部署は設置されていないから,同課は,この提案を拒否したのであろう。結局,1948 年 2 月 16 日付で,繊維品海外販売委員会に綿製品に関する輸出業務の権限が委譲された[177]。

他方で,USCC の CCC 棉協定離脱のために,CCC グループ 3 棉の輸入はされず,CCC 棉協定は継続されないことが決まった。1948 年 1 月 6 日,CCC,USCC,陸軍省,国務省の間で,清算のための改定協定が締結された[178]。それまで USCC が負っていた綿製品の輸出業務は GHQ の責任の下で行うことになり,GHQ が CCC への負債残額を支払い終わった時点で,CCC 棉協定は自動的に終了することになった。

6. 統制体制の改変

以上のように 1948 年 1 月以降,GHQ は USCC が従来負っていた任務を引き継いだから,CCC 棉の代金返済のために,より一層の責任を負うことになった。そこで ESS は,従来の統制体制の改変を行うことにした。

先述したように,綿製品に関する輸出業務の権限を,繊維品海外販売委員会に委譲したことに合わせて,綿製品の輸出方法に関しても変化がみられた。最初に 1948 年 4 月に,計画生産と並行してチョップ生産が認められた[179]。すなわち,生産者が戦前に使用していた商標を使用して,特定の企業が特定の製品を生産することができるようになった。さらに 1948 年 9 月には BS コントラクト方式が定められ,バイヤーとサプライヤーが自由に商談を行って契約を交わし,ESS の事後承認によって契約が正式に成立することになった。同時に輸出公定価格も廃止され ESS の定めた価

格をフロア・プライスとして，それ以上に値決めすることも可能となった。そして，このフロア・プライスも1949年3月に廃止されて，安値輸出を防止するチェック・プライスが導入された。

　さらにESSは棉花の輸入に関しても，日本政府に輸入権限の一部委譲を行った。棉花の買付業務は，1948年3月19日に貿易庁の中に設立された棉花買付委員会によって実施されることになった[180]。貿易庁が綿花買付条件を売り手の国に公告して，棉花を買い付ける方法が取られた。そのような体制の中で1948年以後，次第に，第3-2表にあるように米国だけにとどまらず，インド，エジプト，その他の国からも棉花の輸入が推進されるようになった。

　こうしてCCC棉協定の解消によって，第3-3図のように，日本側へ貿易実務の大半を委譲した新たな統制体制への変化が引き起こされたのである。

7. 1948年以降の棉花調達

(1) OJEIRF と PL820

　CCC棉の輸入は1948年2月まで継続した。しかし1948年3月以降，棉花の輸入が極端に落ち込むことが予想された。綿紡績業の生産の継続のために，陸軍省の予算で米棉を買い付けて生糸などの日本製品の売上金をその返済に回す仕組みで，1948年3月から4月に長繊維の米棉（Quarter Master棉，またはQM棉と言われる）が4万9,117俵輸入された[181]。

　他方，米国政府内では1947年中頃より冷戦体制の亢進の中で日本の経済復興を支持する勢力が台頭し，綿工業の復興を図った陸軍省次官W・ドレイパーの主導により米国政府は日本へ棉花を供給するために2つの借款の成立を決定した[182]。こうしてOJEIRFと，PL820を根拠とした米棉借款が行われることになった。

　まず，1948年5月13日付でOJEIRFに基づく米棉借款の協定書が作成され，5月20日に米国政府の承認を得て，6月中にこの協定は成立した[183]。この米棉借款は，GHQが日本で管理していた貴金属を担保に，米

第3章　占領復興期前半期における日本綿紡績業を中心とする統制体制 ｜ 139

第 3-2 表　棉花の国別 4 半期別の輸入量

	米国	a. 政府輸入比率	b. 合計に対する比率	インド	a. 政府輸入比率	b. 合計に対する比率	パキスタン	a. 政府輸入比率	b. 合計に対する比率
1946 年 6 月	32,759	100%	100%	—	—	—	—	—	—
7 月-9 月	214,241	100%	100%	—	—	—	—	—	—
10 月-12 月	111,638	100%	100%	—	—	—	—	—	—
1947 年 1 月-3 月	72,035	100%	100%	—	—	—	—	—	—
4 月-6 月	21,257	100%	100%	—	—	—	—	—	—
7 月-9 月	6,973	100%	100%	—	—	—	—	—	—
10 月-12 月	122,034	100%	64.3%	67,890		35.8%	—	—	—
1948 年 1 月-3 月	89,540	100%	96.5%	—	—	—	—	—	—
4 月-6 月	1,303	100%	18.6%	2,658	100%	38.0%	—	—	—
7 月-9 月	25,093	100%	36.8%	43,078	100%	63.2%	—	—	—
10 月-12 月	41,714	100%	86.6%	306	100%	0.6%	—	—	—
1949 年 1 月-3 月	90,100	100%	93.7%	707	100%	0.7%	—	—	—
4 月-6 月	139,065	100%	71.1%	15,944	100%	8.2%	29,565	100%	15.1%
7 月-9 月	74,581	100%	72.2%	10,146	100%	9.8%			
10 月-12 月	23,695	100%	60.5%	301	100%	0.8%	7,225	100%	18.5%
1950 年 1 月-3 月	168,765	100%	88.4%	13,894	93.4%	7.3%	7,047	100%	3.7%
4 月-6 月	147,236	100%	82.3%	10,599	70.6%	5.9%	17,004	—	9.5%
7 月-9 月	158,543	99.3%	76.9%	68	—	0.0%	34,314	—	16.6%
10 月-12 月	162,273	42.0%	72.6%	228	—	0.1%	29,659	—	13.3%
1951 年 1 月-3 月	120,907	2.7%	35.8%	—	—	—	81,831	—	24.2%
4 月-6 月	87,663	1.6%	41.9%	12,599	—	6.0%	43,350	—	20.7%
7 月-9 月	21,194	1.2%	21.5%	6,507	—	6.6%	4,180	—	4.2%
10 月-12 月	169,304	—	82.2%	—	—	—	6,658	—	3.2%
1952 年 1 月-3 月	164,575	—	63.4%	—	—	—	76,979	—	29.7%
4 月-6 月	138,600	—	66.4%	9,668	—	4.6%	26,528	—	12.7%

資料：『棉花月報』；『棉花統計月報』；*The Cotton Statistical Journal* 各月号。
注：1. 各欄の「a. 政府輸入比率」は政府が輸入した棉花輸入量の, 輸入量合計（政府輸入棉＋民間輸入棉）
　　2. 1949 年 4-6 月期の「インド」の値にはパキスタン産の棉花が計上されている可能性がある。
　　3. 「その他」の欄の（　）内は, そこに含めた棉花輸入国の数を表している。
　　4. 表中の「-」は数値が存在しないことを表し,「0.0」は 0.1 未満の数値を表す。

単位：1,000lbs

エジプト	a. 政府輸入比率	b. 合計に対する比率	メキシコ	a. 政府輸入比率	b. 合計に対する比率	その他	a. 政府輸入比率	b. 合計に対する比率	合計	a. 政府輸入比率
—	—	—	—	—	—	—	—	—	32,759	100%
—	—	—	—	—	—	—	—	—	214,241	100%
—	—	—	—	—	—	—	—	—	111,638	100%
—	—	—	—	—	—	—	—	—	72,035	100%
—	—	—	—	—	—	—	—	—	21,257	100%
—	—	—	—	—	—	—	—	—	6,973	100%
—	—	—	—	—	—	—	—	—	189,924	100%
1,541	100%	1.7%	—	—	—	—	—	—	92,828	100%
3,036	100%	43.4%	—	—	—	—	—	—	6,997	100%
—	—	—	—	—	—	—	—	—	68,171	100%
6,156	100%	12.8%	—	—	—	—	—	—	48,177	100%
4,262	100%	4.4%	—	—	—	1,126 (1)	100%	1.2%	96,195	100%
8,254	100%	4.2%	—	—	—	2,748 (2)	100%	1.4%	195,576	100%
11,825	100%	11.4%	—	—	—	6,760 (3)	100%	6.5%	103,311	100%
3,844	100%	9.8%	—	—	—	4,073 (4)	100%	10.4%	39,137	100%
4,125	100%	2.2%	3,195	100%	1.7%	304 (1)	100%	0.2%	190,987	99.5%
78	100%	0.0%	—	—	—	3,965 (1)	100%	2.2%	178,883	86.5%
1,529	100%	0.7%	3,921	—	1.9%	7,773 (4)	46.8%	3.8%	206,148	77.1%
3,581	—	1.6%	19,162	—	8.6%	8,469 (9)	33.0%	3.8%	223,371	30.5%
16,020	—	4.7%	67,409	—	20.0%	51,379 (13)	1.9%	15.2%	337,545	1.3%
6,508	—	3.1%	25,033	—	12.0%	33,879 (9)	0.7%	16.2%	209,031	0.8%
5,147	—	5.2%	26,251	—	26.6%	35,363 (12)	—	35.8%	98,642	0.0%
3,527	—	1.7%	21,495	—	10.4%	4,907 (5)	—	2.4%	205,891	—
6,461	—	2.5%	2,769	—	1.1%	8,766 (6)	—	3.4%	259,549	—
6,766	—	3.2%	14,770	—	7.1%	12,499 (9)	—	6.0%	208,831	—

に対する比率，「b」は各国別輸入量の，全輸入量合計（一番右欄）に対する比率．

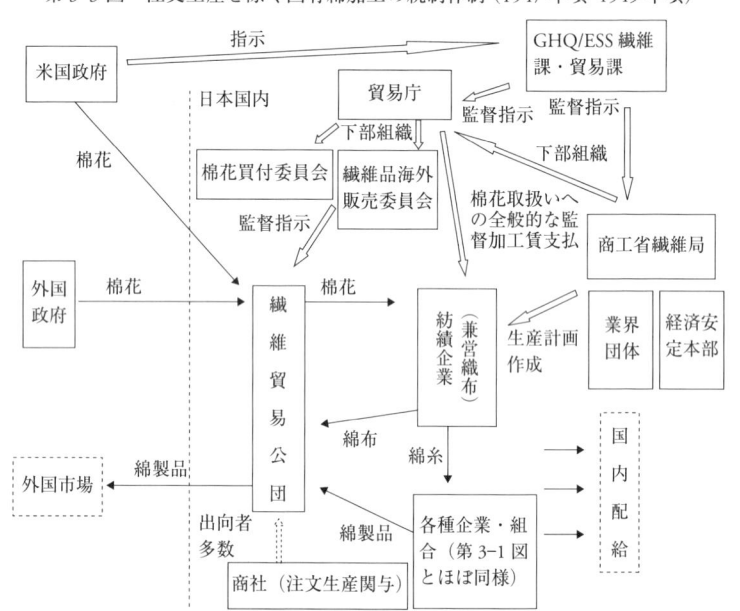

第3-3図　注文生産を除く国有綿加工の統制体制（1947年頃-1949年頃）

資料：各種資料から筆者作成。
注：1．「→」は棉花，綿製品の流れを示す。「⇒」は指揮命令系統とその内容を示す。
　　2．国内配給では，中央・地方配給機関が廃止され，基本的に政府の計画・指示の下で生産者より卸・小売の指定業者に綿製品が引き渡される体制に変わった。これは，1951年4月26日衣料品配給規則の廃止，7月19日棉花・綿糸の割当統制の停止まで継続された。

国陸軍省（実際にはGHQ）が米国銀行団（ワシントン輸出入銀行［政府系金融機関］，ナショナル・トラスト銀行，チェース・ナショナル銀行，ナショナル・シティ銀行，J・ヘンリー・シュローダー銀行）より6,000万ドルの米棉借款を受けるものであった。

　もともとOJEIRFに基づく米棉借款は，前述したようにESSが1947年2月にGHQ管理下にある日本の貴金属などを担保にして棉花，ゴム，羊毛のような原料を輸入できないか，米国政府へ上申したことを発端としていた[184]。その後まずESSと米国政府の間で担保の内容，融資条件，日本の資産に関する極東委員会での決定事項との関係などについて協議が行われ，1947年9月からは実際に米国政府と銀行団との間で交渉が行われて，協定の細部がつめられた[185]。

OJEIRFに基づく米棉借款の主要な特徴は[186]，(a) ワシントン輸出入銀行は年3.5％の利子，他の民間銀行は2.5％の利子，(b) 綿製品の60％は戦前の日本の輸出市場に対してドルまたはドルに交換可能な通貨で輸出すること，(c) GHQが30日ないし10ヶ月で満期となる手形を銀行へ供与する，というものであった。

もう1つの米棉借款であるPL820は，GHQが基本的に関与せずに，米国政府内でW・ドレイパーが主導して成立させたものであった[187]。PL820は，米国産の繊維購入資金を米国政府が日本へ貸し付けるための法律であり，1948年6月29日に米国議会で可決された。PL820による借款の主要な特徴は[188]，(a) GHQと貿易庁が購入対象となる繊維品を決定する。(b) 信用給与期間は15ヶ月。(c) 製品の大部分を，返済において米ドルで相殺するのに必要な条件と通貨で販売すること。(d) 陸軍長官は財務長官に対して日本向原棉，羊毛等の購入および輸送費支払用として手形を発行し，利子は財務長官が手形発行月の末日における一般的な利子率を参考にして決定する，といった点であった。

以上から，占領復興期前半期の米棉輸入のための主要な原資となった3つの借款，CCC棉協定，OJEIRF，PL820に共通する特徴として，第1に米ドルでの返済義務，第2に約1年前後の期間での返済を促す条項，第3にGHQに返済を保証するための監督責任が課せられた点，を挙げることができるだろう。GHQは監督責任を有した以上，このような米棉借款の返済の見通しが立つまでの期間，綿紡績業を中心とする統制体制を維持する必要性を有していたと考えられる。

OJEIRFとPL820に基づく米棉借款は，1948年6月まで成立に時間がかかった上に，実際に輸出が開始されるようになるには1948年後半まで待たなくてはならなかった。その間に日本国内の棉花不足を解消するために，1つには次項で見るように操業短縮が行われ，もう1つには後述するSCAP商業勘定から1948年5月に資金が出されて棉花4万5,000俵が買い付けられた[189]。以後，OJEIRFとPL820に基づく米棉借款やSCAP商業勘定によって購入された国有棉は，前述の棉花買付委員会が売り手国に公告（Announce）して買い付けたために「アナウンス棉」と呼ばれた[190]。

1948年末になると，ESS内では日本側に輸出向けの棉花も払下げることが，検討されるようになった。11月19日には，ESS繊維課，ESS価格・配給課，ESS資金統制課，貿易庁，商工省繊維局，繊維品海外販売委員会の代表が会合を持って，棉花の払下げに関して協議が行われた[191]。この会合では，OJEIRFやPL820法に基づく米棉借款に抵触しないこと等が確認された。またESS繊維課は，民間貿易の再開につながり，繊維製品の輸出の最大化にもつながるので，棉花の払下げの迅速な実行を考えていた[192]。

　こうして1949年1月31日付でESS繊維課は，貿易庁へ，指令BT-TD-49-391を通達し，2月1日付で，1946年6月15日付で貿易庁へ通達された指令BT-2を撤廃することと，全ての輸入棉花（米棉に限っていない）を貿易庁もしくはその指定機関が買い上げた上で，輸出向けも国内向けも全て，紡績企業へ払下げることが命じられた[193]。こうして，2月1日以降，原棉払下制が導入されて，貿易庁による加工賃制度は撤廃された。ただし，この指令は，商工省に国内向綿製品の生産に対する統制を継続するように命じ，また商工省と貿易庁に合同で輸出向棉花・綿製品の消費・配給を統制するようにも命じており，この指令によって，棉花の完全な自由取引が行われるようになったわけではなかった。

　この原棉払下制には，2つの意義があった。第1に，同時期に輸出向生産において，計画生産だけではなく注文生産や見込生産も認められるようになったから，綿紡績企業は，見込生産用の棉花の払下げによって，手持ち棉花が増大して，操業度を増大させるようになった[194]。第2に，BT-2が撤廃されたということは，CCC棉の輸入を契機に構築された，綿紡績業を中心とする統制体制を規定する根本指令がなくなったということである。現実には，この後1年間は米棉借款が完済されるまで繊維貿易公団等が存在したから，第3-3図の統制体制が消滅するわけではないものの，1946年中頃に貿易庁がCCCの代わりに，輸入から輸出まで，棉花とその製品の所有権を握り続けることによって，国内の輸出向けの綿工業を監督することを目的としていた統制体制は，実際上，存在意義を失ったと言えよう。

(2) 印棉の調達

　ここでは，1948年中頃に行われた，印棉とパキスタン棉の調達に関して見ておこう。1948年3月25日付でESS繊維課はESS貿易課へ，ドル決済を必要としない棉花輸入は日本綿紡績業にとって重要だと指摘し，両課の課員をインドとパキスタンへ直接派遣することを提案した[195]。ESS貿易課は4月7日に開かれた両課の会合で，使節団派遣に同意し，ESS繊維課からはW・イートン，ESS貿易課からはR・ドナルドソンが派遣されることになった[196]。派遣決定は，以下のような事情があったためでもあった。2月頃に東京のインド使節団からESSへ印棉輸出の提案があったために[197]，調達が容易であるという見込みが決定の背景にあったと考えられる。また同時期に日本側から，両国の棉花事情に通じた日本人を派遣する提案がESS繊維課へ寄せられ[198]，使節団が棉花の買付実務で，そういった日本人の手助けを得られる見込みが好都合であると考えられた[199]。さらに，緊急に棉花の調達が行われなければ，綿紡績業が操短を実施しなければならなくなる可能性も，考慮された[200]。

　使節団の派遣は，米国政府の事前承認を得ることなく決定された。実際，派遣に最終承認を与えたGHQ参謀長の指示で，4月22日付でESSが米国政府へ派遣を電信で伝えたのが，最初の連絡であったと見られる[201]。

　使節団は，1948年5月から6月にかけて，インドとパキスタンを回り，印棉8万7,200俵，パキスタン棉2万俵を買付けた[202]。決済方式は，出発前にオープン・アカウントを基礎にしたバーター方式を取ることが考慮されていたので，実際にこの方式が取られたと推測される[203]。

第2節　綿製品の生産

　本節ではESSが占領復興期前半期に日本綿紡績業に対して，生産面でどのような占領政策を取っていたのかを検討する。同時に日本側が，GHQへどのような対応を示したか，そしてGHQからの指令をどのように実行したかを検討したい。その際，生産促進策と操業短縮（操短）とい

う相反する2つの施策の視点から,分析を行う。

1. 1946年における生産促進策の実施

　1946年6月から開始されたCCC棉グループ1棉の輸入は,第3-2表から分るように1946年を通して行われ,当面の棉花不足を解消した。これによって占領復興期初期の綿紡績業の生産を阻害していた最大の要因は解消されたものの,同時期に今度は工場における食糧配給事情の悪化にともなって,労働者の帰農による労働力不足が発生した[204]。このため,食糧不足を解決することを主眼にしていたと整理できる,日本政府の一連の施策が実行された。すなわち,1946年4月の「繊維労務者に対する食糧の労務加配に関する件」,「繊維労務の緊急確保に関する件」,8月10日に出された紡績業勤労者に対する基本配給・加配米の配給確保に関する指示,8月23日の「繊維産業の生産完遂に関する件」,9月23日の「繊維産業工場に於ける副食物並に調味料確保に関する件」等の施策である。

　これらの施策を具体的に立案したのは日本政府であるが,1946年8月以降の施策に関しては,ESS繊維課の意向を何らかの方法で知らされた上で立案された可能性が高い。1946年8月6日にESS繊維課のイートンは,倉敷紡績と鐘淵紡績と棉花共同購入組合の役員,日本繊維協会の事務局員(Clerk)の4人と会合を持ったが[205],そこで報告書を受け取った。それには,今後の12月までの推定生産量が繊維使節団の推定値よりも減少することが記されていた。それについてイートンは,「添付された報告書によると,紡績企業が［報告書記載の現在稼働可能な綿紡機で生産可能とする］生産値の根拠を置いているのは,食糧割当量［の少なさ］が生産のロスを生む主要な障害である (the food ration is the main difficulty for loss of production) と彼らが指摘する状況である。彼らは,食糧がインフレーションと欠乏によって価格上昇しているために,248万錘を動かすのに7万7,000人の操業要員が必要であるのに3万7,000人以上を雇うことができないと主張している。［彼らの］生産推定量は以下のような割合の数値に基づいている：8月50％,9月55％,10月64％,11月70％,12月75％[206]」としていた。

この会合には日本政府の関係者の出席は記録されていないが，この会合などで食糧事情の悪化を主な原因として，繊維使節団推定値よりも生産の減少が生じていると考えた ESS 繊維課が，日本政府関係者に改善を求めたと推測される。実際，上述の 8 月 23 日の「繊維産業の生産完遂に関する件」は食糧確保・増配を始め，金融上の優遇策の立案，石炭割当ての増大，各種資材の優先的割当てなどを決定したものであったが，その文書の冒頭には「繊維産業は我国経済再建の中核体であって其の再建を推進することは刻下最大の緊要事であるが特に連合軍総司令部の強い要請に応え輸出製品を中心として一定の生産目標を完遂する重責を有するのである」(傍点は引用者) とあり[207]，繊維産業の再建は GHQ の望む所であることが特記されている。この施策の対象業種とされた繊維工業は綿工業の他にもあったが[208]，当該時期の最大の輸出産業は綿紡績業を始めとする綿工業であっただけに，一連の施策に綿紡績業に対する GHQ の特別の意向が働いたことを窺い知ることができる[209]。

　上記の施策は，綿工業だけではなく他の繊維工業も視野に入れたものであったが，1946 年 10 月になると日本政府は綿紡績業を特に重点的な対象とした施策を実施している。そしてそれは，GHQ の意向に沿って実施されたものであった。

　まず 1946 年 10 月に入る前の 9 月 20 日に ESS 繊維課のイートンは富士紡績，鐘淵紡績，東洋紡績の役員，および商工省繊維局の局長や日本繊維協会の役員と会合をもち[210]，8 月の綿糸の生産量が繊維使節団の推定生産量よりも 33％減少したことを知らされた[211]。そして繊維局が商工大臣と，労働者に対する報奨制度 (a bonus system) の導入と食糧割当量の増大によって綿製品の生産が増大するかどうかを相談する (see the Minister) つもりであると報告を受けた。この施策案に関してイートンがどのように対応したか資料上不明であるが[212]，推定値よりも低下している中での生産促進策であるから当然に肯定的な姿勢で聞いたと推測される。

　さらに ESS 繊維課のイートンは 1946 年 10 月 3 日から 5 日の 3 日間にわたって，大阪で商工省繊維局，日本繊維協会の代表，10 大紡の社長の大半と多数の役員，64 工場の全工場長，工場が位置する県庁の代表と会

合を開いた[213]。特に10大紡の代表とは，3日の間に10月3日に4社，10月4日に3社，10月5日に3社とわざわざ分けて会合を設けており，おそらく各日に各社代表と個別に詳しくヒアリングを行ったものと考えられる。この会合は，10月中頃以降に展開される生産促進策の直接的な契機となったと考えられる点で重要なので，イートンがESS繊維課長に提出した報告書をもとにして，以下でやや詳しく検討したい。

この会合は，「繊維使節団が日本滞在時に提出した推定生産量と比較した際の紡績の低生産性に関して我々が抱いている関心に対処して (as a result of our concern)，繊維局長松田氏が，生産が低下していることの原因を突き止めるためにこの会合を企画，招集した」(p. 1) ものであった。ここから，繊維使節団の報告書にある推定量が低生産性の以後の生産促進策立案を決定する際の根拠となっていたことや，この会合が綿紡績業の低生産性に対して監督の必要性を感じたESS繊維課の要望に基づくものであったことが分る。

イートンはヒアリングによって得た低生産性の要因としてまず食糧不足を挙げており，「多数の工場が4合の配当が必要であると述べた」(p. 2) としている。また日本側から聞いた他の要因としては，インフレーションのために魅力がなくなっている円よりも賃金として綿織物の現物支給が望ましいという見解，寄宿舎の修理の必要性，労働者が食糧不足のために農村から出たがらず都市にいる者もインフレーションの下で働くことよりも自宅にいることを好むという見解，賃金が他の産業よりも低いが寄宿舎制度のせいではないとする見解，復元資金の許可の遅延，諸物資 (針布，石炭，電力，木管，わら製品など) の不足，を挙げた。諸物資の不足に関してはさらに，「工場によって明らかにされたことであるが，多くの県庁が，石炭，食糧，電力，わら製品，輸送設備などが不足の場合に，繊維工業を考慮するよりも同等に重要と思われる他の産業へ与えてしまう」(p. 3) という配給上の不具合も挙げている。

この会合では，商工省繊維局，10大紡の各工場，ESS繊維課の3者の側でそれぞれ実施すべきことも定められた。商工省繊維局は次の7つの施策を行うものとされた (pp. 5-6)。まず第1に「繊維工業が日本経済にとっ

て核心に位置する産業であると宣言すること」、第2に「繊維工業への[食糧の]割当量を2.8合から4合へ増やすこと」、第3に「労働者に賃金の一部として綿織物を与えること」、第4に「商工省が日本人に、繊維工業の重要性と十分な協力を与えることの必要性と操業の成功への責任を持っていることを知らせるために、ラジオや新聞、ポスターを使ってプロパガンダと広告計画を実施すること」、第5に「円単独もしくは織物を報奨（bonus）として与える形で賃金を増額するように繊維工業へ勧告すること」、第6に「この中核に位置する産業であるという宣言の結果として、商工省は全ての県庁へ物資の配給を規定通りに行うように指示すること」、第7に「様々な物資不足を調査し、生産増大と当該産業の重要性に見合ったより平等な配給との実現を目指して、その権限の及ぶ限り全力を尽くすこと」、が定められた。

　上記の第1の点と第4の点は一見奇異にも思える措置であるが、戦時期に戦争遂行のために実施されたプロパガンダから想を得たものと考えられるし、また第6の点から読み取れるように、何よりも都道県庁レベルでの各工場への配給の適正化を企図したものであったと考えられる。いずれにせよ、7つの点の中で具体的な措置として挙げられた、食糧増配や配給の適正化、インフレーション対策である綿織物の現物支給と賃金増額、等全てがイートンがヒアリングから聴き取ったことに対応したものであった。イートンはこれらの措置について「繊維課綿・羊毛係から繊維局へ与えた圧力（pressure）の結果」（p. 7）であるとしており、会合で上記の問題点の改善を行うように商工省繊維局へ指示を下したことが分る[214]。原資料はイートンから上司への報告書なので、自己の業績を過大評価している可能性もあり、7つの点全てを具体的に指示したとは考えられないが、少なくとも今後の施策の枠組み・方向性を指示したことは間違いないであろう。他方で商工省繊維局も、少なくとも食糧増配と報奨の措置に関して前述したように9月20日の会合の段階で考慮していたし、会合前から10大紡の工場レベルでの問題点に関して一定の情報をもっていたであろうから、事前にこれらの措置をある程度準備していたと推測してもいいだろう[215]。

また10大紡では、その工場においてより効率的で短い教育計画の実施や寄宿舎の改修や近代化が必要とされた。
　ESS繊維課自体が行うべきこととして挙げられていたのは次の4点であった。第1に、第2章で見た最初の復元資金の約半額の6億円の融資許可の促進、第2に、商工省繊維局への協力の約束、第3に他課の同意をもらった上で織物の現物支給に関して議論すること、第4に近い将来の輸出計画に、より高番手の糸・織物を入れるように努めること、である。
　また商工省繊維局は、綿紡績業における生産促進のための委員会を設立することをイートンに報告した[216]。これについてイートンは日本側における協力が生産増大につながり、「綿勘定の貸方(the credit side of the cotton account)と日本経済にとって必須のものである」(p.7)と回答し、生産増大がCCC綿協定による借款の返済のためにも必要なことを示唆しつつ事実上の承認を与えている。
　以下では、この会合で商工省繊維局とESS繊維課が実施するとされた点が、どのような展開を得たのかを検討する。
　まず商工省繊維局の施策から見ていこう。第1次吉田内閣商工大臣の星島次郎は、1946年10月10日付で閣議のため「綿紡織業の生産促進に関する件」を提出し[217]、これは翌10月11日に閣議決定された。この施策は全部で8項目からなっていた。概要は、第1に綿紡織業の重要性を周知すること、第2に11月以降米麦を1日3.5合配給することとし[218]、確実に配給できるように特別の措置を取ること、第3に石炭、針布[219]、スピンドル油、藁工品等の割当・配給を優遇すること、第4に渇水期の電力制限について綿紡績工場および輸出綿織物工場を制限外に置いたり電気ボイラーの使用を認めたりすること、第5に綿紡績工場に輸送力を優先的に回すこと、第6に資金関係では8月23日閣議決定「繊維産業の生産完遂に関する件」で挙げた施策の実行を果たすこと、第7に1946年11月から12月にかけて米棉消化促進期間を設定すること、第8に紡績工場設置の機器の製造業へもこれらの施策に準じた対応を行うこと、であった[220]。
　さらに商工省はこの「綿紡織業の生産促進に関する件」の第6に挙げた点の実現のために、1946年10月18日、「綿紡織業生産促進期間実施要綱」

を決定した[221]。綿紡織業の重要性の周知徹底のためのラジオ，新聞，ポスターを使用した施策や[222]，さらに前述の1946年10月3日から5日の会合の間に商工省繊維局がESS繊維課のイートンに伝えた綿紡績業の生産促進のための委員会の具体策である綿紡織生産促進委員会の設置を挙げている。具体的には，「繊維協会内に綿紡績10社の代表者より成る綿紡織生産促進委員会を設置し（既設）各工場の共同査察及生産促進方策を審議す」とされていた[223]。さらに各工場・企業単位で設置された生産促進委員会が，自己査察や自社での生産促進策を行うものとされた。

綿紡織生産促進委員会は1946年10月18日に「綿紡織業生産促進期間実施要綱」が決定された当日，早速，会合を開いている[224]。会合には，委員会を構成する10名の10大紡代表の他，ESS繊維課のイートンとC・キャンベル，日本繊維協会と日本政府の代表が集まった。この席でイートンは委員会が査察する際に考慮すべき点として，4点挙げた。すなわち，第1に労働面であり，食糧が3.5合配給されているか，織物の報奨品（fabric incentives）が生産増大に役立っているか，賃金増額は可能か，といった点を挙げている。第2に充分な教育計画が整備されているか，第3に工場は最大速で紡機を運転しているか，が指摘された。そして第4にGHQが工場への融資を決定する際には紡機数や運転可能紡機数などの情報が必要であり，それらを集めることが要請された[225]。日本側の日本繊維協会や政府関係者からは，「綿紡織業の生産促進に関する件」の内容に関する説明などが行われた。

日本側がこのように綿紡織業の生産増大に取り組んだ理由としては，上記したようにESS繊維課の指示があったこともあったが，他の要因としては内需向棉花がCCC棉の40％以下と定められていたことがあった。しかも1946年6月15日の段階でESSは「輸出向綿糸布の生産のために，綿製品の最初の3ヵ月の生産の約85％を使用することが計画されている」としており[226]，6月か7月から3ヶ月間の綿製品の内15％しか国内向けに充てない方針であった。その後，この15％は20％にまで引き上げられたものの[227]，生産量の絶対量が減ればそれだけ国内向けの配分も減ることになるから，日本側も衣料品不足の日本の状況を考慮して生産増大に努

めたものと考えられる。

　日本側の対応は以上の通りで進展したが，ESS繊維課の取り組みを以下で検討しよう。10月3日から5日の会合でESS繊維課が日本側に伝えたことは，第1に復元資金の問題，第2に商工省繊維局への協力の約束，第3に織物の現物支給に関して議論すること，第4に近い将来の輸出計画に，より高番手の糸・織物を入れるように努めること，であった。その10月初頭の会合を踏まえてESS繊維課は1946年10月15日に，ESS内の貿易課，工業課，労働課，価格統制・配給課，金融課，反トラスト課の6課を集めて会合を開いた[228]。第1の復元資金の問題は第2章で検討したので，第3の点と第4の点に関して見てみよう。

　この会合でイートンは，商工省が「綿紡織業の生産促進に関する件」にあるような施策を取っていることを説明している。そして前述の第3の点に関わる報奨品の問題，また労働力の問題，物資不足の問題について他課と協議した。

　まず報奨品に関しては，ESS労働課からブラックマーケットを増やすことになるという危惧が伝えられ，賃金増額が提案されたが，コンセンサスは作業着のような非贅沢品の織物を与えた方がよいというものであった。また報奨品は労働者へは道府県庁を通じるのでなく，工場へ直接配給すべきというコンセンサスも得られたとされている。

　次に労働力不足に関しては，イートンとESS労働課との間で賃金増額が必要であるという点で見解が一致している。また物資不足に関しては，針布の製造が問題となり，輸入することが考慮されることになったが，それに加えてESS工業課が針布の原料となる鉄塊や銅線の製造業者へ石炭増配を行うことで針布の生産増大につながらないか判断することになった。

　上記の内，報奨品の問題に関しては，以後ESS繊維課の所掌範囲を超えたためか，GHQ文書上で経過の確認が取れなかったが，通常はESS価格統制・配給課の所掌範囲であり，そのため同課は所管する経済安定本部に何らかの対策を取らせたと考えられる。実際，経済安定本部が作成した「労務用物資対策に関する件」が1946年11月29日に第1次吉田内閣で

閣議決定された[229]。綿紡績業に対する綿織物の特配を特に規定したものではなかったが、重要産業における生産力の増大のために、そのような産業の労働者に食糧の加配と労務用物資の特別配給を行うという趣旨であった。これに基づき1947年1月に策定された労務用物資配給順位表で、やがて繊維工業の内の輸出向工業は優遇産業の第1位に置かれるようになり、各種物資の配給も実際に行われるようになったという[230]。

また物資不足の内、ESS繊維課が特に注意した針布に関しては、その後ESS工業課と協議が行われ[231]、最終的に11月21日に輸入する方針が決定された[232]。

10月3日から5日の会合でESS繊維課が日本側に伝えた項目の内の第4番目の、近い将来の輸出計画により高番手の糸・織物を繰り入れるように努めること、はどうなったのであろうか。この件については、来日した東南アジアなどのバイヤーとESS貿易課の協議によって実現し、より高番手の綿糸を使用した綿織物の生産をESS繊維課は日本側へ求めるようになったが、逆に日本側が難色を示している。これは、1946年12月17日の会合で明らかになった[233]。この会合から、この時期のESS繊維課と日本側の輸出向け綿製品に関する考え方が読み取れることから詳しく見てみよう。

ESS繊維課のキャンベルと商工省繊維局と日本繊維協会の代表とが1947年第1四半期の綿製品の生産計画に関して協議した。ESS繊維課は例えば、次のような組成 (construction)[234] の織物を要望したが、これがESS繊維課と日本側との間で問題となった[235]。すなわち、金巾の幅26インチ物（経糸・横糸の組み合わせ：40番手×40番手。以下同様）を250万平方yds、金巾44インチ物（30番手×30番手）500平方yds、金巾33インチ物（30番手×30番手）500万平方ydsの生産を要請したが、日本側は最初の金巾26インチ物は0、次の金巾44インチ物は553万6,000平方yds、そして金巾33インチ物は479万1,000平方ydsの生産を主張していた。日本側は総じて30番手くらいまでの綿糸を使った綿織物を考慮しており、40番手の綿糸を使用した織物の生産は日本側の想定を超えていたのである。

この点でキャンベルと日本側とで議論が生じた。日本側は，ESS 繊維課提示の綿織物の種類の生産をするには熟練労働者が少ないために「機械の大半を移動しなければならないだろう」(a great deal of machinery would have to be shifted) が，それは生産を遅らせることになると述べ，また今回の ESS 繊維課要請の織物の組成は実際の世界市場の需要を代表するものとは思えず，次の要請では別の組成を要請されるだろうから，今回の要請のために機械を移動しても無駄になると主張した。これにキャンベルは反論し，「40 番手の生産は必然的に綿紡績業の棉花の消費量を低下させ，それによって国内向けに回せる量を減少させる」ことを知っているけれども，「40 番手はより低番手の糸よりも収益を生むだろう，そしてその事実は棉花の輸入により負った借款の支払いに関して，有益なことである」と述べた。さらに「繊維工業が輸入棉花の支払いに充分な綿製品を生産する (turns out) のが早ければ早いほど，国内目的に回せる棉花の量は早くに増大する」と述べ，「第 1 四半期の生産計画はできるかぎりバイヤーの要望にあわせるようにして策定されるべきである」と日本側へ告げた。しかしながら日本側は簡単に承服せず，40 番手生産に適切な棉花が 5 ヶ月分しか在庫にないと述べた。これにキャンベル取り合わない形で，「この計画はできる限り早くに提出されるべきである。もしも具体的に事態がうまく動かないようであれば，繊維課は輸出計画の実現を保証するために他の措置を取らなければならないだろう」と伝えた。言外に，この会合での口頭での指示以上のことを行うと伝えたのである。日本側もこれ以上は，反論しなかった[236]。

　この会合から，ESS と日本側双方の見解の相違が浮かび上がってくる。ESS 繊維課は明らかに，CCC 棉協定に基づく借款の返済を目的にして日本側に ESS が定めた生産計画の順守を求めている。つまり，ESS 繊維課がこの時期に求めた生産促進策の実施も，結局は CCC 棉の借款返済を主な動機としていたと言える。綿糸の生産増大にしても，高番手綿糸の生産比重の増加による全体量の多少の減少にしても，どちらにしろ CCC 棉の負債を返済するのに有利なような生産状況を望んでいたのである。日本側は後述するように，同時期に国内向けの綿製品の配給量を増やすことを望ん

でいたから，ESS繊維課は日本側にそのことも持ち出して自分たちの計画に従わせようとした。

以上のように1946年8月以降にGHQの強い意向をくんで日本側が具体的な生産促進策を実施した結果は，どうであったのだろうか。綿紡績業の実際の成果は第3-2図から窺い知ることができるように，特に1946年8月以降の上昇が目立つ。図の数値だけでなく実際の数値を示せば，1946年7月891万5,179（3,785万1,282）lbs，8月1,361万3,278（4,211万5,784）lbs，9月1,912万7,518（4,588万9,415）lbs，10月2,090万931（4,834万8,215）lbs，11月2,366万5,853（5,080万4,849）lbs，12月2,698万321（5,338万2,429）lbsと[237]，1946年8月以降に生産が急速に増大し9月以降も順調に生産を伸ばしていることが分る。12月には，8月の生産量の2倍にまで増加した。この1946年12月の生産量は，1947年4月と6月に上回られるが，その後は1949年4月になるまで上回られることはなかった[238]。（ ）内に示した数値は前述した繊維使節団の報告書にある推定生産量であるが，1946年中にCCCグループ1棉89万俵の消費を企図して算出されたこの数値には及ばなかったものの[239]，生産促進策を受けた綿紡績業は1946年後半期に生産を増大させたのである。そしてこの生産促進策によって労働力の保持や生産資材の配給，復元融資などの点で優遇を受けた10大紡の大半は1946年末までに，戦災によって荒廃していた生産設備（工場と機械）を，一定の安定した持続的な生産が可能な体制にまで，復元させることに成功していたのではないかと推測される[240]。第3-2表から分るように綿糸の生産量が，以後1949年前半ごろまでさほど低下させることなく維持できているからである（ただし，第2章で先述したように，10大紡の中でも進捗度には差があった）。一層の生産量の増大を果たすのは，1949年中頃以降であった。1949年中頃まで，10大紡は生産設備の復元に努め，生産増大の機会が訪れるのに備え続けたのである。

2. 1947年の操業短縮と復元促進策

その後，綿糸の生産量は一旦1947年初頭に落ち込んだものの，1947年

4月まで上昇傾向を保った（第3-2図）。しかし，前述したようにCCC棉のグループ1棉からグループ2棉への切り替えが1947年前半期にうまくいかなかったために同時期から棉花の輸入量が落ち込み始め，第3-2表から分るように，特に1947年7月から9月の期間は前年1946年6月にCCC棉の輸入が始まって以来最も輸入量が落ち込んだ。

すでにESSは1947年4月15日に米国政府に対して，前述したように棉花の供給手配を直ちにしないのであれば，操業短縮もやむをえないという電信を送っていた。またESS繊維課と貿易課は4月17日の会合で，「もしも原棉供給の継続に関して[ワシントンから]明確な保証が，4月30日までに寄せられなければ，原棉供給をやりくりする (stretch out) ために，日本の[綿紡績]産業はその生産水準の低下を要請される」として，操短の実施もやむを得ないものとして判断していた[241]。

ESSの度重なる要請に応えて，米国政府はCCCグループ2棉の供給を決定したが，実際に日本へ到着し出したのは1947年9月に入ってからであった。第3-2図から分るように棉花在庫量は1946年11月頃をピークに急速に減少しており，何らかの対策が必要とされた。

日本側では1947年5月15日に政府関係者や業界関係者が会合を開き，7-9月度において2割の棉花消費の調節（操短を意味した）を行うことなどが取り決められた[242]。そして，1947年6月30日にESS繊維課のキャンベルは日本繊維連合会理事長加藤末雄，日本紡績協会理事田和安夫などと会合を開き[243]，次のような結論を得た。「棉花の追加的な輸入を期待されうる時期について明確に述べることができないので，在庫の棉花を使用しつつ，10月まで生産が続くようにするために生産を縮減すべきである (production should be curtailed) ということが決定された。日本側はそれに対応して彼らの第3四半期の計画を調整するだろう」。時期的に見てESS繊維課は，1947年4月にESS貿易課との間で決定した方針を，何らかの手段で5月までに日本側に伝え，それを受けた日本側が操短の具体策を決めたものと推測される。

他方で，この時期のESS繊維課の綿紡績業に対する主要な政策関心は，第2章で見たように生産設備管理政策の完成にあった。そしてESS繊維

課は，やがて棉花の輸入が増大すれば，生産設備の復元をGHQと日本側の双方に有益な生産増大のために必要な措置であると考えていたと推測される。もともと，綿紡績業に関する生産設備管理政策は，ESS繊維課内で生産増大につながる占領政策としても理解されていたからである。これを裏付けるのは，生産設備管理政策が策定中の1946年11月12日に，ESS繊維課綿・羊毛係長のイートンから繊維課長のテイトへ提出された上申書であった[244]。

ここでイートンは次のように主張し，10大紡保有の約370万錘の復元を求めた。すなわち，「現在の[日本側との]協定の下では，我々は総生産量の80％を輸出し，残り20％を日本の国内使用向けに残しているが，総生産量が低いために日本経済にとって十分な綿製品と綿糸とを供給していないし，また生産が急速に(sharply)増大しないのであれば，我々の輸出信用がかなり過小評価されるだけではなく，日本人は綿製品が不足するので工業用および民生用の必要量を供給することが困難になるだろう。……［引用者省略］……できる限り，早く235万9,000錘を運転可能にすることと，できる限り早く370万錘にまで拡大することを進めることが最も重要である。我々は貿易勘定における負債のためだけではなく，日本経済のための生産を，同様に必要としている。戦前，1930年から1937年にかけて日本は国内使用のために，200万錘から300万錘を生産に使用してきた。7月，8月，9月の糸の総生産量はわずか4,100万lbsであることを考慮すると，そのうち日本人は国内使用向けに20％を占めるわけであるが，それは実際のところ，たった16万錘しか生産に使用していないことを意味する。私は綿糸布に対して増大しつつある彼らの需要を知っているし，配給委員会[the Allocation Board. 経済安定本部のことであろう]が小さな供給量を諸需要の間に充てることに苦慮していることを知っている。……［引用者省略］……以下のことも，約370万錘の現存する紡機が，できる限り早く運転可能になるべきであると私が考える理由である。(a) 日本は標準状態において，国内消費用に200万錘から300万錘を必要とする。(b) 我々は1946年12月31日に棉花を約55万俵持ち越すだろう。(c) 繊維製品の世界的な不足があまりに大きいので，日本の全ての紡機はこの状況を

緩和するために運転すべきである。……［引用者省略］……(d) 我々のSCAP貿易勘定［SCAP信託基金のことであろう］が，綿織物の生産の大きな増大による信用を必要としている。(e) 我々は，もしも日本の綿紡績業の生産がこの重要産業の復元融資を我々が行わないがために抑制されるのであれば，深刻な批判にさらされるだろう」（傍点は引用者）。このような政策的思惑を有した生産設備管理政策の実行が，今や日本側に求められていた。

この時期までのESSの政策上の方向付けによって，第1に日本側は綿紡績業の操短を行うことになったが，当然生じることが予想できた綿製品の国内向けの減少への代替策を考慮しなければならなくなったと考えられる。また第2に生産設備管理政策の執行も必要であった。そこで日本政府によって実施されたのが，「繊維緊急対策要綱」であった。経済安定本部が1947年8月12日までに策定した原案[245]を，片山内閣が8月29日に閣議決定した[246]。

「繊維緊急対策要綱」は，「輸出及び国民生活の両分野において繊維品の占める地位の重要性にかんがみ，その生産及び配給の体制に緊急の刷新を加える必要がある」として閣議決定が求められた。内容は5つに分けられた。第1に「輸出品生産の重点的増強」が謳われ，人絹糸の生産増大，そして「400錘を目標とする綿糸紡績設備の復元を促進する。このためまず未稼働設備を急速に稼働化する」とされた。そして，これらに要する資材，動力，資金等の確保を重点的に行うとされている。綿紡績業に加えて化繊工業に対する生産設備管理政策も踏まえて，日本政府は復元の促進を企図したのである。第2に「緊要国内消費の充足」が唱えられた。すなわち，「国内向繊維品については供給力不足の現状にかんがみ，あらゆる繊維資源を動員」することが図られた。綿紡績業の操短に対応する措置の一環であったと，評価することが可能であろう（この点は本章第3項で再確認する）。

加えて，第3に「生産及び配給の計画性の強化」，第4に「割当及び配給方式の刷新」，第5に「生産及び配給の監督及び促進」が計画され，配給制度の強化などの点で，片山内閣の特徴の1つである統制色の強い施策が並んだと言える[247]。そのため，ESSの占領政策や綿紡績業での動向だ

けを顧慮して立案された施策とは言い難いが，第1と第2に挙げられた点に関しては，明らかにESSの占領政策や綿紡績業の操短の影響を推測することができる。

ここで謳われた綿紡績業の紡機の400万錘までの復元・拡大を図った商工省は，第2章でも見たように1947年9月6日に商工省命「綿紡復元に関する件」を発し，10大紡の復元強化と新紡の参入を計画した。こうして，1946年末までに整えられた10大紡の復元体制は，1947年中頃の操短によって一時的な動揺を受けたものと考えられるが，同時期のESS繊維課による生産設備管理政策の完成とそれに対応した経済安定本部や商工省などの支援を受けて，一層強化されたと評価できるだろう。

3. 1948年の操業短縮

前述したように1948年に入るとCCC棉の輸入が途絶し，1948年前半期は棉花供給のための新たな借款を米国政府が準備する端境期であった。このため第3-2図から分るように一旦1947年10月から持ち直した棉花輸入量や在庫量は，12月をピークにして，急速に低下した。

このような著しい棉花不足に対処するために，戦後2回目の操短が実施されることになった。ESS繊維課は，操短を綿紡績業へ指示することを決め，1948年4月26日付でその旨をESS局長マーカットへ報告している[248]。このESS繊維課の指示を受けて[249]，棉花買付委員会は5月4日に，7月から9月までの期間，棉花消費調整のために操短を行うことを決定した[250]。

そして綿紡績業で戦後第2回目の操短が実施されていた時期に，日本政府は「繊維産業生産促進対策」を決定した。これは商工省が立案したものであり，芦田内閣で1948年6月8日に閣議決定された[251]。この施策は，商工省が1947年夏以降の操短や電力不足，「輸出振興の圧力」によって内需向綿製品の引渡しが困難に陥ったことを契機にして，実施したものであった[252]。この閣議決定された文書の冒頭に「官民協力して繊維産業の総合的増産を推進する態勢をととのえ関係末端機関に至るまで施策の徹底

を図りもって生産復興の達成に万全を期するものとする」とあり，この中の「繊維産業の総合的増産」という個所は，当時操短中の綿紡績業の減産の影響を，他の繊維工業の振興で緩和する意義が込められていたと理解できよう。他にこのような理解を支える内容としては，この施策は4点に分かれていたが，その第3の点で「国内向綿織物の生産及出荷の不振を打開するため『綿織物増産期間』を設定し関係機関を動員して製織工場を督励指導する」とあり，操短中の綿紡績業は切り離しても，関連する綿織物業の内需向け生産に関しては増産するという政策意図が読み取れることが，挙げられる[253]。

以上のように，1947年と1948年にESS繊維課の指示・了解の下に実施された操短は，戦前のようなもしくは1953年以降のような綿紡績業における過剰生産のためではなく棉花不足を理由にしたものであった。また第3-2図に見られるような，極端な変動の少ない比較的になだらかな推移を見せた棉花消費と綿糸生産を，占領復興期前半期を通して10大紡に保証した施策であった。

第3節　綿製品の配分

本節では，1946年6月にESSがCCC棉の取扱いのために指令した規程に基づいて，日本側がどのように綿製品に関する輸出向けと国内向けの配分を計画的に行い，また実際にどのように配分されたのかを検討する（そのような配分の統制は，CCC棉輸入が終了した後も継続した）。

GHQの規定の下での日本国内における占領復興期前半期の綿製品の配分の根拠法は，戦時期に制定された「国家総動員法」から，1946年10月1日以降「臨時物資需給調整法」や「指定生産資材割当規制」などへ代わった。そして繊維製品の配分は1949年初頭までの時期，輸出向けと国内向けともに，全面的に第3-3表にあるようなそれらの法規に基づく需給計画に基づいて行われていた[254]。需給計画では輸出向けと国内向けに分けられており，さらに国内向けに関して配給先が決められていた。

配分に関わる統制を概観しておこう。先述したように1949年1月まで，国有棉制度が行われており，製品が輸出されるまで棉花の所有権は貿易庁にあり，綿紡績企業など加工業者には加工賃が支払われていた。1949年2月1日から，原棉払下制へ移行して棉花の自由取引が実施され，棉花の所有権は企業へ引き渡されるようになった。また同時に，輸出向けの綿製品の公定価格も撤廃された[255]。さらに1949年3月以降になると綿製品に関して，輸出向けにおいては，計画生産が撤廃され，海外のバイヤーの注文に基づく注文生産のみが行われるようになり，また綿糸の販売から綿製品の輸出まで民間企業による自由取引が行われた[256]。また国内向けに関しては，1951年7月をもって綿糸の割当配給と綿製品の価格統制の撤廃が行われた[257]。

1. 輸出向けと国内向け

本章の第1節で見たように，CCC棉協定によれば輸出向けに回される米棉（事実上，それから紡績される綿糸）は60％あればよく，最高で40％が国内向けに配分される可能性があった。しかしながら第3-3表のB/F欄から分ることは，1946年から1947年7-9月期にかけて60％を大幅に上回る80％から90％が，輸出に向けられていたことが分る。D/F欄から読み取れるように国内向需要の充足は，約15％以下に強く抑えられた。本章の第2節で見たように，1946年後半期はESSによって国内向けは20％と決められていた。これは，CCC棉協定の借款返済のためにより多くの綿製品を輸出に向けるためであった。

日本側は20％以上の国内向けの配分を求めたが，ESSは拒絶した。たとえば，1946年11月6日に行われたESS繊維課のイートンとキャンベルと商工省繊維局，日本繊維協会の代表との会合では[258]，商工省繊維局から「国内生産向けに5万俵を放出するように提案があった」が，イートンは「GHQの諸課によって同意された計画によれば生産量の20％しか国内向けに保留されない」と明言している。さらにこの会合で商工省繊維局は1947年の国内向けの配分比率を聞いているが，イートンは生産量が減

第 3-3 表　綿製品の配分・配給状況

		輸出向					配給先			
		A 計画値	A/E %	B 実績値	B/F %	B/A %	占領軍 計画値	実績値	生産資材 (需要量)	計画値
1946 年度	4-6 月	—					—			7,471
	7-9 月	47,749	85.0	21,372	99.5	44.8	—			7,441
	10-12 月	46,308	69.8	60,416	84.5	130.5	2,400			8,900
	1-3 月　a	47,552	86.2	63,253	85.3	133.0	800		37,188	3,840
1947 年度	4-6 月　b	64,000	78.8	73,929	89.1	115.5	1,600		29,857	7,194
	7-9 月　c	47,600	70.0	52,676	91.9	110.7	2,400			8,550
	7-9 月　c	54,400	80.0			96.8	2,400			7,268
	7-9 月　d	71,271	74.8			73.9	2,400		25,768	9,750
	10-12 月　e	44,800	70.0	43,694	72.0	97.5	1,200			11,188
	10-12 月	42,808	66.9			102.1	1,040			10,398
	1-3 月　f	50,089	69.1	44,834	71.0	89.5	880			11,425
	1-3 月　g	47,641	69.6			94.1	880		32,905	11,688
1948 年度	4-6 月　h	66,160	74.5	43,995	65.0	66.5	320	500	35,255	13,120
	7-9 月　i	43,298	61.0	50,329	64.7	116.2	1,000	500		14,148
	7-9 月	52,482	73.9			95.9	1,000			12,902
	10-12 月	47,415	62.4	63,589	78.0	134.1	1,000	500		15,985
	1-3 月	42,250	57.9	61,640	76.7	145.9	500	300		17,135
1949 年度	4-6 月　j	53,862	67.3	47,151	54.4	87.5	300	300	34,768	16,785
	7-9 月　k	50,342	62.9	55,791	63.7	110.8	240	240		20,665
	10-12 月　l	41,250	52.9	68,836	70.2	166.9	300	400	27,799	23,035
	1-3 月　m	48,000	49.0	77,063	71.6	160.5	400	400		19,999
1950 年度	4-6 月　n	52,000	50.6	80,225	66.8	154.3	600		36,446	21,200
	7-9 月　o	85,600	66.2	82,135	62.4	96.0	800		35,690	24,000
	10-12 月　p	76,141	81.0	101,596	70.0	133.4	800		37,481	12,606
	1-3 月　q	103,200	69.4	121,310	78.2	117.5	600		44,406	25,200

資料：①計画値，需要量は，通産省通産繊維局『戦後繊維産業の回顧』(1950 年) 335, 340, 343 頁，および安本資料 (a~i) の内訳は：a：需要量は，安本資料「産業」r6「昭和二十一年度第四半期繊維及和 22 年度第 1・4 半期繊維及工業用繊維製品需給計画表」(安本, 1947 年 5 月 14 日)。c：上は綿「産業」reel. 7「昭和 22 年度第 2.4 半期繊維及工業用繊維製品需給計画表」(安本, 1947 年 6 月 18 e：安本資料 reel. 7「産業」「昭和二十二年度第三．四半期繊維別用途別総括表」(作成者不明, 10 日)。g：需要量は，安本資料「産業」reel. 7「Demand and Allocation Table of Textile and reel. 6「Demand and Allocation of Cotton for 1st Quarter (Apr-June)」(安本, 1948 年 3 月 15 日)。i：j~q は GHQ 資料より取った：ESS (B) 14681-14682, ESS (E) 03511-03512, ESS (H) 00079 よ
②実績値は，1946 年 7-9 月分は GHQ 文書「Delivery of Cotton Yarn in July/aug./Sept.1946CCC-1 GHQ 文書「Data regarding equipment, raw cotton consumption, and production of Japanese cotton (ESS (C) 07137) の需要別生産高で代替して算出した。1947 年 7-9 月以後の分は『綿糸紡績事推移』，第 4 部より判明した分のみ記載。

注：1. 太字は『戦後繊維産業の回顧』にある計画値を示しており，各四半期の決定計画と見られるもの (「細菌培養用」等) の数字は含ませないで，「生産資材」に分類した。「生産資材」は，安本資料
2. 表中「—」は，計画値が存在しないことを，空白は数値不明もしくは繰り返しの記述を避けたこ

単位：糸量換算 1,000lbs

国内向							合計		
衛生（医療） (需要量)	民生 計画値	C 計画値計	C/E %	D 実績値計	D/F %	D/C %	E 計画値	F 実績値	F/E %
—	1,815	9,287	100				9,287		
	100	865	8,406	15.0	113	0.5	1.3	56,156	21,484	38.3
	1,400	7,300	20,000	30.2	11,058	15.5	55.3	66,308	71,474	107.8
	1,160	1,800	7,600	13.8	10,881	14.7	143.2	55,152	74,134	134.4
7,401	1,856	6,600	17,250	21.2	9,014	10.9	52.3	81,250	82,943	102.1
	1,600	7,850	20,400	30.0			22.8	68,000		
	1,400	2,532	13,600	20.0	4,647	8.1	34.2	68,000	57,322	84.3
5,004	1,600	10,252	24,002	25.2			19.4	95,273		
	1,412	5,400	19,200	30.0	16,981	28.0	88.44	64,000	60,675	94.8
	1,412	8,342	21,192	33.1			80.1	64,000		
	1,188	8,943	22,436	30.9	18,292	29.0	81.52	72,524	63,126	87.0
4,960	1,400	6,800	20,768	30.4			88.1	68,409		
4,378	1,200	8,000	22,640	25.5	23,567	34.9	104.1	88,800	67,562	76.1
	1,300	11,254	27,702	39.0	27,437	35.3	99.0	71,000	77,766	109.5
	1,300	3,316	18,518	26.1			148.2	71,000		
	1,400	10,200	28,585	37.6	17,959	22.0	62.8	76,000	81,548	107.3
	1,400	11,715	30,750	42.1	18,692	23.3	60.8	73,000	80,332	110.0
1,426	1,950	7,103	26,138	32.7	39,603	45.6	151.5	80,000	86,754	108.4
	1,650	7,103	29,658	37.1	31,823	36.3	107.3	80,000	87,615	109.5
5,079	1,700	11,715	36,750	47.1	29,252	29.8	79.6	78,000	98,088	125.8
	3,941	25,680	50,020	51.0	30,546	28.4	61.1	98,020	107,610	109.8
4,738	4,000	25,000	50,800	49.4	39,861	33.2	78.5	102,800	120,087	116.8
4,921	4,000	15,000	43,800	33.8	49,389	37.6	112.8	129,400	131,524	101.6
5,121	500	4,000	17,906	19.0	43,451	30.0	242.7	94,047	145,047	154.2
4,450	1,200	18,600	45,600	30.6	33,786	21.8	74.1	148,800	155,095	104.2

経済安定本部（安本）資料（東京大学経済学部図書館所蔵マイクロフィルム）。
工業用繊維製品需給計画表」（安本, 1947 年 1 月 14 日）より取った。b：需要量は, 安本資料「産業」r6「昭糸生産高の 30％が国内使用の場合。下は 20％の場合。
日）。d：需要量は, 上記資料「昭和 22 年度第 2.4 半期繊維及工業用繊維製品需給計画表」より取った。
1947 年 8 月 22 日）f：安本資料「産業」reel. 7「昭和 22 年度第四・四半期配当表」（安本, 1947 年 11 月 Industrial Textile goods for 4th Quarter (Jan-March)」（安本, 12 月 26 日）。h：需要量は, 安本資料「産業」安本資料「産業」reel. 12「昭和 23 年度第二四半期繊維配当計画表」（作成者不明, 1948 年 6 月 28 日）。なおり。いずれも作成は安本。
Cotton」(ESS (C) 07138)。1946 年 10 月から 1947 年 6 月までの分は引渡高の数値が不明のため, textile industry under the CCC cotton program」
情参考書」各期の需要別引渡高より取った。占領軍の実績値は, 通商産業省繊維局衣料課『戦後衣料行政の

である。また可能な限り, 安本資料中の計画（上記 a, b 等参照）を見て,「衛生（医療）」に「医薬品」の計画における「官公需」「保留」分を含む。
とを示している。

るのであれば40%を下回ると答えている。

それから1ヶ月経った1946年12月4日の会合でも同様のやり取りが交わされた[259]。ESS繊維課のキャンベル，ESS貿易課のR・ドナルドソン（Robert Donaldson），商工省繊維局の代表との間でこれまでの生産量と1947年3月までの推定生産量から，輸出向けと国内向けとの配分比率に関して協議が行われた会合であった。輸出向けは35万5,000俵であり，これに対して国内向けは8万8,000俵とされ，約20%の比率が提示された。商工省繊維局長鈴木重郎は「国内向け生産量としてこの会合で決められた量は不十分であると述べ，国内向けの割当量を増やすために何を行えばいいかを尋ねた」。キャンベルとドナルドソンは，「日本の生産が増大するまでは，国内向けに何らかの追加量が許可されそうにはない」と回答している。キャンベルはさらに「国内目的のために一層の棉花を日本人が入手する最良の方法は，輸出需要を充足しまた充分な生産能力が国内向けに利用可能になるくらいに，繊維工業が生産を増大させることであると再度述べた」。鈴木繊維局長は，「食糧不足，石炭の制限，労働上の困難等のために日本人が急速に生産を増大するのは非常に難しいだろう」と答えている。

同時期，キャンベルはESS繊維課長テイトに宛てた英国使節団の問い合わせに回答する件での報告書の中で，「全ての兆候から推定されるには，輸出信用（export credits）によってGHQが国内目的のために40%を割当てられるのは1947年中頃（around the middle of 1947）になるだろう」と述べている。

実際には，このようなESS繊維課の見通しは外れた。1947年中頃は，操短のために生産量が落ち込んだ影響があったためと推測されるが，国内向け比率（第3-3表のD/F欄）は8.1%まで削減され，その直後10–12月期にようやく28%になったくらいで，以後も1949年4–6月期に45.6%を記録したことを除けば，国内向け比率は40%を上回ったことはなかった。しかし1947年10–12月以降は継続的に全体の配分量が増えている（F欄）ので，国内向け比率（D/F欄）は上昇しなくても国内向けの実績量（D欄）は増え続けた。また特筆すべきことはB/A欄から読み取れることであるが，

輸出向けの数値においては，計画値よりも実績値の方が高い傾向にあったことである（逆に言えば，国内向けの数値では計画値よりも実績値が低い）。100％を超える時期が継続的に続いていると言ってよい。これは，CCC綿等の米綿借款の支払いのために，輸出が優先された結果と理解できる。

　1947年以降1948年の間は，棉花の不足や操短が問題となって見通しが悪化したためか，GHQ文書中に配分に関する計画値をめぐり，ESS繊維課・ESS貿易課と日本側が議論を交わす会議録を見つけることができなかった。資料が単に残されていないためかもしれないが，ESSと日本側の間で摩擦が減ったことは，次のような要因のために事実であるとも考えられる。第1に，比率の低迷よりも実際の配分量（絶対量）が継続的に上昇していたことがあったから，日本側は折り合いをつけたと考えられる。また第2に，日本政府内でも内需を犠牲にしてでも輸出して外貨を得るべきだという主張が，一部に見られたことも指摘しておくべきであろう[260]。第3に，ESSが国内向けの綿製品が不足していることに対して，いくつかの対策を取ったことも大きかったと考えられる。1つは，輸入された棉花の中で，輸送中におけるダメージや何らかの事故を経た棉花を国内向けに回す措置を取ったことであった[261]。また他にも，本来輸出向けに生産された綿製品を，国内向けに回す措置も行われた[262]。ESSが取ったこれらの措置により，1946年7月から1948年9月までの間に国内向けに配分された棉花に関して，本来の全配分量に対する比率は26.1％であったのが，32.1％に上昇することになった[263]。

2. 国内向けにおける配給先

　綿製品（糸量換算）の国内向けの配給先に関しては，第3-4-1表と第3-4-2表で検討しよう。

(1) 生産資材用

　各四半期の一番左欄の需要量は各産業からの要請値と見られる。それに対する配給計画値の比率は，産業によって格差が存在する。輸出向けに

第 3-4-1 表　繊維需給計画における綿製品と他繊維製品

供給先	1946年度第4四半期(1-3月)＊6						1947年度第1四半期(4-6月)					
	a 需要量	綿 計画値	b %	他繊維 計画値	b/a %	＊5 %	c 需要量	綿 計画値	d %	他繊維 計画値	d/c %	＊5 %
輸出		47,552	86.2	9,365				64,000	78.8	13,014		
占領軍		800	1.5	2,651				1,600	2.0	1,074		
陸運・海運・倉庫	4,017	361	0.7	480	9.0	16.1	3,834	372	0.5	418	9.7	20.2
通信・電力	396	32	0.1	270	8.1	16.6	466	140	0.2	100	30.0	7.6
石炭鉱業	94	44	0.1	71	47.0		86	86	0.1	56	100	98.3
鉄鋼	284	8	0.0	—	2.8		715	28	0.0	63	3.9	30.0
鉱山精錬	265	16	0.0	50	6.0		404	30	0.0	20	7.4	13.8
石油	45	6	0.0	—	12.5		21	5	0.0	2	22.1	21.2
金属工業	400	280	0.5	—	70.0		808	380	0.5	50	47.0	66.3
船舶	871	280	0.5	305	32.1	9.6	800	40	0.0	213	5.0	6.5
電気機械	1,555	366	0.7		23.5		1,502	600	0.7	33	39.9	86.8
その他機械＊1	9,972	46	0.1	8	0.0	9.3	483	33	0.0	48	6.9	17.7
鉄道車両	214	12	0.0	12	5.6	38.4	248	12	0.0	14	4.8	28.7
窯業	1,448	11	0.0		0.8		482	47	0.1		9.7	0.0
化学肥料	203	6	0.0		2.9		68	12	0.0	0	17.8	76.5
ゴム工業	3,392	840	1.5	37	24.8	62.6	3,053	2,000	2.5	4	65.5	1.2
その他化学工業＊2	720	560	1.0	43	8.3	7.7	832	66	0.1	82	8.0	25.1
養糸業	451	50	0.1	0	11.0	17.6	375	88	0.1	20	23.5	11.6
他繊維工業	395	290	0.5	466	73.5	82.9	1,280	566	0.7	126	44.2	23.7
養蚕業	417	78	0.1	—	18.8		501	120	0.1		23.9	0.0
農業・畜産業	73	14	0.0	87	19.7	40	146	40	0.0	11	27.4	5.9
水産業	8,221	1,005	1.8	1,460	12.2	12.6	8,295	2,142	2.6	579	25.8	5.4
食料品・製塩業	1793	113	0.2	175	6.3	6.8	2512	99	0.1	1	3.9	25.8
その他産業＊3	1,843	86	0.2	570			2,861	146	0.2	686		
官公需(大蔵省等)	118	3	0.0	8	2.7	3.8	292	0	0.0	91	0.1	76.5
その他＊4		90	0.2	496				56	0.1	162		
衛生用品		1,160	2.1	8.0		15.8	7,177	1,856	2.3	13		1.5
民生用		1,800	3.3	2,026				6,600	8.1	13,608		
合計		55,152	100	16,650				81,250	100	30,579		

資料：第 3-3 表の資料の①を参照。
表注：＊1：「その他機械」は，農機，精密，自動車等。
　　　＊2：「その他化学工業」は油糧，火薬，ソーダ等。
　　　＊3：「その他産業」は製紙・印刷製本，生活用品，医薬品，建築等。
　　　＊4：「その他」は賠償撤去用梱包材，保留分等。
　　　＊5：この％値は，他繊維における，需要量(表に記載しなかった)に対する計画値の比である。
　　　＊6：1946年第4四半期の「輸入計画値」は『戦後繊維産業の回顧』。
　　　＊7：1947年第4四半期の数値は，国内向比率20％の場合。「民生用」は『戦後繊維産業の回顧』。
注：1．需給計画の「合計」が小分類の合計値と合わない場合があるが，そのまま記した。
　　2．「0」は1,000lbs未満，「—」は数値が存在しないこと，空欄は不明を示す。
　　3．「他繊維」とは，需給計画中に綿とは別系統の項目が作成された，スフ，梳毛，紡毛，絹，絹紡，

単位：糸量換算 1,000lbs

	1947年第2四半期(7-9月)*7					1947年第3四半期(10-12月)				1947年第4四半期				
e 需要量	綿 f 計画値	%	他繊維 計画値	f/e %	*5 %	綿 計画値	%	他繊維 計画値	g 需要量	綿 h 計画値	%	他繊維 計画値	h/g %	*5 %
	47,600	70.0	7,239			30,565	59.1	14,551		47,641	69.6	18,985		
	2,400	3.5	7,070			1,040	2.0	583		880	1.3	1,310		
2,567	248	0.4	164	9.7	6.0	254	0.5	1,003	5,414	260	0.4	983	4.8	23.6
126	100	0.1	223	79.1	31.1	80	0.2	356	207	80	0.1	442	38.6	50.5
150	150	0.2	80	100	567	162	0.3	90	198	172	0.3	20	86.9	100
473	28	0.0	105	5.9	24.5	28	0.1	139	102	28	0.0	38	27.5	4.3
	—	—	8		8.0	13	0.0	10	116	13	0.0	12	11.2	40
33	8	0.0	2	24.5	21.8	7	0.0	—	28	6	0.0	3	21.4	60
1,717	21	0.0	95	1.2	29.0	420	0.8	85	1,297	420	0.6	90	32.4	26.2
945	48	0.1	283	5.1	7.8	44	0.1	578	832	35	0.1	519	4.2	19.6
1,079	502		5	46.5	83.7	490	0.9	50	990	466	0.7	—	47.1	
379	33	0.0	20			41	0.1	73	308	33	0.0	58		
136	12	0.0	0	8.8		11	0.0	15	237	9	0.0	42	3.8	7.3
284	28	0.0	31	9.7	30.6	66	0.1	24	610	49	0.1	—	8.0	
69	12	0.0	0	17.3		7	0.0	—	55	7	0.0	0	13.1	67.9
4,072	2,120	3.1	4	52.1	1.2	3,010	5.8	11	6,306	3,010	4.4	8	47.7	14.3
25	4	0.0	40	15.7	11.0	53	0.1	22	619	42	0.1	14	6.8	22.5
580	88	0.1	50	15.2	25.7	80	0.2	—	231	60	0.1	—	26.0	
1,020	522	0.8	623	51.2	83.8	500	1.0	310	1,381	440	0.6	193	31.9	43.1
501	120	0.2	0	23.9		112	0.2	—	500	90	0.1	5	18.0	7.8
180	41	0.1	91	22.7	24.1	37	0.1	231	195	35	0.1	214	17.9	12.6
8,380	3,602	5.3	1,050	43.0	9.0	4,481	8.7	3,458	8,196	6,001	8.8	3,094	73.2	26.3
1,399	90	0.1	12	6.5	92.4	97	0.2	23	1,246	103	0.2	23	8.3	97.6
1,957	204	0.3	810			160	0.3	722	3,541	239	0.3	1,004		
125	14	0.0	64	10.9	36.7	46	0.1	80	296	9	0.0	122	3.0	186.7
	16	0.0	305			203	0.4	280		60	0.1	237		
5,004	1,600	2.4	13	32.0	57.7	1,412	2.7	56	4,960	1,400	2.0	171	28.2	770
	7,850	11.5	17,920			8,342	16.1	13,949		6,800	9.9	14,115		
	68,000	100	36,305			51,757	100	36,748		68,409	100	41,054		

人絹, 亜麻, 苧麻, 黄麻, 綱用繊維, ガラ紡等を指す。

第 3-4-2 表　繊維需給計画における綿製品と他繊維製品

供給先	1948 年度第 1 四半期				1949 年度第 1 四半期						1950 年度第	
	需要量	i 綿 計画値	j %	j/i %	需要量	a 綿 計画値	b %	他繊維 計画値	b/a %	*5 %	需要量	c 綿 計画値
輸出		66,160	74.5			53,862	67.3	36,661				52,000
占領軍	800	800	0.9	100		300	0.4	237			750	600
陸運・海運・倉庫	4,472	264	0.3	5.9	2,147	631	0.8	1,235	29.4	18.9	1,697	500
通信・電力	255	80	0.1	31.3	207	205	0.3	442	99.0	38.0	201	101
石炭鉱業	240	180	0.2	75.0	264	250	0.3	130	94.7	48.2	75	50
鉄鋼	195	30	0.0	15.4	440	175	0.2	826	39.8	40.6	128	90
鉱山精錬	124	16	0.0	12.9	116	45	0.1	34	38.8	35.8	159	90
石油	24	6	0.0	25.0	27	12	0.0	6	43.2	60.0	41	30
金属工業	1,570	460	0.5	29.3	2,458	1,250	1.6	327	50.9	51.5	1,724	1,025
船舶	817	30	0.0	3.7	574	135	0.2	514	23.5	16.7	282	150
電気機械	1,387	440	0.5	31.7	1,335	500	0.6	10	37.5	34.4		
その他機械*1	710	35	0.0	4.9	1,879	147	0.2	177	7.8	26.2	1,675	537
鉄道車両	75	9	0.0	12.0	74	25	0.0	—	34.0			
窯業	769	74	0.1	9.7	537	192	0.2	—		35.7	408	149
化学肥料	44	11	0.0	24.8	76	28	0.0	14	36.7	31.8	67	29
ゴム工業	4,848	3,100	3.5	63.9	7,750	6,250	7.8	176	80.6	15.4	10,943	8,000
その他化学工業*2	542	39	0.0	7.3	772	319	0.4	121	41.3	15.8	1,040	385
養糸業	172	60	0.1	34.9	305	100	0.1	38	32.8	17.2	695	420
他繊維工業	1,457	430	0.5	29.5	1,970	550	0.7	219	27.9	31.5		
養蚕業		—	—		348	135	0.2	49	38.8	16.5	661	250
農業・畜産業	122	40	0.0	33.0	698	128	0.2	552	18.3	18.1	1,228	290
水産業	9,348	6,401	7.2	68.5	7,620	4,506	5.6	790	59.1	4.8	7,969	5,010
食料品・製塩業	1,293	107	0.1	8.3	924	316	0.4	32	34.2	62.8	1,424	625
その他産業*3	6,597	580	0.7	8.8	3,799	1,018	1.3	2,257	26.8	14.1	5,818	2,254
官公需（大蔵省等）	193	19	0.0	9.9	450	31	0.0	334	6.8	19.8	212	88
その他*4	60	407	0.5	678		34	0.0	450				1,135
衛生用品	4,378	1,200	1.4	27.4	1,426	1,990	2.5	88	140	20.3	4,738	4,000
民生用		8,000	9.0		—	7,103	8.9	19,826			—	25,000
合計		88,800	100		80,000		100	61,015				102,800

資料，表注，注は第 3-4-1 表を参照。

60％以上を必ず割かなければいけないことのしわ寄せとして，産業ごとに優先順序を付けて配分し，一部産業に犠牲を強いたと考えられる。1946年第 4 四半期（1947 年 1〜3 月期）から始まった吉田内閣の傾斜生産方式の対象となった石炭鉱業，また金属（電線製造向けと注記あり），電気機械，ゴム（タイヤ製造向けと考えられる），水産業（たんぱく質の確保のため），そして上述した生産促進策が頻繁にとられたことに対応して繊維工業自体に対する比率も高いなど，戦略的な配分が計画されていた。実績値は不明だ

単位：糸量換算 1,000lbs

1四半期		1950年第2四半期				1950年第3四半期				1950年第4四半期			
d %	d/c %	e 需要量	綿 計画値	f %	f/e %	g 需要量	綿 計画値	h %	h/g %	g 需要量	綿 計画値	h %	h/g %
50.6			85,600	66.15			76,141	81.0			103,200	69.4	
0.6	80.0	800	800	0.62	100	1,500	800	0.9	53.3		600	0.4	
0.5	29.5	866	640	0.49	73.9	1,460	360	0.4	24.7	1,188	730	0.5	61.4
0.1	50.2	199	118	0.09	59.3	266	44	0.0	16.5	265	134	0.1	50.5
0.0	66.4	82	60	0.05	72.9	86	26	0.0	30.2	100	50	0.0	50.2
0.1	70.3	90	80	0.06	88.9	230	60	0.1	26.1	230	160	0.1	69.6
0.1	56.7	172	110	0.09	63.8	173	52	0.1	30.3	181	110	0.1	60.8
0.0	72.4	19	15	0.01	79.4	27	7	0.0	26.3	19	10	0.0	55.2
1.0	59.4	1,899	1,215	0.94	64.0	2,474	605	0.6	24.5	2,409	1,210	0.8	50.2
0.1	53.2	105	90	0.07	85.5	284	60	0.1	21.1	265	180	0.1	67.8
0.5	32.1	1,146	716	0.55	62.5	1,650	436	0.5	26.5	1,766	908	0.6	51.4
0.1	36.4	411	239	0.18	58.0	402	126	0.1	31.4	420	210	0.1	50.0
0.0	42.8	59	35	0.03	59.4	62	11	0.0	16.9	59	37	0.0	61.9
7.8	73.1	10,581	8,000	6.18	75.6	11,048	4,000	4.3	36.2	12,921	8,400	5.6	65.0
0.4	37.0	1,254	536	0.41	42.8	1,274	273	0.3	21.4	1,295	622	0.4	48.0
0.4	60.4	688	600	0.46	87.2	1,426	420	0.4	29.5	1,515	750	0.5	49.5
0.2	37.8	472	325	0.25	68.9	536	244	0.3	45.5	559	320	0.2	57.3
0.3	23.6	823	544	0.42	66.1	1,402	374	0.4	26.6	2,114	775	0.5	36.7
4.9	62.9	8,351	6,022	4.65	72.1	7,855	3,012	3.2	38.3	7,725	5,010	3.4	64.9
0.6	43.9	1,401	694	0.54	49.5	1,349	503	0.5	37.3	1,615	803	0.5	49.7
2.2	38.7	6,806	3,387	2.62	49.8	5,281	1,766	1.9	33.4	9,542	4,535	3.0	47.5
0.1	41.4	265	100	0.08	37.7	195	58	0.1	29.7	217	140	0.1	64.5
1.1								0.0			106	0.1	
3.9	84.4	4,921	4,000	3.09	81.3	5,121	500	0.5	9.8	4,450	1,200	0.8	27.0
24.3			15,000	11.6			4,000	4.3			18,600	12.5	
100			129,400	100			94,047	100			148,800	100	

が，国内向けに対しては1952年まで配給制が敷かれていたので，実績は計画値に準じていたと考えられる。

(2) 民生用

　第3-3表に見られるように，一般国民向けの民生用は，輸出向けや産業資材用への優先的割当のために極度に削られ，戦前1930年代には年間一人当たり6～7ポンド消費されていた綿製品が，1946～1948年頃は人口

8,000万人として見ても年間1ポンド以下しか配給することができない状態にあったと考えられ（D欄を8,000万人で除した），1949年頃まで綿製品欠乏はひどい状況であった。

注意すべき点は，他繊維の計画値との比較である。この2つの表での他繊維とは，スフ，人絹，羊毛，絹などの繊維製品をまとめたものである。大まかに言うと，輸出に向けられたのは主に絹（平均約60％強）や人絹であり，国内向けに回されたのはスフや羊毛であった。資料上の制約から全ての期の数値を集められなかったが，まず他繊維の合計値と綿製品の合計値を比較すると，他繊維は綿製品を上回ることはないことが分る。しかし，一番下から2つ目の欄の民生用を見てみると，常に綿製品を上回っていることが分る。特に綿紡績業で操短が行われ，片山内閣が「繊維緊急対策要綱」を実施した1947年第2四半期は興味深い。あらゆる繊維を国内に回すことを企図した施策であったことに対応して，前後の時期に比べ，明確に輸出に回す量を減らして民生用に回す量を増やしている。しかし綿製品の方は，輸出比率が高いままである。

このように他繊維製品は，綿製品の減少を補完する役割を持っていたことが分る。綿製品を中心にしてそれを他の繊維製品で支えるような配慮が需給計画上でなされていたと推測される。資料上確認できていないが，綿紡績業で第2次操短が行われていた時期に，芦田内閣が実施した「繊維産業生産促進対策」においても，「繊維緊急対策要綱」の時と同様に，他繊維で綿製品の減産を補完する，需給計画上での傾斜が行われたものと考えられる。

(3) 占領軍向け

第3-3表で占領軍向けを民生用，生産資材用と比較すると，1947年頃までそれらの1割から3割にも相当する量が，約10～40万人の占領軍の実戦部隊（およびその家族も別にいた）[264]のために割当てられており，日本人向の需要を侵食していたことが分る。

綿製品供給実績の綿糸量の一部の数値は，第3-3表から知ることができる。1948年以降次第に，占領軍の人数が減ったことに比例して，占領

軍向けの比率，絶対量が，低下していったことが分る。

第 4 節　米棉借款の返済と統制体制の解消

　本節では，先述のように綿紡績業を中心とする統制体制の構築の原因となった米棉借款が，どのように返還されたのかを検討し，返還が進んだ時期を明らかにしたい。これにより，米棉借款の返済の進展によって，占領復興期に構築された統制体制が解消した経違が把握できよう。
　まず，輸出によって得た外貨がどのように管理されていたのかを概括する[265]。日本からの輸出によって取得した外国通貨は，ドルかポンド・スターリングに限られたが，基本的に GHQ が管理した外国為替勘定にプールされた。これは，米国などの諸銀行に設けられた口座に設定されていた。GHQ では，当初は一般会計局，後に 1948 年 7 月より ESS が所管した。その後外国為替勘定は，1949 年末から徐々に日本政府の外国為替管理委員会に引渡された。
　占領当初，外国為替勘定としては，主に SCAP 信託基金が使用されていた。しかし 1946 年以降の米棉借款の供与や 1947 年 8 月の輸出民間貿易の一部許可をきっかけにして，次第に第 3-5-1 表と第 3-5-2 表にあるようにドル建てとポンド建て（ポンド建て勘定は 1947 年 11 月以降開設）に分れて，多様な諸勘定・項目で管理されるようになった。
　この第 3-5-1 表と第 3-5-2 表から分ることは，綿紡績業に関わる主要な勘定は，現金を扱った預金勘定（Cash Account）の一部であった，SCAP 商業勘定と SCAP 綿製品勘定（SCAP Cotton Textile Account）の 2 つがあったことである。SCAP 綿製品勘定は，1947 年 12 月まで USCC は綿製品を輸出販売して SCAP 信託基金に入金していたが，1948 年以後，GHQ が輸出に責任を有するようになったので，それに対応して開設されたものであり，基本的に CCC 棉の代金返済のために設定されたものであった。
　SCAP 商業勘定が設置されたのは，ESS 貿易課が 1946 年から 1947 年にかけて陸軍省へ要請を行ったためであった[266]。ESS 貿易課が要請した理

第 3-5-1 表　外国為替勘定の推移（ドル）

		1947年 11月末	1948年 2月末	4月末	5月末	6月末	8月末	9月末	10月末
資産	預金勘定 SCAP商業勘定	12,155	20,751	31,819	37,799	49,970	48,027	43,044	37,751
	SCAP信託基金	15,281	20,524	12,850	6,707	344	126	1,937	3,316
	SCAP綿製品勘定	—	10,410	19,198	21,263	7,629	1,263	2,392	3,480
	OJIERF勘定	—	378	456	461	461	493	469	443
	その他勘定	—	1,215	265	265	265	593	593	5,100
	SCAPインドネシア政府勘定	—	—	—	—	—	—	—	—
	SCAPオランダ勘定	—	—	—	—	—	—	—	—
	受取勘定	33,619	65,577	75,456	84,945	82,898	103,756	108,630	119,899
	通産省受取勘定	—	—	—	—	—	—	—	—
	貴金属	—	—	—	—	—	125971	125,971	125,971
	輸出契約による潜在的受取	35,399	65,045	68,426	65,474	85,381	99,029	119,280	152,039
	その他	77	1,362	714	721	724	667	667	1,141
	PL820項目								
	資産＝負債	96,530	185,262	209,184	217,634	227,672	379,432	402,488	449,140
負債	支払勘定・支払手形	9,666	18,861	−1586	−4077	73404	60,863	54,819	67,482
	CCC項目		10,410	43,704	45,770	7,629		14,782	10,065
	OJIERF（資本・負債）		378	456	461	461	126,464	126,440	126,414
	PL820支払手形								
	貿易剰余金	18,213	59,741	86,308	85,254	36,459	86,638	80,730	92,596
	輸入契約による潜在的支払	40,990	52,263	59,774	59,365	51,697	98,730	96,040	101,672
	純潜在収益					33,684	299	23,240	29,368
	その他	27,486	43,587	20,527	30,879	23,344	6,438	6,437	21,543

		1950年 1月末	5月末	9月末	12月末	1951年 1月末	5月末
資産	預金勘定 SCAP商業勘定	46,877	16,093	41,348	18,522	52,141	36,874
	SCAP綿製品勘定	59,564	93,492	63,754	30,000	—	—
	FECB勘定	—	143,591	237,667	379,573	382,361	287,973
	FECB綿製品勘定	—	—	4,803	18,472	—	—
	兌換可能円貨見返勘定				4,889	5,223	—
	SCAP信託基金						676
	その他の勘定	65,380	3,500	5,580	387	367	387
	受取勘定	10,718	198,526	249,022	328,552	295,553	62,159
	移転による未定勘定	—	804	—	—	—	—
	米国政府借款（ガリオアとNFRF）	—	—	—	—	—	3,155
	その他	35,015	83,899	122,715	462,151	589,092	5,546
	資産＝負債	251,476	539,905	724,888	1,252,545	1,324,736	397,769
負債	支払勘定	33,082	194,543	243,710	278,080	238,656	17,350
	外国為替売買勘定	—	—	49,131	299,858	361,360	—
	貿易剰余金	41,226	303,423	350,999	355,888	346,183	111,109
	未定勘定	145,561	—	—	—	270	—
	移転剰余	2,989					
	PL820支払勘定	(27,699*)	(28,294*)				
	米国政府からガリオア資金						268,108
	その他	28,618	41,939	81,046	318,718	378,265	201

172

単位：1,000 ドル

1949年 11月末	12月末	1月末	2月末	3月末	4月末	5月末	6月末	7月末	8月末	9月末	10月末	11月末
36,107	34,578	64,734	68,613	72,805	69,978	50,655	37,012	56,419	53,364	68,610	84,216	96,705
6,721	18,693	3,372	3,384	5,226	1,226	5,046	4,482	8,955	8,944	4,152	8,158	19,655
5,216	7,100	9,409	10,711	14,100	8,791	26,859	60,621	44,642	52,506	48,394	49,665	51,143
440	415	384	379	371	348	341	612	706	813	879	879	1059
5,100	5,300	5,100	5,100	5,100	5,100	5,105	121	815	1,743	2,577	3,501	3,389
—	—	—	—	—	—	4,092	5,910	5,771	9,394	7,468	9733	
—	—	—	—	—	—	—	—	12	237	339	384	
132,843	139,583	146,400	163,339	150,368	149,112	175,360	187,453	185,943	202,675	184,162	183478	
—	—	—	—	—	39,581	39,967	44,819	31,963	23,650	9,446	9,331	
125,971	125,971	125,971	125,971	125,971	125,971	125,971	125,971	125,971	125,971	125,971	125809	
140,568	139,518	152,965	149,651	175,511	193,472	—	—	—	—	—	—	
1,196	1,141	1,637	2,075	2,076	11,067	14,268	9,375	5,924	3,948	3,954	4,496	
								(15,234)	—	—	—	27,698
454,162	472,300	509,972	529,223	551,329	604,646	447,674	476,374	467,123	485,245	455,951	479,650	
78,052	98315	107,283	116,723	135,089	113,990	126,399	149,545	125,424	123,791	110,088	114,879	
5,065	5,065	241	241	241	241	(241?)	241	241	—	—	—	
126,411	121,321	126,354	126,349	126,325	126,301	128,799	126,293	126,310	126,310	126,314	126,151	
								(15,234)				
103,522	108,055	123,105	136,235	114,340	168,606	192,571	198,482	213,335	228,943	213,265	232,325	
109,470	110,831	107,766	122,470	107,428	149,069							
10,098	7,687	24,199	6,181	64,196	40,515							
21,543	21026	21,024	21,024	3,911	5,922	2,400	1,813	1,813	6,297	6,285	6,295	

資料：ESS (A) 10501, 10503-06, 10508, 10528-31, 10573-74, 10576, 10579, 10577, 10593, 10596, OOC-01578.

表注：＊の PL820 支払勘定の残高は，1月20日付，5月31日付の別の資料（"Status of SCAP and FECB US Dollar Funds as of 20 January 1950," ESS (A) 10525; "Forward Cash Position Data as of 31 May 1950," ESS (A) 10523）の数値を参考までに記した．

注：1.「—」は数値が存在していないことを，「0」は1000未満の数値，空欄は不明を示す．また () 内は他項目の内訳の数値であることを示している．
2. 1948年7月まで「SCAP 綿製品勘定」は「CCC 信託 SCAP 綿製品勘定」．
3. 1949年12月末と1950年11月末は推定値で，他項目は不明．
4. 1949年7月末資産の PL820 項目は受取勘定 4014147.48ドル，輸送中商品 11220577.34ドル．
5. 例えば，1949年8月のインドネシア勘定に占める綿製品勘定は50.3％，オランダ勘定では81.4％．
6. 輸出支払契約による潜在的受取 (Potential Receivables from Export Commitments) は，貿易契約済みのものの，まだ貨物が仕向地に到着していないために未収分になっている金額．
7. 輸入契約による潜在的支払 (Potential Payables from Import Commitments) は，貿易契約済みのものの，まだ貨物が日本に到着していないために未払いになっている金額．
8. 負債の CCC 項の1948年2月〜6月末分は，CCC 棉を原料とした滞貨分が計上されている場合があると思われるが，詳細は不明．9月末以降のものは支払勘定の数値．1949年1月末以降の数値は推定負債の実際の値に対する超過分を表しており，調整が1949年8月以降に行われた (ESS (A) 10529)．
9. 1950年12月末の SCAP 綿製品勘定は，同勘定名義の定期預金．翌年に SCAP 商業勘定へ移されたと見られる．

第 3-5-2 表　外国為替勘定の推移（ポンド・スターリング）

			1947年 11月末	1948年 2月末	4月末	5月末	6月末	8月末	9月末	10月末
資産	預金勘定	SCAP商業勘定		296	646	680	526	−380	−156	−751
		SCAP綿製品勘定						826	2,834	3,900
		その他勘定		0	−6	−16	−16	−16	0	0
	受取勘定			−2	−322	−325			1,065	1,648
	前払金									
	輸出契約による潜在的受取		225	353	496	899			7,088	8,274
	資産＝負債		225	648	814	1,238			10,831	13,071
負債	支払勘定				53	287			7,127	7,585
	貿易剰余金		−6,495	−5,996	−8,611	−8,310			−3,387	−2,792
	輸入契約による潜在的支払		6,270	6,347	8,733	8,597			5,622	4,536
	純潜在収益								1,466	3,739
	その他			277	640	664			3	3
			1950年 1月末	5月末	9月末	12月末	1951年 1月末	5月末		
資産	預金勘定	SCAP商業勘定	9,975	9,434	7,283	1,226	1,252	0		
		SCAP綿製品勘定	4,126	707	194	0				
		FECB勘定	—	6,912	12,061	13,245	14,743	41,775		
		FECB綿製品勘定	—	—	948	4,634				
		兌換可能円貨見返勘定	—	—	—	316	305	—		
		その他勘定	1,316	128	444	22	22	22		
	受取勘定		8	4,216	4,861	4,861	3,786	22		
	その他		7,481	8,247	10,854	33,329	40,985	2,964		
	資産＝負債		22,906	29,645	36,646	57,633	61,093	44,784		
負債	支払勘定		—	5,044	4,925	4,924	4,058	—		
	貿易剰余金		—	15,940	20,078	20,136	20,654	44,540		
	移転待ちの未定勘定		19,799	3,228	—	—				
	外国為替売買残高		—	—	5,270	20,069	28,163	—		
	その他		3,107	5,430	6,374	12,504	8,218	244		

由は，「日本の貿易を管理する GHQ の責任遂行を促進するために，世界規模での貿易用の勘定の開設」が必要だと判断したからであった[267]。このことの背景には，当時貿易決済のために使用されていた SCAP 信託基金は，財務省内に設置されている勘定を陸軍省が利用する形式であり，通常の貿易で必要とされる，手形取引等の商業銀行的な決済機能を提供するものではなかったからであった[268]。ESS は，統合参謀本部からの許可を得た上で[269]，ナショナル・シティ銀行に 1947 年 9 月に SCAP 商業勘定を開設した[270]。その後，他の外国銀行にも SCAP 商業勘定を設置するようになり，最終的に SCAP 商業勘定は，9 つの勘定で構成されるようになっ

単位：1,000 ポンド・スターリング

	1949年										
11月末	12月末	1月末	2月末	3月末	4月末	5月末	6月末	7月末	8月末	9月末	10月末
972	586	－87	258	1,901	4,767	2,909	6,777	4,638	7,208	8,986	8,111
1,563	2,546	4,298	6,313	9,128	12,546	16,300	7,281	10,335	9,027	7,800	10,471
0	0	0	0	0	0	0	4,968	6,178	4,826	3,184	1,085
1,737	2,029	2,029	2,039	1,719	1,719	719	2,384	2,698	3,570	5,786	5,356
					15	17	18	18	18	18	123
9,447	12,078	12,078	17,111	26,027	29,176						
13,719	18,318	18,318	25,721	38,775	48,223	19,946	21,428	23,868	24,648	25,779	25,144
5,963	6,068	6,068	6,261	4,733	4,689	9,931	7,672	7,757	5,600	4,009	2,187
－1,695	168	168	2,346	8,013	20,103	8,825	12,835	15,190	18,124	20,847	22,026
6,577	6,690	6,690	18,988	17,446	19,047						
2,870	5,387	5,387	－1,876	8,580	9,073						
3	3	3	3	3	3,888	1,191	922	922	924	923	932

資料，注は表 2-5-1 を参照。

た[271]。

　CCC 棉の返済に関して見てみよう。CCC 棉の代金総額から確認すると[272]，総額は 1 億 8,526 万 5,599.53 ドル（内，利子は 28 万 2,201.28 ドル）であった。まず 1947 年 12 月以前の USCC の支払状況を見てみると[273]，1947 年 4 月より返済が始められ，4 月約 24 万ドル，5 月約 35 万ドル，6 月約 2,100 万ドル，7 月約 1,400 万ドル支払われている。資料上の制約から 1947 年 8 月以後の支払状況は不明であるが，1947 年中頃より USCC による返済は進捗を見せるようになったと考えられる。しかしながら，USCC が CCC 協定から離脱したために，以後は GHQ が返済にあたることになった。結果 1947 年 12 月までに USCC の輸出分から 7,578 万 476.71 ドル（40.9％）が CCC への支払のために充当されたが，残りの約 60％は 1948 年以後に GHQ が支払っている[274]。1948 年 1 月以後，SCAP 綿製品勘定から 5,233 万 553.34 ドル，SCAP 商業勘定から 3,000 万ドル，他勘定より 2,719 万 6184.17 ドルが返済された[275]。1948 年 12 月に返済は事実上完了し，残高の 24 万ドルは半年ほど放置された後に返済されていることが第 3-5-1 表から確認できる。

　前述したように綿紡績業を中心に置いた統制体制は，1947 年中頃より変容を見せ，1948 年 1 月から，繊維貿易公団によって輸出実務が進めら

れたが，この体制の下で順調にCCC棉の返済が進んだことが分る。

このSCAP綿製品勘定は，もともとCCC棉協定による輸入米棉の借款返済のために設定されていたものであったから，1948年末にCCC棉の借款返済の目途が立つと不要論がESS内では提起された[276]。しかし結局，このSCAP綿製品勘定はそのまま残されたことが第3-5-1表から分る。SCAP綿製品勘定の推移を見ると，第3-5-1表と第3-5-2表からドル建勘定の方では1949年中頃から1950年にかけて，ポンド建勘定では1949年中に急激な増加を示していることが分る。これは綿製品の輸出が1949年から順調に増大したことを表している。

次に，OJIERFとPL820による米棉借款の代金返済状況を見てみよう。第3-6表は，OJEIRFの貸借対照表を示したものである。受取勘定と支払手形・支払勘定とに注目すると，受取勘定は1949年前半から中頃，そしてまた1950年初頭に増加するが，それにほぼ対応するようにして支払手形と支払勘定も増大を示していることが分る。受取勘定の増大に対応して，負債=資本の部に何らかの資金注入等の跡が見られないことから，支払手形と支払勘定によって「返済」が順調に進んだことを窺い知ることができる。第3-6表からOJIERFによる米棉借款は1950年4月までに返済され，6月で勘定は事実上凍結されたことが分る。

PL820により6,000万ドルの借款が設定されたが，実際には，半額ずつ3,000万ドルが，1949年4月と12月に日本へ供与された[277]。これに伴い，表3-5-1によると，1949年7月と1950年初頭に6,000万ドルの半額弱に値する負債が計上されていることが分る。しかし，これらはSCAP綿製品勘定で十分支払可能な金額であった。実質的に1950年中に返済されたと推測される。

以上に対応して，日本側の統制も，撤廃が進んだ。1950年12月31日には，規模を縮小していた繊維貿易公団も解散した。また第3-5-1表と第3-5-2表から分るように，外貨が蓄積されるようになった1949年中頃から米棉借款に頼らなくても，綿紡績業は棉花の輸入を比較的容易に行うことができるようになっていった。1949年12月に外国為替および外国貿易法が施行され，外貨割当制度は残ったものの，1950年1月から米国産

を除く棉花の民間輸入が開始された。1950年7月からは米棉の民間輸入も許可された[278]。第3-2表から伺えるように，米国やそれ以外の国の棉花に関して急速に民間輸入が広まっていった。

このようにして，占領復興期前半期に綿紡績業を中心に形成されていた統制体制は米棉借款の返済を契機にして，1950年頃に解消されたのである。

第5節　統制体制の下での10大紡の収益

10大紡は，戦時補償打切りによる巨額の損失の影響を避けるために企業再建整備法の対象となり，1946年8月以降，新旧勘定に分けて経営活動を行っていた。そして10大紡は，1949年中頃以降に新旧勘定の合併を行った際に，特別損失が生じたとしても，新勘定の利益だけをもって十分補填できたために，資本金や債権の切捨を行うことなくすんだことが，よく知られている[279]。しかしながら，1949年の新旧合併時までに蓄積されていた利益が，どのように蓄積されたのかを解明することは，研究史上なおざりにされてきた[280]。そして蓄積が行われた可能性が最も高い，新旧勘定が分離された1946年8月11日から新旧合併が行われる1949年中頃以降にかけての時期の収益が分析されることはなかった。

本節は，研究史上でも空白となっている占領復興期前半期の10大紡の収益を検討し，それに加えて綿紡績業を中心とした統制体制が，10大紡に安定した収益を与える体制にもなっていたことを，間接的な形ではあるが，明らかにしたい。

その際，2つ考慮すべきことがある。

第1に，価格統制の存在である。1949年2月1日に国有棉制度がなくなるまで，輸出用棉花では加工賃制度がとられており，10大紡は紡績や織布を行うことで，貿易庁より加工賃を得ていた。他方，国内用棉花は買取り可能であり，それを原料に生産した綿製品は買い取られて配給に回された。いずれにしても公定価格制度が取られており，インフレが進行する

第 3-6 表　占領下日本輸出入回転基金の貸借対照表の推移

		1948年 6月末	7月末	8月末	9月末	10月末	11月末	12月末
資産	金・銀等の貴金属	125,971	125,971	125,971	125,971	125,971	125,971	125,971
	現金	461	488	494	469	443	440	415
	輸送中の輸入貨物	—	—	—	5,626	10,962	13,796	13,408
	受取勘定	—	—	—	—	55	—	10,490
	重量クレーム調整勘定	—	—	—	—	—	—	—
	資産＝負債	126,457	126,458	126,838	132,066	137,431	140,207	150,284
負債	支払勘定・支払手形	50	—	373	5,626	11,017	13,796	23,898
	重量クレーム調整勘定	—	—	—	—	—	—	—
	準備金	—	—	—	—	—	—	—
	資本勘定	126,432	126,458	126,464	126,440	126,414	126,411	126,386
	純経費	—	(26)	(32)	(−8)	(−18)	(−21)	(−46)
		1949年 9月末	10月末	11月末	12月末	1950年 1月末	2月末	3月末
資産	金・銀等の貴金属	125,971	125,808	125,808	125,808	125,808	125,808	125,808
	現金	879	878	1,086	1,089	1,089	1,121	1,226
	輸送中の輸入貨物	—	—	—	—	—	—	—
	受取勘定	9,446	9,331	9,311	15,647	21,567	17,790	8,846
	重量クレーム調整勘定	—	35	22	33	98	32	86
	資産＝負債	136,296	136,053	136,227	142,578	148,503	144,752	135,967
負債	支払勘定・支払手形	9,902	9,901	9,902	16,253	22,179	18,427	9,643
	重量クレーム調整勘定	80	—	—	—	—	—	—
	準備金	—	—	—	—	—	—	—
	資本勘定	126,453	126,291	126,325	126,325	126,325	126,325	126,325
	純経費	(−140)	(−140)	(−0)	(−0)	(0)	(0)	(−0)

資料：ESS (A) 10529, 10531, 10596, (C) 10504-10505, (E) 08242.
注：1. 「—」は数値が存在しないことを，「0」は1000ドル未満の数値を示す。
　　2. 「金・銀等の貴金属」に関して，1949年10月時点から金額が変化したのは，GHQ民間財産管
　　　ことと新たにプラチナ等の貴金属の値が加えられたためである。
　　3. 1948年11月末の「運送中の輸入貨物」には「製造過程にある綿製品」(Cotton Textiles in Process)
　　4. 「受取勘定」は貿易庁 (49年7月末の勘定より通産省) の支払勘定と対応。
　　5. 「現金」はチェース・ナショナル銀行またはナショナル・シティ銀行の預金口座預入れの現金。
　　6. 「準備金」は SCAP 綿製品勘定を調整する現金の再支払向けのもの。
　　7. 1948年6月末の貸借対照表には，荷物の未着・重量不足などに対応する「不確定責任」(Contingent
　　　は注で表記されるものの貸借表中に明示されなくなった。1949年中頃以降は「重量クレーム調整
　　8. 「純経費」は，資本勘定の内訳の数値。1948年6月末分では，「経費勘定」(50ドル) は資産欄に置
　　　末の値は「純剰余」を示す。なお，「純経費」が1949年11月より急激に減少しているのは，11月
　　　金」の減少，1948年6月の回転基金発足時以来の経費累積高の計上がなくなったことが主要な要因

単位：1,000 ドル

1949年1月末	2月末	3月末	4月末	5月末	6月末	7月末	8月末
125,971	125,971	125,971	125,971	125,971	125,971	125,971	125,971
384	379	371	348	341	613	706	813
23,121	35,893	48,443	7,729	11,621	6,922	3,116	—
10,490	4,166	4,033	39,581	39,967	44,819	31,964	25,650
—	—	—	—	—	29	60	—
159,966	166,409	178,820	173,629	177,899	178,354	161,817	152,434
33,612	40,059	52,495	47,328	51,605	52,060	35,507	26,106
—	—	—	—	—	—	—	19
—	—	—	—	—	—	—	—
126,354	126,350	126,325	126,301	126,294	126,293	126,310	126,449
(−78)	(−82)	(−107)	(−131)	(−138)	(−139)	(−139)	(−139)

4月末	5月末	6月末
125,808	125,808	126,000
1,297	516	516
—	—	—
340	—	—
—	6	56
127,503	126,331	126,573
360	—	—
820	8	56
126,325	126,323	126,516
(−2)	(−2)	—

理局の報告に従い改定したため．1950年6月末時点の変化は，金の評価額が変化した660万8,743ドル1セントを含む．

Liability) 項目 (25,000 ドル) が資産・負債両面に加えられていたが，48年7月末以降勘定」に引き継がれたと見られる．
かれていた．また「純経費」の48年7月末の値は「純収入」(Net Income)，48年9月末はSCAP綿製品勘定との調整のためであり，12月末からは「経費・手数料・電信代」である．

中で常に加工賃・代金は減価する危険を孕んでいた。また1949年初頭頃までは貿易庁からの支払いも遅れがちで[281]，余計にインフレの悪影響を受けやすい状況となっていた。日本政府もこのような批判を受けて，加工賃や棉花代金を何度かにわたり増額したので，総じて見れば10大紡の収益に深刻な打撃とはならなかったと考えられる。

　第2に，占領復興期の10大紡の内の7社（大日本紡績，東洋紡績，倉敷紡績，大建産業（呉羽紡績），鐘淵紡績，富士紡績，日清紡績，日東紡績）は，化繊工業や羊毛工業，絹業等の他繊維工業の部門も持っており，そこから上がる収益が無視できない大きさだったと考えられる。したがって，本来ならば，綿紡績業に関わる統制体制の影響だけを見るためには，多角化された部門の収益を除いて，各社の綿部門のみの収益を見る必要がある。しかし資料上の制約から，10大紡の多角化部門全体を含めた収益しか明らかにできなかった。ただし第5章にて後述するように，10大紡各社ともに綿部門が主力部門であったから，綿部門が主要な収益源であったと考えられる。また敷島紡績のように綿部門しかもたない企業があるので（繊維多角化をしていなかった後の2社も大和紡績は1949年まで機械製造部門を，日清紡績はアスベストや製紙部門を持っていた），敷島紡績の収益面での変遷が1つの指標になると思われる。

　占領復興期前半期の10大紡の新勘定における収益を検討するために，第3-7表を見てみよう。同一企業でも会計期間が必ずしも連続していないため，10大紡相互で各会計期間を完全に一致させて比較検討することは難しいが，互いの期間に大きな乖離はないので，傾向を検討する際には十分であると考えられる。

　まず各社の1946年8月から翌1947年8月頃にかけての収益を見てみよう。この時期は輸出向棉花は国有棉制度の下で一定した賃加工賃しか得られなかった時期であった。内需に向けられる棉花は払い下げられたが，60％以上を輸出に向けなければならなかった時期であり，貿易庁決定の加工賃が10大紡の綿部門の主要な収益源であった[282]。まず目を引くのは，敷島紡績の収益である。敷島紡績は10大紡の中でも，完全に他繊維・非繊維部門を持たない，綿工業に特化した企業であったが，原価割れを起

こしていることが分る。これに販管費や復元資金借入で生じた利息の支払い（営業外費用に計上）も加わり，当期利益金は大きなマイナス計上となっている。同時期に同じく当期利益金マイナスを計上している大和紡績と比べても，赤字額が大きい。また大建産業（商社部門を含んでいるため他社との比較は難しいが）や日清紡績も当期利益金が，他社と比較して少ない。これは，この時期の統制体制が，収益面で綿工業には厳しいものであったことを示している。

　しかし，翌1947年度以降になると状況は変化する。インフレ状況に対応して，加工賃の改定が相次いで行われ，政府による補給金の金額もインフレ亢進に対応して，より機動的に支払われるようになったからである[283]。この時期，敷島紡績と大和紡績は，当期利益金のマイナス計上を上げているものの，本業での利益を示す営業利益は黒字であった。当期利益金がマイナスになった理由は，営業外費用が大きいためであった。営業外費用には一部は，復元資金の銀行借入金の利息が含まれていた。しかし，一部の営業外収益は旧勘定への繰入が法的に許可されていたために，旧勘定の巨額の費用と相殺させるために，10大紡は後に1949年中頃以降に実施する新旧勘定合併の2年も前から，旧勘定への繰入を積極的に行っていたと見られる[284]。以上から，当期利益金はともあれ，すでにこの時期には，10大紡は本業では，黒字を得るようになっていたことを看取することができる。

　1948年度，1949年度になると，各社ともに営業利益，当期利益金ともに，黒字を確保している。貿易庁の国有綿制度が1949年2月まで続くなど，引き続き，国内外向綿製品に自由に価格付けをできる状況ではなかったが（完全な綿製品の価格統制の撤廃は1951年7月），安定した収益基盤を構築することができていたのである。

第 3-7 表　10 大紡の新勘定の損益の推移

	大日本紡績			
	1946-47年	1947年度	1948年度	1949年度
売上高	612,206	967,637	3,849,309	15,626,272
売上原価	496,146	740,748	2,742,447	14,283,139
売上高総利益	156,059	226,889	1,106,863	1,343,134
販管費	64,813	132,013	304,705	453,194
営業利益	91,247	94,876	802,158	889,939
営業外収益	14,786	16,014	34,627	225,820
営業外費用	22,637	96,787	325,892	697,716
当期利益	33,596	14,104	510,893	418,043

資料：ESS (A) 10605, 10606, 10608, (D) 12576.
注：1946-47 年：1946 年 8 月 11 日-47 年 8 月 25 日，1947 年度：47 年 1 月 26 日-48 年 1 月 25 日，1948 年度：48 年 1 月 26 日-49 年 1 月 25 日，1949 年度：49 年 1 月 26 日-50 年 1 月 25 日。

	東洋紡績			
	1946-47年	1947年度	1948年度	1949年度
売上高	886,624	1,307,600	4,030,672	15,845,863
売上原価	647,742	1,028,145	3,254,166	13,112,549
売上高総利益	238,883	279,456	776,506	2,723,315
販管費	76,020	112,702	368,645	1,120,510
営業利益	162,852	166,753	407,862	1,602,805
営業外収益	31,186	32,738	42,611	842,400
営業外費用	157,861	129,970	384,106	1,419,317
当期利益	36,129	69,522	66,367	1,025,888

資料：ESS (D) 09316, (I) 01075.
注：1946-47 年：1946 年 8 月 11 日-47 年 8 月 25 日，1947 年度：46 年 12 月 26 日-47 年 12 月 25 日，1948 年度：48 年 1 月 26 日-49 年 1 月 25 日，1949 年度：49 年 1 月 26 日-50 年 1 月 25 日。

	敷島紡績			
	1946-47年	1947年度	1948年度	1949年度
売上高	150,913	462,203	1,211,903	8,384,873
売上原価	153,167	407,216	1,002,745	7,668,258
売上高総利益	-2,255	54,986	209,158	716,614
販管費	21,096	36,579	67,645	140,893
営業利益	-23,351	18,407	141,513	575,721
営業外収益	1,370	6,118	21,337	192,377
営業外費用	18,972	50,808	132,373	401,173
当期利益	-40,953	-26,283	30,477	466,925

資料：ESS (D) 12757, (F) 04601, 04637.
注：1946-47 年：46 年 8 月 11 日-47 年 8 月 31 日，1947 年度：47 年 5 月-48 年 4 月，1948 年度：47 年 12 月-48 年 11 月，1949 年度：49 年 5 月-50 年 5 月 1 日。

各社とも，単位：1,000 円

	大和紡績			
	1946-47年	1947年度	1948年度	1949年度
売上高	208,645	490,429	1,107,255	5,944,217
売上原価	182,930	424,796	879,253	5,203,382
売上高総利益	25,715	65,633	228,001	740,835
販管費	16,146	36,056	135,302	206,511
営業利益	9,569	29,577	94,700	534,324
営業外収益	3,302	17,820	25,722	32,713
営業外費用	13,281	48,668	51,393	279,948
当期利益	－411	－1,270	69,029	287,089

資料：ESS (C) 11528, (D) 12609.
注：1946-47年：46年8月11日-47年8月1日，1947年度：47年4月-48年3月，1948年度：48年3月1日-49年2月28日，1949年度：49年4月1日-50年3月31日。

	倉敷紡績			
	1946-47年	1947年度	1948年度	1949年度
売上高	401,169	526,879	1,193,814	8,202,672
売上原価	233,459	390,356	936,455	6,978,639
売上高総利益	167,710	136,543	257,359	1,224,034
販管費	63,928	72,011	114,445	389,150
営業利益	103,782	64,532	142,912	834,883
営業外収益	4,033	4,547	21,279	93,979
営業外費用	61,988	17,707	68,090	681,471
当期利益	45,826	51,471	96,101	247,391

資料：ESS (F) 04712, 04713.
注：1946-47年：1946年8月11日-47年12月31日，1947年度：47年4月1日-48年3月31日，1948年度：48年1月1日-48年12月31日，1949年度：49年4月1日-50年3月31日。

	大建産業			
	1946-47年	1947年度	1948年度	1949年度
売上高	1,316,631	3,485,525	14,973,735	29,254,704
売上原価	1,156,773	3,129,170	13,439,785	26,872,046
売上高総利益	159,858	356,355	1,533,950	2,382,658
販管費	145,186	237,256	867,942	915,134
営業利益	14,682	119,099	866,007	1,467,523
営業外収益	32,111	74,641	26,870	―
営業外費用	46,770	175,756	429,921	686,490
当期利益	21	17,953	262,357	781,034

資料：ESS (D) 12550, (E) 09162, 09175.
注：1946-47年：1946年8月11日-47年8月31日，1947年度：47年4月1日-48年3月31日，1948年度：48年4月1日-49年3月31日，1949年度：49年3月1日-50年2月28日。

	鐘淵紡績			
	1946-47年	1947年度	1948年度	1949年度
売上高	1,593,685	2,055,619	6,198,304	16,358,619
売上原価	1,116,468	1,585,118	5,567,034	14,688,679
売上高総利益	477,217	470,501	631,270	1,669,940
販管費	108,340	118,523	309,754	751,510
営業利益	368,877	351,977	321,515	918,430
営業外収益	1,940	862	172,309	181,225
営業外費用	252,193	215,259	201,796	522,267
当期利益	118,624	137,580	292,028	577,387

資料：ESS (D) 09423, 09424, (H) 01801.
注：1946-47年：1946年8月11日-47年12月31日，1947年度：47年4月1日-48年3月31日，1948年度：48年4月1日-49年3月25日，1949年度：49年3月26日-50年3月25日。

	富士紡績			
	1946-47年	1947年度	1948年度	1949年度
売上高	390,930	428,390	1,679,371	8,552,206
売上原価	305,591	377,345	1,386,770	7,265,744
売上高総利益	85,340	51,044	292,601	1,286,462
販管費	26,841	22,754	80,116	551,221
営業利益	58,499	28,291	212,485	735,241
営業外収益	3,563	3,447	13,359	26,956
営業外費用	45,843	9,645	204,239	219,097
当期利益	16,220	22,092	21,606	543,100

資料：ESS (D) 12632, (F) 04602.
注：1946-47年：1946年8月11日-47年11月30日，1947年度：46年12月1日-47年11月30日，1948年度：47年12月1日-48年11月30日，1949年度：49年5月1日-50年4月30日。

全体注：1946-47年の損益計算表は，各社ともに詳細まで分る場合が多いが，各社の間で，項目内の下位基本的に原資料の記載に従った。ただし多くの10大紡では，旧勘定へ移される収益（新勘定では費用にいない倉敷紡績等の一部10大紡に関してはそれらを営業外損益に入れ直して，各項目を調整・算出した。

	日清紡績			
	1946-47年	1947年度	1948年度	1949年度
売上高	188,488	190,295	916,470	5,158,255
売上原価	155,519	147,312	661,340	4,376,439
売上高総利益	32,969	42,983	255,130	781,816
販管費	29,486	33,498	213,744	464,446
営業利益	3,477	9,486	41,385	317,370
営業外収益	4,934	7,813	8,699	42,612
営業外費用	7,524	9,825	9,057	203,488
当期利益	887	7,473	41,028	156,494

資料：ESS (A) 12645，(F) 04687.
注：1946-47年：1946年8月11日-47年9月30日，1947年度：46年12月1日-47年11月30日，1948年度：47年12月1日-48年11月30日，1949年度：49年2月1日-50年1月31日．

	日東紡績			
	1946-47年	1947年度	1948年度	1949年度
売上高	616,014	875,343	2,184,540	4,615,353
売上原価	470,858	767,971	1,934,748	3,985,018
売上高総利益	145,429	107,372	249,791	630,335
販管費	33,542	89,141	208,236	309,656
営業利益	111,867	18,231	41,557	320,677
営業外収益	22,295	25,478	39,196	123,449
営業外費用	96,469	29,971	2,848	195,175
当期利益	37,693	13,738	76,906	248,953

資料：ESS (A) 10700, 10704, 12672.
注：1946-47年：1946年8月11日-47年12月31日，1947年度：47年4月1日-48年3月31日，1948年度：48年4月1日-48年3月31日，1949年度：49年4月1日-50年3月31日．
項目に相違が見られる場合がある．
なる）や税金積立金，固定資産売却益は，営業外損益に含まれているので，それらを営業外損益に含めて1947年度以降は，各社とも各項目の詳細は不明．

第4章

10大紡に対する集中排除政策の実施過程

はじめに

　ここまでは，日本綿紡績業に対するGHQの占領政策の主に産業支援的な側面を見てきた。しかしながら，日本綿紡績業に対するGHQのすべての占領政策が，産業支援的であったわけではなかった。GHQは占領当初より，日本経済に対して産業支援的な占領政策を実施しながら，同時に，米国政府から指令された民主化と非軍事化を目的とする改革志向型の占領政策を行わなければならなかった。これらは，日本経済の復興を少なくとも短期的には阻害したり，もしくは復興の進展に混乱を惹起したりする可能性のある占領政策を含んでいた。

　それらの復興へマイナスに作用しかねない占領政策としては，財閥解体政策，賠償政策や財界追放（経済パージ）などが挙げられるが，なかでも占領復興期前半期の綿紡績企業の経営と戦略に最も影響を与えたものの1つは，集中排除政策（以下，集排政策と略称する）[1]であった。

　集排政策の全過程は，(1)形成過程（米国政府が集排政策の基本方針を策定した過程），(2)実施過程（現地日本でGHQが具体的な集排政策を策定した過程），(3)執行過程（集排政策に関するGHQの指令を，集排政策の実務を担

当した持株会社整理委員会や，主に事後的な監視を担当した公正取引委員会等の日本側機関が執行した過程）の3期に分けることができる。米国政府が集排政策に関する基本方針を定めたものの，具体的な集排政策の策定は終始GHQ内で行われたことから，上記の内の（2）の実施過程が最も重要な政策過程であったと言うことができよう。

集排政策の実施過程は，GHQ内で集排政策を所管したESS反トラスト課に1947年3月29日付で新課長としてE・ウェルシュ（Edward C. Welsh）が着任し[2]，彼が同年4月頃から集排政策を積極的に推進し始めたことに端を発する。やがて1947年12月に，ESS反トラスト課の主導の下で過度経済力集中排除法（以下，集排法と略称する）が国会で制定され，1948年2月には集排政策の対象企業として325社が指定された。この頃が，集排政策の推進に関する，ESS反トラスト課の活動の実りの絶頂期とも言える時期であった。しかし，1947年中頃から1948年10月頃にかけて，米国政府は，対日占領政策の重点を民主化から経済復興へと大きく転換したことを背景にして，集排政策の緩和を図るようになった。日本における集排政策の本格的な緩和は，1948年5月に，米国政府によって緩和を目的に派遣された集中排除審査委員会（Deconcentration Review Board. 以下，DRBと略称する）が来日した頃から始まった。そして1948年7月から1949年7月にかけて，集排指定325社の内で，ESS反トラスト課が指定解除を行わずにDRBの審査案件として残した66社に関して，DRBが再編成[3]の実行の是非を審査した過程（以下，審査過程と記す。実施過程の後半期を示している）を最後に，実施過程は完了した[4]。

本章の目的は，10大紡に対する集排政策の実施過程の全体像を明らかにすることにある。このように10大紡に対する集排政策を分析することの意義として，次の2点を挙げることができる。第1に，綿紡績企業にとっての重要性である。次章でも触れるように，集排政策は，占領復興期前半期の10大紡の経営と戦略に大きな影響を与えた。したがって，占領復興期前半期の10大紡の経営実態を把握する上で，その前提条件として，集排政策の実施過程を解明することは有益である。第2に，集排政策史上における10大紡の案件の意義を挙げることができる。当時の日本経済の主

導産業の1つであった綿紡績企業に対する集排政策は，ESS 反トラスト課と DRB が対立した審査過程の山場の1つとなった。持株会社整理委員会（英語表記は通常 Holding Company Liquidation Commission.）の委員の1人であった脇村義太郎によれば，集排政策の実施過程で「いちばん争ったのは，紡績十社」であったという[5]。つまり 10 大紡の案件は，審査過程を含む実施過程全体における代表的な事例の1つと判断することができる。

上記の目的に沿った本章の具体的な課題は，次の通りである。まず，1947 年 4 月から 1948 年中頃までの，ESS 反トラスト課が主導した 10 大紡に対する集排政策の実施過程を跡付ける。次に，1948 年中頃より始まる 10 大紡に関する審査過程の実態を検討して，いかなる背景と要因の下で審査の結論を導き出したのかを明らかにする。また検討対象として，ESS 反トラスト課と DRB の他に，持株会社整理委員会，ESS 繊維課の活動にも着目する。なぜ，持株会社整理委員会と ESS 繊維課にも着目するのかと言えば，以下のような先行研究の動向に対応したからである。

集排政策の実施過程に関する実証的な研究としては，E・ハードレーと三和良一の研究を挙げることができる[6]。特に，三和良一は GHQ 文書も使用して実証水準の高い分析を行い，米国における集排政策の形成過程から，日本における実施過程までの集排政策の全般的な様相を明らかにしている。また三和は，集排法とそれに関連する企業再建整備法[7]とが，比較的広範な日本企業に，不要事業・資産の整理といった企業合理化の機会を与えたことも指摘している[8]。

しかしながら，三和は ESS 反トラスト課と DRB との対立が見られた 1948 年 7 月以降の審査過程に関しては，踏み込んだ分析を行っていない。そのために研究史上，DRB の占領政策における歴史的な役割が，十分に解明されたとは言いがたい状態となっている。本章は，10 大紡の内で審査過程に持ち越された綿紡績企業 7 社（大日本紡績，東洋紡績，倉敷紡績，大建産業，鐘淵紡績，富士紡績，日清紡績，日東紡績）の案件に限られるが，その点にも焦点をあてて分析を行っている[9]。

また 10 大紡の案件に関する先行研究としては渡辺純子が，持株会社整理委員会，東洋紡績，鐘淵紡績の内部資料を使用し，占領復興期の 10 大

紡が占領政策へどのような対応を示したのかについての大要を明らかにしている[10]。渡辺は，これら日本側が集排政策に関して，DRBやESS反トラスト課に陳情していた事実を指摘し，また持株会社整理委員会が何らかの役割を果たしたのではないかとする推測を示している。しかしながら，10大紡や持株会社整理委員会が，GHQ内部での審査過程におけるDRBとESS反トラスト課との対立や，DRBの勧告に対して，具体的にどのような影響を及ぼしたのかを実証しているわけではない。本章は，そのような研究史上の空白を埋める役割も期している。

次節では，10大紡に対する集排政策を分析する前に，集排政策の実施過程がどのような推移を示したのかを概括する。

第1節　集排政策の実施過程の概要

集排政策は，米国政府内で基本方針が策定された。これはまず，1945年後半に米国政府によってGHQへ通達された2つの指令によって明らかにされた。第1に，1945年9月6日に，米国政府からGHQへ伝達された「初期の対日方針」の第4部第2条のb項によれば，GHQは，「日本の商工業の大部分を支配してきた大規模な産業上および金融上の結合体の解体計画を支持する」(favor a program for the dissolution of the large industrial and banking combination which have exercised control of a great part of Japan's trade and industry) ような占領政策を行うことが求められていた[11]。第2に，同年11月8日付で同じくGHQへ指令された「初期の基本的指令」(JCS1380/15) の第25条によれば，GHQが解体 (dissolving) する必要のある経済面の組織として，統制団体の他に，「日本の大規模な産業上および金融上の結合体，または他の私的事業支配の大規模な集中」(large Japanese industrial and banking combines or other large concentrations of private business control) を挙げている[12]。

これらの指令上の文言は，まずGHQによって「財閥」の解体を意味するものとして把握され，1945年後半以降，4大財閥の解体措置をはじめ

とする財閥解体政策が実施された。その後、この文言は米国政府によって再定義され、一般に大企業の解体をも包含するものとなった。すなわち、1945年12月に米国政府より日本へエドワード使節団が派遣され、エドワード報告書が作成された。これを元にして、米国政府内で集排政策を規定したSWNCC302/4文書が作成された。この文書は、1947年5月に極東委員会（Far Eastern Commission）へ提出され、「FEC-230」文書と呼ばれることになった[13]。FEC-230文書は、「過度経済力集中」(excessive concentration(s) of economic power)が「日本の侵略行為を促進し支持した」と指摘し、「過度の経済力の私的集中の解体は、日本の経済と政治の民主化のために必須である。ゆえに、合衆国にとっての占領の主要目的の1つをなしている」と述べている。そして過度経済力集中を、「何らかの業種内における相対的規模や、多くの業種にわたるその地位が生みだす累積的な力のために、何らかの重要な産業部門において、競争を制限したり、他社が独立して事業を営む機会を阻害したりする、利潤追求を行う私企業またはその結合体」と定義した[14]。

このように新たに定義された集排政策の現地日本での実施は、ESS反トラスト課が所管した。上記のように、FEC-230文書における過度経済力集中の定義は曖昧だったために、日本でのESS反トラスト課の運用次第では、指定企業の範囲をより限定的に認定する余地も十分に存在した。しかしウェルシュに率いられたESS反トラスト課は、過度経済力集中を、例えば財閥傘下の主要な大企業だけにとどめずに、幅広く大企業一般とみなした。このために集排政策の実施当初、10大紡を含む広範な大企業の再編成が、企図されることになった。

ESS反トラスト課の集排政策に臨む姿勢は、非常に積極的であった。すなわち、ESS反トラスト課は、1947年7月に三井物産と三井商事の企業分割を直接日本政府へ指令したことに見られるように、集排政策を自分たちだけで実施しようとした。しかし同年後半期に方針転換し、日本側に集排政策に関する法律を制定させ、表向きは日本側の政府機関である持株会社整理委員会にその法律に従う形で、集排政策を実施させることにした[15]。こうして1947年12月に集排法が制定され、それに基づいて1948

年2月までに,再編成の対象となる企業として,まず製造業とサービス業の325社の指定が行われた。さらにこれに続けて,銀行業と保険業の企業の集排指定が行われることになっていた。

しかし,米国政府は1947年中頃から1948年10月頃にかけて,改革を重視する方針から経済復興を重視する方針へ,対日占領政策の転換を行った。これに伴い,米国政府は集排政策に関しても基本方針を転換して緩和を決定した。そのため,米国政府によって2つの措置が取られた。第1に米国政府は,1948年3月頃から4月にかけて,国務省政策企画室長G・ケナン(George F. Kennan),また別に陸軍次官W・ドレイパー(William H. Draper Jr.)が主導・随行したジョンストン委員会を日本へ派遣し,GHQに対して集排政策の緩和を要請した。

第2に米国政府は,1948年5月にDRBを日本へ送った。DRBは,規定上では,連合国軍最高司令官であるマッカーサーの集排政策に関する諮問機関として位置づけられていたが[16],実際には,集排指定企業に再編成を実施させるべきか否かを決定する強力な役割を担うことになった。つまり,DRBが審査の結論としてマッカーサーへ送った勧告が,事実上,再編成の是非に関する最終決定となったのである。

DRBの集排政策の審査に関する基本方針は,ジョンストン委員会の報告書(以下,ジョンストン報告書と記す)に表されている[17]。なぜならばDRBは,陸軍次官ドレイパーが委員を選抜して日本へ派遣した委員会であり[18],そのため,委員たちは基本的にドレイパーの方針を是認していたと考えられるからである。そしてこのドレイパーの方針は,DRB委員の選抜とほぼ同時期に作成されたジョンストン報告書に示されていた[19]。ジョンストン報告書は,集排政策の実行自体を否定していない。しかし,「この経済改革から生じる不確実性の期間は短く,できる限り早く不確実性の範囲は縮小されるべきである。害を与えうる諸影響は,生産を阻害しないように注意することと,合理的な競争を保証するのに必要な最低限度に再編成を止めることとによって,緩和されるべきである。これこそが占領軍当局の意向であると我々は理解しているし,さらにこれは,集中排除計画が経済復興達成のための生産と広範囲な計画とに有害な効果を与えな

いように配慮するために，米国の審査委員会（an American Review board）が設立されることで保証になると我々は理解している」とし[20]，集排政策が日本経済の復興を阻害しない程度に実施されるために，DRBを派遣する方針が明示されている。

以上のような米国政府の2つの措置を背景にして，1948年中頃以降，日本でも実際に集排政策は緩和されることになった。ESS反トラスト課が集排政策を所管していたとはいえ，指揮命令系統上，そのような米国政府の集排政策の緩和の要請には応じざるをえなかったからである。325社の中から指定解除を進め，最終的にDRBの審査が必要な案件を，66社にまで減らした。

審査過程における主要な行為主体であったDRBは，自らの審査基準として「4原則」を1948年9月11日に公表している[21]。4原則は次のような内容であった。すなわち，集排指定企業について，①競争制限等の明白な証拠提出がなければ指定解除，②非関連事業保有は過度集中の証拠として不十分，③企業から自主的に再編成計画が提出されたとしても再編成指令の十分な根拠とみなされない，④過度集中と認定された基礎事実と直接関連した（つまり根拠が明確な）再編成しか命令できない。しかしながら，DRBは4原則を活用したわけではなかった。4原則は，集排指定を受けた325社の内，1948年9月頃までに66社以外でまだ集排指定を解除されていなかった指定企業の解除促進には，貢献したと考えられるものの[22]，特に①は，経済統制が残る「日本の実情からして，適用困難な面があった」[23]こともあり，個々の案件で準拠先として使用されたわけではなかった[24]。実際にDRBが審査の準拠先としたことは，個々の案件ごとに異なっていたと考えられる。

審査過程においてDRBとESS反トラスト課は，1948年7月から1949年7月頃にかけて，審査案件となった66社への集排政策実施の是非をめぐって対立した。ESS反トラスト課は絞り込んだ66社すべてに関して再編成を主張したが，結局，集排政策の緩和を企図するDRBの審査結果が決定的な影響力を持った。そのために集排法が適用された再編成の案件は，18社にとどまった[25]。さらにこの18社の案件の内，企業分割にまで踏み

込んだ案件は，11社であった。DRBは，集排政策の緩和に関して，最後のだめ押しをする役割を果たしたのである。

次節以下では，以上のような一般的な集排政策の推移を前提にして，10大紡に対する集排政策の実施過程を検討していく。

第2節　ESS反トラスト課による10大紡への集排政策の始動

10大紡に関する集排政策は，E・ウェルシュがESS反トラスト課長に就任した1947年4月頃より，本格的に開始された。1947年4月中旬頃のESS反トラスト課は，同月下旬までに，10大紡の再編成計画に関する何らかの判断を行う予定であった。この点は，4月17日にESS反トラスト課がESS繊維課との間で行った会合から窺い知ることができる[26]。この会合でESS繊維課綿係長W・イートンは，10大紡の綿部門以外の事業部門を分離することにとどめるのか，それとも，10大紡の綿部門自体をいくつかに分割することにまで踏み込むつもりなのかを，尋ねている。ESS反トラスト課の回答は，それに関する調査は現在実行中であり，1週間もしくは2週間程度で完成する予定，というものであった。

しかし実際には1947年4月下旬になっても，ESS反トラスト課は，綿紡績企業に関する情報・分析不足のために計画を進展させることができなかった。これは，4月28日付でウェルシュが，部下より提出された10大紡の再編成計画の不備を指摘した上で，当該の部下に対して再調査・検討を指示していることから確認できる[27]。不備としては，10大紡の工場の位置，諸工場間の分業状態，他繊維部門の存在，これまでの企業合併の情報，本社の機能，諸工場を分離することで発生する非効率性の検討，等が当該の計画中にないことを挙げている。ここでウェルシュが直接に批判した部下の報告を，著者は確認できていないが，4月10日付でESS反トラスト課内にて作成された，10大紡を分析した文書は残されており，それに近似した内容であったと思われる[28]。この文書は，10大紡各社の資本金，

綿紡機と綿織機の綿糸生産高の数量，それら生産設備の置かれた工場等のデータしか記載しておらず，綿部門以外の他繊維部門や非繊維部門，所有工場等の基礎的な情報が載せられていない。そして「1つの企業に集中している綿製品の総産出高は13％を超えることがないので，提出された反トラスト法（the proposed antitrust legislation）［極東委員会へ提出されたFEC-230文書のことだろう］の観点から見て特に，生産物についての独占の危険は非常に小さいように思われる。繊維製品は，日本にとって最も重要な輸出品である。そして日本の自給自足は強力な輸出産業次第であり，また世界の他地域における当該産業の競争業者は比較的大規模なので，［日本の］繊維産業は比較的強い状態に止め置かれるべきである」と述べている[29]。1947年4月頃の集排政策始動期のESS反トラスト課は，10大紡に関する情報をほとんど蓄積しておらず，また綿紡績業を独占的状態とも認識していなかったことが分る[30]。

　自課の内部がこのような状況ではあったが，ウェルシュは，1947年4月下旬に「綿工業に関する再編成調査の完成は，緊急性を有している」と認識しており[31]，綿紡績企業の再編成計画の策定を急ぐ必要性を感じていた。

　そこで，ESS反トラスト課は2つの措置をとった。第1に，まず10大紡の再編成の進め方に関する原則を策定し日本側へ通知した。ウェルシュは商工大臣宛の1947年7月17日付の文書の中で，その原則（principles）を3点明らかにした[32]。すなわち，①繊維に非関連の事業の分離，②繊維単位ごとに分ける形での企業分割の実施，そして③特定の繊維部門における大規模集中は数社に分割，の3点である[33]。ESS反トラスト課は，上記のような原則に従った再編成は，「繊維生産に障害を与えたり邪魔したりすることなく，繊維工業内の集中を排除する」ものであると主張した。この主張は，再編成が復興の妨げになるどころかむしろ生産効率を向上するものであるという認識を前提にしていた。すなわち，「これら企業［紡績企業］の再編成を考慮する際に使用する基準は，生産の効率性に関する実際的な問題へ十分な注意を払っている，一般的で柔軟な基準である。

我々の知識の限りで，生産を減らし生産費用を増やすような，いかなる再編成計画にも賛成しないということが，ESSの見解である。非関連でしばしば金融的に不健全な事業を分離することによって，また現在操業中の企業が支えなければならない非生産的な上層構造［諸事業を束ねる本社機能を意味していると見られる］を除去することで間接費用を最小化することによって，そして現実に企業を稼働させ繊維製品を生産している人々に能率に応じた利益を与えることによって，多くの場合において，繊維企業の健全性と効率性の顕著な向上を，これら企業の再編成が速やかに生み出すであろうということが，我々の信じるところである。」

第2に，同じ7月頃にESS反トラスト課は10大紡に対して，企業情報と自主的な再編成計画（第4-1表のA）の提出を命じた[34)]。

この2つの措置をもとにしてESS反トラスト課は，1947年7月から8月にかけて10大紡に関する独自の再編成計画（第4-1表のB）を作成した。ESS反トラスト課はもともと，上記の7月17日付文書の原則の③にあるように10大紡の各繊維部門自体の分割を場合によっては想定していたが，一部を除いて盛り込まなかった。これはESS反トラスト課が，各社の特に綿・羊毛部門の生産工程は紡績，織布，染色・仕上の3つの工程の「垂直結合」であり，これが諸工場一体で形成されていると認識した上で[35)]，この諸工場一体で形成された垂直統合の解体は主として次の2点を考えると実際的（practical）ではない，と考えたためであった。理由として各社の再編成計画中で挙げられていることは，①垂直統合の解体は，商品流通上に中間業者の介在を招き最終製品の原価の上昇を招くこと，②同程度の規模の生産設備を有する紡績企業が他に複数存在することから市場を支配しておらず，自由競争を阻害しない状態にあること，であった。しかし，他繊維部門との「水平結合」や非繊維部門に関しては，上記7月17日付文書の①と②の原則通りに，ESS反トラスト課はそれぞれの分割・分離を盛り込んだ。ESS反トラスト課は水平結合に関して，「許すのに足る理由が見いだせない」（大日本紡績，東洋紡績の再編成計画），「正当化する理由が見いだせない」（鐘淵紡績の再編成計画）と，厳しい姿勢を示した[36)]。

このESS反トラスト課の作成した再編成計画は，GHQ内で綿工業を所管していたESS繊維課と協議することになっていた。1947年5月19日付でESS反トラスト課は，綿紡績企業に限らず一般に集排政策の実施にあたって，再編成計画を作成する上での基準となる，「企業再編成の基準」(Standards of Enterprise Reorganization) を策定した[37]。これは，ESS繊維課へも伝えられた。これに対してESS繊維課は，7月1日付でESS反トラスト課へ次のように回答した[38]。「再編成の諸問題を考察した際に適用すべき原則は，繊維工業の再編成につれて生じる操業上の問題を解決するのに適切であるほどに，大まか (broad) で柔軟であるべきである，というのが，当課の見解である。」「その原則 [「企業再編成の基準」を示す] は，十分な余裕を与えるものなので，そのような操業上の問題は，すべての関係者が満足するように，両課のメンバーの間での個々の事案に関する注意深い議論を通して解決されるであろうと感じられる。」

　これにESS反トラスト課は次のように回答し，今後作成される再編成計画に関してESS繊維課と協議することを約束した[39]。「反トラスト・カルテル課は，繊維工業に対する主要企業の再編成措置に関して，繊維課の適切な課員と協議する (consult) ことを保証させていただきたい (Please be assured)。そして反トラスト・カルテル課の政策は，現実的な柔軟性をもって，これらの基準 [「企業再編成の基準」を示す] を運用するものであると保証させていただきたい。」

　もっともESS繊維課は，集排政策の実施に乗り気ではなかった。上記のESS反トラスト課による10大紡の再編成計画 (第4-1表のB) は，1947年7月の内から順次，ESS繊維課へ同意やコメントを求めて送られてきた。東洋紡績の再編成計画に関して，ESS繊維課長H・テイトは，7月22日付でESS反トラスト課へいくつかの工場で分割によって不利益が認識される場合に再検討することを条件に，同意を伝えた[40]。ただし，次のコメントも付け加えた。「繊維課にはいかなる繊維部門 (textile group) であれ，分割することが必要でなければないほど，生産という見地から見て，より良いことだと思われる。10大紡には，独占と呼ばれるほどに大きい繊維部門は存在しない。実際，米国には日本で最大の企業よりも大きい繊維企

第 4-1 表　10 大紡に関する再編成計画の変遷

	A. 47 年 7 月に 10 大紡が ESS 反トラスト課へ提出した再編成計画	B. 47 年 7・8 月に ESS 反トラスト課が作成した再編成計画	C. 48 年 3 月上旬に集排法の規定に従い 10 大紡が提出した再編成計画の事前計画
大日本紡績	まず 7/7 付で <u>4 社分割</u>（食品・薬品，亜炭鉱，鉄工所*1，繊維）。次に 7/17 付で <u>5 社分割</u>（食品・薬品，亜炭鉱，羊毛，化繊，綿・絹紡）。	①<u>4 社分割</u>（a. 綿・絹・縫製, b. 羊毛・絹紡, c. 化繊, d. 食品・薬品） ② 一部の資産の売却 ③ 亜炭鉱は売却か，a に 2, b に 1 所属 ④ 一部の稼働中綿織機の将来の移転（7/21 付）	①<u>2 社分割</u>（a. 繊維［亜炭鉱を含む］, b. 食品・薬品） ② 上記が許可されない時は <u>3 社分割</u>（a. 綿, b. 羊毛, c. 食品・薬品） ③ 食品・薬品部門は閉鎖もありうる（3/8 付）
東洋紡績	① 7/9 付で <u>3 社分割</u>（木材加工，縫製，繊維［関連会社の東洋染色の合併含む］）。また別案もあり，<u>5 社分割</u>（木材加工，縫製，綿［東洋染色合併］，羊毛・絹紡，化繊）② 一部の資産の貸与・売却	①<u>6 社分割</u>（a. 綿・縫製, b. 羊毛, c. 絹紡, d. e. 化繊 2 社, f. 木材加工） ② 東洋染色と他の子会社 1 社は a に合併 ③ 一部の資産の売却・返却・自社別工場への移転（7/18 付）	①<u>2 社分割</u>（羊毛，他繊維） ② 東洋染色合併，他 3 工場も合併 ③ 機会があれば，15 工場売却（但し，一部付属施設は残置）（3/9 付）
敷島紡績	不明	①<u>1 社存続</u> ② 存続会社が子会社（解散状態の敷島航空工業*2）所有の工場を吸収 ③ 一部の資産の売却（7/26 付）	①<u>1 社存続</u> ② 3 工場の売却 ③ 存続会社が敷島航空工業を合併（3/8 付）
大和紡績	①<u>3 社分割</u>（a. 綿, b. 機械, c. 炭鉱） ② 仕上・染色事業の子会社（大和川染工所と他 1 社）の所有（事実上の合併）要望 ③ 一部の資産の売却（7/18 付）	②<u>4 社分割</u>（a. 綿, b. 機械, c. d. 木材加工 2 社） ② 大和川染工所の合併を容認。仕上・染色の他子会社 1 社合併には難色 ③ 炭鉱は a が所有 ④ 一部の資産の売却（7/24 付）	①<u>2 社分割</u>（a. 綿, b. 機械） ② 大和川染工所の合併要望 ③ 一部の工場（炭鉱含む）を譲渡・売却。もしくはそれまでは貸与（3/9 付）
倉敷紡績	不明	①<u>2 社分割</u>（綿，羊毛） ② 一部の資産の売却 ③ 売却予定工場内にある綿紡織機の修理用機械の自社工場への移転（8/8 付）	①<u>3 社分割</u>（繊維，機械 2 社） ② 一部の資産の譲渡（3/9 付）
大建産業	<u>6 社分割</u>（綿・羊毛，製釘，絹織物*3，商事会社 3 社）	①<u>3 社分割</u>（綿・羊毛，製釘，絹織物）［商社部門の再編成の記述なし］ ② 一部の資産の売却（8/12 付）	<u>5 社分割</u>（綿・羊毛，製釘，絹織物，商事会社 2 社） ② 一部の資産の譲渡（3/7 付）

各項目の末尾の括弧内は文書日付，括弧がなければ日付不明

D. 48年4月上旬に集排法の規定に従い10大紡が提出した再編成計画の本計画	E. 48年8・9月にESS反トラスト課が作成した再編成計画の指令案草案	F. 48年11月27日付でESS反トラスト課がDRBへ提出した指令案
①<u>2社分割</u>（a. 繊維，b. 食品・薬品） ② 3亜炭鉱はaに所属 ③ 一部の資産の譲渡（4/8付）	① 原則4社分割（a. 綿・絹紡，b. 羊毛，c. 化繊・絹，d. 食品・薬品） ② 但しdは単独でなくabcのどこかと統合可 ③ 3亜炭鉱はaに1，bに2所属。縫製・機械修理はaに所属（9/16付）	<u>4社分割</u>［左記と同様。但し，食品・薬品会社が，他の分割会社と統合可，との規定はない］
①<u>1社存続</u> ② 東洋染色を合併 ③ 一部の資産の購入・売却・返却	①<u>4社分割</u>（綿，羊毛，化繊・絹紡，木材加工）［東洋染色の合併への言及なし］ ② 一部の資産の譲渡（8/9付）	①<u>4社分割</u>［左記と大要は同様。但し，一部の工場の割振等に相違あり。また東洋染色等の合併への言及なし］
①<u>1社存続</u> ② 3工場の売却 ③ 存続会社が敷島航空工業を合併（4/8付）	①<u>1社存続</u> ② 敷島航空工業の記載はないが，その所有工場は存続会社が保有 ③ 一部の資産の売却（9/14付）	提出されず
①<u>2社分割</u>（a. 綿，b. 機械） ② 大和川染工所の合併要望 ③ 一部の工場（炭鉱含む）の譲渡・売却・貸与（4/8付）	①<u>2社分割</u>（a. 綿，b. 機械）［大和川染工所の記載なし］ ② 炭鉱はaに所属 ③ 一部の資産の売却（8/7付）	提出されず
①<u>3社分割</u>（繊維，機械［繊維機械製造・修理や民間向諸機械の製造の］2社） ② 一部の資産の譲渡	① 原則2社分割（a. 綿，b. 羊毛） ② 綿紡［織］機の製造・修理の3工場は，1社か2社に分けて独立させるか，aに所属 ③ 一部の資産の売却（8/7付）	<u>4社分割</u>（綿，羊毛，綿紡［織］機の製造・修理2社）（11/27付）
<u>5社分割</u>（綿・羊毛，製釘，絹織物，商事会社2社） ② 一部の資産の譲渡（4/8付）	①<u>4社分割</u>（繊維，製釘，商事会社2社） ② 一部の資産の売却（8/30付）	<u>4社分割</u>（繊維，製釘，商事会社2社）

鐘淵紡績	不明	①15社分割（綿、羊毛、製糸・絹紡、化学、日用品・薬2社、合板、木材加工3社、製紙、電気器具、機械2社、組立式住宅） ② 一部の資産の売却・自社工場への移転（8/1付）	①8社分割（綿、羊毛、絹、化学、製紙、日用品・薬品、機械、合板） ② 一部の資産の譲渡（3/8付）
富士紡績	①4社分割（綿・スフ、絹紡・スフ繊維製造、縫製、ガラ紡） ② 一部工場を将来売却予定	①3社分割（綿・スフ、絹紡、スフ繊維製造） ② 一部の資産の売却（8/15付）	①1社存続 ② 一部の資産の譲渡（3/9付）
日清紡績	①1社存続（綿・石綿・製糸） ② 製紙・機械事業から撤退	①2社分割（綿・石綿、製紙） ② 製糸機械の売却 ③ 一部の資産の売却（8/11付）	①1社存続（綿・石綿・製糸［和紙］） ② 製糸事業は分離（3/8付）
日東紡績	不明	①8社分割（a. 綿・スフ、b. スフ・絹、c. 岩綿、d. ガラス繊維、e. 電塩、f. 耐火煉瓦・石膏鉱、gf. ゴム製品2社） ② 4炭鉱はaに1、bに3所属 ③ 一部の資産の売却（8/4付）	①4社分割（a. 綿、b. スフ・絹、c. 岩綿・ガラス繊維、d. ゴム製品） ② 一部の資産の売却（3/8付）

資料：ESS (A) 12643-44, 12663, 12665, 12672, (B)08981, 08984, 08977-78, (D)12543-45, 12549, 12551, 12565-66, 03686, 03688, 03693, (H)01788, 01793, 01801, 01923-24, 01929, (I)016068-69, 01072, 01074

表注：＊1：主に大日本紡績の紡績機械の修理を実施（津守工場。なお1951年操業停止）。7/17付提案では、この鉄
＊2：敷島航空工業は後の1949年4月に敷島紡績に合併・解散。
＊3：大建産業の絹織物部門は京都で西陣織等の生産を行っていた。

注：1．「不明」は、現時点で筆者が資料を未発見であることを示す。
2．原文のsoldは「売却」と訳したが、disposedは市場での売却もしくは他社への売却の旨の記載がなければ、無
3．網掛は、日本側によって作成された再編成計画であることをを表す。

業によって構成される、多くの結合体が存在する」と述べ、再編成への疑念も伝えている。

　以上から、ESS繊維課が集排政策に消極的であったことの主要な要因は、CCC棉等の米棉借款の返済問題があったと考えられる。ESS繊維課は米棉借款返済のために日本側を監督する責任を有する部署であった。そのために、他の改革志向的な占領政策と比較しても、直接10大紡を弱体化しかねない集排政策の実施は、綿製品の生産に混乱や遅延を惹起する可能性を秘めており、借款返済の妨げになる可能性があることを問題視したのである。

　しかし結局、この時期のESS繊維課は、ESS反トラスト課の進める集排

①6社分割（繊維，化学，製紙，日用品・薬，機械，合板） ② 一部の資産の譲渡（4/8付）	①6社分割（綿．羊毛，製糸・絹紡，化学・日用品・薬，機械・電気器具，合板） ② 一部の資産の譲渡（8/9付）	①6社分割（綿，羊毛，製糸・絹紡，化学，日用品・薬，電線，合板・組立式住居・製紙） ② 一部の資産の譲渡
①1社存続 ② 一部の資産の譲渡（4/8付）	①2社分割（綿，絹紡・スフ） ② 戦時期に合併した帝国製糸（合併前筆頭株主は英資本のコーツ社）を再設立し，合併工場を帝国製糸へ返還（8/6付）	①2社分割（綿，絹紡・スフ） ② 当指令案は，当該企業が帝国製糸（コーツ社は株式回収）を再設立し，合併工場を帝国繊維へ返還することを妨げない
①1社存続（綿・石綿・製紙［和紙］） ② 製糸事業は分離（4/8付）	①1社存続（綿・石綿・製紙）［製糸事業への言及なし］ ② 一部の資産の売却（8/7付）	提出されず
①4社分割（a．綿・スフ，b．スフ・絹，c．岩綿・ガラス繊維，d．ゴム製品） ②4炭鉱はaに1，bに3所属 ③ 一部の資産の売却（上記は6/30付の改訂版）	①2社分割（a．綿，b．スフ・絹紡） ④4炭鉱はaに1，bに3所属 ③ 非繊維事業への言及ないが，abに所属しない工場や不使用資産は譲渡（8/9付）	①2社分割（a．綿，b．スフ・絹紡） ④4炭鉱はaに1，bに3所属 ⑤ 当指令案の添書によると，岩綿・ガラス繊維・ゴム製品事業はbに所属

12569，12575，12603-04，12607-08，12627-28，12631-32，12752-53，12756，(E)03677，03679，03682-83，

工所は「綿・絹」会社に所属。

償での提供等の場合もありうるため，「譲渡」と訳した。

政策へ同意を示すことになった。ESS繊維課長テイトは1947年8月18日付で，ESS繊維課内の諸係長へESS反トラスト課策定の10大紡各社の再編成計画へのコメントを求め[41]，ESS繊維課内の見解を集約した上で，8月末から9月初頭にかけて，いくつかの細かな訂正と[42]，いくつかの条件とを付けて[43]，各再編成計画への同意をESS反トラスト課へ伝えた[44]。ESS繊維課は，上記したように集排政策に疑念を感じていたが，この時期，集排政策は米国政府の決定済みの方針とESS内で認識されていたために[45]，しぶしぶESS反トラスト課へ同意を示すよりなかったと見られる。

このESS反トラスト課の再編成計画は，日本側にも通知された。まず同課より10大紡へ伝えられていることが確認できる[46]。また日本側官庁

にも ESS 反トラスト課の構想が伝えられた。経済安定本部がこの時期，1947 年 11 月から 12 月にかけて把握していたところでは，綿紡績企業の再編成について，「イ．綿紡関係は原則としてその他の部門と分離する。ロ．毛紡，絹紡，人絹，スフ関係は何れかの部門が大規模なものは分離独立させるが，そうでなければ，適当な規模においてその結合を認める。ハ．紡績業について地理的分割は行わない。ニ．製薬業，製紙業，機械工業等無関連事業の兼営はそれを分離する。」(傍点は引用者)とされていた[47]。繊維部門ごとの解体に加え，さらには 10 大紡の化繊部門等の分割が，ESS 反トラスト課によって構想されて，日本側に伝えられていたことが分る[48]。

その後 1947 年後半から 1948 年初頭にかけて，ESS 反トラスト課は集排法の制定に尽力し，一旦，綿紡績企業向けの動きを含め，再編成の具体案に関わる動きは小康状態になった。

最後に，本節の検討から確認できることとして，1947 年の集排政策の実施過程の特徴は，まず第 1 に，ESS 反トラスト課が日本側や ESS 繊維課に対して，集排政策によって繊維製品の生産が減退したり生産効率に悪影響を及ぼしたりするようなことは生じないと明言していることである。ESS 反トラスト課の主張には，10 大紡各社の組織的存続性を否定しているものの，繊維製品の生産高や生産効率という観点から見れば綿紡績業の復興を妨げるものではないという論理が包含されていた。これは，日本側はもちろんのこと，ESS 内で経済復興を重視した現実派の ESS 繊維課をも説得するために持ち出されたと考えることもできるが，ウェルシュの個人的な信念が表出されていたとも理解することができる[49]。そして第 2 に，ESS 反トラスト課の主張が明確なことに比較して，日本側や ESS 繊維課の反対論は具体性を欠いていたことも，この時期の特徴として挙げることができるだろう。これは，10 大紡各社の事業ポートフォリオ(事業の組み合わせ)に関する経営戦略の策定が，1947 年中には未完成であったことが背景にあったものと考えられる。

次節では，集排政策によって強制的に策定されることになった 10 大紡各社の事業ポートフォリオに関する経営戦略を背景にした，日本側の陳情

を中心に検討する。

第3節　1948年8月頃までの日本側の陳情とESS反トラスト課の反論

　1947年12月9日に集排法が国会を通った。そして，10大紡は1948年2月に集排法の指定企業となった。この頃から日本側は，集排法という反論対象が明確になったことから，第4-2表にあるように整理された論点を並べた文書の提出を行い，集排政策に反対する陳情活動を本格的に始めたと考えられる。その際，陳情の要点は，繊維部門ごとに分ける形での分割の是非に置かれた[50]。そして実際にこの繊維部門ごとの分割が問題となったのは10大紡の内，綿部門と他繊維部門を水平結合させた経営形態（繊維部門での多角化を意味するが，以下，当時の用語に倣い，繊維総合経営と称する）をとっていた，大日本紡績，東洋紡績，倉敷紡績，大建産業，鐘淵紡績，富士紡績，日東紡績の7社であった。

　集排法の規定に従い，10大紡は1948年3月初めに自主的な再編成計画の「事前計画」[51]（第4-1表のC），そして4月初めに「本計画」（第4-1表のD）を提出した。最終案となった4月初めの本計画によれば，繊維総合経営を取っていた7社ともに非繊維部門の分離には同意しつつも，繊維部門ごとの分割つまり繊維総合経営の解体には反対であった[52]。

　ここで，業界団体の日本紡績同業会（1948年4月以降は改組されて日本紡績協会），商工省，経済安定本部，持株会社整理委員会といった日本側が，どのような理由を挙げて繊維総合経営の解体に反対したのかを，第4-2表で確認する。第4-2表は，1948年から1949年にかけて提出された陳情書・見解の内容を示したものである。反対理由は，第4-2表で任意に分けたように，大きく4群に整理することができる。A群として繊維総合経営が有する技術上・経営上の利点や，米国でも見られる経営形態であることを示し，B群では10大紡の脆弱な経営基盤等を指摘し，またC群として繊維総合経営の解体による日本経済への悪影響を挙げ，そしてD群ではそ

第 4-2 表　10 大紡の繊維総合経営保持に関する陳情・見解と集中排除審査委員会 (DRB) の勧告

	文書1	文書2	文書3	文書4	文書5	文書6	文書7	文書8	文書9	文書10	勧告
a. 文書日付 (年月日)	48/3/30	48/5/31	48/5/31	48/6/12	48/7/20	48/8/4	48/8/12	48/8/12	48/9/10	49/1/31	49/2/24
b. 文書作成主体 (網掛は日本側)	日本紡績同業会ジョンストン委員会	日本紡績協会	HCLC	日本側*1	繊維課綿業係	商工省	経済安定本部	日本紡績協会商工会議所	繊維課長	HCLC	DRB
c. 宛先1 (網掛は日本側)	DRB	DRB	反トラスト課	GHQ*1	繊維課長	ESS局長	ESS局長	DRB	ESS局長	反トラスト課	DRB
d. 宛先2 (cが更に送付した先)					—	DRB		入手	—	DRB	マッカーサー
e. ESS繊維課	入手	入手	不明	不明	—	入手	不明	入手	—	不明	不明
繊維総合経営の解体) に反対の理由											
A群　水平結合の特性に基づく理由											
1. 外国市場の変動による不安定性に対する備えやリスクの分散	●		●	●		●	●	●			●
2. 技術情報・生産設備の相互交換可能性があり、それは生産費用を低下させる	●	●	●								
3. 混紡交織に合理的な経営形態		●		●							
4. 紡織技術の発展に寄与。解体は技術研究に悪影響			●								
5. 米国でも繊維産業での水平結合は見られる											
B群　10大紡が分割に耐えられないほどどの弱い経営基盤・環境にあることの説明											
1. 銀行融資が止まり、資金調達力が低下		●	●			●	●	●	●		
2. 海外向けの企業の信用状態に悪影響を及ぼす		●	●			●	●	●	●		
3. 戦時期に生産設備が大きく減少した			●						●	●	
4. 戦後の各企業に充てる有能な経営者がいない			●				●	●			
5. 企業分割や新企業設立の費用の負担が大きい	●						●	●			
6. 分割による効率低下で回復に年月が掛かる						●	●	●			
7. 日本の綿・羊毛業は原料・製品販売で外国に依存					●			●		●	●
C群　分割が日本経済に反す悪影響についての説明											
1. 分割は最大の輸出産業である繊維産業を弱体化させ、繊維製品の輸出に支障が生じる	●							●			●

204

						当該値で も他も不在	当該値で も他も不在
2. 分割は不安定性を生み、労働争議を引起す				●			
3. 分割が引起す費用・財務処理によりインフレが激化		●	●	●			
4. 分割は日本政府・GHQ承認の生産設備の復元計画の障害となる		●	●				

D群 10大紡が独占やカルテル活動等の観点から経済民主化や集中排除法の対象とされることへの反論

1. 10大紡の綿部門では、互いに競争中か競争可能で、独占や市場支配は存在しない	●	●		●			●
2. 10大紡は財閥ではなく、またその株式は広く分散（*3）	●		●	●		●	●
3. 戦前の業界団体のカルテル的な活動は、独占的利益を狙ったものではない					●	●	●
4. 日中戦争勃発後の諸統制は政府主導であり、業界団体が積極的に関与したものではない	●						
5. 10大紡の他繊維事業への多角化は、戦前からの比較的長い歴史を持ち戦時期に始まったものではない	●						●
6. 戦前・戦時期の他企業合併や多角化、経営危機への対応の一環であり、政府の圧力もあった		●	●	●	●	●	●
7. 非繊維事業は分離する					●		

資料：［文書1～10］と［勧告］の各文書名と出典とは次の通り：1. "The Japanese Cotton Spinning Companies and the Economic Deconcentration Measure," ESS (E) 03666; 2. "Economic Deconcentration Law and Break up of Japanese Cotton Spinning Companies," ESS (E) 03666; 3. "Reorganization plans of ten cotton spinning companies," ESS (D) 013023; 4. "The Elimination of Excessive Concentrations of Economic Power Law and Concurrent Production of a Variety of Textiles Under Unified Management," ESS (H) 02222; 5 "Economic Deconcentration Law and Recommendation for the Cotton Textile Companies," ESS (E) 03666; 6. "Regarding Partition of Cotton Company," ESS (C) 14714; 7. "Supplementary Explanations on the Application of the Economic Deconcentration Law to the Spinning Industry," ESS (D) 13023; 8. "The Spinning Industry of Japan - A Brief Historical Analysis with Present Problem and Hopes for the Future," ESS (E) 03665; 9. "Reorganization of Big Ten Spinning Companies," ESS (D) 13022; 10. "The Ten Cotton Spinning Companies and the Deconcentration Law," ESS (D) 13022; 勧告："Recommendation of ESS/AC with Reference to Seven of the "Big Ten" Spinning Companies," "Minutes," MacArthur Papers, MMA-3, No.16

表注：＊1：内容から作成主体は10大紡以外の日本側と推定されるが、具体的な主体は不明。また短先も明示もされていないが、解体されたら不安定になるなども指摘。ESS反トラスト課宛とみられる。
＊2：さらに繊維総合経営が経営状態が安定的になったが、株式が広く分散していることを数値を挙げて説明。
＊3：財閥（Zaibatsu）ではなく、同社の記述からも、株式が広く分散していることを数値を挙げて説明。

注：1.［e. ESS繊維課］の欄は、ESS繊維課が当該文書の複製を入手していたか否かを示す（確認先は、GHQ文書のESS繊維課文書中で、同種の文書が主に所蔵されているファイルを所収するESS (E) 03665-03666）。
2.［文書10］と［勧告］との間の網掛は強調のため。

もそも 10 大紡への集排法の適用が占領政策や集排法の規定に適合しないとする事由を挙げている。この第 4-2 表から分るように，1948 年中頃までに行われた日本側の陳情では，一律に A 群から D 群までが言及された。ESS 反トラスト課が 10 大紡を集排指定した際の基準の力点が，後述するように同年 11 月頃まで不明確であったためであった。

本来この内の A 群から C 群は，集排法の条文の意義や目的とは関係のない事項であるが，それらに関して日本側が陳情を行った主要な理由は，米国政府が対日占領政策の重点を経済復興に置きつつあることが，1948 年 4 月頃から日本でも一般に認識されつつあったために[53]，日本側は，10 大紡の復興とその日本経済への寄与とにつき説明した方が，GHQ に説得力があると考えたものと見られる。

ESS 反トラスト課は，日本側の反対理由に対して反論を示した。日本側との間で開かれた 1948 年 6 月 4 日と同月 14 日の 2 度の会合の席上で，第 5-2 表にあるような日本側の繊維総合経営保持の理由に対して，次のように反論した[54]。まず，A 群にあるような水平結合の特性に基づく理由に対しては，混紡交織[55]は，他社から必要な原料を購入すればよいだけであると述べ，また各繊維分野でその繊維に特化した多数の大企業が現に存在していることから，繊維総合経営が綿紡績業に必須とは言えない旨を伝え，さらには，それら企業の規模よりも 10 大紡の分割後に生じる企業の規模の方が大きい場合もあることを指摘した。また 10 大紡中で繊維総合経営をとっていない 3 社 (敷島紡績，大和紡績，日清紡績) に対し，綿部門だけで「成功する将来」(a successful future) が生じるかどうか質問し，3 社から，生じると想定しているとの返答を引き出して，繊維総合経営が必須と捉えることは困難であると反論した。また日本側から水平結合は米国でも見られる旨 (A 群の 5) が主張されたが，ESS 反トラスト課は「他国の繊維産業で特徴的なことではない」と否定的な返答を行っている。

B 群の内容に関して ESS 反トラスト課は，銀行からの資金調達が困難になるという理由に対して，分割後の企業はそれでも各繊維分野での大企業であるから銀行貸出は実施されるであろうことや[56]，10 大紡の資産の大きさがいわば一種の「担保」(ample protection) になるであろうこと等から

も反論し，同様に海外との信用状態 (overseas credit standing) にも不都合はない旨を指摘した。またD群の2の株式の広範な分散の事実に関して，それが，約16万人の10大紡の株主が自身の最良の判断に従って株主投票するということを意味しない限り，集中問題に関連する事由ではないと述べて，取り合わない姿勢を示した[57]。

また，この時点でESS反トラスト課は，日本側が自らの反対理由を立証するのに必要な情報を提出していないことを問題視していた。上記の6月4日の会合でESS反トラスト課は，10大紡が，繊維総合経営の解体が「品質，生産量，生産費用に与える効果に関するデータと情報を提供するように要請されてきた」にもかかわらず，今に至るまで提出がみられないことを日本側に指摘した。おそらく，日本側はこれに対応して，6月14日の会合の2日前の6月12日付で，新たな説明を加えた陳情書（第4-2表の「文書5」）を提出した[58]。しかし，ESS反トラスト課はこれに納得せず，6月14日に「生産に有害な効果を与える」ことを立証する資料を提示するように，改めて日本側に求めている。結局，同年8月3日の時点でESS反トラスト課は，2つの会合の結果，日本側に一層の反論提出を要請するような状態にあり，そのような状況から「10大紡の役員の多くは，繊維ごとの再編成は生産に逆効果を与えないということをかなり進んで認めている (are quite willing to admit)」と皮肉気味に判断していた[59]。

なおESS反トラスト課は，日本側の反対理由に対して上記のように反論を示したものの，自らは，なぜ10大紡を解体しなければならないのかに関する具体的な理由を日本側へ示さなかった。上記の6月4日の会合でESS反トラスト課は，「法と基準に照らして，10大紡が過度集中であることに何ら疑問はない」と述べたが，それに対して日本側から，より具体的にどのような理由で集排指定をしたのかという旨の質問がなされた。しかしながら，会議録に，ESS反トラスト課がその理由を回答したとの記載はない。その後，日本側は8月中にESSやDRBへ重ねて陳情書を提出するが，この点についての追及の質問は出さず，A群からC群を一層詳しく説明することに比重を置いた陳情書を提出することにとどまった（第4-2表の「文書6」〜「文書8」）。ESS反トラスト課は，後述するように，

1948年11月末頃になるまで，理由を明文化したものを外部へ明らかにすることはなかったと見られる。

　日本側の主要主体であった持株会社整理委員会は，1948年5月末にESS反トラスト課へ繊維総合経営の保持を求める陳情書を出しているが（第4-2表の「文書3」），この時点での持株会社整理委員会は，ほぼ同時期に日本紡績協会が提出した陳情書と同様の主張を行っただけであった。上記の6月4日の会合には持株会社整理委員会の委員も出席したが，会議録から何らかの発言を確認できない。またこの後，1948年中に，持株会社整理委員会が繊維総合経営の保持に関し何らかの働きかけを行ったことも資料上，確認できなかった。ただ，10大紡との連絡は取っていたものと見られ，そのために，後述する綿紡績企業7社に対する審査の際の的確な情報提供に寄与したものと考えられる。

　ところで10大紡は第4-2表のD群の7から分るように，繊維総合経営の解体問題とは別に非繊維部門の分離には，基本的に同意していた。この点に関して，日本側の思惑を検討しよう。まず第4-2表にある日本側提出の陳情書を見ると，どうして（軍需関連以外の）非繊維部門を本体から分割する予定なのかについて，理由は特に開陳されていない。研究史上の通説的理解である，不採算部門の企業合理化のためである等の文言が，見られないのである。例えば「文書4」では一番冒頭から，「新しい措置［集排政策を指す］の点から見れば，日本綿紡績業は繊維生産に非関連な活動を分離することに反対ではない。しかしながら繊維それ自体に関しては分割されずに残されることが許されるように当該産業は熱心に望んでいる」と，まるで非関連部門の分離は当然の前提のように，主張を始めている。また占領復興期の10大紡の非繊維部門の所有は，そこから収益が出るのであれば，A群の1の点から見れば所有継続はむしろ合理的であるし，逆に収益性を考慮しなくとも，分離を実行してはB群の一部（例えば4や5）が当てはまり不合理であると考えられよう。さらに，少なくとも，1949年前半期に始まるドッジ・ライン前のインフレ期（10大紡の陳情時期と重なる）には，通常どのような部門であれ，物を生産することができるのであれば，収益も得ることができたはずである。このように非繊維部門の分

離の全ての事案に関して，本当に純粋に合理的な施策であったと10大紡経営陣が判断していたかどうか，疑問の余地が残る。

例えば，日東紡績と大日本紡績の非繊維部門の事例を見てみよう。日東紡績は，1948年前半期に「当社としては此の機会に当社の在り方を再検討し，繊維業一本で行くことに方針決定し且つは極力分割を避ける為めもあり，率先四倉工場［非繊維部門］以下を処分することになり，再編成計画書に対する持株会社整理委員会の断案を待たず是等を処分すると共に指令部および持株委との交渉を続けた」(傍点は引用者)[60]とあり，背景に企業合理化理由もあったかもしれないが，ESS反トラスト課への配慮も一部の非繊維部門の分離に寄与したことが分る。また大日本紡績は，第4-1表のDから分るように坂越工場で薬品・食品を製造しており，当該部門の分離に同意していたが，ESS反トラスト課の再編成計画(第4-1表のB)によると，当時「当該企業の従業員に供給するのに十分な薬品等のみを製造」していたという[61]。したがって，大日本紡績の当該部門は少なくとも日用品・物資不足が一般的であった1948年頃まで，福利厚生どころか，自社社員救済策の一環として有益に機能していたことになり[62]，大日本紡績の分離同意を，企業合理化要因のみで説明するのは困難であると考えられる。

占領復興期の10大紡の非繊維部門の分離の理由の一端は，研究史上の通説的理解である企業合理化に加えて，繊維総合経営温存や指定解除を求めるための，もしくは最低でも繊維総合経営の分割を最小限度にとどめるための，GHQからの「情状酌量」誘発策(いわば一種の暗黙の「司法取引」)であったと考えられる。

第4節　ESS繊維課の動向とESS反トラスト課との対立

ESS繊維課は，前述したように，米国政府が日本へ供給した棉花の代金が償還されるように，綿業を監督することをその主要任務としていた。したがって，綿製品生産の要所に位置する10大紡の弱体化を起こすような

集排政策には，基本的に反対だった。

ESS繊維課は第4-2表のeの項目から分るように，前項のような日本側の陳情の大半を，1947年前半までに形成されていた政策形成システム（第2章を参照）における情報・意見交換のルートを通じて入手しており，それらも参考にして，繊維総合経営の解体に対する反対論を練ったと考えられる。この点は，例えば次の文書で確認できる。ESS繊維課内で10大紡を所管していた綿係は1948年7月20日付の繊維課長への意見書（第4-2表の「文書5」）で，それまでに提出された日本側の陳情書の内容と重複する理由を挙げて，繊維ごとの分割に反対する，と結論付けている。

このようなESS繊維課の反対姿勢は，1948年8月26日に開かれたESS反トラスト課長ウェルシュとESS繊維課長F・ウィリアムズとの間の会合をきっかけに，ESS局長マーカットを巻き込む形で表面化することになった[63]。この会合は，集排政策の実施過程でESS反トラスト課が指定企業の指令案をDRBへ提出する前に，GHQ内の関係部署から同意を得なければならないという規定に基づき[64]，集排指定企業に通達される決定指令のもととなる指令案（ただし厳密に言えば，この時点でESS繊維課へ同意を求めたのは，指令案の草案。第4-1表のE）に関して，ESS繊維課から同意を得るために開かれた会合だったと見られる。この会合後にウェルシュはマーカットへ，この会合でウィリアムズが，ESS反トラスト課が示した指令案に関して「集中排除政策について変化が生じているように思われる。また私は支配力の除去（decontrolling）に賛成ではないので，同意できない」と述べた，と批判気味に報告した[65]。これを知ったウィリアムズはマーカットに，この発言自体を否定しないし，他にも反対理由があることを伝えた（第4-2表の「文書9」）。ウィリアムズは理由を大きく3つ挙げた。第1には繊維産業の重要性である。彼は「繊維産業は日本において極めて重要である。その輸出量は他の全ての産業が統合されたものよりも多いし，労働力の最大の雇用者である。このような時期にどうしてそれに害を与えるのか」と述べ，繊維産業を援護した。第2に混紡交織や水平結合（繊維総合経営）が他国でも見られる現象である点を強調した。第3に10大紡各社が所有を認められている綿紡機数から見て，1社も独占的とは言えず，

今後活発な競争が生じるのに十分であることを主張した。

こうして，1948年中頃のESS反トラスト課による10大紡に対する集排政策は，停滞することになった。何よりも第1に，上記のような見解を持つESS繊維課が，ESS反トラスト課の10大紡に関する指令案に同意を与えなかったからである[66]。また第2に，1948年のほぼ同時期に，日本曹達の案件を契機としてDRBとESS反トラスト課との間で対立が生じていたことがあった。それに関係して9月11日にDRBが公表した4原則が引き起こした混乱のために，集排政策の審査過程が9月から10月にかけて停止し[67]，ESS反トラスト課による10大紡に関する指令案の作成作業にも影響を与えたと見られる。

その後，11月15日，ESS反トラスト課は，GHQ関係部署の同意を得なくてもDRBへ指定企業の指令案を送ることができるようにマーカットの許可を得た[68]。こうしてESS反トラスト課は，ESS繊維課の抵抗で提出が遅れていた綿紡績企業に関する指令案を，ようやく11月27日付でDRBへ提出した。その際，提出された指令案は，繊維総合経営を取っていた10大紡の内の7社に関してだけであった（第4-1表のF）。10大紡の残り3社（敷島紡績，大和紡績，日清紡績）は繊維総合経営をとっていなかったために，また3社とも非繊維部門は有していたが，4原則に，非関連事業の保有は過度経済集中の証拠として不十分という条項があったために，ESS反トラスト課はDRBへの指令案の提出を断念した（集排指定の解除を意味した）と考えられる。

第5節　ESS反トラスト課の繊維総合経営の解体の理由

ESS反トラスト課はどのような理由で，綿紡績企業7社が過度経済力集中に当たると判断したのであろうか。その理由は1948年11月27日付で反トラスト課がDRBへ提出した綿紡績業7社の各指令案の付属文書[69]によって，初めて明文化されたと見られる。

この付属文書を検討する前に，まずESS反トラスト課がどのような一般的な方針をもって，各企業を集排指定したかを見てみよう。これは，持株会社整理委員会によって発表された「鉱工業等の部門における過度の経済力の集中に関する基準」(昭和二三年二月八日持株会社整理委員会公示第二号)が，1つの方針となっていたと考えられる[70]。この中の「第二　過度の経済力の集中」で企業の集排指定の認定基準として次の5点が挙げられていた[71]。

「1　統制がないとして，その企業の製品又は役務の供給が，市場から取り除かれた場合に，価格の著しい騰貴を来し，潜在的な需要者又は一般大衆に対して迷惑を及ぼす程に，その製品又は役務の全供給量の相当な部分を生産し，又は生産能力を有するとき。
　2　統制がないとして，企業の行う一種又は数種の商品の分配が，市場から差し控えられた場合に，価格の著しい騰貴を来し，潜在的な需要者又は一般大衆に対して迷惑を及ぼす程に，その商品の分配を行っているとき。
　3　企業が，その事業分野において，他の者がその事業分野に入ってきても，これと充分競争できる適当な機会を与えられない程に，勢力を有するとき。
　4　昭和十二年以降の戦時総動員政策の結果，他の組織，工場事業場，会社又はそれ等のものの一部を取得し，且つ特別の独占権と支配力とを享有したとき。
　5　関連性のない事業分野における活動によって競争を制限し又は他の者が独立して事業を営む機会を妨げる程に，集積した力が大であるとき」。

　次に，ESS反トラスト課が紡績7社集排指定の理由を示した，上記の付属文書の内容を見てみよう。まず，その結論部分を確認しよう。

　「要約すると，次のような点が明らかにされたはずである。

1．1882年から1940年の間に上述の企業［ここでは10大紡］は，大日本紡績連合会つまり繊維カルテルの一員となり，そして原料の差別的な分配，生産統制，価格固定化，棉花の輸入量を制限する海運業者との協定や小規模紡績企業の合併を含む様々な制限的な取引慣行を通して支配的な地位を得た。

　2．1940年から1945年の間に彼らは，政府が支援した統制団体の会員の地位を通して，以前からの政策と慣行の継続によって力と支配を増した。

　3．彼らは現在，自由市場の条件が復活しつつある中で，競争の除去と他社が繊維事業に独立的に従事する機会の阻害とを継続する位置にある」。

　当該文書の結論部分より前の本文で，上記の1と2の内容は略史的分析によって跡付けられ，3に関しては，10大紡（の前身）が1937年には日本の綿紡績能力の「60％」を所有していたのが，「現在」は「98％」になっている点の指摘[72)]と，戦時期に大日本紡績に合併された羊毛企業2社および大和紡績（ただし先述したように，ESS反トラスト課は大和紡績の指令案を提出しなかった）に株式を買収された子会社1社との分離独立等を求める嘆願書によって，根拠づけられていた。

　当該文書には記載はないが，ESS反トラスト課はこれらの理由は上述の「鉱工業等の部門における過度の経済力の集中に関する基準」の5つの認定基準と対照すると，ESS反トラスト課が挙げた1と2は認定基準の4に該当し，ESS反トラスト課が挙げた3は認定基準の3に該当すると判断されたと考えられる。

　10大紡はこれに先立つ1948年3月に，この「鉱工業等の部門における過度の経済力の集中に関する基準」の5つの認定基準に対する反論を，持株会社整理委員会へ提出していた[73)]（ESS反トラスト課やDRBへも回されていた[74)]）。この中で，上記の認定基準の3と4に関して，10大紡は次のように反論していた。まず認定基準3に関しては，10大紡各社は本業の綿関連事業をはじめ，他繊維・非繊維事業ともに，国内生産能力に占める自

社の比率が低いことを挙げて，他社の参入を妨げる力を有していないことを挙げ，また綿紡績業に関しては新紡25社が実際に参入を果たしつつある点を挙げて，参入阻害の現状にないことを主張している。また認定基準の4に関しては，1937年以降に実際に政府の命令の下で多くの他社を合併したが，金属回収のために強制的に生産設備を多数供出させられたことや多くの工場が時局産業に転換させられ，生産能力の低下が生じたことを挙げ，その結果，支配力などをふるえる状況になかったことを主張していた。

ESS反トラスト課がDRBへ1948年11月末に提出した上記の付属文書では，これらの10大紡の主張は全く無視されている。ESS反トラスト課は，集排政策に関して10大紡などの日本側の主張・陳情を聞くのに時間を割き，できるかぎり会合を開くなどして意思の疎通を行い，意見調整を図ったと言うことができるものの，繊維総合経営を取っていなかった10大紡中の3社の案件をDRBへ提出しなかったことを除くと，日本側の主張を受容することはなかった。ESS反トラスト課がDRBへ繊維総合経営を取っていた10大紡中の7社の案件を提出したことは，妥協できない一線として，繊維総合経営の解体を最後まで考慮したことを意味していた。

この7社の案件が正式にDRBへと移った以上，日本綿紡績業の復興を支持するESS繊維課と日本側が事態を打開するためには，DRBへの働き掛けを強めるしかなかった。以下では，そういったESS繊維課や日本側の動きを含め，DRB主導の審査過程を検討する。

第6節　DRBとその審査に影響を与えた副次的要因

1948年5月に来日したDRBは，5人から構成されていた[75]。初代委員長R・キャンベル (Roy S. Campbell)，J・ロビンソン (Joseph V. Robinson)，W・ハッチンソン (Walter R. Hutchinson)，B・ウッドサイド (Byron D. Woodside)，E・バーガー (Edward J. Burger) である。キャンベルとロビンソンはともにニューヨークの製造業企業の社長・役員であった。ハッチンソ

ンは弁護士で，公職経験としてはアイオア州の副地方検事等を経て，連邦政府の司法長官特別補佐官となり，反トラスト裁判に関する経験があった。ウッドサイドは連邦取引委員会を経て，証券取引委員会に勤務していた。バーガーは，オハイオ州の公益事業会社や銀行の副社長であった。この内 1947 年中に，キャンベルは第 2 次ストライク使節団の一員として，またバーガーは日本電力産業調査団の一員として短期間来日経験があり，この 2 人は自分の関わった範囲で日本経済の実情につき知見を得ていたはずであるが，資料から判明する経歴から見て，DRB 内には来日前の段階では日本経済に精通した専門家と呼べる人物はいなかったと考えられる[76]。

　DRB は，第 4-2 表から分るように，陳情書の内のいくつかを 1948 年 8 月頃までに受け取り，その頃から 10 大紡の再編成計画に関する検討を非公式に行っていた。これは，次に挙げることから分る。同時期に DRB 委員ロビンソンは ESS 局長マーカットに，「紡績と繊維業界の利害関係者が我々に会いに来ているし，彼らは我々にあなたへの提出書類のいくつかの複製を含めて，それらの事業に関するそれなりのデータ（considerable data）を送ってくれている。これらについて我々は検討してきたし，仮の判断にも達している。それゆえに案件が正式に我々に降りてくれば，それをより迅速に処理することが可能であろう」と述べている[77]。

　しかし，DRB の綿紡績企業に関する公式の審査は，翌 1949 年になるまで行われなかった。まず，先述したように，ESS 繊維課との確執や 4 原則公表後の混乱等の影響で，ESS 反トラスト課による綿紡績企業の案件の提出は，1948 年 11 月末まで遅延した。さらに DRB は，ESS 反トラスト課提出の指令案を 11 月 27 日付で受理したものの[78]，他の案件の審査を優先したために，綿紡績企業 7 社に関する審査は 2 月 4 日まで始まらなかった[79]。審査は，勧告の採決が行われた 2 月 24 日まで続いた。

　勧告の内容を検討する前に，DRB による綿紡績企業 7 社に対する審査へ影響を与えた要因を検討しておこう。まず，先述した持株会社整理委員会と ESS 繊維課の陳情活動が挙げられる。審査期間中の 1949 年 2 月 8 日に DRB は，ESS 繊維課長ウィリアムズとの会合を持ち，翌 2 月 9 日に持株会社整理委員会と会合を行った（DRB からこの 2 者を招いた可能性もあ

る)。また持株会社整理委員会は審査期間の直前に陳情書を提出していた。これらに関しては後述する。その他の要因として、次の2点を挙げることができる。

第1点は、DRBが集排政策に関する主要な審査方針と捉えていたと考えられる、ジョンストン報告書である。ジョンストン報告書は、本章第1節で見たように、集排政策の緩和の必要性を指摘した叙述を有していたが、その他に、日本経済再建の方策に大部を割いていた。そこでは、混乱状態にある「日本が解決しなければならない3つの関連する問題は、1．生産の増大，2．インフレの収束，3．貿易の発展である」[80]とされ、貿易に関して「全ての可能な輸出を促進しなければならない。……[引用者省略]……綿製品は、日本経済復興に死活的な重要性を有する」[81]とされていた。したがって、DRBは10大紡の綿製品生産量が減少するような再編成を行えば輸出量も低下することから、綿製品の生産設備の能力低下につながる措置はジョンストン報告書の方針に合致しないと認識していたと考えられる。ただし、繊維総合経営の解体と綿製品の生産能力の低下に直接的な因果関係はないことから、当報告書の上記の叙述が、DRBによって短絡的に繊維総合経営の保持に有利に解釈されたとも考えにくい点に、留意が必要であろう。

第2に、綿紡績企業に対する海外の厳しい視線である。日本綿紡績業の復興は、米英の綿製品企業から脅威と捉えられ、彼らの活動によって米国内では一種の政治的な問題となっていた[82]。また、1949年1月9日に、米国へ出張していたDRB委員ハッチンソンが出席した極東委員会で、今後の審査案件に関しての質疑応答が行われたが、この中で具体的に取り挙げられた日本企業は、綿紡績企業と日本通運だけであった。ここで綿紡績企業に関して、繊維事業ごとの分割を実施するのかどうか、ハッチンソンと他の参加者との間に応答があった[83]。日本にいたDRBがそのような綿紡績企業に関する「国際世論」を、どの程度把握していたか不明であるが[84]、来日前からも全く感知していなかったわけではないだろう。つまり、DRBは、安易な審査を避け慎重な結論を出す必要性を認識していたと考えられる。

第7節　DRBの勧告

　DRBは，1949年2月24日の会合で，綿紡績企業7社の繊維総合経営の保持を認める勧告を決定した[85]。ただし，大建産業のみ繊維部門から商事部門を分離するように定めていた。この勧告は，総論的な分析と，各7社の分析とに大きく分かれている。その内容と論理構成を検討しよう（以下，（●段）は勧告内の段落番号を表す）。

　勧告は，ESS反トラスト課が綿紡績企業7社を集排指定した理由を概略し（5段），「指令案によって提示された基礎的問題は，法律第207号［集排法］がこれら大企業を，原料として使用される繊維の種類に従って個別企業へと分割することを求めているか否かにある」（8段）と課題を置いた。そして次のような事実を指摘した。まず，指令案に従い各社を解体した後に生じる新企業の各繊維産業内での集中の度合いが，解体前とほとんど変わらないことである（9段）。これは，7社ごとに各繊維の紡績・織布ごとの生産能力の①1937年末時点②1947年末時点③戦災設備の復元完了後の対全国生産能力との比率（％），および復元完了後に各々の産業内での全企業の中での順位とを示すことで立証された（13段）。加えて，第4-2表のB群の7とD群のおおよそ2，3，5，6に当たる諸事実が指摘された。

　その上でDRBは，7社が競争的な繊維産業の存在に脅威を与え，日本経済の最良の利益に反しているとは信じられず，そして他繊維部門を有するために繊維産業のどれか重要な部門を支配するとは確信できない旨（10段）を述べ，「我々が解釈する法律第207号の広義の目的は，合理的な競争を獲得するために必要な範囲まで指定企業を再編成すること」であるが，指令案はそれに反する旨，また「繊維部門ごとの分割が，競争状態において物資の有益な増大を生み出すか，当該産業の重要な局面において独占の深刻な脅威を除去するかの，合理的な予想が存在しないのであれば，法律第207号は7社の解体を求めていないと信じる」（11段）ことを述べ

た上で，最終的に「全ての状況を鑑みて，委員会は繊維ごとに分割することで発生するリスク，不確実性，費用を7社に負わせることは勧められないと考える」(11段)と結論付けて，繊維総合経営の保持を認めた。

また，結論を補助的に支持する理由として，「繊維部門の分割は，輸出から最大限の利益を得るために重要な時期に，当分の間，生産の柔軟性を損なう可能性がある」(11段)と述べており，上述のジョンストン報告書や日本側の主張(第4-2表のC群の1)に配慮を示していることが窺い知れる。

なお1948年中に日本側が陳情で強調した，第4-2表のA群やB群に関しては，「委員会は，実務の観点から，繊維産業の現在の構造が最も望ましいか，また複数の繊維部門が原料と設備の効率的使用や労働の効果的使用に結実しているかどうか見解を表明する準備を持たない」(11段)とされ，勧告の論理構成の上では，何ら影響力を持たない形となった。

このようにDRBは3週間程の審査の末に，ESS反トラスト課が7社を過度経済力集中と認定した理由を，主に第4-2表のD群にある事実を採用することで覆した。そして注目すべき点は，DRBが論拠として採用した事実の主要部分のいくつか(第4-2表D群の1, 3, 6)が，持株会社整理委員会が1949年1月31日付でESS反トラスト課に提出し，そこから2月2日付でDRBへ回送された見解書(第4-2表の「文書10」)において[86]，初めてDRBへ提示された事実であったと見られることである。特に勧告の主要な論拠である，分割が各繊維部門の集中度を変えないこと(第4-2表D群の1)を立証している諸データに関しては，第4-3表で示した持株会社整理委員会提出の数値(見解書内に記載されていた)を，そのまま転載している。この見解書に関しては，上述の2月9日の持株会社整理委員会との会合でDRBとの論議の対象にされていた。この会合の簡潔な記録の中に，「1社たりとも過度集中にあたる証拠は存在しない，持株会社整理委員会は一般的な事業に関するその勧告の第6節でそのように結論付けている」とあり[87]，この見解書(実際，その第6節が結論であった)に関して議論があったことが分る。持株会社整理委員会は，上述したような前年1948年の見解(第4-2表の「文書3」)とは異なり，主張の力点をA群やB群ではなく，D群に置くことで，結果として勧告の結論の主要な論拠を

提供し，DRB に貢献した。持株会社整理委員会は，綿紡績企業 7 社の審査に入る前の DRB との何らかの会合で，その時点での DRB の所信や ESS 反トラスト課が 7 社を集排指定した論拠等を取材し，それに適合的な見解書を提出したと推測される。

また ESS 繊維課長ウィリアムズは，上述の 2 月 8 日の会合で，いくつもの繊維事業への多角化は米国でも見られること，また 10 大紡が現在高度に競争的な状態にあることを述べている[88]。これ以上の詳細な会合内容は資料上不明であるが，さらに彼は，上述の 1948 年 9 月のマーカット宛文書（第 4-2 表の「文書 9」）と類似のことを伝えたと推測される。このウィリアムズの陳情は，時期や勧告内容から見て，第 4-2 表の C 群の 1 および D 群の 1 と 7 などに関して，DRB の結論を後押しする効果があったものと考えられる。

この他に DRB は，1949 年 2 月 17 日に新紡 25 社の内の九州紡織や興和紡績の役員，日本紡績協会の担当者と会合を持ち，彼らから「10 大紡の何社かを分割しても，彼らの企業や当該産業に何の利点も見出せない」との見解も得ており[89]，少なくとも，綿紡績企業 7 社の綿部門には独占的な支配力はないことの傍証を得ていたことになる。

なお大建産業は，繊維総合経営の保持が許されたものの，商事部門の分離が勧告された。DRB は，大建産業の商事部門は，棉花の日本への輸入量や国内外向けの繊維製品の大きな部分を扱っているとされ，「繊維産業における合理的に競争的な状況の存在の利益」(13 段) の観点から分離が勧告された[90]。そもそも大建産業は商社部門の分離を自ら要望していたが[91]，例えば，三菱化成工業のように企業分割 (3 分割) を自ら要望したにもかかわらず[92]，指定解除を受けた事例もあることから，要望の存在自体は 2 分割の主要な論拠とは考えにくい[93]。むしろ戦時期に「大企業結合体の商事部門」は軍部のために諜報活動を行っていたと少なくとも GHQ の一部では考えられていたことから[94]，民主化と非軍事化も考慮された上で，上記の競争条件が主に考慮されて商事部門の分離が判断されたと考えられる[95]。

第 4 章　10 大紡に対する集中排除政策の実施過程

表 4-3 表 持株会社整理委員会が DRB へ報告した 10 大紡の生産設備の国内総生産設備に対する比率 (%)

企業名		綿糸	綿織物	梳毛	紡毛	毛織物	生糸	絹紡糸	絹織物	麻糸	麻織物	その他糸	人絹	スフ	スフ糸
東洋紡績	1937年末	12.1	5.5	3.3	0.5	—	—	7.9	—	—	—	14.0*1	3.9	7.8	—
	1947年末	13.9	3.9	18.6	8.9	2.8	—	7.8	—	—	—	15.8*1	5.4	15.1	—
	復元後	13.1	2.9	10.8	5.3	3.1	—	11.0	—	—	—	14.3*1	5.2	13.4	5.7
	復元後順位	1	1	3	5	3	—	6	—	—	—	2*1	5	2	6
大日本紡績	1937年末	8.7	3.2	1.3	—	—	—	11.8	0.4	—	—	16.6*2	—	5.0	不明
	1947年末	14.0	3.9	22.3	11.5	2.1	—	19.1	0.5	—	—	18.7*2	—	6.6	4.2
	復元後	11.6	2.7	13.8	7.2	2.1	—	16.9	0.6	—	—	16.8*2	—	6.6	4.8
	復元後順位	2	2	2	4	6	—	2	不明	—	—	2*2	—	8	8
敷島紡績	1937年末	3.0	0.6	—	—	—	—	—	—	—	—	—	—	—	—
	1947年末	8.9	0.8	—	—	—	—	—	—	—	—	—	—	—	—
	復元後	9.3	1.1	—	—	—	—	—	—	—	—	—	—	—	—
	復元後順位	5	9	—	—	—	—	—	—	—	—	—	—	—	—
大和紡績	1937年末	—	—	—	—	—	—	—	—	—	—	—	—	—	—
	1947年末	7.7	2.1	—	—	0.3	—	—	—	—	—	—	—	—	—
	復元後	9.2	1.8	—	—	0.7	—	—	—	—	—	—	—	—	—
	復元後順位	6	4	—	—	0.8	—	—	—	—	—	—	—	—	—
倉敷紡績	1937年末	4.3	0.6	—	1.6	—	—	—	—	—	—	—	—	—	—
	1947年末	8.3	1.8	—	2.4	—	—	—	—	—	—	—	—	—	4.0
	復元後	7.9	1.6	4.6	1.8	—	—	—	—	—	—	—	—	—	4.0
	復元後順位	8	7	7	11	8	—	—	—	—	—	—	—	—	10
大建産業	1937年末	4.0	1.2	—	—	—	—	—	—	—	—	—	—	—	—
	1947年末	12.2	2.1	0.8	1.2	0.8	—	—	—	—	—	—	—	—	—
	復元後	10.8	1.6	0.5	0.9	0.9	—	—	—	—	—	—	—	—	—
	復元後順位	3	6	26	20	7	—	—	—	—	—	—	—	—	—

鐘淵紡績	1937年末	9.2	3.2	1.6	0.3	0.6	3.4	22.8	1.0	—	—	48.0*2	—	—	—
	1947年末	8.3	2.6	7.9	10.3	1.6	3.9	24.2	1.1	16.3	1.3	29.0*2	—	—	—
	復元後	10.1	2.5	8.6	8.7	2.7	3.9	26.5	1.5	11.3	1.2	31.3*2	—	—	—
	復元後順位	4	3	5	2	4	3	不明	不明	5	6	不明*2	—	—	—
富士紡績	1937年末	5.6	1.1	—	—	—	—	15.9	0.1	—	—	23.4*2	—	1	不明
	1947年末	10.4	1.5	—	—	—	—	16.1	0.1	—	—	12.9*2	—	6.6	5.9
	復元後	8.1	1.1	—	—	—	—	16.8	0.1	—	—	14.3*2	—	6.6	5.2
	復元後順位	7	8	—	—	—	—	3	不明	—	—	不明*2	—	9	7
日清紡績	1937年末	5.3	2.0	—	—	—	—	—	—	—	—	—	—	—	—
	1947年末	8.0	2.0	—	—	—	—	—	—	—	—	—	—	—	—
	復元後	7.1	1.7	—	—	—	—	—	—	—	—	—	—	—	—
	復元後順位	9	5	—	—	—	—	—	—	—	—	—	—	—	—
日東紡績	1937年末	1.3	0.3	—	—	—	—	3.9	0.1	—	—	12.3*1	—	6.8	10.0
	1947年末	5.5	1.3	—	—	—	—	6.4	0.1	—	—	7.2*1	—	5.7	10.0
	復元後	4.5	1.0	—	—	—	—	5.0	0.1	—	—	5.1*1	—	5.7	—
	復元後順位	10	10	—	—	—	—	7	不明	—	—	不明*1	—	11	5

資料：ESS (D) 13022.

表注：＊1：原資料で「Noil yarn」。綿、羊毛、絹、スフ等の屑糸や屑繊維を使用。
　　　＊2：noil yarnの中でも、特に絹紡糸の屑糸を使用した絹紡油糸（原資料では「Spun silk noil yarn」）を指す。

1. 原資料中の「―」(生産なしの意味と見られる）、未記載、未記入(unknown)は、「不明」と表示した。
2. 原資料で大和紡績の1937年末の「綿糸」「綿織物」「絹糸」「絹織物」欄の数字は空白だが、これは紡績企業4社が合併して大和紡績が設立されたのが1941年のためだから、誤記載、または記載なしの意味と見られる場合は、原記載のまま表示した。
3. 「絹織物」は、人絹やスフ(rayon)との交織であるむね原資料に記載されている。ただ実際には、生糸ではなく、絹紡糸使用の織物（富士絹）生産が大半だったと考えられる。
4. 「復元後順位」は、原文では「Rank」としか表示がなかったが、内容から復元後の数値と推定した。

おわりに

　DRBの審査の基本方針は，ジョンストン報告書に規定されていた。すなわち，集排政策が日本の経済復興を阻害しないように，審査を行わなければならなかった。さらに，ジョンストン報告書は，綿製品の輸出を重要視していた。

　そのような基本方針を有していたDRBは，10大紡中の7社に関する事案で，リベラル派のESS反トラスト課の見解を採用せず，現実派のESS繊維課の産業支援的な占領政策に親和的な勧告を行った。結果として，DRBは，産業支援的な占領政策によって復興しつつあった，10大紡の経営基盤を温存する措置の一翼を担ったのである。

　実際，審査過程でDRBに影響を及ぼしたのは，持株会社整理委員会とESS繊維課であった。両者は，10大紡中の7社の要望した繊維総合経営の保持を実現するために，DRBに的確な情報提供を行ったり，DRBとの会合において審査の論点に直結した見解を伝えたりすることで，DRBが繊維総合経営の保持を決定する論理を構築することに直接，貢献した。

　集排指定された10大紡は，ESS反トラスト課の指示で再編成計画の策定を強制された。これは，10大紡各社の戦後初めての本格的な経営戦略の策定を意味していた。この点から，集排政策が10大紡に果たした影響や効果を検討することは，次章の主要な課題である。

第 5 章

占領復興期における 10 大紡の経営戦略

はじめに

　本章の課題は，10 大紡が占領復興期前半期に，どのような経営戦略を策定したのかを明らかにし，さらにその経営戦略が占領復興期後半期の 10 大紡の経営戦略へ，どのような影響を与えたのかを解明することである。

　本章では，10 大紡が 1949 年に策定した「整備計画」を，占領復興期前半期に 10 大紡が最終的に確定した経営戦略とみなした。そこで，整備計画について確認しておこう[1]。ESS 反トラスト課の指令に従い 1946 年 7 月に戦時補償打切りが日本政府によって決定され，戦時期に政府が支払いを約束していた多額の政府債務（軍需品代金の未払分や戦争保険金等）が無効となった。そのため 10 大紡を含む，債権者の多数の企業は，企業財務上の危機を迎えることになった。そこで日本政府は，1946 年 8 月に会社経理応急措置法，1946 年 10 月に企業再建整備法（金融機関には，それぞれ金融機関経理応急措置法，金融機関再建整備法を適用）の 2 種の法律を制定し，多数の企業の倒産を防ぐことを図った。この 2 種の法律に基づく救済策は，次の通りであった。まず会社経理応急措置法により，一定条件を満

たす企業を特別経理会社に指定し，その企業経理を新・旧勘定に2分して資産と負債を振り分けた。旧勘定には清算すべき資産と債務が移され，新勘定には事業の継続に必要な資産等が振り分けられて，通常の企業活動が行われた。その上で企業再建整備法に従って，いずれかの時点で，戦時補償打切りやその他海外資産の喪失分等の負債と，諸利益・繰越金・積立金等との差額である特別損失を，日本政府に提出する整備計画に基づき処分することが求められたのである[2]。この整備計画の認可の後に，新・旧勘定も合併されることになっていた。

　この整備計画が重要なのは，その一部として，今後1年間の事業計画明細書を提出することが定められていた点である[3]。この事業計画明細書は，以後1年間の生産計画や生産設備増設・維持の構想を示すものであったが，この計画のために企業は事業領域や製品構成などを資金計画とともに策定しなければならなかった[4]。これは実際には，以後1年ほどの短期ではなくそれ以上の期間を考慮した経営戦略を意味していたものと，考えられる。なぜならば，1949年という復興が確かなものとなりつつある時期に策定された計画であったことから，より長期的な視野に立って作成されたと考えられることや，前章で確認したように，整備計画提出までの10大紡は集排政策の圧力のために再三にわたり長期的な経営戦略を真剣に考慮しなければならなかった経緯があったからである。

　次に，本書における経営戦略概念について説明しておこう。経営戦略とは，企業が①長期的な視野に立って，②何らかの基本的な方針・理念・思想に基づいて，③大まかな事業分野を設定し，④その事業分野においてどのような事業をどのような組み合わせで有するのか（＝事業ポートフォリオ）を決定することと定義する[5]。本書では，10大紡の企業活動の中からこの定義に沿って，経営戦略概念に適合する歴史的事象を抽出し，それらを整理したものを経営戦略として把握する。したがって，本書で言う経営戦略は，個々の時点・場合における経営判断や経営方針とは異なるものである。

　なお，経営戦略を問題にするのであれば，経営資源をどの事業に配分するのか，各事業内でどのような個別の事業戦略を立てるのかなどの点も，

広義の経営戦略の定義に入りうる。しかし本書では，分析視角であるGHQ の産業支援的な占領政策の主要な政策対象が，各企業内の個別具体的な資源配分や事業戦略レベルではなく，各企業の事業ごとの生産設備全般や事業ポートフォリオのレベルに定められていたことを勘案して，経営戦略を上記のように狭義に定めた[6]。

　先行研究に関して，触れておこう。戦後の綿紡績企業の経営戦略を議論したものとして，まず米川伸一の研究を挙げることができる[7]。米川は，戦後の綿紡績企業を，第1に3大紡に代表される「総合的繊維企業」，第2に倉敷紡績と日清紡績に代表される「綿業に拠点をおきつつ差別化戦略を展開した企業」，第3に「綿紡績部門において急成長を遂げた新紡」の3つの「戦略グループ」に分けた。その上で，戦後の綿紡績企業の経営戦略と企業活動を，天然繊維の位置付け，合成繊維への参入，前方指向，非繊維多角化の4つの視点から，戦後の通史を一部の個別企業の事例に踏み込みながら，明瞭な形で概括している。しかし米川の占領復興期の分析に関しては，高度成長期以降に明確になる上記の3つの視角に立って当該時期を把握しようとするために，GHQ の占領政策やそれへの綿紡績企業の対応という当該時期に特有な事象を分析対象に含めていない難点がある。

　また渡辺純子は，ESS 反トラスト課の改革志向型の占領政策やそれへの10 大紡の対応を総体的に明らかにした上で，当該時期の10 大紡の経営戦略が「本業回帰」であったことを指摘している[8]。しかしながらその本業回帰とは，敗戦時点で10 大紡に残された本社直営の繊維部門が占領復興期を通してほぼ保持された事実を指摘している点に止まっており，どのような経緯の末にどのような意味で回帰したことになるのかに関して具体的に明らかにしているわけではない。

　以上のような先行研究を踏まえて，本章では，占領復興期における10 大紡の綿工業中心の経営戦略が，どのような経緯の末に策定され，またどのような意味で綿工業中心と言えるのかに関して，戦前・戦時期との対比を盛り込んだ上で明らかにすることも企図している。

　以下では，占領復興期の経営者が策定した経営戦略の意義を明確にするために，まず戦時時の収益源について検討する。次に占領復興期前半期の

経営陣等の変容と経営戦略の策定を検討し，最後に占領復興期後半期の経営戦略を明らかにする。

第1節　戦時期の綿紡績企業の企業経営の概要

1. 10大紡の形成と多角化の進展

　1937年の日中戦争勃発後，日本経済は急速に戦時統制を進めることになった[9]。これに対応し，平時産業であった綿紡績業では，1940年11月に商工省の要請の下で紡連会員77社が「整理統合要綱」を議決した[10]。これが出発点となり，綿紡績企業は3次にわたる企業整備によって集約され，1943年の第3次企業整備によって10大紡が最終的に形成された。

　この企業整備の進展に伴って，10大紡（およびその前身企業。以下，戦前・戦時期の10大紡に関する記述には，10大紡の主要前身企業を含む）では，直営部門に関して2つの大きな変化が生じた。

　第1に，羊毛工業と化繊工業でも企業整備のために集約化が行われたが，これに10大紡の一部企業が積極的に関わり，特に羊毛工業で他企業の合併を進めた。反面，化繊工業では10大紡の内の5社は撤退することになった（敷島紡績，大和紡績，呉羽紡績，鐘淵紡績，日清紡績）。すでに戦前から10大紡は，化繊工業や羊毛工業，絹業等の他繊維部門へ進出し多角化を進めており[11]，特に3大紡は綿工業を中心に据えつつ繊維工業におけるフル・ライン戦略[12]を志向するようになっていた。そして，1940年には，第5-1表のような事業ポートフォリオを示すようになった。しかしながら，戦時期になると10大紡は企業整備のために，繊維工業における拡大を停止せざるを得なくなった。

　第2に，10大紡は工場と機械設備の大幅な減少を被った。綿紡績業や羊毛工業などでの集約に伴って得た多数の工場は，一部は直営の軍需関連産業へ転換されたが，大半は軍や軍需関連企業へ貸与・売却・現物出資された。また機械設備に関しても，1941年8月に発令された金属回収令にそっ

て，1942年より5次にわたって政府から生産設備の供出が強要された。これら設備は，主に産業設備営団へ売却という形で引き渡され，鉄スクラップとして利用された。綿部門では，紡連加盟77社が1940年中頃に有した日本国内248工場，紡機1,140万6,993錘，織機9万6,461台の内[13]，1944年5月に，最終的に紡績操業工場として10大紡へ許可されたのは，日本国内55工場，紡機343万6,160錘，織機3万5,232台であり[14]，生産規模は著しく縮小した。

　他方で，10大紡は国内の直営部門以外の各種の事業へも進出を加速した。まず時局産業と言われた軍需産業へ，本社直営もしくは子会社設立や軍需関連企業への出資などの形で進出した。また，すでに戦前より10大紡を始めとする綿紡績企業は，中国や朝鮮，満州などに綿紡織業に関する本社直営部門もしくは子会社（在華紡，在朝鮮紡，在満州紡）を設置して海外展開を行っていたが（この点は第5-1表で確認できる），さらに時局産業に関しても海外での事業展開を行った。このように現物出資した企業以外にも，出資や役員派遣を行った関係会社や子会社を多数有し，企業グループ[15]を形成していた。

2．10大紡の収益源

　上記のように，戦時期に形成された10大紡は，綿工業を中心に他の繊維工業，軍需関連産業等への多角化を進め，同時に企業グループも抱えた。10大紡は，戦時期を通しておおむね当期純益金レベルで収益を上げていたが[16]，この収益はどこから生じていたのであろうか。

　従来の研究史を参照すると[17]，主に5つの収益源を挙げることができる。①国内の本社直営繊維部門，②国内の本社直営軍需関連部門，③海外繊維部門（または子会社），④企業グループ内の傘下企業の有価証券，もしくは現物出資や投資目的による有価証券からの配当金，⑤工場の売却・賃貸と機械設備の売却。

　この5つの内，②に関しては山崎広明が貸借対照表の分析から明らかにしており，③については高村直助が明らかにしている[18]。⑤は多数の生

第 5-1 表　1940 年上期における 10 大紡とその前身企業の生産設備

（　）内は単位		1. 大日本紡績 設備	1. 大日本紡績 工場	2. 東洋紡績 設備	2. 東洋紡績 工場	3. 福島紡績 設備	3. 福島紡績 工場	4. 大和前身4社 設備	4. 大和前身4社 工場
綿	精紡機（錘）	937,828		1,583,448		365,528		974,060	
	撚糸機（錘）	269,114		301,380		33,600		65,948	
	織機（台）	10,800		18,942		2,040		3,450	
	コンデンサー（錘）		計13		計31		計7		計14
化繊	スフ製造	有		有				有	
	スフ紡（錘）	160,700		78,060		31,920		171,192	
	スフ繊織（台）	2,698				72		82	
	人絹紡糸機（錘）	20,904		35,660				28,800	
	人絹撚糸繊（錘）			73,352					
	人絹織機（台）		計16		計6		計2		計13
羊毛	梳毛機（錘）	11,740		35,550					
	紡毛機（台）			1,470					
	撚糸機（錘）			16,028					
	織機（台）	20	計2		計1				
絹	絹紡機（錘）	49,320		36,456					
	紬糸機（錘）	3,968		6,720					
	撚糸機（錘）	43,556		20,888					
	織機（台）	1,080		4					
	絹布機（台）		計2		計1				
	更生絹糸								
	製糸								
麻									
	化繊用パルプ			有	計1				
	苛性ソーダ								
	2硫化炭素								
	薬品製造								
	メリヤス								
	裁縫機							有	計1
	ロックウール								
	ガラス繊維								
	染色・仕上	有	計4	有	計1			有	計1
	石鹸・美草								
海外	精紡機（錘）	172,876		76,816					
	撚糸機（錘）			13,200					
	織機	2,568		2,670					
	スフ製造								
	人絹紡糸機（錘）								
	芦パルプ								
	晒・染色	有	計3		計2				
工場合計数		22		40		7		19	

資料：『綿糸紡績事情参考書』昭和15年上半期版；各社社史。
表注：＊1：海外の平壌工場設置分も含む。

5. 倉敷紡績		6. 呉羽紡績		7. 鐘淵紡績		8. 富士紡績		9. 日清紡績		10. 日東紡績	
設備	工場	設備	工場	設備	工場	設備	工場	設備	工場	設備	工場
522,116 64,348 4,116	計12	810,344 62,160 6,042	計8	980,324 189,656 8,740 22,620	計20	658,274 112,812 3,808 2,640	計11	541,320 123,932 6,608	計9	116,084 14,800	計3
86,252 30	計6	81,964 930	計8	有 139,888 5,666 17,958*1	計13	64,518 507 6,576 10,550 320	計4	87,524 16,064 15,200	計4	有 120,808 1,346	計7
				91,344 19,728 923	計7	3,850	計1				
20,000 6,642 90	計1			166,928 9,999 1,566 2,030 有	計11	61,452 5,600 29,240 300	計3			17,700 123	計3
				有	計21						
				有	計1						
				有	計1						
				有	計1						
								有	計1		
								有	計1		
								有	計1	有	計3
										有	計1
有	計1	有	計1	有	計6	有	計1	有	計1	有	計1
				有	計1						
				71,360 9,240 2,985 有 有 有	計4	32,720 600	計1	44,000 3,000 500	計1		
13		9		61		14		10		11	

第5章　占領復興期における10大紡の経営戦略　229

第 5-2-1 表　大日本紡績の各繊維部門の損益の推移（1938-1948 年）

	A 綿糸・織物		B スフ糸・織物		C 人絹・織物	
		A/F %		B/F %		C/F %
38 年下期	233	4.0	4,429	76.0	58	1.0
39 年上期	—		8,675	78.1	654	5.9
39 年下期	—		6,514	71.6	2,104	23.1
40 年上期	2,616	25.0	3,467	33.6	3,621	35.1
40 年下期	3,167	34.0	2,515	27.0	3,167	34.0
41 年上期	8,099	52.0	1,558	10.0	4,050	26.0
41 年下期	13,894	69.6	783	3.9	2,935	14.7
42 年上期	13,821	65.0	1,238	5.8	3,301	15.5
42 年下期	9,991	50.0	2,997	15.0	3,357	16.8
43 年上期	15,214	76.9	—		2,763	14.0
43 年下期	18,000	90.3	194	1.0	—	
44 年上期	7,268	35.2	—		38	0.2
44 年下期	3,918	17.6	—		206	0.9
45 年上期	10,655	42.8	4,303	17.3		
45 年下期					—	
46 年上期	246	13.0	568	29.9	—	
46 年下期	19,307	40.0	5,792	12.0	483	1.0
47 年上期	1,077	3.0	1,794	5.0	359	1.0
47 年下期	2,220	32.0	2,359	34.0	—	
48 年上期	2,915	6.0	972	2.0	1,943	4.0
48 年下期	73,593	61.0	7,239	6.0	1,206	1.0

資料："Table showing profit according to manufacruring departments,"（大日本紡績作成），ESS (F) 06511.
注：1．G 損失計がない場合に，H と各部門の合計値が合致しない場合（G がマイナスでなく損失なしの場
2．40 年上期の損失額は A の綿糸・織物の利益の絶対推と全く同一（銭単位）であり不審であるが，そ
3．38 年上期より 46 年上期まで，45 年下期を除き，H 損益合計（原文：total）と，社史（『ユニチカ百
「当期利益」」とが同一であり，H は営業利益とは異なるようである．G にマイナス値が散見される
めかもしれない．DRB へ渡っている文書なので（ESS (F) 06511 は DRB 宛文書を所収），戦時期の
して公表した数値は，本当は営業利益なのかもしれないが，事情は不明．
4．「—」は，原表に記載がないことを示す．

産設備を産業設備営団へ売却し，工場を軍需企業へ貸し出していたのだから明らかとはいえ，①と④に関しては，研究史上，不明確なところが多い．そこで①と④に関して，検討してみよう．

まず各社の①の国内直営部門の収益に関して検討したい．GHQ 文書に残されている資料上の制約から[19]，10 大紡中の大日本紡績，東洋紡績，大和紡績，日東紡績の 4 社のみの分析になるが，以下，戦時期の各社の本社直営部門ごとの収益を検討してみよう．

まず，大日本紡績に関して第 5-2-1 表で見てみよう．表の注に記載し

単位：1,000 円

D 絹紡糸・織物		E 毛糸・織物		F 利益計	G 損失計	H 損益合計
	D/F %		E/F %	F=利益部門の合計値	G=H−Fとして算出	H（原表通り）=F+G
641	11.0	466	0.0	5,828	0	5,828
1,248	11.2	535	4.8	11,112	−5,170	5,942
—		475	5.2	9,093	−2,307	6,786
—		616	6.0	10,320	−2,616	7,704
279	3.0	186	2.0	9,316	0	9,316
935	6.0	935	6.0	15,575	0	15,575
—		2,348	11.8	19,961	−391	19,570
—		2,888	13.6	21,248	−619	20,629
40	0.2	3,597	18.0	19,983	0	19,983
39	0.2	1,776	9.0	19,792	−59	19,733
1,161	5.8	581	2.9	19,935	−581	19,355
2,104	10.2	11,247	54.4	20,657	−1,530	19,127
2,887	13.0	15,260	68.5	22,272	−1,650	20,622
—		9,937	39.9	24,895	−4,405	20,490
18	53.4	16	46.6	34	不明	—
265	14.0	821	43.2	1,901	−6	1,895
3,379	7.0	19,307	40.0	48,268	0	48,268
3,589	10.0	29,069	81.0	35,887	0	35,887
2,012	29.0	348	5.0	6,940	−1	6,939
4,859	10.0	37,897	78.0	48,585	0	48,585
12,064	10.0	26,542	22.0	120,644	0	120,644

合で，H＝F のはずの場合）があったが，10 円未満での相違だった。
のまま記載した。
年史』下，1991 年，573 頁）記載や GHQ へ大日本紡績が提出している損益計算表（ESS（A）10610）記載の
のは，通常，損益計算表に当社が載せていた，損失（利払い，減価償却等）等を事実上 G に振り分けたた
大日本紡績の業績を少しでも悪く見せるためのいわば「操作」かもしれない。もしくは当社が当期利益と

たように不審な点が残る表であるが，GHQ に提出された表でもあり，信頼性に著しく欠ける数値ではないと考えられる。この表から，大日本紡績は 5 つの繊維部門を抱えていたが，それぞれ時期ごとに損益の傾向に相違があったことが分る。詳しく見てみよう。まず目につくのは，棉花輸入状況が悪化した 1938 年から 1940 年にかけての綿部門（A 欄）の不振である。1939 年上期は，綿部門以外は収益を挙げているのに，全体では損失（G 欄）が発生していることから，綿部門で損失が発生していたと見られる。そしてその後の綿部門は，敗戦まで 9 割に届いたり 2 割を切ったりと黒字基

調ながらも不安定な変動を見せている。B・C欄の化繊部門は1938年から40年にかけて綿部門の不振を補完して全体の損益合計（H欄）を黒字にすることに大きな役割を果たしている。しかしその後1943年上期まで，利益計（F欄）の2割程を占めるまでに低下傾向を示し，さらに1943年下期から1944年までは化繊部門の収益に空白表示の部分があることから，この時期の損失（G欄）の原因をなしていたと見られる。代わりに1944年から1945年上期まで一定の収益をもたらしたのは羊毛部門（E欄）であった。

次に東洋紡績であるが，第5-2-2表から売上額と推定値の粗利益を見てみよう。まず，売上額から見て，東洋紡績はすでに1930年代半ばには，絹紡・化繊・羊毛部門にある程度の規模で進出していたことが分る。また，綿部門の縮小傾向と他繊維部門の増大傾向には特色があった。すなわち，1930年代末頃以降，綿部門の売上高は1945年でも約4割を占め堅調ながらも，低下傾向を示しており，代わって台頭するのが化繊部門であった。化繊部門は1942年と1943年を除き，1937年より2ケタ代の売上高を維持することになる。羊毛部門も企業合併が進んだ1942年頃より数値が伸び始め，1945年には3割を示している。

また，粗利益を見てみよう。この粗利益は，費用項目に関する資料上の制約から（表注も参照），正確な数値ではない。なぜならば，人件費や工場経費を含まず，また在庫調整もされていない可能性があることや，また戦時期は繊維原料の極度の不足のために混紡交織が広く行われていたが，標準的な製品・原料の組合せで差引して粗利益を算出（例えば綿部門＝棉花，化繊部門＝パルプ・人絹・スフ）しているため参考値でしかなく，加えて染色整理部門に資料上，費用計上がないために大きな比率を占めてしまっているためである。しかしながら，傾向として，ほぼ売上高に比例した動きであると見てよいだろう。

第5-2-3表で大和紡績を見てみよう。1943年に化繊部門から撤退するために[20]，1944年からは繊維部門は綿部門しかないが，軍需関連部門を直接経営下に置いていたためにその動向を窺い知ることができる。当該部門は1944年後半では売上高でも推定値の粗利益でも1ケタ台前半であっ

たが，1945年になると一気に伸びて，1945年下期には2割以上を占めるようになっていた[21]。しかし，綿部門は売上高，粗利益ともに5割以上を一貫して占めていた。

最後に日東紡績を検討する。日東紡績は綿製品の他に，化繊や絹紡製品，ロック・ウールやガラス繊維も扱っていた。原資料が紡績，織物，スフ，他製品の4つにしか分類されていないために，各製品部門の詳細は不明であるが，第5-2-4表から分ることは，1942年までとそれ以後とで，傾向が完全に異なることである。1942年まで4割を超える売上高を誇っていた紡績部門や2割を超えていたスフ部門は，次第に売上高が低下し，1945年にはそれぞれ20％，1％を切るまでになり，代わりに織物部門と他製品部門が上位を占めるようになったことである。織物部門が急上昇した理由は不明であるが（織機の増設などの記述が社史等にない），綿やスフ，他繊維を原料にした織物や交織織物を集中的に生産する経営方針を取った（取らされた）のかもしれないし，企業会計上で糸の織物への振替分を増大させたからかもしれない。また，他製品部門の増大は，軍需品でもあったロック・ウール（耐火用途で使用された）等が含まれていたことが大きかったと考えられる。このような軍需品の売上を背景にして，日東紡績は1945年に，推定値ながら粗利益の最高値も計上している。

以上，4社分しか各社直営部門の検討ができなかったが，次のように特色をまとめることができる。羊毛部門は，進出した大日本紡績と東洋紡績で1944年頃から比較的高い収益性を示していること，逆に化繊部門は東洋紡績を除き，1944年頃から低収益性を示していること，そして綿部門は，大日本紡績では不安定な変動を示しておりまた他社でも低下傾向をしめているが，各社ともに主要な収益源となっていることが確認できる。本社直営部門においては，綿部門が不安定性や低下傾向を示していたものの，他部門がそれを補完しつつ，敗戦を迎えたのである。

本項の最後に，戦時期の10大紡の収益源として上記した5つの内の，④企業グループ内の傘下企業の有価証券，もしくは現物出資や投資目的による有価証券からの配当金に関して，検討しよう。

戦前から戦後にかけての10大紡の投資収益等を示しているのが，第5-

第 5-2-2 表　1935-1945 年における東洋紡績における各繊維製品の売上額と推定値の粗

製品等	1935 年		1936 年		1937 年		1938 年		1939 年	
	売上	粗利	売上	粗利	売上	粗利	売上	粗利	売上	粗利
綿	79.6	59.9	76.5	49.7	71.2	46.9	63.0	60.7	53.8	34.4
絹紡	2.6	6.6	2.0	3.0	1.6	1.6	1.9	1.2	3.4	1.6
化繊	7.4	8.6	8.6	11.9	10.8	14.4	15.3	9.1	15.6	13.2
羊毛	0.3	-1.1	1.7	2.0	2.0	-1.1	2.7	2.6	2.6	2.6
タイヤコード等	—	—	—	—	—	—	0.7	1.1	4.7	9.3
染色整理	10.2	26.0	11.1	33.5	14.3	38.2	13.5	20.8	17.6	34.5
屑物繊維	—	—	—	—	—	—	2.9	4.4	2.3	4.5
(雑繊維)	—	—	—	—	—	—	—	—	—	-0.1
売上額	204,720		197,075		267,941		272,701		230,074	
粗利益	80,245		65,523		100,423		177,032		117,169	

資料：ESS (D) 09322-09323 より算出。
注：1. 原資料では売上 (sales) と費用 (cost of sales) とに分かれており，それぞれに製品と原料の記載があっ
　　　人絹糸と織物とパルプ，「羊毛」は梳毛と紡毛，織物 (41-45 年間)，「タイヤコード等」はタイヤコー
　　　維や眉屑，「化繊」には人絹，スフ，パルプ原料，「羊毛」には原毛を費用としてあてて，売上から
　　　費用項目にのみ記載されていた。各種原料は混紡交織されていたはずであるが，それぞれの配分比
　　2. 費用には，人件費や工場経費，在庫調整が含まれていないと見られることから，粗利益は推定値で
　　3. 「—」は原資料に記載がないことを示す。%数値は，各製品等の対売上高・粗利益比率を示す。
　　4. 決算月から，各年は前年 12 月より当年 11 月までを示すと見られる。

第 5-2-3 表　1941-1945 年における大和紡績における各製品の売上額と定値推の粗

製品等	41 年上期		41 年下期		42 年上期		42 年下期		43 年
	売上	粗利	売上	粗利	売上	粗利	売上	粗利	売上
糸 (Yarn)	57.4	57.4	49.4	59.0	40.7	46.0	35.9	39.1	26.1
織物 (Cloth)	8.0	8.0	14.0	19.3	26.5	29.5	27.3	30.3	35.0
賃織綿織物	11.7	11.7	20.6	31.4	13.1	24.0	13.7	25.7	24.6
人絹	7.6	7.6	3.7	-16	6.0	-3.6	4.5	-10	2.2
スフ	13.9	13.9	9.8	3.6	7.7	-0.5	8.4	5.1	3.0
仕上織物	1.3	1.3	2.5	2.5	6.0	4.5	8.4	7.2	7.3
繊維半製品	—	—	—	—	—	—	1.8	2.5	0.9
軍需部品	—	—	—	—	—	—	—	—	—
飛行機部品	—	—	—	—	—	—	—	—	—
諸物資 (Matrials)	—	—	—	—	—	—	0.1	0.1	1.0
売上額	16,070		56,602		43,930		32,160		44,279
粗利益	3,021		8,144		9,524		6,371		7,567

資料：ESS (C) 11531 より算出。
注：1. 大和の原資料では売上 (sales) と費用 (cost of sales) とに分けて各製品ごとに売上と費用の数値が挙
　　　(C) 11531 の諸項目との比較から，費用の数値には工場人件費が含まれると推定できるが，工場
　　2. 41 年上期はなぜか，売上，粗利益の%数値が一致しているが，そのまま載せた。
　　3. 「—」は原資料に記載がないことを示す。%数値は，各製品等の対売上高・粗利益比率を示す。
　　4. 決算月から，上期は前年 10 月から当年 3 月，下期は 4 月から 9 月と見られる。

利益　　　　　　　　　　　　　　　　　　　　　　　単位：%。売上額と粗利益は 1,000 円

1940年		1941年		1942年		1943年		1944年		1945年	
売上	粗利	売上	粗利	売上	粗利	売上	粗利	売上	粗利	売上	粗利
61.2	47.8	50.8	39.5	45.7	41.1	48.7	45.5	42.6	27.2	38.6	28.9
3.9	0.8	4.7	2.4	6.8	5.9	3.7	2.8	5.8	6.1	4.5	3.9
12.0	8.6	13.8	9.4	7.4	-4.0	9.0	6.4	16.5	24.9	10.4	12.7
1.9	1.5	4.9	5.2	12.5	14.9	9.9	6.3	16.5	21.6	30.9	38.5
3.7	7.5	9.2	16.4	11.5	20.1	10.5	16.0	17.5	36.2	15.4	21.8
14.6	29.5	14.5	25.9	13.8	24.2	17.0	26.0	—	—	—	—
2.7	5.6	2.1	3.7	2.4	4.2	1.2	1.8	1.0	2.1	0.2	0.3
—	-1.2	—	-2.4	—	-6.4	—	-4.7	—	-18.1	—	-6.1
258,037		260,296		195,648		222,363		119,105		99,896	
127,669		146,009		111,513		145,555		57,596		70,651	

た。製品等欄の「綿」は綿糸、綿織物、賃織業者綿織物（1938-43年間），「絹紡」は糸と織物，「化繊」は
ド，レース，ニット類等，を売上として各々足した。それらから，「綿」には棉花，「絹紡」には絹の屑繊
引いた。下線の付いたものは，売上は分るが費用の項目が不明のものを示す。製品等欄の「(雑繊維)」は，
率は不明なので，上記のように処理した。
ある。

利益　　　　　　　　　　　　　　　　　　　　　　　単位：%。売上額と粗利益は 1,000 円

上期	43年下期		44年上期		44年下期		45年上期		45年下期	
粗利	売上	粗利	売上	粗利	売上	粗利	売上	粗利	売上	粗利
11.7	24.1	8.7	34.7	11.1	27.0	1.8	25.5	26.0	4.8	2.9
28.7	33.5	15.8	39.4	29.5	42.5	29.2	49.2	48.7	67.1	57.9
56.2	23.3	56.7	10.4	34.5	5.7	27.6	0.3	1.1	—	—
-6.1	0.3	0.9	—	—	—	—	—	—	—	—
-0.5	0.2	0.1	—	—	—	—	—	—	—	—
8.0	13.4	14.1	12.2	21.3	4.5	5.5	7.1	7.5	4.2	4.0
0.9	1.2	1.5	1.8	2.5	0.9	1.5	0.9	1.0	0.5	0.6
—	—	—	—	—	0.8	-0.2	6.7	2.7	16.0	23.2
—	—	—	—	—	1.9	1.7	5.3	5.3	6.7	10.2
1.1	4.0	2.2	1.5	1.1	16.7	32.9	5.1	7.7	0.7	1.2
	31,620		8,120		12,201		15,126		14,787	
	6,475		1,934		2,439		3,385		3,761	

げられている。従って，そのまま売上から費用を差し引いて粗利益を出した。なお別資料の損益計算書（ESS
経費，在庫調整も含まれるか不明のため粗利益は推定値。

第 5-2-4 表　1935-1945 年における日東紡績における各製品の売上額と推定値の粗利益

製品等	1935 年		1936 年		1937 年		1938 年		1939 年	
	売上	粗利	売上	粗利	売上	粗利	売上	粗利	売上	粗利
A. 紡績 (spinning)	48.7	−67.3	41.1	3.0	48.4	38.1	47.9	38.9	45.9	37.3
B. 織物 (weaving)	24.9	63.4	28.2	35.4	12.5	13.5	12.8	8.9	15.8	−1.73
C. スフ (Staple Fibre)	18.2	47.1	26.7	45.5	35.8	46.3	34.0	43.4	33.7	51.1
D. 他製品 (Other Products)	8.1	56.8	4.0	16.2	3.3	2.1	5.3	8.9	4.6	13.4
E. A+B+C+D粗利の合計額	1,999		4,945		15,771		18,867		18,039	
F. 生産費用 (原料通り)	1,069		1,998		9,108		10,142		11,173	
G. 売上額	13,994		19,932		47,402		55,221		55,289	
H. 粗利益 (E−F)	932		2,949		6,663		8,726		6,869	

資料：ESS (A) 10706-10707 より算出。
注：1. 日東の原資料では売上 (sales) と費用 (cost of sales) とに分けて各製品ごとの売上と費用が挙げられて
に生品費用 (cost of products) の項目が立てられていたために，Fとして示した。原料費以外の工場
粗利益は推定値である。
2. ％数値は，各製品の対売上高・対Eを示す。
3. 原資料記載の売上と費用の各製品合計値と原料通りの合計値とが食い違う個所が多々あり，相違
の数値に変則的な場合がある。
4. 各年，当年4月より翌年3月の期間を示す。

3表である。ただし投資収益の数値が判明したのは大和紡績と大建産業（ただし大建産業は逆に受取利息の項目が原資料になかった）のみであり，他社は預金類の受取利息も含めた数値となっている。なお原資料としたGHQ文書中に，受取利息・投資収益の記載がない期間は表に載せておらず，日清紡績，日東紡績の2社は資料が見当たらなかった[22]。またこの受取利息には，収益源の⑤として上述した機械設備や工場の売却益が国債か特殊預金の形で支払われていたことから，そこから発生する受取利息も含まれていたと考えられる。

　これによれば，各社ともに，受取利息・投資収益が，戦時期急激な増大を示していることが分る。大略，1944年から1945年にかけてピークを迎えている。また，受取利息・投資収益の見かけ上の数値が大きくなっているだけの可能性があることから，当期純益金で除した数値で見てみても，同様に1944年から1945年にかけて増大していく傾向が分る。各社によってばらつきがあるものの，1943年頃から1945年頃には10大紡の当期純益金レベルの収益の約30％から40％を受取利息や投資収益が占めていた

単位：％。E～H は 1,000 円

1940 年		1941 年		1942 年		1943 年		1944 年		1945 年	
売上	粗利	売上	粗利	売上	粗利	売上	粗利	売上	粗利	売上	粗利
42.3	23.0	45.2	51.8	40.5	34.6	29.6	7.2	30.0	17.8	17.5	8.9
15.5	1.9	18.7	11.6	24.2	23.0	34.9	40.2	34.2	7.7	48.5	50.5
26.9	33.9	22.4	22.0	21.7	9.6	6.7	−0.7	5.8	12.4	0.7	0.4
15.3	41.1	13.7	14.6	13.6	8.6	28.8	53.4	30.1	62.1	33.3	40.2
19,066		24,513		23,727		22,908		30,813		43,916	
12,031		16,030		12,555		14,710		19,789		18,274	
54,762		66,991		59,648		70,893		102,825		73,070	
7,035		8,486		11,176		8,201		11,027		25,644	

いる。従って，そのまま売上から費用を差し引いて粗利益を出した。但し日東の場合，費用の原資料には別人件費や工場経費の全製品合計値を指すものと思われる。但しFに在庫調整が含まれているか不明なために，

が甚だしい際に前者を採用する等の調整を行った場合もあるが，そのまま載せた場合もある。そのため，H

と言ってよいであろう。そして投資収益が独立している大和紡績の表から，1943年頃から投資収益が増大していることが分ることから，10大紡各社にとっても相当の投資収益があったことを窺い知ることができる。

　ただし，支払利子が受取利息・投資収益を上回っている企業もあった。支払利子が分る大日本紡績，大和紡績，倉敷紡績，鐘淵紡績，富士紡績を見ると，大和紡績と富士紡績を除く3社は戦時期に一貫して，受取利息・投資収益よりも支払利子の方が大きかった。もちろん，借入金全額が投資されたわけではないだろうから，支払利子全額を投資の費用とみなすことはできない。しかしながら，受取利息・投資収益の方が大きかった大和紡績と富士紡績でも，同様に借入金を全額投資に回さなかったはずである。したがって，戦時期の大日本紡績，倉敷紡績，鐘淵紡績の3社は，一般に投資効率が悪かったと言うことができよう。

　次に，10大紡がどの程度の数の企業の有価証券を保有していたのかを確認する。第5-4表は，GHQ文書中で他の時期が見つからなかったために1945年下期しか示せないが，10大紡各社がその有価証券を保有した出

第 5-3 表　1935〜1946 年頃の 10 大紡の利息収益の推移

10 社とも 単位：1,000 円

大日本紡績

	35年上	35年下	36年上	36年下	37年上	37年下	38年上	38年下	39年上	39年下	40年上	40年下	41年上	41年下	42年上	42年下	43年上	43年下	44年上	44年下	45年上	45年下	46年上	46年下
a. 受取利息（投資収益含む）	735	501	451	451	543	396	468	533	437	515	545	637	1,005	1,392	1,586	1,668	1,912	3,095	3,152	3,490	4,470	2,428	1,279	
b. 支払利息	172	122	172	230	99	391	314	213	291	445	633	796	1,024	1,126	1,211	1,220	1,160	1,394	2,069	2,684	3,385	3,785	4,774	
c. 当期純利益	5,147	5,151	5,231	5,652	5,834	5,448	4,542	5,828	5,942	6,786	7,704	9,316	15,575	19,570	20,629	19,983	19,733	19,355	19,127	20,622	20,490	−126	895	
d. b/c（単位：％）	14.3	9.7	8.6	8.0	9.3	7.3	10.3	9.1	7.4	7.6	7.1	6.8	6.5	7.1	7.7	8.3	9.7	16.0	16.5	16.9	21.8	—	142.9	

資料：ESS (A) 10608：『営業報告書』。
注：各社とも，1. 1946 年上期（倉敷紡績は 1946 年中期）の期末日は 1946 年 8 月 10 日。 2.「—」は資料に記載がないか，0 か計算不可を示す。

東洋紡績

	35年上	35年下	36年上	36年下	37年上	37年下	38年上	38年下	39年上	39年下	40年上	40年下	41年上	41年下	42年上	42年下	43年上	43年下	44年上	44年下	45年上	45年下	46年上
a. 受取利息（投資収益含む）	1,101	995	1,090	937	981	988	1,263	1,708	2,086	2,429	3,074	3,159	3,802	4,532	4,446	4,513	5,901	5,886	7,438	2,518	3,291	1,938	1,128
b. 当期純利益	6,224	6,258	6,251	7,530	6,995	8,242	7,330	7,333	7,293	7,334	8,362	9,537	10,904	10,790	10,909	10,507	10,432	14,357	4,667	15,468	15,982	5,229	1,734
c. a/b（単位：％）	17.7	15.9	17.4	12.4	14.0	12.0	17.2	23.3	28.6	33.1	37.8	32.2	34.9	42.0	40.8	43.0	56.6	41.0	159.4	16.3	20.6	37.1	65.1

資料：ESS (D) 09319：『営業報告書』。

豊島紡績

	35年末	36年	37年	38年	39年	40年	41年	42年	43年	44年	45年	46年上
a. 配当益・収入利息	215	452	718	718	882	1,305	1,577	1,512	1,465	3,741		882
b. 当期純利益金	1,990	1,983	3,140	3,399	2,917	4,992	6,019	5,134	8,867	5,174	
c. b/h（単位：％）	10.8	22.8	22.9	22.9	25.9	44.7	31.6	25.1	28.5	42.2	

資料：ESS (F) 04634, 04642：『営業報告書』。

大利紡績

	41年上	41年下	42年上	42年下	43年上	43年下	44年上	44年下	45年上	45年下	46年上
a. 受取利息	195	186	261	248	544	431	387	697	972	639	—
b. 投資収益	0	0	0	0	0	818	609	1,449	2,332	1,941	—
c. 支払利息	319	690	789	716	1,004	1,102	748	1,264	1,533	1,540	
d. 投資費用	0	0	0	0	103	365	211	250	625	503	
e. 当期純利益	307	4,021	3,926	3,617	3,180	2,888	2,154	3,039	3,105	−212	249
f. (a＋b)/e（単位：％）	63.5	4.6	6.6	6.9	17.1	43.2	46.2	70.6	106.4	—	—

資料：ESS (C) 11530：『営業報告書』。

倉敷紡績

	44年上	44年下	45年上	45年下	46年上	46年中
a. 受取利息(投資収益含む)	1,792	2,086	1,725	1,340	585	1,019
b. 支払利息(割引料含む)	2,340	3,464	1,489	4,005	3,904	3,531
c. 当期純利益	6,696	8,916	5,534	-3,421	-5,278	2,653
d. a/c(単位:%)	34.9	38.9	26.9	—	—	133.1

資料:ESS (F) 04714:『営業報告書』。

大建産業(呉羽紡績)

	35年下	36年上	37年下	38年下	39年下	40年下	41年上	42年上	43年上	44年	45年
a. 投資収益	—	—	—	254	626	838	617	455	351	349	3,598
b. 当期純益金	2,555	2,447	4,408	5,136	5,631	8,979	10,693	16,891	13,998	6,252	11,625
c. b/h(単位:%)	—	—	5.8	12.6	11.1	9.3	5.8	2.7	2.5	5.6	31.0

資料:ESS (E) 09167:『営業報告書』。

鐘淵紡績

	43年下	44年上	44年下	45年上	46年上
a. 受取利息(配当収益含む)	2,019	8,535	9,252	6,043	1,820	4,644
b. 支払利息	5,112	11,167	13,141	14,356	14,845	16,387
c. 当期純利益	19,172	23,065	28,981	—	—
d. a/c(単位:%)	10.5	37.0	31.9	—	—

資料:ESS (D) 09427:『営業報告書』。

富士紡績

	35年下	36年下	36年下	37年下	38年上	38年下	39年上	39年下	40年下	41年上	42年上	43年上	43年下	44年下	45年上	45年下	46年上
a. 受取利息(投資収益含む)	353	346	334	329	421	329	353	358	248	301	234	213	215	342	334	435	1,053	669	1,176	1,409	2,252	1,111	151
b. 支払利息																			1,131	802	1,007	291
c. 当期純利益	2,770	2,325	2,078	2,099	2,385	2,361	2,333	2,216	2,257	2,476	2,696	2,389	2,898	4,145	3,231	3,645	3,655	4,103	3,697	5,884	5,572	5,896	11,175
d. a/c(単位:%)	12.7	14.9	16.1	15.7	17.7	13.9	15.1	16.2	11.0	12.2	8.7	8.9	7.4	8.3	10.3	11.9	28.8	16.3	31.8	23.9	40.4	18.8	1.4

資料:ESS (F) 04604:『営業報告書』。

第 5-4 表　10 大紡の投資先企業数

	1945 年（下期）末
大日本	102 社
東洋	66 社
敷島	39 社
大和	31 社
倉敷	46 社
大建	135 社
鐘淵	146 社
富士	35 社
日清	33 社
日東	44 社

資料：ESS (A) 10613, 10706, (C) 11531, (D) 09322, 09428, (E) 09168, (F) 04606, 04642, 04689, 04715-04716。
注：1.「1945 年（下期）末」とは，各社の 1945 年度下期決算時を示すと見られる。
　　2. 海外企業を含む。
　　3. 大半は株式であるが，一部の 10 大紡の投資先企業数には，社債発行元か長期貸付金貸出先と見られる企業も含まれている。
　　4. 統制会や組合への出資金と見られる分は除いたが，統制会社の株式は含めた。

資先企業数を示している。10 大紡が有価証券を保有したすべての企業が配当を払っていたかは不明であるものの，各社が戦時期に多数の企業の有価証券を保有していた事実が分る。

　ここまでの分析から，次のようにまとめられよう。戦時期の 10 大紡の経営陣が，どの程度長期的視野にたって経営戦略を策定していたかを知ることは難しいが，1945 年頃までに，その事業ポートフォリオは国内から海外にわたって展開されており，本社直営部門では綿工業を中心とする繊維工業の各部門，また場合によっては時局産業を擁するほどになっていた。さらに 10 大紡各社を中心として企業グループが形成され，そこから上がる投資収益は 10 大紡の収益源の 1 つとなった。これらの収益源は 10 大紡に高い収益を保証したこともあり，各社はその経営戦略を変えることなく敗戦を迎えた。

　次節では，10 大紡が ESS 反トラスト課の改革志向型の占領政策によって戦時期の経営戦略を否定され，収益源の大半を喪失した状態で，新たな経営戦略を策定した過程を明らかにする。

第2節　占領復興期前半期の企業経営と経営戦略の策定

　第1節で検討した5点の収益源，すなわち，①国内の本社直営繊維部門，②国内の本社直営軍需関連部門，③海外繊維部門（または子会社），④企業グループ内の傘下企業の有価証券，もしくは現物出資や投資目的による有価証券からの配当金，⑤工場の売却・賃貸と機械設備の売却，の内で，占領復興期前半期に10大紡へ残されたのは，①のみであった。②は禁止され，③は完全に喪失し，④と⑤も持株処分や戦時補償打切り等によって基本的に喪失した。現金・預金類もインフレ昂進の中で，価値を減退させていった。10大紡に残された収益基盤は，①本社直営繊維部門と，②を転換した小規模の非繊維部門であり，これらに基盤を置いた新しい事業体制を構築しなければならなくなったのである。

　このような経営環境の中で，10大紡はESS反トラスト課の改革志向型の占領政策のために，経営戦略の策定を行わなければならなかった。なぜならば，先述したように，集排政策のためにESS反トラスト課の意向を窺いながら事業ポートフォリオに関する再編成計画を何度か提出しなければならず，最終的に，企業再建整備法に基づき整備計画を提出しなければならなかったからである。実際10大紡は，1949年中頃までに整備計画を日本政府へ提出することになった。

　以下では，10大紡が1949年中頃までに策定した経営戦略が，どのような経緯の末に作成されたのかを検討する。まず，占領復興期当初の10大紡の企業経営の状況と，新たな経営戦略を策定した10大紡の経営陣の特徴から検討しよう。

1．敗戦時から1946年頃までの復元計画と新経営陣

　敗戦後，第3章にて前述したように，1945年9月2日付のGHQ指令

により日本の一切の軍需生産は禁止された。これにより，10大紡の全工場は軍需に関連した生産をしていたために，一旦，生産が停止した。その後GHQは，9月25日付で絹以外の繊維製品の生産を許可したことから，10大紡の工場での繊維生産が再開されることになった。しかし本業の綿部門を見てみると，実際には物資不足や戦災により工場が操業停止状態であったり，軍需関連産業へ工場の貸与が行われたりしていた。

例えば，大日本紡績では，垂井・関原・高田・貝塚・尼崎の5工場で綿紡機計42万2772錘の操業が許可されていたが，実際に敗戦時の継続操業工場は，高田・貝塚・垂井工場の3工場であった（ただし垂井工場は敗戦時の時点でスフ紡績工場に転換されていた）。関原工場は三菱重工業へ貸与中（45年12月返還），尼崎工場は戦災で稼働不可の状態になっていた[23]。また大日本紡績の敗戦時の綿紡機据付数は，計27万6848錘（別に格納中は11万536錘）にまで減っていた[24]。大日本紡績だけではなく，他の多くの10大紡が類似の状況であった。また，他繊維部門でも，同様の状況であった。これらは，工場据付の繊維生産設備を示した後掲の第5-12表の「1945年敗戦時」欄の数値からも窺い知ることができる。

このような中で，10大紡は残された本社直営部門の再建を計画した[25]。その1946年中頃の「再建計画」を，第5-5表で確認しよう。この表は，10大紡が1946年6月までに制限会社に指定されたために，GHQへ提出する必要が生じ，1946年7月頃に提出した文書を整理したものである[26]。10大紡各社は，戦時期に他事業へ転換されていたり他社へ貸与されていたりしていた各工場を含めて，各工場をどのような事業で再建するかに関する事実上の再建計画を，GHQへ報告したのである。

この第5-5表から，10大紡が残された事業を積極的に再建していたことが読み取れる。まず1946年中頃の現状を見るために，a欄の稼働・所有工場の内訳を見ると，全社のほぼ全ての部門ともに，復元を進めていないd～gの状態の工場は少なく，bの据付済みの生産設備がある状態に分類された工場が多い。当時一般的に見られた原料不足のために稼働率は低かったであろうが，一応，稼働していた工場が多数あったことが分る。また「復元（計画）中」のcが少ないことから，すでに敗戦から1年が経っ

たこの時点で，再建が相当に進んでいたことが看取される。次に戦時期との比較のために，bとh欄の「継続」の状態の工場を比較すると，全社のほぼ全ての部門ともに，bが増えている。戦時期には，全社の多くの部門で，時局産業へ「転換」や「貸与」の状態にあった工場が，戦後に元の事業の工場に戻された場合が多いことが分る。

また第5-5表のa欄とh欄を比べると，10大紡は1946年6月までに制限会社に指定されたために，1946年6月以降は工場の売買に関してGHQの許可が必要となったが[27]，間隙を縫うようにそれ以前の1945年後半から1946年6月までの短い時期に，現物出資していたり売却していたりした工場を買い戻す動きが生じていたことが分る。東洋紡績，敷島紡績，大和紡績，倉敷紡績，富士紡績が実施しているが，ほとんどが綿部門への復元を希望する工場であり，米国のCCC綿の輸入が1946年6月から始まったことを背景にして，10大紡がこの時期に綿部門を重視していたことを窺い知ることができる。

さらに，1946年中頃において，機械工業などの非繊維部門を有していた10大紡中の全6社（大和紡績，倉敷紡績，大建産業，鐘淵紡績，日清紡績，日東紡績）が，非繊維部門を分離せずに再建するつもりであったことも分る。これは，上記6社の社史からも裏付けることができる[28]。

このような判断を下した10大紡であったが，その経営陣はこの時期，新旧の大きな入れ替えを示すことになった。第5-6表は10大紡の敗戦時の経営者（社長・会長）とその他の役員といった経営陣の属性を示している。注目すべきはエ欄に見られるように，戦前から戦時期にかけて10大紡の多数の役員が，繊維工業を含め新規事業が大半を占めたと見られる多様な産業分野の関係会社や子会社等の役員を勤めていたことである。やがて占領復興期に経営者を務めることになる者も，大半が戦前から戦時期にかけてそういった企業の役員を経験していた。大日本紡績では後に社長になる原吉平が4社，東洋紡績では後に社長になる谷口豊三郎と阿部孝次郎が7社と4社，敷島紡績では後に社長になる室賀国威が8社，大和紡績では戦時期から引き続き社長を務めた加藤正人が9社，倉敷紡績では戦前商社の役員を務めていたが社長に慫慂される塚田公太が4社，呉羽紡績（大

第5章　占領復興期における10大紡の経営戦略　243

第 5-5 表　1946 年 7 月頃における 10 大紡直営部門の稼働・所有工場の状況

直営部門		a. 部門別稼働・所有の工場・鉱山		b. 当該設備据付	c. 復元(計画)中	d. 戦災で未稼働	e. 他部門へ転換中	f. 休止中
大日本	綿	10		7	0	2	1(羊毛へ)	0
	羊毛	7		7	0	0	0	2
	絹紡	2		2	0	0	0	0
	化繊	2		1	0	0	1(食品へ)	0
	加工(晒)	2	所有計25	0	0	0	0	2
	亜炭	2*1		2	0	0	0	0
東洋	綿	21*2		11*3	4	5	0	2
	化繊	3		3	0	0	0	0
	パルプ	1		1	0	0	0	0
	化繊原料	2*4		2*4	0	0	0	0
	絹紡	1		1	0	0	0	0
	羊毛	6	所有計35	6	0	0	0	0
	染色	3		0	0	0	0	0
敷島	綿	12	所有計13	7	4	1	0	0
	雑繊維	1		1	0	0	0	0
大和	綿	11		5	2	3	0	0
	機械・木工	6*5	所有計17	6*5	0	0	0	0
	炭鉱	1		1	0	0	0	0
倉敷	綿・化繊	13		6*6	0	3	0	3
	羊毛	3		1	0	1	0	1
	染色・加工	4	所有計24	2	0	2	0	0
	機械	4		3	0	1	0	0
大建	綿	5		4	1	0	0	1
	羊毛	2		0	0	0	2(綿へ)	0
	絹織物	2		2	0	0	0	0
	染色・加工	4	所有計14	0	0	1	0	2
	製釘	1		1	0	0	0	0
鐘淵	綿・化繊	9		9*7	0	0	0	0
	絹紡	6		6	0	1	0	0
	製糸	10*8		10*8	0	0	0	0
	羊毛	5		5	0	0	0	0

244

単位：工場数

g.貸与中	h. aの工場の敗戦時の状況						
	継続	転換	貸与	現資	売却	休止	不明
0	4	1	5	0	0	0	0
0	4	0	1	0	0	2	0
0	1	0	1	0	0	0	0
0	0	1	0	0	0	1	0
0	0	0	1	0	0	1	0
0	2	0	0	0	0	0	0
2	9[*3]	2	9	0	1	0	0
0	2	0	0	0	0	0	0
0	1	0	0	0	0	0	0
0	2[*4]	0	0	0	0	0	0
0	1	0	0	0	0	0	0
0	3	0	2	0	0	1	0
3	0	0	3	0	0	0	0
0	7	0	3	2	0	1	0
0	1	0	0	0	0	0	0
1	3	0	2	0	2	4	0
0	0	2	2	0	0	1	0
0	1	0	0	0	0	0	0
1	4	5	3	1	0	0	0
0	1	0	0	1	0	0	0
0	4	0	0	1	0	0	0
0	4	0	0	0	0	0	0
1	3	0	3	0	0	0	0
0	0	0	2	0	0	0	0
0	2	0	0	0	0	0	0
1	1	0	1	0	0	1	0
0	1	0	0	0	0	0	0
0	3	3	3	0	0	1	0
0	3	1	2	0	0	0	0
0	6	1	1	0	0	0	1
0	4	0	0	0	0	1	0

	麻	3		2	1(綿へ)	0	0	0
	縫製	3		3	0	0	0	0
	木材加工	14		14	0	2	0	0
	化学等	8		8	0	0	0	0
	鉱山	3		2	0	0	0	1
	機械	4		4	0	0	0	0
	牧畜・食品	4	所有計65	4	0	0	0	0
	金属	1		0	0	0	0	1
富士	綿・化繊	8		4*9	0	0	0	4
	絹紡	4	所有計11	4	0	0	0	0
	カタン糸	1		1	0	0	0	0
日清	綿	8		3	4	0	0	0
	石綿	1		0	0	1	0	0
	ブレーキ	1	所有計10	1	0	0	0	0
	製紙	1		1	0	0	0	0
日東	綿	5		5	0	0	0	0
	化繊	5		5	0	0	0	0
	化繊原料	1		0	0	1	0	0
	絹紡	3		3	0	0	0	0
	染色	1		1	0	0	0	0
	ロックウール	2		2	0	0	0	0
	ガラス繊維	4		3	0	0	0	1
	鉱山	6		4	0	0	0	2
	耐火物・ゴム	2	所有計21	2	0	0	0	0
	製塩*10	1		1	0	0	0	0

資料：ESS (A) 10609, 10612, 10619, 10705, 10707, (C) 11529, 11530, (D) 09318, 09320, 09426。
表注：＊1：他に2個所の亜炭鉱があり、この時点では「委任経営」されていたとみられる。
　　　＊2：内7工場では戦時期にスフ紡織、他1工場ではタイヤコード製造も実施。
　　　＊3：東二見・白鳥重布工場は他社より借用。敦賀工場は綿織物も生産。津島工場は社史では戦時
　　　＊4：2硫化炭素生産のため他社より借用して操業。
　　　＊5：内、大田工場は46年2月より借用して松根油を製造（50年に賃貸解消）。
　　　＊6：内2個所ではスフ紡績も兼営。
　　　＊7：スフ紡績の長野工場を含む。
　　　＊8：戦後に岡部工場を購入。松山工場は購入時期不明。
　　　＊9：内2工場では、スフ紡績、雑糸生産等も実施。
　　　＊10：四倉工場は45年9月より稼働。GHQに報告していないが、所有工場として足した。
注：1．本社、事務所、研究所、倉庫、病院等は除外。
　　2．部門分類はGHQへの提出文書にあればそれに従い、ない場合は社史等から戦時期以前の事業状
　　3．aとb欄で1工場に複数繊維生産設備がある場合、各々にカウントした。h欄では例えばある工場
　　　戻したことを意味している。H欄で継続は46年7月頃と同様の製品を生産しているかどうかを

0	2	0	0	0	0	0	1
0	0	0	0	0	0	0	2
0	12	0	0	0	0	4	0
0	0	0	0	0	0	0	8
0	0	0	0	0	0	0	3
0	0	0	0	0	0	0	4
0	3	0	0	0	0	0	1
0	0	0	0	0	0	0	1
0	4	0	3	1	0	0	0
0	4	0	0	0	0	0	0
0	1	0	0	0	0	0	0
1	3	2	3	0	0	0	0
0	0	0	0	0	0	1	0
0	1	0	0	0	0	0	0
0	1	0	0	0	0	0	0
0	5	0	0	0	0	0	0
0	5	0	0	0	0	0	0
0	0	0	0	0	0	1	0
0	3	0	0	0	0	0	0
0	1	0	0	0	0	0	0
0	2	0	0	0	0	0	0
0	3	0	0	0	0	1	0
0	6	0	0	0	0	0	0
0	2	0	0	0	0	0	0
0	0	0	0	0	0	0	0

09428，(E) 09162，09168，(F) 04603，04605，04640，04642，04687，04713，04715；各社社史。

中に羊毛へ転換したはずだが，GHQへは綿部門として報告。

態から判断した。
の第1工場は賃貸，第2工場は繊維生産を継続した場合，各々にカウントした。また売却工場は戦後買示す。現資とは現物出資を示す。

第 5-6 表　敗戦時における役員と占領復興期 10 大紡の主要経営者の特性

	(人名後の( )内は生年)	ア．経営者・役員任期と属性	イ．所有自社株数(45年11月1日付)
大日本	小寺源吾 (1879) 三村和義 (1886) 岩田宗次郎 (1887) 原吉平 (1900)*1 他の専門経営者 [10人] 他の大株主役員 [5人] その他 [1人]*1	1936-46 社長。慶大。パージ。父も役員 46-47 社長。東大。パージ。父は社員 47-53 会長。就任前，繊維商社岩田商事社長 49-68 社長(47-49 の社長不在時常務)。東亜同文書院 内。田代重三は父も役員 内，3人は父も役員。寺田甚吉は被合併企業社長 松尾忠次郎は被合併企業社長	16,100 株 2,016 22,840 UN 計 32,084 計 111,040 300
東洋	種田健蔵 (1878) 鈴木万平 (1903) 関桂三 (1884)*1 谷口豊三郎 (1901) 阿部孝次郎 (1898) 進藤竹次郎 (1892) 他の専門経営者 [15人] 大株主役員 [3人]*1 その他 [2人]	40-45 社長。京大。パージ 45-46 社長。東大。パージ。のち参議院議員 50-57 会長。東大。パージ 46-47, 59-66 社長, 66-72 会長。東大。パージ。父は社長 47-59 社長, 59-66 会長。京大。父も社長，会長 57-59 会長。東大 内，伊藤伝七 39-42 会長。3人とも父は社長か役員 内，神野金之助の父も役員	3,333 450 UN 48,725 13,710 1,103 計 15,003 計 54,054 計 7,081
敷島	八代祐太郎 (1867) 山内貢 (1893) 室賀国威 (1896) 他の専門経営者 [12人] 大株主役員 [1人]	11-43 社長，43-46 取締役 43-47 社長。野村合名の 37-45 専務理事。パージ 47-67 社長。神戸高商 内，朝日紡績役員出身 4人。合名会社代表 3人 河盛勘次郎は 23-49 監査役で繊維問屋が本業	40,000 200 600 計 20,974 20,000
大和	加藤正人 (1886) 他の専門経営者 [8人] 大株主重役 [1人] 他の役員 [5人]	41-63 社長。慶大。在職中に参議院議員 合併前企業の社長・役員の役員就任多し 野瀬清嗣は 1902 生れ，41-48 常任監査役 被合併企業社長 1人，弁護士 1人，「顧問」格 3人	8,138 計 20,005 計 28,700 計 8,076
倉敷	大原総一郎 (1909)*1 藤田勉二 (1904)*1 塚田公太 (1885)*1 三木哲持 (1898)*1 他の役員 [14人]*1	41-47 社長，53-68 取締役。東大。祖父，父も社長 49-51 社長。京大。大原合資社員。内紛で辞任 51-55 社長，55-63 会長。東京高商。就任前に物価庁長官 55-65 社長。44 より役員。戦後一時出向。神戸高商 後の大日本紡績会長の岩田宗次郎も含む (エ欄に不計上)	2,500*2 UN UN UN UN
大建産業	伊藤忠兵衛 (1886) 伊藤竹之介 (1883) 植場鐵三 (1894) 井上富三 (1882)*1 専門経営者 [9人]*1 他の大株主役員 [1人] 他の役員 [10人]*1	29-45 社長。八幡商業 44-46 会長。八幡商業 45-47 社長，50-59 役員，社長。京大。官僚出身 51-55 社長，55-56 会長。東京高商。創業来の役員 大建産業源流の 1 つ岸本商店の岸本吉左衛門	148,807*2 24,237 0 13,726*2 UN 105,774*2 UN

ウ．所有株他社数（同左）	兼任計	エ．戦前より46年6月頃までに役員を兼任した企業数							
		繊維	染色	金属・機械	化学	金融・保険	商業	海外	不明・他
10社	12社			2 (42)	2 (40)	1		5 (40)	2 (40)
8社	7社			3 (40)	1 (40)			2 (40)	1 (40)
44社	12社	2			2			2	6
UN	4社	2	1		1				
0～5社	計46社	計5	計2	計5	計11			計14	計9
4～59社	計50社	計8		計11	計1	計3		計3	計24
UN	8社			4					4
2社	12社			1 (43)	3 (43)			7 (29)	1 (44)
0	16社	1 (44)		5 (43)	1 (44)		1 (42)	6 (42)	2 (42)
UN	7社	1	1		1		1	2	1
23社	7社	1 (44)						6 (40)	
20社	4社							4 (43)	
0	7社	1 (43)					1 (42)	5 (41)	
0～23社	計80社	計31	計6	計5	計4	計1	計2	計27	計4
24～45社	計12社	計3		計3		計2			計4
14～33社	計7社	計1		計1				計3	計2
18社	2社							2 (43)	
10社	24社			3 (41)	1 (44)	4 (41)	1 (35)	3 (43)	11 (37)
3社	8社	1 (46)	1 (41)	3 (44)	1 (44)		1 (28)		3 (10?)
0～16社	計3社	計3	計6	計11	計4		計1	計1	計9
4社	1社								1
25社	9社	1 (43)	1 (42)	2 (43)	1 (43)			3	1
0～12社	計32社	計3	計1	計6	計5		計1	計8	計8
38社	2社			1 (44)				1 (42)	
2～10社	計19社			計1	計9		計1	計1	計7
UN	3社	1		1					1
UN	0	(敗戦時，大原合資の代表社員)							
UN	4社	4	(敗戦時，東洋棉花取締役会長)						
UN	1社	1		1					
UN	計14社	計3	計1	計4		計3		計1	計2
64社	17社	1		4 (29)	1 (43)		1	3 (27)	7 (37)
27社	26社	5		3 (44)	1 (44)	1	1 (42)	6 (36)	9 (37)
1社	0	(拓務次官退官後，中支邦振興副総裁)							
UN	3社	3							
UN	計9社				計1		計4		計4
UN	計13社	1		4			1		7
UN	計71社	計5		計19	計3	計5	計2	計5	計32

第5章 占領復興期における10大紡の経営戦略

鐘淵	津田信吾（1881） 倉知四郎（1878） 武藤絲治（1903）	30-45 社長。慶大。戦犯容疑逮捕（46 年中に釈放） 45-47 社長。慶大。パージ 47-68 社長（途中内紛で一時会長）。父も社長	7,100*2 UN 2,793*2
	他の役員 [30 人]		UN
富士	日比谷平左衛門（1881） 堀文平（1882） 小原源治（1891）	32-45 会長。慶大。父も役員。繊維商社が本業 41-45 社長、45-58 会長。東京高商 52-60 社長、60-62 会長。山口高商	35,114 5,000 300
	他の専門経営者 [10 人] 他の大株主役員 [2 人] 他の役員 [4 人]	 内，森村市左衛門は 24-30 会長，父も役員 銀行出身 2 人，軍人出身 1 人，華族 1 人	計 6,693 計 20,000 計 1,115
日清	宮島清次郎（1879）*3 桜田武（1904）	19-40 社長（40-44 社長は鷲尾勇平），40-45 会長。東大 45-64 社長，64-70 会長。東大	11,683 200
	他の専門経営者 [9 人] 他の役員 [5 人]*4	内，岡田荘四郎（1914-47 年取締役）の株数 8,250 被合併紡績企業役員 2 人，「顧問」格 3 人（監査役）	計 9,050*5 計 7,962
日東	片倉三平（1890）*1 内藤圓治（1888）*1 広川憲（1891）*1	34-46 社長，46-47,49-65 会長。片倉組社員 46-54 社長。元鐘紡社員 54-57 社長。旅順工科大。元東洋紡社員	4,587*2 2,042*2 1,576*2
	他の片倉組社員 [5 人]*1 他の専門経営者 [5 人]*1 他の役員 [4 人]*1	親会社片倉工業の持株会社（片倉組）社員 工場長経験 3 人。被合併企業名古屋紡績出身 3 人 被合併企業役員 2 人，逓信省技師出身 1 人等	UN UN UN

資料：ESS (A) 10616, 10705, (C) 11529-11530, (D) 09319, 09427-09429, (E) 09173-09174, (F) 04608, 年）；各社社史。

表注：*1：敗戦時に役員でないと GHQ 文書に資料がないため，所有自社株数や役員兼任先の企業が不明長に関しては，基本的に，『人事交信録』や各社社史を使用して情報を得た。ただし，『人事交信ていない。
* 2：役員属性を示す GHQ 文書には情報が欠落しているため，他の GHQ 文書で 44 年末（日東紡績者リストから引用。
* 3：エ欄作成に当たり，宮島清次郎翁伝刊行会編『宮島清次郎伝』宮島清次郎翁伝刊行会，1965 年。
* 4：一部役員は『人事交信録』参照してエ欄作成。
* 5：岩崎清七，鷲尾勇平の株数は不明のため含めず。44 年末の株主リスト（ESS (F) 04689）により
注：1．表中の「UN」は不明を示し，空欄は該当なしを示す。
　　2．E欄で諸業種に分類する際，社史等を参照して企業の業種を特定したが，一部社名から推測した場も過去に就任した年を示す。エ欄には，統制会や統制会社，組合等の公的機関，及び当該企業への不明の場合は 10 大紡以外の企業は兼任先として計上した。
　　3．専門経営者とした役員は，基本的に当該企業に入社して役員へ昇進した者を指す。大株主役員の中早期より経営に関与したり親も役員等の特徴を持つことが多い。

建産業）では後に社長になる井上富三が 3 社，富士紡績では後に社長になる小原源治が 4 社，日清紡績では後に社長になる桜田武が 1 社，日東紡績では後に社長になる内藤圓治，広川憲がそれぞれ 1 社，自社以外の役員を経験していた。

　占領復興期の経営者にとって，どの程度戦前から戦時期にかけてこれら

UN	30 社		8 (36)	5 (40)		2 (39)	10(38)	5 (29)
UN	30 社		6 (43)	8 (41)		1 (46)	12(37)	3 (44)
UN	0							
UN	計156社	計12	計38	計20		計3	計65	計18
UN	4 社		1 (44)				1 (44)	2
3 社	7 社	1 (44)	2 (43)			1 (44)	2 (35)	1
10 社	4 社						4 (44)	
0〜10社	計25社	計4	計6	計2		計5	計6	計2
21, 31社	16 社	計1	計1	計1	計3	計1	計1	計8
0〜15社	計6社		計2	計1				計3
3 社	5 社		1 (25)		2			2
0	1 社				1 (41)			
0〜2社	計5社	計3				計2		
6〜7社	計27社		計2		計4		計3	計18
UN	7 社	2						5
UN	1 社							1
UN	1 社	1						
UN	計29社	計12				計2		計15
UN	計3社	計1						計2
UN	計18社	計4	計5	計1				計8

04641, 04689, 04715:『人事興信録』第 14 版(人事興信所, 1943 年), 第 15 版(1948 年), 第 16 版(1951

である。そこで敗戦時に 10 大紡の役員経験がなかったり GHQ 文書に情報が欠落している企業や社長, 会

信録』に頼った場合, 43 年から 45 年にかけての情報やその時期に役員になった者の情報は不明で, 計上し

の場合)もしくは 45 年後半(決算月と見られる。日東紡績以外の 10 大紡)の 500 もしくは 1000 株以上所有

を参照して, 国策パルプ社長も追加。

ば各々, 7560 株(ESS (F) 04689 所収の別資料では 45 年のどこかの時点で 6960 株), 800 株, を有していた。

合もある。( )内は西暦下 2 けたので, その項目の兼任役員の中で判明する限り(大体は原資料表記), 最

被合併企業の役員等は含めなかった。役員の中には, どこを本来の所属先とする役員か不明の者もいたが,

にも, 内部昇進者もいるが, 分けて表示した。大株主役員は, 約 1 万株以上所有を一応の基準とした。入社

の企業の経営に関与できたかは不明であるものの, 繊維工業やその他産業に関する企業経営上の一定の知見を得たであろうと考えられる。ただしこれらの知見は占領復興期の経営者に, 多角化の良い点よりも, むしろ新規事業がはらむ不安定性や危険性などの負の点を教訓として認識させてしまった可能性がある。後に見るように, 占領復興期の後半期の 10 大紡の

経営者は，戦時期の10大紡と異なって積極的な事業展開をせずに，基本的に綿部門を中心とする既存の自社部門の収益性の向上を追求することを特徴とした保守的な経営戦略を選択することになるからである。

戦時期に形成された企業グループは，改革志向型の占領政策により，解体を余儀なくされた。10大紡は制限会社に指定されたために，兼任役員は1947年までに強制的に辞任させられ，子会社等との人的関係は断ち切られた。第5-6表によれば役員の兼任先（エ欄）には，軍需関係と見られる金属・機械以外に繊維関係の企業も含まれており，染色企業や自社の繊維生産部門を補強する企業もあったと見られるが，こういった企業でも兼任役員は禁じられたのである。また，10大紡は日東紡績を除き持株会社指定も受けており，持株会社整理委員会によって所有他社株式の接取も行われ，関係会社と子会社との資本関係も断たれた[29]。

また10大紡は，占領復興期前半期に，経営者の大規模な入れ替わりを経験した。第5-6表から分るように，特に大日本紡績，東洋紡績，鐘淵紡績の3大紡では，小寺源吾，種田健蔵，津田信吾といった戦時期の経営戦略の策定を主導した社長がパージされるかもしくはA級戦犯容疑で逮捕されており，他にも役員クラスでパージを出している。他社では敷島紡績でパージにより，社長の山内貢が辞任している。また倉敷紡績，大建産業，日清紡績では，パージを予期したか自発的意思かで，経営者が代わっている。戦時期から主要な経営者が代わっていないのは，大和紡績，富士紡績，日東紡績であるが，第5-7表で見ると，1945年から46年をピークに，1950年頃の間にそれら3社を含めた10大紡全社で，役員の大量交代が生じている[30]。

またこの時期，旧来の10大紡の株主構成にも変化が見られた。第5-8表でこの点を確認してみよう。資料上の制約から上位株主しか判明しないため，過半数の株主の実態が分らないが，企業経営に実際に影響を与えたと推測できる上位株主の推移を知ることができる。1937年と1945年，1946年の戦時期に近い段階の上位株主を見ると，上位10者合計値で，5割を超えた日東紡績（片倉工業の子会社）を除くと他の9社は最大でも3割ほどであり，経営の決定権を握っていた株主はいなかった。しかし，役員

や関連企業が上位株主の多く占めており，経営戦略決定に関して従来の上位株主が何らかの影響力を及ぼす可能性があった。しかし10大紡全社ともに上位株主は，1948年，1949年になると，一旦，政府機関（閉鎖機関整理委員会や持株会社整理委員会等）へ集約された。その後増資も行われ（第5-8表の最下記の欄を参照），1950年には上位者は銀行，生命保険会社，証券会社などに変化した[31]。これら上位株主の大半は10大紡の経営にはほとんど影響力を発揮しなかったと見られ，10大紡の新経営陣は，株主からほとんど制約を受けずに経営戦略の策定を行うことが可能になったと考えられる[32]。

2. 占領復興期前半期における10大紡の経営戦略の策定

　前節では，1946年の前半期までの10大紡が，本社直営部門（機械などの非繊維部門も含む）の再建を積極的に進める経営方針を立てていたことと，また1946年から1947年を中心にして，占領復興期前半期の10大紡の経営陣が，急速に刷新されたことも確認した。

　それでは占領復興期前半期に新経営陣は，どのような経営戦略を策定したのであろうか。以下では，1946年末頃から1948年3月頃，およびそれ以後から1949年4月頃までの2つの時期に大別して検討する。

(1) 1948年3月頃までの経営戦略

　10大紡の1948年3月頃までの過程は，経営戦略の策定が停滞した時期であった。これを，次の2つの点から確認しよう。第1に，10大紡が策定した各製品部門の生産計画であり，そして第2に，集排政策への対応である。

　製品別に表した各事業部門の生産計画を示した第5-9表を検討しよう。まず1947年中頃までの生産計画を見てみる。1946年末頃と1947年中頃にESSへ提出された文書に記載されたAとBの数値（Aでは各社とも染色・仕上を除く繊維部門しか提出していない）は，「今後予想される月々の生産高」（Anticipated Average Monthly Output）を記載させたものであった。これは本

第5-7表　1926-1965年における10大紡各社の役員の就任・辞任の合計数および役員

	26年	27年	28年	29年	30年	31年	32年	33年	34年
大日本	0	0	2	2	1	12	0	2	0
東洋	5	0	6	2	0	1	3	1	1
敷島	1	1	0	1	2	1	3	0	0
大和	—	—	—	—	—	—	—	—	—
倉敷	0	1	1	0	1	0	2	5	2
呉羽（大建）	—	—	—	—	0	0	0	0	1
鐘淵	1	0	5	0	5	3	2	1	1
富士	0	2	2	2	4	7	0	1	2
日清	1	1	0	0	0	0	2	1	3
日東	0	3	5	1	0	2	1	0	3
平均	1.0	1.0	2.6	0.9	1.4	2.9	1.4	1.1	1.2
役員数平均	13.4	13.0	13.0	12.9	12.7	12.3	12.1	12.0	12.2
役員数最小・大	9-17	8-17	7-17	7-15	8-15	8-15	7-15	6-15	6-16

	46年	47年	48年	49年	50年	51年	52年	53年	54年
大日本	12	9	0	8	1	2	3	7	0
東洋	7	5	0	1	6	2	5	0	0
敷島	14	1	0	5	0	1	1	2	5
大和	4	3	14	0	0	2	1	0	0
倉敷	2	5	0	5	2	7	2	0	1
呉羽（大建）	6	7	1	0	16	0	2	0	1
鐘淵	22	3	0	13	2	3	5	5	5
富士	0	0	1	9	4	0	4	0	4
日清	10	4	1	1	2	2	0	1	0
日東	13	6	0	3	1	1	1	0	6
平均	9.0	4.3	1.7	4.5	3.3	2	2.4	1.7	2.2
役員数平均	14.7	13.1	11.6	13.5	14.1	15.0	15.6	14.9	14.8
役員数最小・大	11-24	11-18	6-15	10-22	9-18	12-19	13-19	12-17	13-17

資料：各社社史掲載の役員任期表。但し1959年以降の呉羽に関しては社史刊行後のため、『有価証券報告
注：1. 例えばある年に役員が2人辞めて3人就けば、表には5（人）と表記される。
　　2. 本表の役員は取締役と監査役を意味し、役員ではない相談役、顧問は含めていない。
　　3. 網掛は各社の上位3位までの数値を示す。
　　4. 「役員数平均」は各社の各年最多の役員数を算術平均した数値（1926-28年は分母は8社、29-40年
　　　社の各年最多役員数の中で、最小及び最大の数値を挙げたもの。10大紡間の役員数のバラツキを示
　　5. 敷島は、朝日紡績（解散）を合併する43年まで福島紡績（存続）の役員数を使用。

格的な中長期的な計画ではないにしても，直近の生産方針を示すものと見なすことができる。そのため，設備制限や価格統制を受けた条件付きの状態だったとはいえ，その時点での10大紡各社の事業ポートフォリオに関する経営戦略を窺い知ることができる。

数平均等   単位：人

	35年	36年	37年	38年	39年	40年	41年	42年	43年	44年	45年
	3	5	0	1	3	4	3	0	11	0	6
	4	0	1	0	0	8	0	11	4	0	17
	1	0	0	6	3	0	4	0	6	9	4
	—	—	—	—	—	—	0	2	0	4	1
	0	0	3	1	3	3	6	2	1	8	13
	0	1	4	0	3	0	5	0	2	18	15
	3	3	1	1	2	0	13	2	0	17	6
	6	0	1	1	3	1	9	3	4	4	10
	3	1	0	5	0	0	7	0	4	5	8
	1	1	4	0	1	3	5	3	2	4	3
	2.3	1.2	1.6	1.7	2.0	2.1	5.2	2.3	3.4	6.9	8.3
	12.4	12.6	12.8	12.9	13.4	14.0	15.6	16.7	16.9	18.8	18.6
	7-16	7-16	7-16	7-17	8-18	8-19	12-21	12-21	13-22	15-25	15-23

	55年	56年	57年	58年	59年	60年	61年	62年	63年	64年	65年
	1	7	0	7	1	3	4	5	5	3	4
	1	5	1	3	9	0	11	3	1	8	6
	0	4	3	0	0	1	2	0	0	6	0
	3	0	0	0	1	9	0	3	3	4	2
	4	1	7	1	2	2	8	1	3	0	9
	1	11	1	10	0	4	0	3	8	1	0
	4	2	0	9	7	4	33	0	12	0	5
	0	6	0	8	0	6	5	0	5	8	6
	3	2	2	2	4	6	2	2	0	2	4
	2	4	0	5	1	3	1	10	7	8	5
	1.9	4.2	1.4	4.5	2.5	4	6.8	2.3	4.4	4.8	4.1
	14.6	14.7	14.8	14.9	15.1	15.4	17.2	17.3	17.7	16.7	16.8
	10-18	11-19	11-19	12-19	10-19	11-19	11-27	11-27	11-27	11-21	11-20

書』，『営業報告書』を使用。

は分母9社．後は分母10社．大和と呉羽が設立前のため．「—」はそれを示す）．「役員数最少・多」は各す．

　注目すべきことは，敷島紡績や大和紡績，日清紡績[33]のようにほぼ綿部門しか所有しない3社以外の7社では，綿部門の比率が1946年末と1947年中頃と比較して後者の方が低下していることである．しかもその低下の度合いは大日本紡績と倉敷紡績を除くと著しいと言ってよく，1947

第 5-8 表　1937-1955 年における 10 大紡の上位株主の推移

企業名	大日本紡績						東洋紡績			
時点	37/5	45/11	48	49/1	50/2	55/4	37/5	45/11	48/4	49/4
取上げた上位者数の合計	10	9	5	5	5	9	10	10	5	5
銀行	1		1			5(2)		2(1)	2	1
保険会社, 証券会社*1	2(1)	2(1)	2	4	5	4(3)	3(2)	2(1)	1	3
4大財閥(本社・財閥家族)										
政府・公的機関*2		1	1					1(1)	2	
他の企業・機関								1(1)		
役員, 関連企業*3	4(2)	4(3)	1	1			4(3)	2		
従業員・社員の団体	1(1)	1(1)						1(1)		
他の個人	2(1)	1					3	1		
上位5者の対総株式%	7.5	7.4	5.4	4.4	5.6	12.2	5.9	6.6	5.7	4.3
上位10(9)者の対総株式%	12.9	11.2	—	—	—	15.5	9.9	10.6	—	—
総株式数(単位:100万株)	2.2	2.9	2.9	6.6	21.0	105.0	1.5	5.6	5.6	9.0

企業名	倉敷紡績						呉羽紡績（大建産			
時点	37/6	46/3	48/5	49/3	50/3	55/4	37/5	46/3	48/3	49/3
取上げた上位者数の合計	10	10	5	5	5	10	10	10	5	5
銀行		1(1)	1	1	1	5(4)				
保険会社, 証券会社*1	1	1	1	2	4	5(1)	1	2(1)	2	3
4大財閥(本社・財閥家族)										
政府・公的機関*2		2(2)	3	1				1	2	
他の企業・機関	3(2)	1		1						
役員, 関連企業*3	2(1)	5(1)					7(5)	3(3)		
従業員・社員の団体								2(1)	1	
他の個人	4(2)						2	2		
上位5(4)者の対総株式%	16.5	13.7	13.7	4.8	4.6	14.1	25.6	15.6	8.9	6.2
上位10(7)者の対総株式%	21.0	18.0	—	—	—	18.7	31.0	21.5	—	—
総株式数(単位:100万株)	0.4	1.3	1.3	3.0	10.0	40.0	0.4	3.0	3.0	8.0

企業名	日清紡績						日東紡績			
時点	37/5	45/11	48/4	49/11	50/1	55/4	37/3	46/3	48/3	49/3
取上げた上位者数の合計	10	10	5	5	5	10	10	10	5	5
銀行		1	1	1		3(1)	1(1)			1
保険会社, 証券会社*1	3(2)	2(1)	2	2	5	7(4)	3	4(1)		3
4大財閥(本社・財閥家族)									1	
政府・公的機関*2	1	1(1)	2	1						
他の企業・機関	1						1(1)	2(2)	2	1
役員, 関連企業*3	5(3)	5(2)					3(2)	3(2)	1	
従業員・社員の団体									1	
他の個人		1		1			2	1		
上位5者の対総株式%	13.7	16.5	17.4	9.6	8.3	8.8	50.0	38.9	33.9	16.7
上位10者の対総株式%	21.8	23.8	—	—	—	14.4	55.8	46.6	—	—
総株式数(単位:100万株)	0.5	0.6	0.6	1.3	2.6	20.8	0.2	1.2	1.2	3.0

256

( )内は内数で上位 5 者を示す

		敷島紡績（37年は福島紡績）						大和紡績				
50/3	55/4	37/5	45/11	48/4	49/4	50/4	55/4	37/5	45/9	48/3	49/2	50/3	55/4
5	10	10	10	5	5	5	10		10	5	5	5	10
1	2(2)					2	3(3)		1(1)			1	5(5)
4	8(3)					1	5(2)	(設立前)	2		2		5
					1								
		1(1)	2(1)	1	1				1(1)	2	1		
		6(4)	6(4)	4	3	2	2		2	1			
									2(2)	2	2	1	
		3	2						2			2	
4.3	11.9	31.4	22.7	14.8	6.2	6.4	18.0		21.9	10.4	4.5	6.4	10.72
—	15.7	40.3	30.9	—	—	—	20.93		30.0	—	—	—	15.34
28.1	86.0	0.6	1.3	1.3	4.8	16.0	16.0		0.8	1.7	3.5	9.6	9.6

業）		鐘淵紡績						富士紡績					
50/2	55/4	37/6	45/10	48/5	49/3	50/3	55/4	37/5	45/11	48/3	49/3	50/4	55/4
5	10	10	10	5	7	4	10	10	10	5	5	5	10
	6(4)						3(3)	1					4(3)
4	4(1)	5(2)	2		4	3	7(2)	2(1)	3(2)	3	5	5	6(2)
		1(1)	1(1)						1(1)	1			
			2(1)	4		1			1(1)	1			
		1(1)	1		1			1(1)	2				
			3(2)	1	1	1	1	5(3)	3(1)				
1													
		3(1)	1		1		1						
5.7	19.8	26.3	8.3	10.8	6.8	2.7	8.6	13.7	10.2	8.9	7.8	8.7	13.3
—	28.4	32.9	11.0	—	7.8	—	11.4	18.7	14.4	—	—	—	18.3
8.0	35.0	1.2	6.5	6.5	10.5	32.6	35.6	1.0	1.4	1.4	3.0	10.0	40.0

資料：1937年の数値は、『東洋経済株式会社年鑑』第15回（昭和12年版）；45〜50年は、ESS (A) 10605-10606, 10608, 10612, 10700, 10704-10705, (C) 11528, 11530, (D) 09315-16, 09319, 09422-09424, 09428, (E) 09162, 09167, 09175, (F) 04602-04603, 04605, 04637-04638, 04641, 04687, 04689, 04711-04713, 04715；55 年は、『有価証券報告書』昭和30年上期；また45年下期の株数は、持株会社整理委員会調査部第二課編『日本財閥とその解体』も参照。

表注：＊1：日本投資信託株式会社（証券4社の投信受託会社）を含む。
　　　＊2：戦時金融金庫、証券取引所を含む。
　　　＊3：その時点での過去・現在の役員、及びその関係する企業・機関、また10大紡の子会社。

注：1. 日付は各月25日より末日。また原資料に45年の「最終日（決算日）」(the close of 1945)付とされている場合、年月日は、各社営業報告書の45年下半期の決算日と考えた。
　　2. 銀行、証券会社で支店記載がある場合、本店と合せて1社と数えた。
　　3. 株主の苗字・企業名から、役員の家族や関係企業と推測できる事例があったが、各社社史・その他資料を管見した範囲で検証が得られなかった場合、「他の個人」「他の企業・機関」に分類した。
　　4. 「—」は不明を示す。

50/3	55/3
5	10
1	8(4)
4	2(1)
13.0	23.9
—	32.2
12.0	27.0

第5章　占領復興期における10大紡の経営戦略

第 5-9 表　占領復興期前半期における 10 大紡の生産計画

1　大日本紡績	A. 47/初		B. 47/9頃		C. 49/4	
綿糸[*1]	35.0	7	33.4	7	57.2	6
綿織物[*1]	—[*2]		13.6	9	5.6	6
絹紡糸・織物	8.1	2	17.9	2	6.5	2
スフ繊維・糸・織物	4.6[*3]	1	5.9	2	7.7	2
毛糸・織物[*1]	52.3	7	26.0	1	19.7	8
繊維2次製品 (原料不明)	—		1.8	2	—	
漂白，捺染	—		—		3.1	1
食品，医薬品等	—		0.8	1	0.3	1
繊維機械製造・修理	—		0.3	1	—	
亜炭	—		0.3	2	—	
上記中綿製品（波線）計		9	47.0	9	62.8	9
合計 (右欄は操業継続工場)	100	15	100	21	100	21
1ヶ月当り生産合計額(1,000円)	111,771		234,374		1,156,068	

資料：ESS (A) 10609, (D) 12576;『再建整備計画添付書類』；社史。

2　東洋紡績	A. 47/初		B. 47/9頃		C. 49/4	
綿糸	13.2	12	15.0	13	41.2	11
綿織物[*1]	23.1	6	4.4	7	27.3	7
毛糸・織物[*1]	21.9	8	58.8	15	10.5	7
絹紡糸・織物[*1]	2.5	1	2.2	3	2.5	1
化繊・糸・織物	39.1	4	14.0	3	16.0	3
化繊用パルプ	—		0.5	1	0.5	1
二硫化炭素 (化繊原料)	—		1.1	2	—	
繊維2次製品 (原料不明)	—		3.8	2	0.6	5
合板，木材製品	—		0.3	2	1.3	1
上記中綿製品（波線）計	36.3	13	19.4	14	68.5	13
合計 (右欄は操業継続工場)	100	24	100	32	100	28
1ヶ月当り生産合計額(1,000円)	188,439		644,784		1,929,705	

資料：ESS (D) 09318, (I) 01074;『再建整備計画添付書類』；社史。

3　敷島紡績	A. 47/初		B. 47/9頃		C. 49/4	
綿糸	52.0	8	47.8	9	70.9	9
綿織物	48.0	7	52.2	8	29.1	9
上記中綿製品（波線）計	100	12	100	12	100	13
合計 (右欄は操業継続工場)	100	12	100	12	100	13
1ヶ月当り生産合計額(1,000円)	52,873		61,680		664,175	

資料：ESS (D) 12756, (F) 04640;『再建整備計画添付書類』；社史。

4　大和紡績	A. 47/初		B. 47/9		C. 49/4	
綿糸	(資料未発見)		46.7	5	57.0	6
綿織物			48.1	6	42.9	7
自転車			5.2	1	—	
紡機修理，木製品，褐色炭			—[*4]	6	—	
上記中綿製品（波線）計			94.8	6	100	7
合計 (右欄は操業継続工場)			100	7	100	7
1ヶ月当り生産合計額(1,000円)			47,467		443,189	

資料：ESS (D) 12608;『再建整備計画添付書類』；社史。

5　倉敷紡績	A. 47/初		B. 47/9		C. 49/4	
綿糸	31.5	7	31.7	7	63.6	7
綿織物	27.0	3	26.5	3	18.2	3
化繊糸・織物	2.3	1	1.1	1	2.8	1
毛糸・織物	39.2	1	28.2	1	7.8	1
漂白，捺染	—		7.6	1	6.7	1
機械製造・修理等	—		4.9	3	0.9	1
上記中綿製品（波線）計	58.5	7	58.2	7	81.8	7
合計 (右欄は操業継続工場)	100	8	100	12	100	13
1ヶ月当り生産合計額(1,000円)	42,096		71,410		452,289	

資料：ESS (F) 04713, (H) 01924;『再建整備計画添付書類』；社史。

6　呉羽紡績	A. 47/初		B. 47/9頃		C. 49/4	
綿糸	49.7	6	14.2	6	90.0	6
綿織物	19.2	4	9.5	4	4.5	4
毛糸・織物	28.2	1	43.0	1	1.8	1
絹織物	2.9	3	0.1	1	1.5	
漂白，染色	—		26.7	1	2.1	1
製釘	—		6.5	1	—	
上記中綿製品（波線）計	68.9	7	23.7	6	94.5	6
合計 (右欄は操業継続工場)	100	10	100	9	100	7
1ヶ月当り生産合計額(1,000円)	67,776		207,372		655,500	

資料：ESS (D) 12550, (E) 09175;『再建整備計画添付書類』；社史。

単位：各欄左は合計額に対する%，右は工場数

7 鐘淵紡績	A. 47/初		B. 47/9		C. 49/4	
綿糸	20.1	13	6.0	11	43.4	—
綿織物	9.0	10	4.7	7	8.5	—
化繊・糸・織物	—	—	—	—	1.6	—
麻糸・織物・製品*1	2.1	1	0.6	1	1.7	—
毛糸・織物・製品*1	22.1	6	6.9	6	19.3	—
生糸, 絹糸, 織物・製品	23.5	6	61.9	14	20.7	—
漂白, 浸染, 捺染	22.3	1	11.1	1	4.9	—
繊維2次製品（原料不明）	1.0	4	0.6	4	—	—
化学製品, 薬品等	—	—	3.9	6	—	—
紙・木材加工	—	—	2.8	14	—	—
紡織機・銅線等の修理・製造	—	—	1.4	3	—	—
亜炭, 磁鉄鉱	—	—	0.2	1	—	—
上記中綿製品（波線）計	29.1	14	10.7	12	51.9	—
合計（右欄は操業継続工場）	100	27	100	57	100	—
1ヶ月当り生産合計額(1,000円)	144,208		900,143		1,099,963	

資料：ESS (D) 09425, (H) 01788-01789；『再建整備計画添付書類』；社史．

8 富士紡績	A. 47/初		B. 47/9頃		C. 49/4	
綿糸	52.1	7	26.7	6	47.3	6
綿織物*5	19.6	3	15.8	2	17.2	5
スフ繊維・糸	23.4	1	56.0	2	12.3	2
絹紡糸*1	4.9	2	1.5	2	3.9	3
上記中綿製品（波線）計	71.7	8	42.5	6	64.5	6
合計（右欄は操業継続工場）	100	10	100	9	100	8
1ヶ月当り生産合計額(1,000円)	71,928		142,523		715,924	

資料：ESS (D) 12628, (F) 04602；『再建整備計画添付書類』；社史．

9 日清紡績	A. 47/初		B. 47/9		C. 49/4	
綿糸	53.4	6	22.5	6	79.5	6
綿織物	46.6	4	23.6	4	9.1	5
生糸	—	—	4.2	1	—	—
繊維2次製品（縫製品, 魚網等）	—	—	24.5	2	0.8	3
漂白, 染色	—	—	22.5	1	8.0	2
石綿	—	—	—	—	0.3	1
合成樹脂製品	—	—	2.0	1	—	—
ブレーキ・金属部品	—	—	—	—	1.0	1
紙	—	—	0.8	1	0.4	1
上記中綿製品（波線）計	100	6	46.1	8	88.6	7
合計（右欄は操業継続工場）	100	6	100	10	100	10
1ヶ月当り生産合計額(1,000円)	22,240		46,039		549,653	

資料：ESS (A) 12645, (F) 04687；『再建整備計画添付書類』；社史．

10 日東紡績	A. 47/初		B. 47/9頃		C. 49/4	
綿糸	14.0	6	10.9	5	42.0	6
綿織物	7.3	4	4.5	3	17.5	4
化繊・糸・織物	74.0	4	54.5	3	27.3	4
二硫化炭素	—	—	—	—	0.4	1
絹紡糸・織物*1	4.8	1	3.8	1	5.0	2
漂白, 染色, 加工	—	—	13.1	1	4.9	2
繊維2次製品（原料不明）	—	—	0.2	1	—	—
ロック・ウール	—	—	3.1	2	—	—
ガラス繊維	—	—	2.4	2	—	—
ゴム製品, 製塩, 耐火製品	—	—	4.4	3	—	—
亜炭, 蝋石	—	—	3.1	5	0.6	4
上記中綿製品（波線）計	21.3	6	15.4	5	59.5	6
合計（右欄は操業継続工場）	100	8	100	10	100	16
1ヶ月当り生産合計額(1,000円)	65,140		82,926		818,809	

資料：ESS (A) 10705, 12663；『再建整備計画添付書類』；社史．

表注：*1：当該部門で製造されたと推定される製品を含むことを示す．ある原料を主とした製造工場において，原料不明の製品は，その原料の製品であると推定し，また各社の製品呼称上の特性からも推定した．

*2：当局と物価交渉中のため記載なし．

*3：スフ織物だけは物価交渉中で記載なし．

*4：現有事業だが，新会社へ移管予定．

*5：47年の金額は原資料記載の値があまりに小額で不自然なため，別の金額を推定．推定方法は，原資料記載の平方メートル単位の生産高を反単位（30 インチ× 40 ヤード＝1反［『繊維年鑑』47年版，128頁］）に換算し，それへ，原資料にあった「綿布［の生産高］はその種類に関わらずシーティングに転換した．金額の転換は，一般的な価格 [the prevailing price] である金巾 2A1 反当り 186.73 円に基づいた」という注により，186.73 を掛けた．

注：1. A. B. C. は，GHQ への提出時期を示す．
2. 加減調整のため原資料の一部の数値を訂正．
3. 「―」は原資料に記載がないことを示す．
4. 「事業計画明細書」に記載のある生産設備でも，「生産計画書」に生産計画数値の記載がなければ，その設備の設置予定工場として含めなかった．

年中頃の東洋紡績と鐘淵紡績と日東紡績の綿部門の比率は，2割さえ切っている。このように10大紡各社は，単純に戦時期に整えられた本社直営部門の事業ポートフォリオを維持するという経営方針を前提にした生産計画を策定していなかったことを，知ることができる。

　このことの背景には，原料調達に関する見通しがあった。まず第3章で見たように，1947年前半期に棉花の新規輸入に関して不安が持たれていたことがあったと考えられる。1947年中頃には新規の棉花輸入が滞っており，そのために1947年7月から10月まで戦後初めての操短が実施されていた。それに対して，羊毛工業では1947年6月に戦後初めての羊毛がオーストラリアから輸入され，羊毛輸入の体制も整備されて一定の明るい見通しも生じていた[34]。このためか，東洋紡績と呉羽紡績では第5-9表のAからBにかけて羊毛部門の比率が上昇している。しかしながら倉敷紡績，鐘淵紡績では逆に，羊毛部門の比率が減少している。羊毛部門へ比重を傾ける経営方針は，羊毛部門を擁する企業全てで採用されたわけではなかった。

　この内，鐘淵紡績では，第5-9表のBの1947年9月頃の生産計画から，製糸や絹紡部門の比率が高くなっていることが分る。これはESS繊維課が1947年8月20日付のSCAPIN-1764で従来の絹製品に関する統制を解除したことから[35]，今後絹関連事業の売上が伸びると予想したためかもしれない。

　第2に，10大紡は集排政策のために，経営戦略を確定する余裕がなかった。第4章で見たように，10大紡は1947年中頃から1949年にかけて集排政策の対象企業となり，特に繊維総合経営を取っていた7社は，ESS反トラスト課や持株会社整理委員会，DRBなどと繊維総合経営の解体の是非を焦点にして折衝を行うようになったのである。

　1948年3月までは，10大紡に企業分割もやむなしとする動きがあった。1947年12月に成立した集排法により，1948年2月に集排指定企業となった10大紡は，第4章でも見たように1948年3月初めに自主的な再編成の事前計画，4月初めに本計画を提出している。注目すべきことは，3月初めの事前計画では繊維総合経営を取っていた7社の内，倉敷紡績と富士

紡績を除く5社は，それぞれ繊維部門の分割を計画して提出していたことである（第4章の第4-1表のCを参照）。大日本紡績は3社分割（食品薬品，羊毛，他繊維），東洋紡績は2社分割（羊毛，他繊維），大建産業は5社分割（綿，絹織物，商事会社2社，製釘），鐘淵紡績は8社分割（綿，羊毛，絹，化繊・化学，製紙，薬品機械，木材加工），日東紡績は4社分割（綿，絹紡・化繊，鉱物繊維，ゴム）を提示している。また倉敷紡績と富士紡績も，3月初めの事前計画では繊維総合経営の分割案を提示しなかったものの，実際には分割を覚悟していた。社史によれば，倉敷紡績は4社分割（綿，羊毛，機械2社）を[36]，富士紡績は2社（綿，化繊・絹紡）を[37]，想定していた。このように繊維総合経営を取っていた7社の経営陣は1948年3月までの期間，将来的に繊維総合経営の分割（＝会社分割）もありうる，と真剣に考慮していたのである。

10大紡中の7社が，集排政策に対応して繊維総合経営の分割を覚悟していたことの背景には，別の要因があった。7社が所有する各繊維部門の各繊維工業における地位が，決して小さなものではなかったことである。すなわち，上記7社が所有する各繊維部門は，綿工業は言うに及ばず，羊毛工業，化繊工業，絹業において，第5-10表から分るように生産能力の点から見て上位に位置していたのである。この事実は，東洋紡績（第5-10表の元データは東洋紡績作成）はもちろんのこと，他社においても十分に認識されていたと考えられる[38]。したがって，上記7社の経営陣は，もしも集排政策が自社に対して実行され繊維部門ごとに分割されたとしても，（第4章で見たESS反トラスト課の主張と同様に）分割で生まれる企業は規模の点から見て持続可能である，との見方をもっていたと推測できる。

以上を整理すると，この時期の10大紡の経営戦略は，敗戦時の本社直営部門のあり方を前提にして大別される，次の2つのグループの間で，明確に相違があったことが分る。それは，①綿部門を専業していた2社（敷島紡績と大和紡績）と綿部門に大きく傾斜していた1社（日清紡績）の計3社のグループと，②繊維総合経営を取っていた7社のグループである。①のグループは現有設備が綿部門に偏っていたから，綿部門の復元と生産増大を考慮するしかなかった。すでにこの時期から，綿部門中心の経営戦略

第 5-10 表　東洋紡績が認識していた綿部門以外の他繊維部門における他企業と

羊毛工業（1949 年 1 月時点）					
梳毛糸（単位：千 lbs）			紡毛糸（単位：千 lbs）（48 年末時点）		
1	日本毛織	20,821	1	日本毛織	14,219
2	大日本紡績	12,944	2	鐘淵紡績	11,618
3	東洋紡績	10,319	3	大日本紡績	9,884
4	東亜紡織	6,720	4	東亜紡織	8,670
5	大東紡織	4,265	5	東洋紡績	6,242
6	鐘淵紡績	4,065	6	大東紡織	5,029
7	大同毛織（栗原系）	619	7	日本フェルト	3,295
8	大同毛織（兼松系）	522	8	大同毛織（兼松系）	2,774
9	呉羽紡績	411	9	倉敷紡績	2,601
10	三星毛糸	404	10	東北毛織	2,601
毛織物（未仕上）（単位：千平方 yds）			毛織物（仕上品）（単位：千平方 yds）		
1	尾西毛織[*1]	47,969	1	艶金興業	38,972
2	日本毛織	15,497	2	日本毛織	31,245
3	泉州毛織[*2]	11,744	3	鐘淵紡績	25,512
4	東亜紡織	7,596	4	津島染色整理	16,161
5	名古屋毛織物[*3]	7,382	5	大同毛織（栗原系）	11,451
6	関東羊毛[*4]	7,260	6	埼玉製絨	9,918
7	尾比毛織[*5]	6,376	7	片岡毛織	9,623
8	東洋紡績	5,171	8	横井製絨所	9,229
9	大日本紡績	3,752	9	愛知県毛織物[*6]	9,066
10	鐘淵紡績	2,318	17	東洋紡績	5,155

絹紡工業（1949 年 1 月時点）					
絹紡糸（単位：貫）			抽糸（単位：貫）		
1	鐘淵紡績	119,652	1	鐘淵紡績	83,935
2	大日本紡績	97,267	2	大日本紡績	52,615
3	富士紡績	79,253	3	東洋紡績	44,553
4	近江絹糸	59,535	4	富士紡績	35,510
5	東洋紡績	43,934	5	近江絹糸	26,200
6	帝国繊維	42,468	6	日東紡績	20,367
7	日東紡績	31,773	7	帝国繊維	11,138
8	信濃絹糸	14,288	8	信濃絹糸	6,497

を確立しつつあったとも考えられる。しかし，②のグループでは，棉花不足のために本業の綿部門での生産増大の見通しを弱めて，主に当面の原料調達の観点から他部門での一層の生産増大を計画する企業が一時期多数を占めたり，また集排政策のために繊維総合経営の解体が行われることを見込む企業も生じており，操業状態や経営環境の不安定性のために経営戦略

の生産能力順位

化繊工業（1949年1月時点）					
人絹糸（単位：千 lbs）			スフ（単位：千 lbs）		
1	東洋レーヨン	26,337	1	東洋レーヨン	24,214
2	帝国人絹	24,375	2	倉敷絹織	20,755
3	旭化成	21,962	3	三菱化成	20,353
4	倉敷絹織	12,791	4	帝国人絹	17,537
5	東洋紡績	7,559	5	日本セルローズ	17,215
6	日本レーヨン	4,190	6	東洋紡績	15,204
7	日本セルローズ	241	7	興国人絹	14,802
8	日本窒素肥料	48	8	大日本紡績	14,561
			9	帝国繊維	11,745
			10	富士紡績	10,056
			11	日東紡績	3,781

パルプ（単位：t）		
1	国策パルプ	65,000
2	東北振興	60,000
3	興国人絹パルプ	30,000
4	日本パルプ	24,000
5	北越製紙	22,000
6	山陽パルプ	20,000
7	東洋紡績	2,880

資料：東洋紡績『整備計画添付書類』，1949年4月，276-280頁。
表注：＊1：尾西毛織工業協同組合。
　　　＊2：泉州毛織工業協同組合。
　　　＊3：名古屋毛織物工業協同組合。
　　　＊4：関東羊毛工業協同組合。
　　　＊5：尾比毛織工業協同組合。
　　　＊6：愛知県毛織物整理工業協同組合。
注：1．各製品は，標準品種に換算して表示。
　　2．大同毛織は1942年に栗原紡績等と兼松羊毛工業等とが合併して設立されたが，「相互の経営権を尊重し，必要やむをえない部面においてのみ交流提携して，事業を運営」し，「将来事情がゆるす場合は，すみやかに分離独立する」こととされており，経営は実質的に分離していた（大同毛織株式会社資料室編『糸ひとすじ』下巻，大同毛織，1366ページ）。実際，1949年10月をもって分離した（同上書，1785ページ）。
　　3．羊毛工業では他社の生産計画割当量と生産実績は把握できておらず，絹紡工業では生産計画割当量は把握していたが生産実績は把握できていない。化繊工業では，他社の生産計画割当量も生産実績も把握していた。いずれも当表では省略。各業界での統計情報の収集体制や開示方法に相違があったと見られる。

を確定できない状態にあったと考えられる。

(2) 10大紡各社の経営戦略の確定

　1948年4月以降になると，上記7社は，繊維総合経営を保持する経営方針を固めて，積極的に陳情を重ねることになる。このことの要因として

は第4章で，10大紡などの日本側が米国政府の対日占領政策の転換を知ったこと，また混紡交織の利便性・合理性など様々な理由（第4-1表）を挙げていたことに触れた。さらには，綿部門に関する次のような経営判断があったものと考えられる。

　それは，綿部門への期待であった。本章第1節で検討したように，戦時期の10大紡の本社直営部門において綿部門は不安定であったり低下傾向を示したりしたが，結局は一番大きな収益源であり，このことは引き続き1947年中頃から1949年にかけても同様であったことが第5-11表の実際の生産額からも窺い知ることができる。第5-11表は，各年の限られた月の生産額の比較であるから，月ごとの変動があるかもしれないが，傾向を知ることはできる[39]。第5-11表によれば綿部門の生産高に関して，企業によっては1948年頃まで綿部門の全体に対する比率（「綿製品計」の欄）が5割を大きく下回る場合もあったが，1949年から1950年になると10大紡各社ともに大略，5割から6割を上回るようになったことが分る。さらに第3章で見たように1948年中頃より，米綿供給のための新たな借款が供与され，綿花の安定的な供給が保証されはじめたことで，綿部門の生産継続の見通しが確かなものとなりつつあった。このような状況の下で他繊維部門は，綿花輸入の不安定性に連動して生じる綿部門の不安定性を補完する事業として，位置付け直されたものと考えられる。

　また，機械などの非繊維部門を有していた10大紡内の7社（大日本紡績，大和紡績，倉敷紡績，大建産業，鐘淵紡績，日清紡績，日東紡績）は，前述したように1946年の前半期までには一旦再建することを決めていた非繊維部門を分離した（日清紡績を除く[40]）。このことの背景には主として，ESS反トラスト課やDRBへの配慮があったと考えられる。すなわち，まず第4章にて先述したように，集排政策を担当するESS反トラスト課やDRBへ情状酌量誘発策として，非繊維部門の分離を言明していたことから，実際に分離を行う必要があったと考えられる。また1949年4月に10大紡が集排指定解除（大建産業は2部門分割の指令）を得た後も，10大紡は引き続き制限会社であったから設備投資などに関してESS反トラスト課の許認可を受けなければならなかったし[41]，10大紡の整備計画に改定・不認

第 5-11 表　10 大紡各社の製品・部門別の各期間 1 カ月当り平均生産高と工場数

単位：左欄は%，右欄は工場数

① 大日本紡績	1946 年末頃		1947年7月頃		1948年(1-3月)		1949 年 1 月		1950年(1-2月)	
綿糸*1	25.3	7	25.6	7	36.2	8	32.1	8	38.9	8
綿織物*1	18.6	8	13.1	9	26.4	8	53.3	8	18.8	8
絹紡糸・織物	10.8	2	23.1	2	4.3	2	4.1	2	9.2	2
スフ繊維・糸・織物	0.0	1	8.8	2	15.6	2	4.2	2	12.3	5
羊毛・織物*1	45.2	6	26.1	5	7.8	6	3.7	7	10.5	7
麻製品（ロープ）	—	—	—	—	0.3	1	0.1	1	—	—
繊維 2 次製品（原料不明）	—	—	0.4	2	—	2	0.1	2	0.3	2
漂白，捺染	—	—	—	—	7.1	1	2.4	1	9.1	1
食品，塩，医薬品等	—	—	1.9	1	0.5	1	0.1	1	0.3	1
繊維機械製造・修理	—	—	0.3	1	0.6	1	0.1	1	0.2	1
亜炭	—	—	0.6	2	0.9	3	0.1	2	—	—
上記中綿製品（波線）計	43.9		38.7		62.6		85.4		57.7	
合計	100	14	100	20	100	22	100	21	100	20
合計額 (1,000 円)	44,006		117,606		116,776		1,014,121		1,640,402	

資料：ESS (A) 10605, 10606, 10608, 10609, (D) 12576.
表注：*1：当該繊維品製造部門で生産されたと推定される製品も含む。以下，各表でも同様。
注：他社でも同様：「—」は原資料に記載がないことを示す。

② 東洋紡績	1946 年末頃		1947 年 7 月頃		1948 年 (1-4 月)		1949 年 (1-4 月)		1950 年 (1-3 月)	
綿糸	15.1	9	43.3	12	27.4	11	27.7	12	38.4	12
綿織物	40.6	5	20.7	7	16.8	7	22.9	8	19.0	7
羊毛・織物*1	22.3	4	17.3	13	33.2	14	13.4	12	13.8	11
絹紡糸・織物*1	1.9	2	3.4	3	5.1	3	6.7	3	2.9	2
化繊・糸・織物*1	20.2	3	10.7	3	14.8	2	26.7	2	10.3	2
化繊用パルプ	—	—	—	—	—	—	1.2	1	5.3	1
二硫化炭（化繊原料）	—	—	0.7	2	0.8	2	1.2	2	—	—
合成繊維・糸・織物	—	—	—	—	—	—	—	—	0.2	1
繊維 2 次製品	—	—	3.0	2	—	—	—	—	—	—
漂白，浸染，捺染	—	—	—	—	—	—	—	—	10.0	6
合板，木材製品	—	—	0.8	2	1.9	12	0.3	1	—	—
上記中綿製品（波線）計	55.7		64.0		48.1		50.6		57.4	
合計	100	21	100	30	100	38	100	28	100	27
合計額 (1,000 円)	71,560		108,429		225,983		470,899		2,304,217	

資料：ESS (D) 09315, 09316, 09318, (I) 01075.

③ 敷島紡績	1946 年末頃		1947 年 7 月頃		1948 年 (1-4 月)		1949 年 (1-4 月)		1950 年 (1-4 月)	
綿糸*1	68.3	5	78.2	6	79.2	8	28.7	7	76.3	9
綿織物*1	31.7	5	21.8	6	20.8	7	71.3	7	23.7	6
上記中綿製品（波線）計	100		100		100		100		100	
合計 (100%，工場数)	100	9	100	9	100	11	100	10	100	11
合計額 (1,000 円)	21,565		20,114		27,818		109,934		681,369	

資料：ESS (F) 04637, 04640, (D) 12756.

④ 大和紡績	1946年末頃	1947年7月頃		1948年 (1-3月)		1949年 (1-2月)		1950年 (1-3月)	
綿糸	(資料未発見)	43.1	5	52.6	5	40.2	5	66.8	6
綿織物*¹		31.3	6	28.8	6	51.6	6	33.2	7
自転車		6.2	1	—	—	1.6	1	—	—
紡機修理, 木製品, 褐色炭		19.4	4	18.6	1	6.5	1	—	—
上記中綿製品 (波線) 計		74.4		81.4		91.8		100	
合計		100	13	100	7	100	8	100	7
合計額 (1,000円)		24,783		47,984		118,013		665,244	

資料：ESS (C) 11528, (D) 12608.

⑤ 倉敷紡績	1946年末頃		1947年7月頃		1948年 (1-5月)		1949年 (1-3月)		1950年 (1-3月)	
綿糸	43.1	6	40.4	6	49.5	6	42.3	7	53.1	7
綿織物	19.0	3	32.4	3	12.4	3	39.6	3	21.6	3
化繊糸・織物	3.0	1	1.0	1	15.7	1	4.9	2	4.0	2
羊毛・織物	34.9	2	12.7	2	11.1	2	5.0	3	7.7	4
漂白, 浸染, 捺染	—	—	6.9	1	7.7	1	5.0	1	13.6	2
機械製造・修理等	—	—	6.6	3	3.6	3	3.0	3	—	—
上記中綿製品 (波線) 計	62.1		72.8		61.9		82.2		74.7	
合計	100	7	100	11	100	11	100	12	100	11
合計額 (1,000円)	16,853		34,290		491,631		453,676		988,932	

資料：ESS (F) 04711, 04713, (H) 01923.

⑥ 呉羽紡績	1946年末頃		1947年7月頃		1948年 (1-3月)		1949年 (1-3月)		1950年 (1-3月)	
綿糸	64.2	5	21.4	6	60.6	6	47.8	6	75.1	6
綿織物	23.5	4	15.6	4	19.3	4	32.6	4	24.4	4
羊毛・織物	11.3	3	41.3	3	6.4	3	3.3	2	0.0	2
絹織物	1.1	2	1.1	3	2.4	3	2.9	3	0.3	1
漂白, 染色	—	—	17.2	2	6.1	2	5.7	2	0.1	2
製釘	—	—	3.4	1	5.2	2	7.7	2	—	—
上記中綿製品 (波線) 計	87.7		37.0		79.9		80.4		99.5	
合計	100	8	100	11	100	12	100	12	100	8
合計額 (1,000円)	30,531		80,956		75,174		151,077		1,123,594	

資料：ESS (D) 12550, (E) 09162, 09175.

⑦ 鐘淵紡績	1946年末頃		1947年7月頃		1948年 (1-5月)		1949年 (1-5月)		1950年 (1-4月頃)	
綿糸*¹	22.7	8	14.0	8	11.6	10	22.5	10	34.1	14
綿織物	17.5	4	12.8	6	5.5	6	22.0	8	15.9	9
合成繊維	—	—	—	—	—	—	—	—	0.1	1
麻糸・織物・製品*¹	3.7	2	1.0	3	3.5	3	2.0	3	1.9	3
羊毛・織物・製品*¹	26.4	7	5.1	10	17.4	9	9.3	8	12.3	8
生糸, 絹糸・織物・製品	23.1	7	49.4	26	38.5	29	27.4	23	17.3	25
漂白, 浸染, 捺染	4.0	1	2.5	1	5.7	1	4.3	1	17.0	1
繊維2次製品 (原料不明)	2.6	4	1.0	5	0.5	2	0.6	3	—	—
化学製品, 薬品等	—	—	6.3	6	7.8	4	8.9	5	1.3	1
紙, 木材加工	—	—	4.0	13	3.9	5	0.9	2	—	—
紡機・銅線製造	—	—	3.4	3	5.5	3	2.2	2	—	—
亜炭, 磁鉄鉱	—	—	0.3	1	—	—	—	—	—	—
上記中綿製品 (波線) 計	40.2		26.9		17.1		44.5		50.0	
合計	100	20	100	36	100	45	100	42	100	37
合計額 (1,000円)	33,659		186,032		191,938		885,675		1,547,884	

資料：ESS (D) 09423, 09424, 09425.

⑧ 富士紡績	1946年末頃		1947年7月頃		1948年 (1-3月)		1949年 (1-3月)		1950年 (1-4月)	
綿糸[*1]	62.8	7	52.6	6	56.0	7	67.2	7	54.6	6
綿織物[*1]	19.1	2	28.4	2	24.8	2	15.1	2	25.9	3
スフ繊維・糸	7.4	1	16.5	2	9.8	2	6.5	2	13.5	6
絹紡糸[*1]	10.7	2	2.5	4	9.4	4	11.2	4	6.0	4
上記中綿製品 (波線) 計	81.9		81.0		80.8		82.3		80.5	
合計	100	9	100	9	100	10	100	10	100	9
合計額 (1,000円)	23,712		49,602		76,076		486,798		780,027	

資料：ESS (D) 12628, (F) 04602.

⑨ 日清紡績	1946年末頃		1947年7月頃		1948年 (1-4月)		1949年 (1-11月)		1950年1月	
綿糸	51.6	4	36.9	5	45.4	5	34.7	6	79.1	6
綿織物	48.4	3	40.3	3	33.5	3	43.6	4	9.8	4
生糸[*1]	—		6.8	2	2.8	2	—		—	
漂白, 染色, 2次製品	—		9.4	2	11.3	2	20.0	5	9.3	6
アスベスト, 合成樹脂	—		5.3	1	3.3	1	1.5	1	1.3	1
紙	—		1.4	1	3.6	1	0.2	1	0.4	1
上記中綿製品 (波線) 計	100		77.2		79.0		78.3		89.0	
合計	100	4	100	9	100	9	100	10	100	10
合計額 (1,000円)	7,951		17,099		55,498		154,910		557,074	

資料：ESS (A) 12645, (F) 04687.

⑩ 日東紡績	1946年末頃		1947年7月頃		1948年 (1-3月)		1949年 (1-3月)		1950年 (1-3月)	
綿糸[*1]	34.1	5	19.8	5	37.1	5	52.0	7	45.6	7
綿織物	18.8	3	10.9	3	10.3	3	6.1	3	17.9	3
化繊・糸・織物	35.7	3	20.7	5	25.3	7	23.5	6	23.3	7
絹紡糸・織物[*1]	11.4	1	6.6	1	6.6	3	5.7	3	5.8	3
漂白, 染色, 加工	—		8.6	2	7.9	2	7.9	2	4.1	2
二硫化炭素	—		—		—		—		0.6	1
ロック・ウール	—		10.0	2	7.7	2	2.2	2	1.5	2
ガラス繊維	—		4.2	2	1.0	1	0.9	1	1.2	1
ゴム製品, 製塩, 耐火製品	—		9.9	3	0.6	1	—		—	
亜炭, 雪花石膏	—		9.2	5	3.5	4	1.6	4	—	
上記中綿製品 (波線) 計	52.9		30.7		47.3		58.1		63.5	
合計	100	8	100	20	100	16	100	16	100	12
合計額 (1,000円)	10,780		18,570		83,655		289,747		557,035	

資料：ESS (A) 10700, 10704, 10705, 12663.

可の圧力が加わる可能性もあったために，ESS反トラスト課の意向を気にしなければならなかったと推測される。そこで1949年までに，大日本紡績は坂越産業，大和紡績は大和工芸，大和機械工業を，倉敷紡績は倉敷機械工業を，大建産業は尼崎製釘所（また伊藤忠と丸紅の商社2社も別に分離），鐘淵紡績は鐘淵化学，日東紡績はアズマゴムを分離したのである[42]。ま

第5章　占領復興期における10大紡の経営戦略　267

た（亜）炭鉱を所有していた大日本紡績，大和紡績，日東紡績（第4-1表を参照）は，1950年頃までにそれらを閉鎖・分離したと見られる[43]。

以上を整理すると，10大紡各社の新経営陣は残された本社直営事業の内，綿部門を主要な事業領域にして，場合によっては他繊維部門で補完する，戦時期とは異なる新たな経営戦略を1949年4月の整備計画提出までに固めていったのである。この経営戦略は，10大紡に唯一残された本社直営部門における事業ポートフォリオを基礎としている点から考えると，基本的にESS反トラスト課の改革志向型の占領政策の結果を追認したものであった。他方で，この10大紡の経営戦略は，非繊維部門を分離し（日清紡績を除く），綿部門中心を明確にした点から考えると，国内直営部門において，戦前来追求され1940年頃に一旦，確立していた綿部門中心の事業ポートフォリオを特色とした経営戦略に，類似していたと言うことができよう。

1949年3月に集排指定解除を受けた10大紡は，早速翌4月に，戦時期の巨額の損失を充当されていた旧勘定と1946年8月以降の経営の基盤を置いていた新勘定を合体させるための整備計画を，持株会社整理委員会へ提出した。その際に提出された生産計画書は第5-9表のCである。10大紡各社ともに，綿部門を中心に据えた経営戦略を策定したことが分る。

ここで，10大紡経営者が，そのように，綿部門中心の経営戦略を立てたことの背景を理解するために，1949年中頃までの10大紡経営者の綿工業に対する見通しを確認しておこう。

まず大日本紡績社長の原吉平は，1949年6月に「戦争の結果，独り日本のみにても20億平方碼［ヤード］の綿布を焼失し，日華を主とするアジアの紡機喪失もまた1千万錘を下らない。今日の国内綿布需要が極度に圧縮せられていること，更にアジア市場のみならず世界的に極度の衣料枯渇状態にあるのは明らかなる事実であって，……［引用者省略］……況んやアジアに於ける綿布供給源としての日本なることを自負するときその責務はまた頗る大なりと申さねばならない」と発言している[44]。原はこの発言の別個所で貿易条約の未整備やドル不足が貿易振興の邪魔をしていることを指摘しているものの，結論的には綿製品の国内消費や輸出に楽観的

な見通しを有していた。また，1949年中頃の別の発言の中で原吉平は，綿製品の輸出市場として朝鮮，満州，中国，インドは期待できない状態にあるが，パキスタン，オランダ領インドネシア，エジプト，西アフリカ，北欧などが今後期待できる市場であると指摘し，「綿製品は皆欲しいと思っていながら政策的に買わない方策を探っています。放任しておけば非常に綿製品は売れる。羽根が生えて飛ぶように状態にあるのに，抑えられているわけです。しかし何といっても綿製品といえば，食糧品に次ぐ必要品であるため，多少経済状態が良好になれば，必ず需要は起ってくるのじゃあないかという風に考えております」と述べ[45]，綿製品の需要の先行きに希望を持っていた。

　また鐘淵紡績の社長であった武藤絲治も少し時期は遅れるが1949年10月に，「世界中にて［戦前に綿布が］60億ヤールの消費量であったが，戦後は14億ヤールから1昨年は39億ヤールに回復しているのである。目下各国は弗［ドル］不足のため輸出も思うに任せないが，この弗不足の緩和その他の条件が好転すれば，現在世界的に繊維品の不足を告げている際であるから需要は相当活発となるものと思われる」と述べ[46]，原吉平同様に綿製品の需要の見通しに楽観的であった。

　上記のような大日本紡績社長の原吉平と鐘淵紡績社長の武藤絲治以外の10大紡の経営者について，1949年中頃までの時期の綿製品の販売状況の見通しに関する公の発言を確認することができなかったものの，その大日本紡績と鐘淵紡績は第5-9表のCで綿部門に依存する比率（「綿製品計」の欄）が最も低い2社であったことを考慮すると，他の10大紡の経営陣はこの2社以上もしくは少なくとも同等に，綿部門に対する楽観的な見通しを有していたと推測できよう（本章の注46も参照）。1949年中頃までに策定された10大紡の綿部門中心の事業ポートフォリオを特徴とする経営戦略は，経営陣のそのような綿工業に対する楽観的な見通しを基礎にして策定されたと言うことができる。

　また，この経営戦略は，「繊維総合経営」とも異なる様相を持っていた。綿工業中心が強調された点で，単純な水平結合としての繊維総合経営とはニュアンスが違ってきたのである。

次節では，このようにして策定された経営戦略が，占領復興期後半期にどのように引き継がれたのかを検討する。

第3節　占領復興期後半期の経営戦略

　本節では，10大紡がESS反トラスト課の改革志向型の占領政策の強い影響を受けて1949年に策定した，綿工業中心の事業ポートフォリオを特徴とする経営戦略が，占領復興期後半期にどのような経過をたどったのかを明らかにする。そこで占領復興期後半期の10大紡の経営戦略を析出するために，次のような手続きを取る。まず，実際の生産設備の推移を検討する。これは事業ポートフォリオの推移を意味するものであるが，それを経営戦略が具体的に表れたものとして仮定している。

1．生産設備の推移と経営戦略

　10大紡の経営戦略を析出するために，第5-12表を見てみよう。
　まず占領復興期前半期の全般的な特徴を述べると，占領復興期前半期の10大紡は，戦時期以来各社に残された唯一の事業領域となった本社直営部門における敗戦時の生産設備を出発点にして，各部門の生産設備の復元を進めたことが分る。ESS反トラスト課の圧力により，機械などの非繊維部門からは退出したが，繊維部門では大規模な退出や進出が行われておらず，繊維部門での生産設備の復元が基本的な企業活動であったことが分る。
　単なる復元からの転機は，第2章で見たように，1950年に綿紡績業，化繊工業，羊毛紡績業に関するGHQの生産設備管理政策が撤廃され，同時期に10大紡の制限会社指定も解除されたことであった[47]。これによって，10大紡各社の設備投資は促進されることになる。特に1949年中頃までに策定された各社の経営戦略で重視されていた綿部門への設備投資の増加は，著しいものがあった。よく知られているように，1950年6月に勃

発した朝鮮戦争に伴う特需で綿工業は盛況を来たし，1951年には再び綿織物輸出高で世界一となった。そのために，10大紡は膨大な利潤を得ることになった。

　しかし，やがて綿製品の過剰生産が問題となるに及んで通産省は，綿紡機に対する規制を実施するようになった。1952年3月より1953年5月まで第1次勧告操短を行い，強制的に綿紡績企業にカルテルを結ばせる形で生産削減を指導した[48]。そしてほぼ同時期から綿紡機の新増設計画を行う者は届け出が必要となるようにし，また1953年7月以降は輸出用棉花に関しては輸出実績にリンクさせ，内需用棉花に関しては通産省が確認した設備に基づいて割り当てる方式をとることにしたために，綿紡機の増錘のペースは緩慢になった[49]。やがて1955年になると，綿製品の過剰生産や輸出不振によって在庫が拡大した。そこで通産省は，1955年5月から1956年6月まで，第2次勧告操短を行い，さらに通産省の主導の下で，1956年6月に「繊維工業設備臨時措置法」が公布され，この法律に基づき繊維工業の生産設備の新増設の規制や過剰設備処理等が定められた[50]。これらを背景にして，1952年頃から10大紡各社は，綿部門の量的な拡大を抑制するようになった。

　次に，占領復興期後半期の10大紡の綿紡績業への設備投資の特徴に関して，第5-13表で確認しておこう。この表は，占領復興期における1947年と1955年の各2月時点[51]の10大紡の綿紡績工場の一覧である。この表から，設備投資に関して2つのことが分る。まず第1に，1950年以降に4社（大日本紡績，富士紡績，日清紡績，日東紡績）が再開・転換工場ではなく新設工場を竣工していたことから窺い知ることができるように，綿部門の生産設備が増大していることである。ただし第5-12表からも分るように，勧告操短が行われるようになる1952年頃には工場数の増加は止まった。

　また第2に，高番手化が進んだことである。そして，高番手化は，設備投資の拡大を意味していた。以下，これを確認しよう。第5-13表では，綿糸20番手とそれより上下の番手とで製造綿糸を3つに分類しているが，1947年2月時点で稼働していた工場において，最も生産されていた番手

第 5-12 表　10 大紡の工場据付の繊維生産設備の推移（1945 年を除き各年 6 月末の設備数）

1　大日本紡績		1945 年敗戦時		1947 年上期		1948 年上期		1949 年上期		1950 年上期	
		設備	工場	設備	工場	設備	工場	設備	工場	設備	工場
綿	精紡機（錘）	276,848		386,692		448,144		462,532		462,532	
	撚糸機（錘）			62,330		66,010		75,740		77,648	
	織機（台）	2,649	計2	5,876	計9	5,756	計8	6,215	計8	6,408	計8
化合繊	スフ（日産 t）	19.9		19.9		18.1		18.9		29.6	
	ビニロン（日産 t）										
	合繊紡（錘）										
	スフ紡（錘）	10,000		10,000		10,000		10,000		24,100	
	撚糸機（錘）		計2	2,760	計2	2,760	計2	2,760	計2	2,760	計2
羊毛	梳毛機（錘）	68,807		113,896		118,408		105,336		126,208	
	紡毛機（台）	58		57		56		59		58	
	撚糸機（錘）			24,550		24,550		26,586		31,544	
	織機（台）	256	計5	252	計7	257	計7	256	計7	360	計7
絹	絹紡機（錘）	21,960		35,560		40,660		40,660		40,660	
	紬糸機（錘）			3,968		3,968		3,968		3,968	
	撚糸機（錘）	642		15,600		有		16,600		15,600	
	絹人絹織機（台）		1	726	計2	970	計2	1,030	計2	1,020	計2
メリヤス（台）								2	1	2	1
裁縫機（台）				社史・有	1	社史・有	1	参書・有	2	406	2
カタン糸・シルケット								参書・有		参書・有	2
染色・仕上		社史・有		参書・有	1	参書・有	2	参書・有	6	参書・有	5
工場合計数			10		16		16		18		18

資料：『綿糸紡績事情参考書』；社史；『有価証券報告書』。
注：1. 設備は基本的に格納・保有中のものは含まずに工場据付数を示し，化合繊も基本的に可能生産量を示す。
　　2. 敗戦時の数値は，完全に社史に拠った。47・48 年は縫製などの加工部門に関しての情報が不十分なため『参考書』を優先したが，社史や『有価証券報告書』を参照して数値を訂正した場合もある。なお，『参考書』に拠ったが，数値が欠如していたり記載が煩瑣であったりした場合には「参書・有」と表示することから，設備の存在が推定される場合は，「有」とした。他社の表でも同様。
　　3. 化合繊の生産能力は適宜，小数第 1 位か第 2 位までを示し，その下は四捨五入した。他社の表でも同様。
　　4. 据付設備が確認できない工場は工場数より省いた。他社でも同様。

2　東洋紡績		1945 年敗戦時		1947 年上期		1948 年上期		1949 年上期		1950 年上期	
		設備	工場	設備	工場	設備	工場	設備	工場	設備	工場
綿	精紡機（錘）	269,580		408,140		442,560		475,400		482,200	
	撚糸機（錘）			80,640		91,554		96,902		93,672	
	織機（台）	5,003	計8	5,912	計12	6,332	計13	6,958	計14	6,973	計13
化繊	スフ（日産 t）	18.94		14.97		18.9		36.5		36.5	
	人絹（日産 t）	8.2		4.2		8.0		10.8		11.5	
	強力人絹（日産 t）										
	合成繊維（日産 t）									社史・有	
	合繊紡（錘）										
	スフ紡（錘）	8,200								7,920	
	撚糸機（錘）										
	合繊織（台）		計3		計3		計2		計2		計3

272

の推移）

1951年上期		1952年上期		1953年上期		1954年上期		1955年上期		1960年上期	
設備	工場	設備	工場	設備	工場	設備	工場	設備	工場	設備	工場
468,896		595,216		595,216		595,216		595,216		506,660	
61,912		70,032		75,732		74,916		74,916		74,110	
6,843	計7	7,659	計9	7,659	計9	7,672	計9	7,823	計11	6,379	計10
29.0		29.0		30		30		38.6		64.7	
3		3		3		3		3		18.6	
										50,604	
75,408		75,408		75,408		75,408		75,408		78,408	
15,640	計3	15,640	計3	有	計3	有	計3	16,100	計3	17,982	計6
126,208		126,208		126,208		91,992		93,552		105,740	
59		60		63		62		60		33	
30,894		33,158		有		有		39,610		38,290	
360	計7	360	計7	360	計7	360	計7	364	計7	364	計5
40,660		40,660		40,660		40,660		23,660		25,600	
3,968		3,968		3,968		3,968		3,968		3,968	
18,200		18,200		有		有		13,724		15,072	
1,040	計2	1,030	計2	1,030	計2	1,030	計2	506	計2	420	1
2	1	2	1								
442	2	261	1	189	1	91	1	225	1	225	1
参書·有	2	参書·有	1	参書·有	3	参書·有	2	参書·有	2	参書·有	} 5
参書·有	5	参書·有	5	参書·有	6	参書·有	5	参書·有	4	参書·有	
	18		20		20		21		21		18

ただし，敗戦時の数値は格納・保有中で未据付を含むことがある。他社の表でも同様。
め，基本的に『綿糸紡績事情参考書』（以下，『参考書』）に拠りつつも，社史を参照した。49年以降は
社史に拠ったが，数値が不明確であったり記載が煩瑣であったりした場合は「社史・有」とした。また
した。その時点での記載がなくても，前後での存在が確認できたり設備撤去の記載がなかったりした

1951年上期		1952年上期		1953年上期		1954年上期		1955年上期		1960年上期	
設備	工場	設備	工場	設備	工場	設備	工場	設備	工場	設備	工場
533,749		614,264		615,576		615,576		615,576		525,264	
98,616		128,788		133,220		140,268		140,268		126,618	
6,979	計13	7,044	計15	7,041	計15	7,079	計15	7,080	計15	6,125	計13
40.4		69.6		73.3		73.3		83.5		104.8	
18.3		20.2		23.2		20.6		24.98		29.0	
						5.8		5.8		8.7	
社史·有		社史·有		社史·有		0.03		0.03			
										46,056	
28,800		53,092		91,864		98,188		98,188		100,880	
3,200		3,200		3,200		16,816		16,816		28,330	
	計3		計4		計4		計5		計4	128	計9

第5章　占領復興期における10大紡の経営戦略

羊毛	梳毛機（錘）	54,848		76,819		95,747		94,394		94,395	
	紡毛機（台）	31		44		44		36		37	
	撚糸機（錘）			15,964		20,764		20,764		20,764	
	織機（台）	216	計4	354	計8	354	計8	381	計7	381	計7
絹	絹紡機（錘）	5,472		14,524		20,484		20,484		20,484	
	紬糸機（錘）	6,720		6,720		6,720		6,720		6,720	
	撚糸機（錘）			4,800		8,320		8,320		10,384	
	織機（台）		1	120	計2	120	計2	据付？	1	100	1
メリヤス（台）						13	1	13	1	13	1
裁縫機（台）		391	1	社史・有		社史・有		社史・有		91	
カタン糸										参書・有	1
染色・仕上		社史・有		社史・有		社史・有		参書・有	2	参書・有	3
刺繍等											
化繊用パルプ（日産t）											
工場合計数			16		24		24		24		26

資料：『綿糸紡績事情参考書』；社史。
注：1. 大日本紡績の注を参照。
　　2. 研究所設置稼働設備も含むが，工場数には含めなかった。他社でも同様。
　　3. 絹紡部門は51年よりスフ紡へ転換。
　　4. 合成繊維の製造は試験的には49年頃から実施されていた。また60年上期の『参考書』にも記載がな

3　敷島紡績		1945年敗戦時		1947年上期		1948年上期		1949年上期		1950年上期	
		設備	工場	設備	工場	設備	工場	設備	工場	設備	工場
綿	精紡機（錘）	231,464		263,464		319,464		343,364		343,364	
	撚糸機（錘）			41,022		41,022		43,776		43,776	
	織機（台）	1,490	計8	1,348	計9	2,152	計11	2,088	計12	2,105	計12
化合繊	合繊紡（錘）										
	スフ紡（錘）										
	合繊織（台）										
カタン糸								参書・有	1	参書・有	1
染色・仕上						参書・有	1	参書・有	1	参書・有	1
工場合計数			6		12		12		12		12

資料：『綿糸紡績事情参考書』；社史。
注：1. 大日本紡績の注を参照。
　　2. カタン糸（48年より生産開始）と一部の織物（帆布）部門は1953年別会社を設立して移管。
　　3. 合繊紡は，56年より稼働開始。
　　4. 『参考書』には47年から49年まで徳島工場に漂白事業があることが記載されているが，実際には戦災した細河工場（53年に分離）に存在したと思われる。
　　5. 60年上期の段階で，綿スフ織機250台，梳毛機6000錘の貸与を実施。

110,808		116,296		117,662		117,663		110,570		110,570	
56		57		57		57		47		47	
有		35,548		49,036		25,564		54,712		54,220	
381	計7	381	計7	381	計7	381	計7	361	計7	384	計7
23,164											
100	1										
14	1	2	1	70	1	14	1	14	1		
65	1	81	1	70	1	109	2	109	2	29	2
参書・有	1	参書・有	1	参書・有	1	参書・有	1	参書・有	1	参書・有	1
参書・有	3	参書・有	3	参書・有	3	参書・有	6	参書・有	6	参書・有	5
参書・有	1	参書・有	1	据付？		参書・有	1	参書・有	1		
0.3	1	30	1	30	1	社史・有	1	社史・有	1	79.5	1
	27		27		27		26		27		27

いが，製造されていたと見られる。

1951年上期		1952年上期		1953年上期		1954年上期		1955年上期		1960年上期	
設備	工場	設備	工場	設備	工場	設備	工場	設備	工場	設備	工場
376,267		436,260		436,260		436,348		436,500		388,690	
44,952		51,352		51,242		44,202		50,992		58,020	
2,041	計11	2,230	計11	1,646	計10	1,646	計10	1,632	計10	1,527	計8
								14,400		41,396	
										26,580	
									計1	70	計5
参書・有	1	参書・有	1								
参書・有	1	参書・有	1								
	11		11		10		10		10		8

でほぼ全焼しており，戦後再稼働は断念された。実際には50年から52年までに『参考書』に記載され

	4　大和紡績	1945年敗戦時		1947年上期		1948年上期		1949年上期		1950年上期	
		設備	工場	設備	工場	設備	工場	設備	工場	設備	工場
綿	精紡機(錘)	135,480		213,900		259,449		282,960		306,520	
	撚糸機(錘)			22,746		22,746		28,572		29,144	
	織機(台)	1,841	計3	2,952	計6	3,706	計6	4,337	計7	4,581	計7
	コンデンサー(錘)					664		664		664	
化合繊	スフ(日産t)										
	合繊紡(錘)										
	スフ紡(錘)										
	撚糸機(錘)										
	合繊織(台)										
羊毛	梳毛機(錘)										
	撚糸機(錘)										
	裁縫機(台)	481	1	社史・有	1	社史・有	1	社史・有	1	468	1
	工場合計数		3		6		6		7		7

資料：『綿糸紡績事情参考書』；社史。
注：1. 大日本紡績の注を参照。
　　2. 裁縫機による加工部門は51年に閉鎖。

	5　倉敷紡績	1945年敗戦時		1947年上期		1948年上期		1949年上期		1950年上期	
		設備	工場	設備	工場	設備	工場	設備	工場	設備	工場
綿	精紡機(錘)	200,412		248,756		259,180		297,452		303,852	
	撚糸機(錘)			50,224		51,568		53,588		49,972	
	織機(台)	1,433	計4	2,845	計6	2,845	計6	3,045	計7	3,285	計7
化合繊	合繊紡(錘)										
	スフ紡(錘)	10,100		10,100		10,100		10,100		10,100	
	撚糸機(錘)		1	808	1	808	1	808	1	808	1
羊毛	梳毛機(錘)	3,380						16,800		33,656	
	紡毛機(台)	11		11		12		15		15	
	織機(台)	90		90		90		90		90	
	撚糸機(錘)		1	400	計2	400	1	7,600	1	10,800	計2
	メリヤス(台)							84	1		
	染色・仕上	社史・有	1	参書・有	1	参書・有	2	参書・有	3	参書・有	2
	工場合計数		7		9		9		11		11

資料：『綿糸紡績事情参考書』；社史。
注：1. 大日本紡績の注を参照。
　　2. メリヤス部門は1949年に別会社を設立して移管。

1951年上期		1952年上期		1953年上期		1954年上期		1955年上期		1960年上期	
設備	工場	設備	工場	設備	工場	設備	工場	設備	工場	設備	工場
369,003		408,560		433,584		433,880		433,880		369,564	
42,074		49,600		54,852		53,118		61,676		67,198	
4,442		4,660		4,602		4,597		4,433		4,094	
664	計7	664	計7	664	計7		計7		計7		計7
		18.66		26.96		35.96		35.96		82.02	
										25,480	
				30,000		40,480		40,480		62,720	
				12,000		12,000		12,000		13,184	
			計1		計2		計2		計2	6	計4
						16,800		16,800		16,800	
							1		1	8,400	1
	7		8		8		8		8		9

1951年上期		1952年上期		1953年上期		1954年上期		1955年上期		1960年上期	
設備	工場	設備	工場	設備	工場	設備	工場	設備	工場	設備	工場
364,475		442,908		418,940		418,940		418,940		376,256	
44,328		45,408		43,488		46,868		46,868		67,268	
4,187	計8	4,482	計8	4,482	計8	4,482	計8	4,558	計8	3,955	計7
										55,724	
20,200		20,580		20,558		28,808		28,808		35,304	
6,144	計2	6,144	計2	8,064	計2	8,064	1	8,064	1	18,944	計5
37,556		37,556		50,477		57,045		33,772		37,372	
16		16		16		17		17		17	
108		107		107		107		125		125	
9,720	計2	10,232	計2	11,952	計2	12,304	計2	13,884	計2	6,838	計2
参書・有	2	参書・有	2	参書・有	2	参書・有	2	参書・有	2	参書・有	2
	12		12		12		12		12		11

6 呉羽（大建）		1945年敗戦時		1947年上期		1948年上期		1949年上期		1950年上期	
		設備	工場	設備	工場	設備	工場	設備	工場	設備	工場
綿	精紡機（錘） 撚糸機（錘） 織機（台）	212,488 36,380 1,692	計3	347,552 35,640 2,964	計6	388,548 40,220 3,325	計6	422,812 44,140 3,459	計6	429,840 51,180 3,729	計6
化合繊	合繊紡（錘） スフ紡（錘） 撚糸機（錘）										
羊毛	梳毛機（錘） 紡毛機（台） 織機（台） 撚糸機（錘）	3,384 7 72	1	3,384 6 72 2,268	1	4,496 8 96 2,268	1	3,760 8 108 800	1	3,760 8 108 有	1
絹	絹織機（台）			他史・有	3	他史・有	3	他史・有	3	155	1
	染色・仕上	社史・有	1	参書・有	1	参書・有	1	参書・有	1	参書・有	1
	工場合計数		4		7		7		9		8

資料：『綿糸紡績事情参考書』；社史；ESS (D) 12550, (E) 09162, 09175．
注：1．大日本紡績と東洋紡績の注（東洋紡績は注2）を参照．
　　2．敗戦時，実際は直轄稼働は3工場であったが，陸軍へ貸与していた豊科工場（綿・羊毛）は，貸与は
　　3．羊毛部門において，48年の織機，47・48年の撚糸機は復元目標数を示すものと思われる．
　　4．絹部門は50年2月に呉羽紡績新発足時に2工場あったが，それ以前の稼働状況はGHQ文書に拠った．

7 鐘淵紡績		1945年敗戦時		1947年上期		1948年上期		1949年上期		1950年上期	
		設備	工場	設備	工場	設備	工場	設備	工場	設備	工場
綿	精紡機（錘） 撚糸機（錘） 織機（台） コンデンサー（錘）	157,808 2,847	計2	238,984 36,380 3,962	計11	252,708 39,340 4,346 11,520	計11	293,028 41,980 5,092 11,520	計11	393,586 44,620 5,272 11,520	計12
化合繊	スフ（日産t） 合繊（日産t） スフ紡（錘） 撚糸機（錘） 合繊織（台）							20			計1
羊毛	梳毛機（錘） 紡毛機（台） 撚糸機（錘） 織機（台）	33,800 5 93		33,800 47 4,160 180	計7	33,800 59 4,160 232	計7	25,200 69 13,540 373	計7	63,232 65 6 323	計7
絹	絹紡機（錘） 紬糸機（錘） 撚糸機（錘） 製糸機（台） 絹人絹織機（台）	31,600 841 1,774	計3	45,160 6,300 19,276 有 1,805	計3	45,160 6,330 有 有 2,012	計14	45,280 6,300 有 1,865 2,164	計14	46,000 5,880 76,100 1,865 2,169	計15
麻	麻紡機（錘） 織機（台）				1		1	9,290 87	1	9,710 87	1

1951年上期		1952年上期		1953年上期		1954年上期		1955年上期		1960年上期	
設備	工場	設備	工場	設備	工場	設備	工場	設備	工場	設備	工場
432,720		562,708		562,708		562,708		562,708		517,256	
50,456		48,196		52,216		49,600		52,680		61,348	
4,768	計7	4,824	計9	4,822	計8	4,824	計8	4,829	計8	5,029	計9
										5,600	
										24,908	
							1			7,800	計3
4,496		12,608		12,608		14,800		15,000		20,400	
8		8		8		8		8		8	
108		108		108		108		108		108	
1,260	1	3,000	1	3,040	1	6,360	1	6,360	1	9,560	1
167	2	167	1	137	1						
参書・有	1	参書・有	1	参書・有	1	参書・有	1	参書・有	1	参書・有	1
	9		12		11		12		9		9

「名バカリ」(『呉羽紡績30年』,101ページ)のため社史で直轄は4工場,としていることにならった。

47年は7月頃,48・49年は初旬の状況。53年に事業打切り。

1951年上期		1952年上期		1953年上期		1954年上期		1955年上期		1960年上期	
設備	工場	設備	工場	設備	工場	設備	工場	設備	工場	設備	工場
441,464		591,250		573,002		573,002		573,002		488,148	
48,372		55,629		55,929		59,443		69,013		86,245	
5,286		6,844		6,844		6,828		7,020		5,080	
11,624	計11	11,752	計14		計14		計14		計15		計12
52.3		52.3		52.3		62.8		74.8		169	
2.0				3.0		3.0				0.7	
30,360		76,560		76,560		63,960		63,960		94,568	
6,720		15,916		15,916		13,932		10,328		18,884	
	計3		計4		計4		計4		計4	1	計5
82,392		92,537		92,537		137,429		137,429		84,497	
46		45		53		47		47		44	
25,306		25,984		27,418		35,316		29,760		38,504	
274	計6	229	計6	230	計7	230	計8	263	計8	289	計8
47,800		31,600		31,600		31,600		31,600		32,040	
6,300		6,300		6,300		6,300		6,300		6,366	
97,604		90,684		80,052		33,528		37,476		31,316	
1,865		1,865		1,745		1,575		1,575			
2,169	計16	692	計15	682	計14	682	計11	606	計11	606	計4
3,170		3,170		800							
	1		1		1						

第5章 占領復興期における10大紡の経営戦略

魚網機（台）		113		据付？		据付？	113	1	44	1
裁縫機（台）									606	3
刺繡レース機（台）								15	1	参書・有	1
メリヤス（台）		125		据付？		据付？		129	1	125	1
染色・仕上		社史・有		参書・有	1	参書・有	4*2	参書・有	1	参書・有	1
カタン糸										参書・有	1
工場合計数			5		22		27		31		37

資料：『綿糸紡績事情参考書』；社史。
表注：＊1：48年下期では1になっていることから工場数は1ではないかと思われる。あるいは短期的な試験
注：1．大日本紡績と東洋紡績の注（東洋紡績は注2）を参照。
　　2．梳毛機は48年まで，一部格納中のもの等を含むものと見られる。
　　3．麻部門は52年事業打切り。縫製・漁網部門も52年までに工場閉鎖。

8　富士紡績		1945年敗戦時		1947年上期		1948年上期		1949年上期		1950年上期	
		設備	工場	設備	工場	設備	工場	設備	工場	設備	工場
綿	精紡機（錘）	209,914		313,004		317,204		323,300		323,300	
	撚糸機（錘）			81,098		82,778		55,612		63,108	
	織機（台）	2,255		2,325		2,355		2,680		2,962	
	コンデンサー（錘）		計3		計7	1,980	計7	1,980	計6	1,980	計6
化合繊	スフ（日産t）	社史・有		4.8		12.5		14.6		14.6	
	合繊紡（錘）										
	スフ紡（錘）	社史・有		13,800		13,800		13,800		26,160	
	撚糸機（錘）		計2		計2		計2		計2		計2
羊毛	梳毛機（錘）										
	紡毛機（台）										
	撚糸機（錘）										
	毛織機（台）										
絹	絹紡機（錘）	30,552		29,952		29,952		29,952		30,552	
	紬糸機（錘）			2,520		29,952		3,150		3,150	
	撚糸機（錘）			13,668		2,940		13,668		13,668	
	絹織機（台）		計2	22	計3	22	計3		計2		計2
	裁縫機（台）										
	メリヤス（台）										
	染色・仕上			参書・有	1	参書・有	1	参書・有	1	参書・有	1
工場合計数			6		10		10		9		9

資料：『綿糸紡績事情参考書』；社史。
注：1．大日本紡績と東洋紡績の注（東洋紡績は注2）を参照。
　　2．縫製・メリヤス部門は整備計画に沿って，49年末に作られすぐに子会社とされたが（社史），『参考書』
　　　め，本表ではそれにならった。
　　3．54年に絹紡事業から一旦撤退後，翌年から再参入したが（上記表中ではちょうど数値が隠れる形に

設備	工場	設備	工場	設備	工場	設備	工場	設備	工場	設備	工場
26	1										
434	1	261	1								
12	1	15	1	16	3	16	3	16	3	7	1
40	1	47	1	40	1	40	1	10	1		
参書・有	2	参書・有	3	参書・有	3	参書・有	5	参書・有	5	参書・有	5
参書・有	1	参書・有	1	参書・有	1	参書・有	1	参書・有	1	参書・有	1
	37		36		33		33		33		25

的措置で分散したものか。

1951年上期		1952年上期		1953年上期		1954年上期		1955年上期		1960年上期	
設備	工場	設備	工場	設備	工場	設備	工場	設備	工場	設備	工場
333,425		389,108		391,088		391,360		391,360		343,286	
61,524		58,104		58,104		54,744		54,744		56,284	
3,673		4,488		4,488		4,488		4,270		4,101	
1,980	計6	1,980	計7		計7		計7		計7		計7
23.3		29		39.4		39		53.4		80.3	
										21,000	
26,160		68,344		68,344		77,968		94,768		94,864	
	計3	22,248	計3	22,248	計3	26,008	計3	36,888	計4	42,984	計4
						9,000		28,800		22,200	
						13		14		13	
						4,292		14,492		10,200	
							計2		計3	1	計3
30,522		9,000		9,000							
3,150		3,360		3,150							
13,668		4,316		4,316							
	計2		計2		計2						
176	2	220	2	220	2	220	2	209	2		
				10	1	10	1	10	1		
参書・有	1	参書・有	1	参書・有	1	参書・有	1	参書・有	1	参書・有	1
	11		11		11		12		12		8

では直轄工場として記載されている。しばらくは直轄工場として処置された可能性があると思われるた
なった),結局,58年に絹紡事業から撤退。

9 日清紡績		1945年敗戦時		1947年上期		1948年上期		1949年上期		1950年上期	
		設備	工場	設備	工場	設備	工場	設備	工場	設備	工場
綿	精紡機(錘)	145,512		246,284		277,100		284,016		284,016	
	撚糸機(錘)			37,080		33,880		47,560		53,928	
	織機(台)	1,522		3,304		3,406		3,923		4,149	
	コンデンサー(錘)		計3	3,960	計5	3,960	計7	3,960	計7	3,960	計7
化合繊	スフ(日産 t)										
	合繊紡										
	スフ紡(錘)										
	合繊織										
絹	製糸			社史・有	1						
	漁網機(台)			社史・有	1	社史・有	1	28	1	33	1
	メリヤス(台)	社史・有	1	据付?		据付?		5	1	5	1
	裁縫機(台)	社史・有	1	社史・有	2	社史・有	2	559	2	559	2
	レース機(機)	社史・有	1	社史・有	1	社史・有	1	社史・有	1	3	1
	染色・仕上			参書・有	1	参書・有	1	参書・有	1	参書・有	1
	カタン糸			社史・有	1	社史・有	1	社史・有	1	参書・有	1
	石綿	社史・有	1	社史・有	1	社史・有	1	社史・有	1	社史・有	1
	工場合計数		5		9		9		9		8

資料:『綿糸紡績事情参考書』; 社史。
注: 1. 大日本紡績の注を参照。
 2. 富山工場の紡織部門は陸軍の管理工場であったが, 事実上, 直轄状態だったと見られるため, 当表で
 3. 製糸部門は46年から48年にかけて操業し, 48年売却。漁網・縫製部門等は52年を起点に不採算部
 4. レース製造は戦時期に作られた合弁会社により50年の解散まで川越工場で行われ, その後は日清のみ

10 日東紡績		1945年(12月)		1947年上期		1948年上期		1949年上期		1950年上期	
		設備	工場	設備	工場	設備	工場	設備	工場	設備	工場
綿	精紡機(錘)	154,856		161,384		176,448		179,080		181,048	
	撚糸機(錘)			5,620		19,736		14,536		14,956	
	織機(台)	1,857		1,889		2,019		2,213		2,313	
	コンデンサー(錘)	1,008	計5	2,016	計6	3,528	計6	3,528	計6	3,528	計6
化合繊	合繊(アクリル)										
	スフ(日産 t)	社史・有		4.7		7.8		17.2		20	
	合繊紡										
	スフ紡(錘)	15,900		22,568		37,640		43,640		50,088	
	撚糸機(錘)		計4	15,864	計4	15,864	計4	19,304	計4		計4
毛	梳毛機(錘)										
絹	絹紡機(錘)	12,008		12,008		12,008		12,008		12,008	
	抽糸機(錘)			1,536		1,536		1,536		1,536	
	撚糸機(錘)			6,896		据付?		6,896			
	絹織機(台)	200	計2	200	計2	200	計2	200	計2	176	計2

282

1951年上期		1952年上期		1953年上期		1954年上期		1955年上期		1960年上期	
設備	工場	設備	工場	設備	工場	設備	工場	設備	工場	設備	工場
380,512		519,312		525,528		525,940		549,400		467,720	
46,408		46,408		50,048		54,008		54,008		67,816	
4,260		5,379		5,379		5,555		6,752		6,060	
4,040	計7	4,040	計9		計9		計9		計9		計8
										44.3	
										21,240	
						12,264		31,464		62,976	
							1		1	20	計3
20		20	1								
5	1	5	1	5	1						
487	2										
社史・有	1	社史・有	1	社史・有	1	社史・有	1	社史・有	1	6	1
参書・有	1	参書・有	1	参書・有	1	参書・有	1	参書・有	1	参書・有	1
参書・有	1	参書・有	1	参書・有	1	参書・有	1	参書・有	1	参書・有	1
社史・有	1	社史・有	1	社史・有	1	社史・有	1	社史・有	1	社史・有	1
	9		11		11		11		11		11

もそれにならった。
門として逐次閉鎖。
で製造されたと見られる。

1951年上期		1952年上期		1953年上期		1954年上期		1955年上期		1960年上期	
設備	工場	設備	工場	設備	工場	設備	工場	設備	工場	設備	工場
191,048		245,008		241,480		241,480		241,480		262,624	
14,956		14,156		14,156		14,156		14,156		29,608	
2,313		3,137		3,137		2,695		2,695		1,876	
3,528	計7	3,528	計7	3,528	計7	3,528	計7	3,528	計7		計7
										日産1.1 t	
社史・有		25		32		32		63		117.4	
										17,500	
56,488		56,488		78,472		78,432		85,324		92,404	
	計4		計4		計4		計4		計4	24,718	計4
										2,128	1
12,008		12,008		6,064		6,064		6,064		7,600	
1,536		1,536		1,536		1,536		1,536			
										4,080	
176	計2	176	計2	200	計2		1		1		1

	ロックウール	社史・有		社史・有		参書・有		参書・有		月産550 t	
	ガラス繊維(月産t)	社史・有	計4	社史・有	計2	参書・有	計2	参書・有	計2	6	計3
	染色・仕上	社史・有	1	参書・有	1	参書・有	1	参書・有	1	参書・有	2
	工場合計数		12		11		11		11		13

資料:『綿糸紡績事情参考書』;社史.
注:1. 大日本紡績と東洋紡績の注(東洋紡績は注2)を参照.
　 2. 45年は,12月末の状況を示すと見られる(『回顧参拾年』末尾の「工場変遷一覧」の備考等より推測).
　 3. ガラス繊維部門の45年-49年の数値は,設備復元前の数値か可能生産量を示すものと思われる.ガラ
　 4. スフ紡績と絹紡績の撚糸機の記載が,特に50-55年にはないが,詳細不明.実際に撤去されていたのか.

は20番手であった。しかし1955年2月時点になると,圧倒的に20番手より上の番手が生産されるようになった(この点は,第5-13表の一番右の欄が概括している)。10大紡において,1950年上半期の綿糸平均番手は27.7 (26.9:綿紡績企業全体の平均。以下も同様)番手,1951年上半期28.7 (28.0)番手,1952年上半期30.0 (27.0)番手,1953年上半期29.9 (26.9)番手,1954年上半期32.3 (29.3)番手,1955年上半期34.2 (30.7)番手であり[52]),高番手化が進んだ。高番手化するにつれて糸が細くなり,使用される織物も一般により高級品となるために高番手糸の販売価格は高くなるから,高番手化は収益性を高める。しかし,高番手化は一般に適正工場規模を大きくする必要があったために,一層の設備投資を必要とした[53])。また10大紡は占領復興期後半期以降,綿工業設備における新鋭化・合理化投資も行っていた[54])。

　次に,10大紡の綿部門以外の他繊維部門での経営戦略を,第5-12表から概括しよう。まず絹部門からは,10大紡が退出傾向にあったことが分る。絹部門での設備投資を進める10大紡企業は存在せず,数社は退出している。次に羊毛部門であるが,これは10大紡企業によって若干,相違が見られる。占領復興期前半期にすでに同部門を保有していた10大紡企業では,1953年頃をピークに増設し,以後はやや低下傾向のまま保持している。また,新たに羊毛部門に参入した10大紡企業も存在し,その場合増設を継続している場合が多い。最後に化繊部門であるが,それまで参入していなかった10大紡企業も参入するようになり(ただし呉羽紡績は1956年11月よりスフ紡績に参入[55]),ほぼ全ての10大紡企業が化繊部門に生産設備を所有するようになっている。しかも,生産設備の拡張を継続し

月産600 t		月産600 t		月産700 t		月産600 t		月産600 t		月産1,600 t	
6	計2	6	計2	12.8	計2	40	計2	80	計2	加工部門有	計2
参書・有	2	参書・有	2	参書・有	2	参書・有	2	参書・有	2	参書・有	1
	13		13		13		13		13		11

ス繊維の抽糸部門は1956年に合弁会社へ移管され，加工部門だけ福島工場に残された。

た。以上のような傾向は，第5-12表に挙げた1960年上期の数値と比べると，ほぼ1950年代後半期にも保持・推進されたことが分る。ただし，生産設備の点はもちろんのこと，後述するように売上額・収益の点から見ても，綿部門を凌駕するほどの他繊維部門はなかった。

以上から，占領復興期後半期の10大紡の経営戦略は，綿部門中心の事業ポートフォリオを占領復興期前半期より引き続いて保持することになったと述べることができる。綿部門を補完する他部門（化繊・羊毛工業等）の存在感は年々増していったが，綿部門を超えるほどの重要性を持つには至っていなかった。

以下，第5-12表をもとにして占領復興期後半期の10大紡各社の経営戦略を確認しよう。

(1) 大日本紡績

大日本紡績は，敗戦時の時点で本社直営部門において綿部門の他に，化繊部門，羊毛部門，絹部門，染色整理部門，縫製などの加工部門を擁し，繊維工業のフル・ライン戦略をとっていた。綿部門では，1950年6月の綿紡績業に関する生産設備管理政策が撤廃されると，綿紡機の増設に乗り出し1950年から1952年にかけて10万錘以上の増錘を行った。さらに第5-13表にあるように新設工場として常盤工場，豊橋工場を1951年に竣工し，9工場体制をとった[56]。

1954年頃まで化繊部門においては垂井工場を化繊紡織専門工場に転換して工場数を1つ増やしたものの，占領復興期後半期は概して，設備の増設がほぼ停止状態にあった。羊毛・絹部門も1950年頃と比較して，量的

第 5-13 表　10 大紡の綿紡績工場と各工場の綿糸番手別生産量

		47/2	55/2	47/2	55/2	47/2	55/2	47/2	55/2	47/2	55/2
		郡山		高田		貝塚		垂井 (再)		大高 (再)		関原 (再)
大日本	20' 下	69	—	61	—	166	228	—	化合	47	—
	20'	88	156	571	24	676	459	379	繊	271	—	461	—
	20' 上	—	329	39	321	322	338	219	専紡	—	216	120	232
		三本松		小松島		赤穂		忠岡		山田		二見
東洋	20' 下	204	—	—	—	—	—	—	—	16	—	—	—
	20'	213	—	119	—	14	—	628	158	—	—	146	—
	20' 上	—	170	264	164	338	14	266	6	247	542	—	168
		戸畑		三瓶		高知		笹津		笹岡		城北 (再)
敷島	20' 下	—	—	253	—	90	—	481	—	—	—		
	20'	54	—	481	124	337	—	245	—	333	275		157
	20' 上	42	245	49	218	135	632	208	122	—	81		160
		佐賀		出雲		福井		金沢 (再)		松原 (再)		舞鶴 (再)
大和	20' 下	189	—	195	207	—	—	—	—	124	—		
	20'	586	—	524	213	157	—	181	—	97	296		—
	20' 上	76	468	167	229	45	196	42	536	—	200		718
		岡山		観音寺		丸亀		北条		万寿 (再)		早島 (再)
倉敷	20' 下	—	—	93	211	—	2	—	—	199	—	—	化合
	20'	72	—	581	—	149	—	251	—	325	265	206	繊
	20' 上	74	64	—	—	197	414	306	202	—	267		専紡
		入善		大町		呉羽 (再)		井波 (再)		坂祝 (再)		庄川 (再)
呉羽	20' 下	54	28	116	—	1	—	217	—	—	—	71	—
	20'	537	14	586	157	252	—	530	149	—	—	133	—
	20' 上	226	361	232	259	178	243	—	415	—	—	380	231
		洲本		西大寺		住道		中島 (再)		中津 (再)		長野 (再)
鐘淵	20' 下	1	—	—	—	293	—	—	—	86	—	—	—
	20'	12	—	412	113	75	555	156	—	105	—	—	—
	20' 上	33	334	239	289	—	124	43	190	—	263	104	238
		小山		川之江		大分		三島 (再)		鷲津 (再)		豊浜 (再)
富士	20' 下	199	—	220	—	—	—	22	—	—	—	—	化繊
	20'	134	37	33	—	345	37	—	30	238	135	150	専紡
	20' 上	335	425	139	419	124	459	—	217	270	338	117	
		能登川		富山		浜松		針崎 (再)		高岡 (再)		戸崎 (再)
日清	20' 下	—	—	3	—	66	—	37	82	83	—		
	20'	—	28	122	122	484	—	338	—	101	—	100	
	20' 上	41	235	207	502	389	111	31	82	249	—	269	
		海南		広		泊		新潟		郡山		静岡 / 50 年
日東	20' 下	23	11	16	104	—	—	110	—	—	他繊	83	—
	20'	175	46	359	243	5	95	562	107	168	維	—	20
	20' 上	76	175	—	197	122	313	—	344	—	専紡		229

資料：ESS (B) 08978, 08982, 08984, 08992, (E) 03678, 03681, 03683, 03686, 03690, 03693；日
注：1.「—」は原資料に数値記載がないことを示す。
　　2. 47 年 2 月度分は純紡糸だけではなく混紡糸も含んでいる可能性が高い。55 年 2 月度は純綿糸の
　　3. 網掛は，占領復興期に綿紡績工場を再開もしくは新設したことを示す。(再) は戦時期に当
　　　の綿紡績工場として再開したことを示す。「/」の後に年（竣工年）が入れてある場合は，新設工

単位：1,000 封度

	47/2	55/2	47/2	55/2	47/2	55/2	47/2	55/2	47/2	55/2	47/2	55/2	47/2	55/2	55/2	47/2	55/2
	東京(再)		常盤/51年		豊橋/51年										不明	%	%
	53	—		194		—									86	10.9	8.7
	84	41		76		—									127	69.2	24.5
	28	256		433		282									—	20.0	66.8
	富田		今治(再)		春木(再)		渕崎(再)		川之石(再)		浜松(再)				不明	%	%
	—	—	83	7	73	120	2	化繊	—	—	—	—			33	10.4	5.3
	—	—	460	574	76	—	—	専紡	—	—	—	—			—	45.2	24.4
	473	370	—	176	40	—			—	62	—	439			—	44.4	70.3
	味野(再)		飾摩(再)												不明	%	%
		—		210											56	30.4	11.5
		—		—											—	53.5	6.8
		114		304											10	16.0	81.7
																%	%
															—	17.0	6.8
															—	68.4	16.6
															—	14.6	76.6
	坂出(再)		安城(再)													%	%
		—		—											—	11.9	10.5
		127		—											—	64.5	19.4
				472											—	23.6	70.1
	豊科(再)		長岡(再)													%	%
		—		—											—	13.3	3.2
		—		—											—	65.0	14.8
		300		318											—	21.7	82.0
	東京(再)		博多(再)		松阪(再)		高砂(再)		静岡(再)						不明	%	%
		—		—		—		—		—					80	23.1	2.1
		—		—		—		—		74					—	46.0	19.6
	90	387		220		225		454		248					—	30.9	78.3
	小坂井/														不明	%	%
	51年	—													351	19.0	12.7
		309													—	38.7	19.9
		—													—	42.3	67.4
	名古屋(再)		島田/53年												不明	%	%
		—		—											39	5.9	6.1
		—		—											—	53.8	9.7
		442		710											—	40.3	84.2
															不明	%	%
															115	9.1	11.5
															—	77.6	25.6
															21	12.1	62.9

本紡績協会調査部統計課『綿紡績操業状況』昭和30年2月度より算出；および各社社史を参照。

み。

該企業が所有工場を他・非繊維産業へ転換したり他企業へ売却したりしていたものを，占領復興期に自社所有場。

な拡大は確認できない。

しかし，1955年頃から，化繊部門における生産設備の拡充が進んでいった。本書の検討時期を外れるが，第5-12表によれば，1955年頃から1960年上期にかけて化繊以外の他繊維部門の生産設備が減少傾向にあるのに対して，化繊部門だけ大きな拡張が行われている。スフとビニロンの生産設備が数倍に増大しており，合繊紡機が約5万錘設置されていることが分る。ただし，1960年時点でも綿部門は，全工場数の半分強の10工場に，50万錘以上の設備を保有しており，生産設備の点から見て大日本紡績の中心的存在であったことは明らかである。1950年代を通して，生産設備の点で他繊維部門はまだ綿部門の補完部門という位置付けであった。

以上の動向は，第5-9表のCの生産計画書に示された1949年策定の経営戦略と比べて大きな相違がなかったと言える。しかし，新たな事業展開もあった。合成繊維ビニロンの設備投資が始められたのである。1950年4月に製造工場の起工式が行われ[57]，合繊分野への直接的な進出が果たされた。ただし，占領復興期後半期を通して日産3トンのレベルで推移し当該時期にはまだ目立つものではなかった。ビニロンに対する追加的な設備投資に関して，1954年上期と1955年上期の『有価証券報告書』において新規投資の情報として記載があるが，それぞれ約1900万円，約700万円の投資を行うというレベルのものであった[58]。

(2) 東洋紡績

東洋紡績は，1949年策定の経営戦略で大日本紡績と同様に繊維工業のフル・ライン戦略をとっており，本社直営部門において綿部門の他に，化繊部門，羊毛部門，絹部門，染色・仕上部門，縫製などの加工部門を有した。占領復興期後半期，綿部門では新工場建設自体はなかったものの，他工場の転換を行い1952年までに10大紡の中でも最大規模の15工場を擁するようになった。綿紡機も10万台以上増設した上に，綿織機も1954年までに約5万台増やしている。

他方，絹部門と化繊部門では目立った動きが生じた。1951年に絹部門から撤退し，それとは対照的に化繊部門では，工場を増やした上にスフや

人絹の製造能力を大幅に増大させた。特にスフの生産能力は，2倍に増大した。また規模は小さいものの，合繊の生産も1949年頃から，試験的に行われた[59]。

(3) 敷島紡績

敷島紡績は，1943年に福島紡績が朝日紡績を合併して設立された企業であり，戦前の福島紡績はスフ紡績設備を有していた（第5-1表参照）。しかし1954年に化繊企業よりスフ綿を購入し自前のスフ紡機でスフ糸を生産するようになるまで[60]，再び化繊部門へ進出することもなく，1952年までに約10万錘の綿紡機を増設するなど占領復興期は一貫して綿部門を中心にして企業活動を行った[61]。占領復興期後半期の敷島紡績は，1949年に決定した経営戦略にほぼ忠実な路線をとったのである。

(4) 大和紡績

大和紡績も，綿部門を中心とする事業ポートフォリオを保持した。1950年時点から，1953年までの間に10万錘以上の綿紡機を増設し，1955年までの間に綿織機を2倍に増やした。

綿以外の他繊維部門を見てみると，綿部門での勧告操短などや設備規制が強まる1952年以降には，戦前に参入し戦時期に撤退していたスフ生産に再度参入し[62]，以後，化繊部門の設備を増大させている。例えば，1955年上期の時点で，綿部門における合理化・製品高級化のための投資（高速コーマー等の設置）に，約6,620万円を投下する計画を立てていたが，化繊部門におけるスフの生産設備の復元のために，10億円を投下する計画を立てていた（いずれも自己資金）[63]。また1954年には，羊毛部門にも進出している。ただし，それら部門の生産設備は，急速に拡充されたにしても，綿部門に及ばない規模であることから，当該時期から1950年代後半期にかけては未だ，綿部門を補完する役割を果たしたに過ぎないと言えよう。

(5) 倉敷紡績

占領復興期後半期を通して倉敷紡績は，1949年に策定した経営戦略にほぼ忠実に則って行動した。綿部門以外に，化繊部門，羊毛部門，染色・仕上部門を擁したが，1951年以降，大幅に生産設備を増大させたのは綿部門であり，1950年から1952年にかけて10万台以上の綿紡機を増設し，綿織機数も1955年までに2倍に増やした。他繊維部門の生産設備は，綿部門に比べれば，変動は少ない。ただし，1953年以後の『有価証券報告書』によると，新規の設備投資の重点は，羊毛部門や化繊工業に置かれたことが分る。しかし綿部門の生産設備はほぼ温存され，綿部門中心の事業ポートフォリオは保持された。

(6) 呉羽紡績

呉羽紡績も，1949年に策定した綿部門重視の経営戦略にほぼ忠実に対応して行動した。綿部門を以外に，羊毛部門，絹部門，染色整理部門を有していたが，綿部門では1952年までに10万錘以上の増設が確認できる。羊毛部門でも梳毛紡機が1万錘以上増設したが，絹部門は1953年をもって閉鎖しており，綿部門中心の経営戦略に変更はなかった。

なお呉羽紡績は合繊の研究を進めていたが，1953年10月1日に呉羽化成（呉羽化学との合弁会社）を設立し，合繊部門を分離した[64]。

(7) 鐘淵紡績

鐘淵紡績は，綿部門の増大化を進めた。1952年までに14工場体制とし[65]，1950年時点から1952年までに綿紡機を約20万錘増設している。

綿以外の他繊維部門はどうであろうか。鐘淵紡績は1949年に策定した経営戦略では，ほとんど大きな数値を与えられていなかった化繊部門を，1950年以降急速に増大させた。またこの時期合繊部門では，戦時期以来研究を進めてきた合繊のカネビヤンの本格的な生産を始めたものの，生産設備の増大を見ることなく1955年に撤退している[66]。羊毛部門では，梳毛紡機において10大紡中最も大きな増設が行われ，1950年から1954年にかけて2倍強の約7万錘が増設されている。

結局，綿部門を中心に化繊部門，羊毛部門，絹部門，麻部門，染色整理部門を擁するというフル・ライン戦略に基づく事業ポートフォリオは占領復興期後半期を通して保持された。

(8) 富士紡績

　富士紡績は，1949年策定の綿部門中心の経営戦略を動かすことはなかった。1951年には，新工場として小阪井工場を竣工している（第5-13表）。しかし，綿部門の生産設備は10大紡の中で比べるとさほど増大している方ではない。対照的に化繊部門では，スフ生産能力を増大させ，スフ紡機も急テンポで増大させている。ただ10大紡中で比較して特に飛びぬけた化繊設備を整えたわけではなく，綿部門中心であることに変わりはなかったと言えよう。

　絹部門に関しては，1953年から1958年にかけて経営方針が揺れたが（第5-12表の注を参照），結局撤退している。ただ新たに1954年に羊毛部門への参入を行っており，綿部門を補完する他の繊維工業の選択を変えた形になっている。

(9) 日清紡績

　日清紡績は，綿部門中心の経営戦略を保持した。1953年には島田工場を竣工し（第5-13表），さらに他社と異なり1955年になるまで綿紡機の増設を止めていない。1950年から1955年にかけて綿紡機を25万強錘も増設している。ただ1953年頃までに縫製などの一部の加工部門を「採算の悪い部門」であるとして閉鎖し[67]，代わりに1954年より化繊部門へ参入を行うなど，再編も一部で行っている。

　また日清紡績は，石綿（アスベスト）や機械部品の生産や製紙などの非繊維事業も小規模ながら占領復興期前半期を継いで，本社直営で行い続けた[68]。

(10) 日東紡績

　日東紡績は，綿部門を中心に据えた経営戦略を占領復興期に一貫して保

持した。綿紡機の増設は他の 10 大紡に比べ少なかったが，新たに綿紡績工場として静岡工場を竣工している（第 5-13 表）。

ただし，スフの生産能力を徐々に伸ばしている点や，逆に絹部門の縮小を進めるなどの点で事業ポートフォリオの一部の再編も行っている。また日東紡績は戦前以来[69]，繊維工業でも特殊な分野であるロック・ウールやガラス繊維などの生産も続行している。

以上のように 10 大紡は結果として，占領復興期後半期を通して事業ポートフォリオの一部分の再編は手掛けているものの，綿部門中心という基本路線は変更しておらず，経営戦略に抜本的な変化は見られなかった。なお，占領復興期前半期の 1949 年に策定された経営戦略では綿部門しか持たなかった綿専業の大和紡績，敷島紡績，また非繊維部門を有したが綿部門に特化していた日清紡績の 3 社は，当該時期に化繊などの他繊維部門に参入して，占領復興期前半期とは異なる様相を見せた。しかしながら結局，それら 3 社も綿部門中心であることに変化があったわけではなかった。

経営戦略の継続は，第 5-1 図からも窺い知ることができる。第 5-1 図は，10 大紡とそれに加えて 3 大化繊企業（東洋レーヨン，帝国人造絹糸，旭化成）の売上額の推移を表したものである。当該時期に化繊・合繊工業へ大幅に設備投資する経営戦略を田代茂樹が主導した東洋レーヨンが，売上高をほぼ一直線に伸ばして[70]，やがて 1950 年代後半期には 10 大紡を上回ってしまうのに対して，10 大紡はほぼ一体になった折れ線状の動き方を示している。朝鮮戦争に伴う特需や反動不況などの景気変動に，10 大紡各社の売上額はほぼ一様に対応して動いている。これは，当該時期に 10 大紡がどの 1 社も，事業ポートフォリオの抜本的な変更を行わなかったことを意味している。10 大紡は特需などによって占領復興期後半期に多額の内部留保を形成したことが知られているが，それを利用して経営戦略の転換を意味するような，大規模な新規投資は行われなかったのである。化繊・合繊部門へ集中的に投資を行った東洋レーヨンの売上高だけが，同じ繊維企業の 10 大紡等の他社とは明確に異なる右肩上がりの動き方を

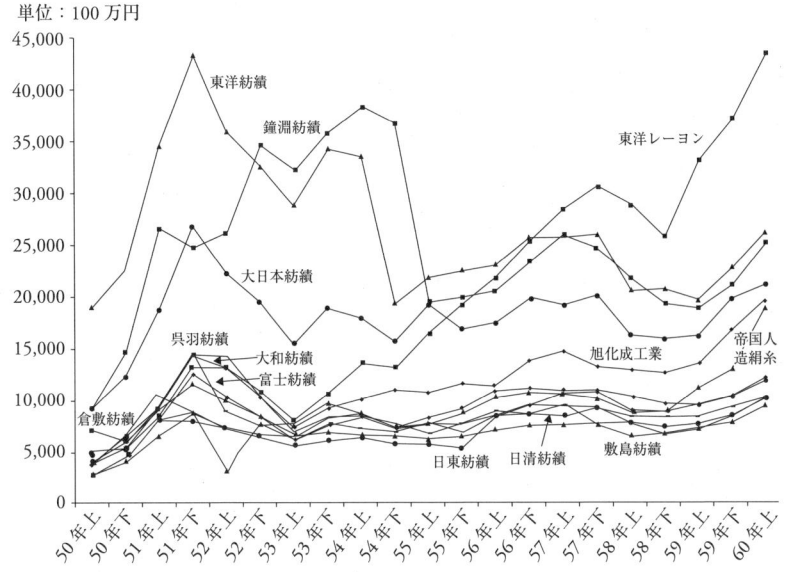

第 5-1 図　1950 年代の 10 大紡と 3 大化繊企業の売上額の推移

単位：100 万円

資料：『本邦事業成績分析』三菱経済研究所，各期。
注：大体において各年上期は前年 10 月頃〜当年 3 月頃，下期は当年 4 月頃から 9 月頃までを示す。

示しているのは，1950 年代の 10 大紡の経営戦略が 1949 年策定の経営戦略に強く縛られたものであったことを皮肉な形で示している。

2. 経営戦略が保持された要因

ここでは，1949 年に策定された 10 大紡の綿部門中心の事業ポートフォリオを特徴とする経営戦略が占領復興期後半期にも原則として変化しなかった要因を，売上額，需要の見通し，役員の特性の 3 点から検討する。

(1) 売上額と収益

まず 10 大紡各社の製品売上額を確認しよう。第 5-14 表は，10 大紡各社の有価証券報告書をもとにして，主に製品別の売上額の比率を示したものである。各社の表の一番下の欄の全体の売上額は，第 5-1 図でも確認

第5-14表　10大紡の占領復興期後半期の各期売上額

① 大日本紡績	1951年上期	1951年下期	1952年上期	1952年下期	1953年上期	1953年下期	1954年上期	1954年下期	1955年上期	1960年上期
	%	%	%	%	%	%	%	%	%	%
綿糸	19.9	23.9	21.3	17.3	18.0	16.0	19.8	17.7	18.9	18.3
綿織物	34.2	36.3	37.9	31.3	26.4	27.0	29.4	31.9	30.2	30.2
スフ繊維・糸・織物	10.5	10.6	8.4	8.8	7.9	9.4	9.4	9.5	9.8	7.0
ビニロン繊維・糸・織物	0.2	0.1	0.3	0.3	1.1	1.9	0.9	1.0	1.3	11.1
絹糸・織物	4.0	2.7	5.0	6.5	7.5	6.4	4.1	6.1	5.9	2.7
毛糸・織物	24.9	21.8	21.6	29.0	33.8	34.0	30.2	27.7	27.8	24.3
布帛	3.6	2.2	2.3	3.1	3.5	3.5	4.3	4.3	—	—
綿布帛	—	—	—	—	—	—	—	—	3.9	3.3
ビニロン布帛	—	—	—	—	—	—	—	—	0.5	1.3
屑物その他	2.7	2.4	3.3	3.6	1.9	1.9	1.9	1.7	1.8	1.8
合計	100	100	100	100	100	100	100	100	100	100
上記中の綿製品（波線）計	54.1	60.2	59.2	48.6	44.4	43.0	49.2	49.6	53.0	51.8
各期売上額（100万円）	18,713	26,601	22,195	19,534	15,462	18,845	17,974	15,766	16,191	21,312

資料：『有価証券報告書』各期。
注：他社でも同様。
　1.「—」は原資料に記載がないことを示す。
　2.「上期」は原則として前年10月26日より同年4月25日，「下期」は4月26日より10月25日を表す。

② 東洋紡績	1951年上期	1951年下期	1952年上期	1952年下期	1953年上期	1953年下期	1954年上期	1954年下期	1955年上期	1960年上期
	%	%	%	%	%	%	%	%	%	%
綿糸	12.3	14.2	13.1	14.6	11.1	10.6	8.9	9.8	11.1	15.5
綿織物	11.1	10.1	11.1	8.8	9.1	8.7	10.4	7.4	6.6	6.9
絹糸・織物・製品	3.3	0.8	—	—	—	—	—	—	—	—
化繊	16.4	13.4	12.3	11.8	13.8	12.9	16.6	18.0	16.7	14.7
毛糸・織物	18.7	16.9	20.1	28.9	34.9	31.6	25.3	22.7	29.4	26.7
加工品（染色整理）	24.2	30.6	29.0	21.4	18.1	21.2	24.3	27.7	23.7	25.7
特殊品（重布，タイヤコード等）	10.6	9.6	10.6	12.0	10.1	12.7	12.0	12.0	10.1	8.8
パルプ（52年上より化繊へ）	1.1	1.7	1.4	—	—	—	—	—	—	—
屑物	2.2	2.4	2.0	2.1	2.3	1.9	2.0	2.1	2.2	1.4
原木			0.2	0.5	0.4	0.4	0.3	0.5	0.4	0.2	0.3
合計	100	100	100	100	100	100	100	100	100	100
上記中の綿製品（波線）計	58.2	64.5	63.8	56.8	48.4	53.2	55.6	56.9	51.5	56.9
各期売上額（100万円）	22,708	27,041	22,048	22,478	18,617	22,521	20,515	19,473	21,935	26,238

資料：『有価証券報告書』各期。

③ 敷島紡績

	1951年上期	1951年下期	1952年上期	1952年下期	1953年上期	1953年下期	1954年上期	1954年下期	1955年上期	1960年上期
	%	%	%	%	%	%	%	%	%	%
綿糸（カタン糸含む）	39.8	38.3	30.0	37.2	41.6	45.2	41.1	33.7	39.9	40.3
綿織物（帆布等を含む）	57.6	58.5	67.5	57.2	54.3	51.3	56.1	63.2	56.8	32.6
スフ糸・織物	—	—	—	—	—	—	—	—	—	3.5
合繊糸，混紡糸，混紡織物	—	—	—	—	—	—	—	—	—	14.2
毛糸	—	—	—	—	—	—	—	—	—	1.2
縫製加工品	—	—	—	—	—	—	—	—	—	5.6
落綿その他	2.6	3.2	2.5	5.6	4.1	3.5	2.8	3.1	3.3	2.7
合計	100	100	100	100	100	100	100	100	100	100
上記中の綿製品（波線）計	100	100	100	100	100	100	100	100	100	72.9
各期売上額（100万円）	11,510	9,182	9,914	8,539	6,566	6,905	6,720	6,496	6,159	9,574

資料：『有価証券報告書』各期。

④ 大和紡績

	1951年上期	1951年下期	1952年上期	1952年下期	1953年上期	1953年下期	1954年上期	1954年下期	1955年上期	1960年上期
	%	%	%	%	%	%	%	%	%	%
綿糸	28.2	37.4	36.5	34.5	35.4	30.1	35.8	30.4	32.0	26.2
綿織物	67.7	60.1	60.5	43.9	31.8	33.6	28.0	27.5	23.2	20.2
毛糸・織物	—	—	—	—	—	—	0.5	1.0	5.3	9.8
スフ繊維・糸・織物	—	—	0.8	8.5	19.5	19.8	17.9	18.3	20.6	20.5
合繊糸・織物	—	—	—	—	—	—	—	—	—	7.8
加工品（繊維雑品）	0.5	0.3	—	10.8	10.6	14.0	15.0	20.8	17.1	13.6
落綿屑物	3.6	2.2	2.2	2.3	2.7	2.4	2.8	2.1	1.8	1.9
合計	100	100	100	100	100	100	100	100	100	100
上記中の綿製品（波線）計	100	100	97.0	78.4	67.2	63.7	63.8	57.9	55.2	46.4
各期売上額（100万円）	8,555	13,302	13,273	10,504	6,936	8,127	8,764	7,570	8,497	12,148

資料：『有価証券報告書』各期。
注：1952年下期から，「加工品（繊維製品）」の値が増大するが，従来綿織物に分類されていた重布やタイヤコードなども，ここへ分類するようになったためと見られる。したがって，過半が綿製品であると推定される。

⑤ 倉敷紡績	1951年上期	1951年下期	1952年上期	1952年下期	1953年上期	1953年下期	1954年上期	1954年下期	1955年上期	1960年上期
	%	%	%	%	%	%	%	%	%	%
綿糸	19.1	19.9	20.7	21.7	20.0	20.0	22.4	20.0	20.6	20.0
綿織物	24.2	24.3	24.9	15.3	19.3	15.4	16.9	19.6	20.5	8.4
加工綿織物	33.7	39.5	34.5	36.3	35.3	31.5	32.6	27.1	26.5	31.3
スフ糸・織物	4.3	3.3	2.1	2.3	2.2	4.0	3.4	2.9	4.4	16.4
羊毛・織物(60年上期：合繊含)	15.6	10.9	15.3	22.3	20.9	26.8	22.4	27.8	25.2	22.1
屑繊維	3.1	2.0	2.2	2.1	2.3	2.3	2.3	2.6	2.8	1.8
機械	0.0	0.0	0.0	0.0	0.0	―	―	―	―	―
合計	100	100	100	100	100	100	100	100	100	100
上記中の綿製品（波線）計	77.0	83.7	80.1	73.3	74.6	66.9	71.9	66.7	67.6	59.7
各期売上額（100万円）	9,521	14,013	13,390	11,093	7,654	9,153	8,900	7,546	8,417	11,803

資料：『有価証券報告書』各期。

⑥ 呉羽紡績	1951年上期	1951年下期	1952年上期	1952年下期	1953年上期	1953年下期	1954年上期	1954年下期	1955年上期	1960年上期
	%	%	%	%	%	%	%	%	%	%
綿糸	35.5	37.7	40.5	44.9	46.4	40.7	41.3	36.3	34.7	37.1
綿織物	24.8	23.7	23.4	16.8	13.7	11.7	9.2	16.0	16.0	9.2
加工綿糸・織物	30.3	33.5	29.4	25.5	24.8	30.7	38.0	35.9	31.3	34.5
羊毛・織物	5.1	1.7	1.4	5.4	9.1	10.2	4.4	6.8	9.4	9.4
絹人絹織物	1.0	0.5	0.7	0.6	0.7	0.1	―	―	―	―
合繊	―	―	―	―	0.8	0.6	―	―	―	―
繊維雑品	―	―	―	―	―	―	―	―	4.1	8.1
屑物・その他	3.1	2.9	4.6	6.8	4.5	6.0	5.1	5.0	4.5	1.7
合計	100	100	100	100	100	100	100	100	100	100
上記中の綿製品（波線）計	90.6	94.9	93.3	87.2	84.9	83.1	88.5	88.2	82.0	80.8
各期売上額（単位：100万円）	9,360	14,486	14,164	10,033	7,588	9,547	8,527	7,142	7,790	11,915

資料：『有価証券報告書』各期。

⑦ 鐘淵紡績	1951年上期	1951年下期	1952年上期	1952年下期	1953年上期	1953年下期	1954年上期	1954年下期	1955年上期	1960年上期
	%	%	%	%	%	%	%	%	%	%
綿糸	17.4	19.6	20.8	17.1	13.7	14.8	15.2	12.0	11.1	7.9
綿織物	12.1	11.4	8.1	5.9	4.7	4.2	3.8	4.7	3.5	2.5
加工綿織物	25.1	29.9	29.6	29.2	26.0	26.5	29.0	28.7	26.7	29.6
他の綿製品	0.2	0.2	0.3	0.3	0.1	0.5	0.7	2.7	6.0	4.7
化繊・糸・織物	7.1	8.7	10.4	9.5	13.5	12.7	14.2	13.4	14.3	19.2
羊毛・織物・製品	19.5	16.4	16.2	22.7	25.3	25.6	22.8	24.4	25.9	26.4
麻糸・織物	0.8	0.5	0.4	0.1	—	—	—	—	—	—
生糸,絹糸・織物・製品	17.1	10.9	11.9	12.8	14.0	13.1	12.0	13.8	12.2	8.7
化学製品・合成樹脂	0.5	0.9	0.8	0.6	0.8	0.9	0.8	—	—	0.8
屑物その他	—	1.5	1.6	1.8	1.8	1.7	1.6	0.4	0.3	—
合計	100	100	100	100	100	100	100	100	100	100
上記中の綿製品（波線）計	54.8	61.1	58.5	52.5	44.5	46.0	48.7	48.1	47.3	44.7
各期売上額(単位:100万円)	16,806	24,710	26,015	19,286	17,525	19,910	20,651	18,461	19,583	21,329

資料：『有価証券報告書』各期。

⑧ 富士紡績	1951年上期	1951年下期	1952年上期	1952年下期	1953年上期	1953年下期	1954年上期	1954年下期	1955年上期	1960年上期
	%	%	%	%	%	%	%	%	%	%
綿糸	41.4	45.7	47.8	51.2	48.5	42.9	46.8	44.9	43.5	22.6
綿織物	37.7	37.2	34.3	14.5	12.1	14.0	13.6	13.8	17.2	23.8
晒加工糸・織物	—	—	—	13.3	14.2	12.3	13.6	13.0	7.9	14.2
化繊・糸・織物	14.8	11.9	11.5	13.5	16.9	23.8	20.4	21.5	25.0	20.1
合繊糸	—	—	—	—	—	—	—	—	—	0.3
梳毛糸	—	—	—	—	—	—	0.1	0.6	1.2	4.4
絹糸・織物	4.1	2.1	1.6	3.0	2.8	3.0	1.4	1.7	0.8	—
混紡糸・織物	—	—	—	—	—	—	—	—	—	8.6
布帛品・繊維雑品	1.5	0.9	2.4	3.1	2.5	2.5	2.1	2.6	2.0	5.0
屑物	0.5	2.2	2.4	1.4	2.0	1.5	2.0	1.9	2.4	1.0
合計	100	100	100	100	100	100	100	100	100	100
上記中の綿製品（波線）計	79.1	82.9	82.1	65.7	60.6	56.9	60.4	58.7	60.7	46.4
各期売上額(単位:100万円)	9,606	14,768	8,864	7,528	5,966	7,759	7,239	6,941	7,678	8,647

資料：『有価証券報告書』各期。

⑨ 日清紡績	1951年上期	1951年下期	1952年上期	1952年下期	1953年上期	1953年下期	1954年上期	1954年下期	1955年上期	1960年上期
	%	%	%	%	%	%	%	%	%	%
綿糸	33.1	43.2	47.0	54.8	47.3	40.9	34.3	32.3	33.7	21.9
綿織物（賃織品含む）	12.8	13.1	12.7	3.4	3.9	4.1	1.4	4.3	1.6	1.0
晒・染色・加工綿織物	47.7	33.1	33.5	35.6	41.5	46.4	54.3	52.3	48.0	52.2
化繊・糸・織物	—	—	—	—	—	0.4	2.6	3.8	5.8	13.0
合繊糸・織物	—	—	—	—	—	—	—	—	—	1.6
他繊維製品等（縫製,漁網等）	3.7	6.9	2.1	0.6	0.4	2.7	1.2	1.1	2.0	1.5
アスベスト	0.8	0.6	0.6	1.0	1.5	1.3	1.5	1.4	1.5	2.2
合成樹脂	0.7	0.4	0.7	0.8	1.2	0.8	1.2	1.2	1.8	3.1
工作製品	—	0.5	0.5	—	3.0	0.3	0.3	0.5	0.5	—
紙	1.2	0.6	0.7	0.9	1.2	1.0	1.1	1.1	1.4	1.5
屑物その他	—	1.6	2.2	3.1	—	2.1	2.1	2.0	3.7	2.0
合計	100	100	100	100	100	100	100	100	100	100
上記中の綿製品（波線）計	93.6	89.4	93.2	93.8	92.7	91.4	90.0	88.9	83.3	75.1
各期売上額（単位：100万円）	7,513	12,438	10,313	8,285	6,360	8,463	8,258	7,679	7,032	9,394

資料：『有価証券報告書』各期。

⑩ 日東紡績	1951年上期	1951年下期	1952年上期	1952年下期	1953年上期	1953年下期	1954年上期	1954年下期	1955年上期	1960年上期
	%	%	%	%	%	%	%	%	%	%
綿糸	28.0	32.4	29.2	33.4	31.3	31.8	32.6	29.3	29.7	18.4
綿織物	28.7	9.3	18.0	11.6	7.6	6.3	6.7	10.7	11.2	2.0
加工綿織物	—	—	23.5	20.8	19.1	21.9	22.6	26.2	20.7	27.3
化繊・糸・織物	35.9	20.4	22.7	24.4	30.5	28.6	28.0	24.5	28.8	33.0
合繊糸・織物	—	—	—	—	—	—	—	—	—	5.5
絹紡糸・織物	2.3	1.1	1.0	3.3	4.1	2.4	2.1	2.0	2.7	1.7
晒染色加工（綿・化繊品）	—	30.9	—	—	—	—	—	—	—	—
2硫化炭素	—	—	—	—	—	—	—	—	—	0.1
ロック・ウール	1.3	1.2	1.1	2.0	1.6	2.4	1.9	2.0	2.0	2.7
ガラス繊維	0.2	0.3	0.4	1.7	1.5	2.0	1.8	1.4	1.6	7.0
屑物その他	3.6	4.4	4.1	2.8	4.2	4.1	4.4	4.0	3.4	2.2
合計	100	100	100	100	100	100	100	100	100	100
上記中の綿製品（波線）計	56.7	41.7	70.7	65.8	58.0	60.0	61.9	66.2	61.6	47.7
各期売上額（単位：100万円）	6,613	8,529	7,145	6,339	5,499	6,086	6,332	5,721	5,684	10,333

資料：『有価証券報告書』各期。

できるように1951年から1952年をピークにして，低迷する傾向を示している。そのような売上額の推移の中で綿製品の売上額の全体に対する比率の推移はどのようであったかを示すのが，各社の表の下から2番目の「綿製品計」の欄である[71]。これによれば，おおむね1951年から1952年にかけて綿製品の比率は最大値を示すものの，10大紡全社ともに50%を大幅に切るようなことはなく，また全製品中でトップの売上額を示す製品であり続けたことが分る。ただし綿製品の比率は低下傾向を示し，羊毛・化繊部門が徐々に比率を挙げていることも示されている。

では綿部門の売上額への寄与ではなく，収益への寄与はどの程度であったのであろうか。この点は資料上の制約から大日本紡績と東洋紡績の数値しか示すことができないが，第5-15表の第5-16表で両社の粗利益の数値を見ると，おおむね綿部門が一番の稼ぎ頭であったことが分る。第5-15表の大日本紡績の事例では綿部門と化繊部門が同一の綿スフ部門として括られているために綿部門単独の動向は分らないが，絹・羊毛部門が赤字（原価以下で販売していることを示している）であっても，綿スフ部門がそれをカバーしている時期が多い。ただし1953年上期のように逆に羊毛部門が綿スフ部門をカバーしている時期も見ることができる。第5-16表の東洋紡績の事例では，綿部門単独の動向が分るが，大日本紡績と同様に綿部門がおおむね一番の粗利益を出している。ただし，1953年上期や1955年上期には，綿部門の粗利益率が相当の低下を示している。しかしそのような時期には，他部門の粗利益によってカバーされて，粗利益全体の赤字や激減は防がれている。他の10大紡の収益面においても大略，売上面と同様に，事業ポートフォリオ間に，中心的部門である綿部門を他繊維部門が補完する関係が存在した，と推定してもよいであろう。

ともあれ，占領復興期後半期の10大紡の経営者は，このような売上額や収益における綿部門の高い比重を認識していたはずである。そして10大紡の経営者は，直近の売上額や収益のリアルな動向から，近い将来においても綿製品に対する底堅い需要が存在する，と認識していたと推定される。次に，10大紡の経営者が，実際に綿製品に関して，どのような需要の認識を持っていたのかを検討する。

第 5-15 表　大日本紡績の 1950-1953 年の部門別収益

	1950 年下期				1951 年	
	売上高	%	粗利益	%	売上高	%
綿スフ部門	8,117	66.3	1,159	63.1	12,565	67.1
絹部門	836	6.8	333	18.1	766	4.1
羊毛部門	2,684	21.9	161	8.8	4,699	25.1
その他部門	613	5.0	183	10.0	683	3.7
合計	12,250	100	1,835	100	18,713	100

	1952 年上期				1952 年	
	売上高	%	粗利益	%	売上高	%
綿スフ部門	16,076	72.4	2,252	131	12,488	63.9
絹部門	1,116	5.0	385	22.4	1,279	6.5
羊毛部門	4,985	22.5	−923	−54	5,757	29.5
その他部門	18	0.1	7	0.4	10	0.0
合計	22,195	100	1,721	100	19,534	100

資料：『有価証券報告書』各期。
注：1. 部門別売上高より部門別製品原価を差し引いて算出した。
　　2. 1954 年以降の数値は公表されていない。
　　3. 「―」は記載がないことを示す。

(2) 需要の見通し

　以下ではまず，綿製品の需要の見通しに関わる論点から見ていこう。

　1950 年代中頃の日本政府は，繊維工業の生産設備や将来像に関係する点で重要な，2 系統の産業政策を行った。1 つは，主に綿工業を対象にした，勧告操短や設備規制（1956 年 6 月公布の繊維工業設備臨時措置法に基づいていた）といった，生産設備に関係する施策である。背景事情としては，現状の過剰生産に起因する「輸出安売り」と「輸入原綿の過剰消費抑制」の防止といった政策目標[72]に加えて，「後進綿業国の躍進，化学繊維の進出等」のために綿工業が「構造的転換期」に直面しているという状況認識を，通産省や日本銀行等の政策当局が持ったことが[73]，挙げられる。もう 1 つは，通産省が外貨節約や繊維自給度向上の観点から，化繊工業と合繊工業の発展を政策目標に掲げたことであった[74]。それに基づき，例えば合繊工業に関しては，「合繊繊維産業育成対策」（1953 年 4 月次官会議決定）

単位：100万円

上期			1951年下期			
粗利益	%		売上高	%	粗利益	%
3,506	70.9		19,469	73.2	6,197	79.9
−120	−2.4		711	2.7	−317	−4.1
1,371	27.7		5,838	21.9	1,601	20.6
190	3.8		584	2.2	279	3.6
4,948	100		26,602	100	7,760	100
下期			1953年上期			
粗利益	%		売上高	%	粗利益	%
1,893	89.9		9,067	58.6	−79	−8.2
441	20.9		1,157	7.5	48	5.0
−233	−11		5,239	33.9	993	103
5	0.3		—		—	
2,106	100		15,463	100	963	100

等の施策が行われた[75]。

　これらの産業政策は，官民協調方式で行われた。例えば勧告操短は，滞貨蓄積に悩んだ10大紡等の綿紡績企業の非公式の要請を，通産省が受け付けたことが政策発動の直接の契機になったと考えられるし[76]，繊維工業設備臨時措置法も10大紡等の綿紡績企業の経営者が審議会に参加した上で制定された法律であったから[77]，官民協調の施策であったことは間違いない。

　しかし官民協調とは言え，上記のような政府側における，綿工業の将来性に疑念を呈する認識やそれに基づく政策を，占領復興期後半期の10大紡の経営者は，どのように理解していたのであろうか。言い換えれば，10大紡の経営者は，綿部門の成長の見込みを，どのように認識していたのであろうか。この点に関する10大紡の経営者の認識は，綿部門中心の経営戦略を保持した理由に直結するから，重要である。

第 5-16 表　東洋紡績の 1950 年-1955 年の部門別収益

	1950 年上期				1950 年下期			
	売上額	%	粗利益	%	売上額	%	粗利益	%
綿部門	15,879	70.7	2,237	53.4	24,048	69.6	4,214	50.6
絹部門	743	3.3	179	4.3	809	2.3	226	2.7
羊毛部門	3,250	14.5	889	21.2	5,215	15.1	1,750	21.0
化繊部門	2,432	10.8	855	20.4	4,203	12.2	2,019	24.3
パルプ部門	140	0.6	32	0.8	252	0.8	112	1.3
合計	22,445	100	4,192	100	34,527	100	8,321	100
	1952 年上期				1952 年下期			
	売上額	%	粗利益	%	売上額	%	粗利益	%
綿部門	25,893	72.4	2,790	62.4	21,105	64.8	1,245	40.3
羊毛部門	5,678	15.9	1,207	27.0	7,829	24.0	1,547	50.0
化繊部門	3,672	10.3	332	7.4	3,662	11.2	301	9.7
パルプ部門	516	1.4	141	3.2	―	―	―	―
合計	35,759	100	4,470	100	32,596	100	3,093	100
	1954 年上期				1954 年下期			
	売上額	%	粗利益	%	売上額	%	粗利益	%
綿部門	21,297	63.4	2,817	53.8	21,062	65.0	2,817	53.8
羊毛部門	6,523	19.4	1,423	27.2	6,012	18.5	1,423	27.2
化繊部門	5,753	17.1	996	19.0	5,352	16.5	996	19.0
合計	33,573	100	5,235	100	32,427	100	5,235	100

資料：『有価証券報告書』各期。
注：1：1952 年下期から，「化学製品」にパルプが含まれている

　上記の点を直接検討することは，資料上の制約から困難であるので，以下では 10 大紡の経営者が，綿製品の需要の見通しをどのように認識していたのかという点に論点を絞って，占領復興期後半期の最初の時期（1950 年頃）から検討する。

　具体的には，大日本紡績社長の原吉平と，東洋紡績社長の阿部孝次郎の発言に着目する。それは，両人が多数の発言を雑誌等に寄せていることから，年々の認識を跡付けることが可能なのと，両人ともに数年に渡り日本

単位：100万円

1951年上期				1951年下期			
売上額	%	粗利益	%	売上額	%	粗利益	%
32,968	74.0	5,347	67.3	24,048	69.6	4,214	50.6
271	0.6	69	0.9	809	2.3	226	2.7
5,796	13.4	1,275	16.1	5,215	15.1	1,750	21.0
4,467	10.4	1,028	12.9	4,203	12.2	2,019	24.3
672	1.6	222	2.8	252	0.7	112	1.3
43,173	100	7,941	100	34,527	100	8,321	100

1953年上期				1953年下期			
売上額	%	粗利益	%	売上額	%	粗利益	%
17,319	60.0	680	26.2	21,101	61.6	2,037	40.1
7,755	26.8	1,658	63.8	8,533	24.9	2,411	47.4
3,814	13.2	259	10.0	4,632	13.5	634	12.5
—							
28,889	100	2,596	100	34,266	100	5,082	100

1955年上期			
売上額	%	粗利益	%
21,602	60.9	764	30.0
8,351	23.5	1,146	45.1
5,521	15.6	633	24.9
35,475	100	2,542	100

紡績協会委員長を務めた，綿紡績業界の有力者であり，その認識は10大紡の見解を代表するものと考えられるからである。

　まず原吉平から，見てみよう。原は，1951年中頃までは，綿製品の貿易増大に楽観的であった。1950年3月頃に彼は，「世界の綿製品の輸出状況を見ますと，戦前は約63億平方ヤードもあったが，［昭和］23年には25億7千位になって非常に減って来たのですね。然しこれだけ大きく減少したのは，結局ポンドの購買力の不足，ドルの不足のためであって本当

の購買力の減退という様な理由じゃない」と述べ，今後世界的に需要が回復する可能性を指摘している[78]。特需景気の後の 1951 年に生じた反動不況の中でも，原は「需要が各地から一斉に起こってきて，日本の綿製品採算が，非常によくなっている］……［引用者省略］……日本綿業の今後を私は悲観していない」と述べていた[79]。

しかし 1951 年中頃より，原吉平は単純な需要増大を発言しなくなった。1951 年 9 月頃には「戦後の世界綿製品市場が漸次自給度を高め，市場の狭隘化を示しつつある」ことや，戦前の最大市場の中国への輸出が国際的な規制措置により難しくなっていることに言及している[80]。また同年 11 月頃には，内需と貿易の状況から判断して現在の 600 万錘以上は過剰設備であることや，これ以上の増錘は英国を刺激し，「英連邦諸国の関税を高めるとか，英連 [邦] 諸国に優先的待遇を与えるとか，その他種々の対抗策を [英国] 立てるに相違ない」と憂慮するようになった[81]。この頃から原が，世界的な綿製品自給度の高まりの他に，中国への輸出不可の状態や英国への配慮の必要性等の政治的要因から，輸出増大の難しさも認識するようになったことが分る。また第 1 次勧告操短が実施される 1952 年 3 月頃には，操短や「政府の政令による今後の増錘の停止乃至は情勢の転換に応ずる設備新設の許可制などの措置」が必要であると述べている[82]。

だが基本的に原吉平は，綿製品に底堅い需要が存在すると考えていた。1952 年 6 月頃に，「目先輸出は伸びにくい」が，中国等に関する政治的要因さえなければ，「世界はインフレにならざるを得ないし世界の購買力もだんだんと殖えてゆくから，綿布の消費量も増加する」，また国内や一部の外国がまだ衣類不足状態であることから，今後内需が増え，「相当の輸出増加がある」とも述べている[83]。

その後 1955 年前後の原吉平は，綿製品の需要面では，日本は「競争力はあるんだから，世界の購買力が増加すれば，比例して［綿製品の輸出が］伸びる」という認識を示しつつも[84]，供給面では，生産設備制限やアウトサイダー規制等の共同行為を法的に認めることが必要との認識を示した[85]。

東洋紡績社長の阿部孝次郎も基本的に，原吉平と同様，綿製品に底堅い

需要が存在していると認識していた[86]。1951年11月頃に阿部は，後進国の繊維自給化が見られるにしても，英国や東南アジアへの輸出の増大の見通し等を述べて，「将来綿布輸出量の増大が期待されるのは間違いないであろう」としている[87]。さらに1952年3月頃には，戦前との比較で国際的な綿製品の輸出状況を検討した上で，後進国は綿製品が不足しているが，ドル不足等のために輸入できないだけであり，「各国綿業の自給度が高まり之を以て綿貿易を限界付ける事は早計」であるとしている[88]。また同時期の第1次勧告操短について，その発動の契機となった綿製品の滞貨を，「年に12億［平方ヤード］の輸出をもち，国内に7ポンドの消費力をもつ紡績界にとって，一時的な滞貨の現象である」とし，「操短は単なる需給調整であって他の何ものでもない」と述べている[89]。十分な需要が存在するが，一時的に変調をきたしたに過ぎない，という意思が読み取れる。

この後，阿部孝次郎は1952年12月頃には，過剰設備が存在しているので「設備の制限をしなければならない」との見解を持つようになり，独禁法等のために現状では困難であるから，政府の新規立法等の措置が必要だと述べている[90]。しかし他方では1953年8月頃に，「縮小を余儀なくされているとはいいながら，世界の綿製品市場は依然として年間約50億［平方］ヤードの綿布を輸入しているのであるから……［引用者省略］……国際競争を通じて現在以上の分前を獲得することは十分可能である」と見ており[91]，綿製品の需要の存在を疑っていなかったことが看取される。

1955年頃になると，阿部孝次郎は，政府の需給調整のための総合的な政策が必要であると表明するようになった。これは，「最近の繊維不況は……［引用者省略］……可成り根本的な解決を必要とする構造上の不均衡のあらわれ」であると，認識するようになったことが背景にあった。しかしここで言う「構造上の不均衡」とは，主に内需が成熟してこれ以上増大しない可能性が強いのに，輸出不振も重なり，このような苦境に対して戦前のような業界団体による自主統制等ができない事態を指したものであった[92]。綿製品の内需や輸出が根本的に減退することが，考慮されていたわけではない。繊維間競合の対象となりうる合繊に関しても，1956年3

月頃に阿部は,「国民が実際に合成繊維製品を買うか」に関して検討した上で,今後大きな消費を呼び起こすことはないとしており[93],未だ大きな脅威と見ていなかったと考えられる[94]。

1955年頃,同じ東洋紡績の会長の関桂三も,過剰生産や滞貨増大の理由を,綿製品の需要の根本的な減退が生じているためと認識していなかった。1955年4月,最近の綿製品の輸出量の減少を,「後進国の綿製品自給化といま1つは化学繊維の進出によって綿製品需要が侵蝕されて」いるためと一般にされるが,少なくとも近時における最大の要因は「後進国,なかんずく後進農業国の消費水準の低下」と述べており,輸出面での潜在的需要は未だ大きいと考えていた[95]。このような認識は,東洋紡績経営陣の上層部の共通認識だったと言うことができよう。

上記のような一連の認識は,原吉平や阿部孝次郎だけではなく,他の10大紡の経営者も総じて,共有していたと考えてよいだろう。このことの1つの傍証は,毎年年末に,10大紡等の役員・部長や日本紡績協会の調査課の関係者が数人集まり,新聞社の記者等とともに翌年の綿紡績業の見通しについて述べた座談会で出された見解である。これに注目するのは,同業者間での見通しや日本紡績協会の調査課の持っていた見解を,定点観測することができるからである。概括すると,1949年と1950年の年末の座談会では,内需は低調でも輸出の増大は期待できるという見解が支配的であった[96]。他方で,1951年から1954年までの年末の座談会では,内需・輸出ともに,増大か低迷かに関して見解が割れることが多かった[97]。年が経つにつれて,共通した見通しを立てにくい状況になっていると評価できよう。いずれにしても,綿製品の内需と輸出の先行きに関する深刻な懸念は出席者の間に生じていない。

以上を概括すると,10大紡の経営者には,綿製品に関して,国内外に,これ以上拡大しないにしても底堅い需要が存在する,という認識があったと言えよう。そうした認識があったために,10大紡の経営者は,綿製品の滞貨の原因は主として供給面にあり,操短や設備規制を行うことで需給調整を達成できると考えていたと推定できる。政府の一部にあった,世界的な繊維自給度の向上や化合繊工業の発展を理由にした綿工業の「構造的

転換期」という深刻な認識は，10大紡の経営者の大半に，共有されていなかったのである。

(3) 経営者の特性

ここでは，10大紡の経営者が，占領復興期後半期の勧告操短や設備規制，さらに綿部門中心の事業ポートフォリオの保持に関して，どのように判断していたのかを推測するために，第5-17表をもとにして，10大紡の経営者（役員）の特性を検討しよう。

第5-17表は1951年10月頃の役員の情報に限られているが，第5-7表から分るように，10大紡各社ともに1951年から1955年頃の役員の異動が少ないので，第5-17表から読み取れる特性は，占領復興期後半期の一般的な特徴とみなしてもよいだろう。

10大紡各社ともに，A欄の内部昇進型で，高等教育機関を卒業してすぐに入社した経歴を持つ役員が多いことが分る[98]。綿紡績企業の企業活動に長期携わった，典型的な専門経営者が多数を占めていたと言ってよいだろう[99]。さらにD欄とE欄から，1920年代に入社した役員が多いことが読み取れる。以上から，多くの役員が綿紡績業の黄金期を支えた慢性的な操短や，繊維多角化の進展を，若い社員の頃から身近に経験したことになる。

このような特性から見て，多くの役員が，占領復興期後半期の事態を，1920年代から1930年代の綿紡績業の経験と重ね合わせて理解する傾向があったと推定できる。中心部門である綿部門の不安定性に直面した際に，操短や設備規制で自他の企業活動に制約を加えたり，他繊維部門でカバーすることで対処する経営判断に，大きな違和感を感じなかったと考えられよう。

おわりに

戦時期に形成された10大紡は，戦時経済へ企業活動を適応させた。そ

第5-17表　1951年10月頃における10大紡の経営者の特性

	役員合計	A. 内部昇進型 存続企業	A. 内部昇進型 被合併企業	B. 途中入社型	C. 外部役員型	D. 入社年平均値	E. 入社年最頻値	F. 入社年範囲	G. 入社年不明者
大日本紡績	16人	10人	4人	1人	1人（1人）	1921年	1920年（=6人）	1917–1926年	1人
東洋紡績	19人	16人	1人	2人	—	1917年	1921年（=5人）	1900–1927年	—
敷島紡績	12人	3人	6人（2人）	3人	—	1924年	1932年（=3人）	1912–1941年	—
大和紡績	14人	8人	—	6人	—	1927年	1926年（=3人）	1922–1951年	2人
倉敷紡績	13人	9人	1人	3人	—	1930年	1922・51年（=2人）	1918–1951年	—
呉羽紡績	14人	6人（1人）	2人	6人	—	1928年	1929年（=3人）	1910–1945年	—
鐘淵紡績	16人	12人	—	3人	1人	1922年	1925年（=3人）	1899–1930年	—
富士紡績	13人	6人	—	7人	—	1923年	1926年（=3人）	1912–1941年	—
日清紡績	14人	10人	2人	3人	1人	1925年	1922・26年（=2人）	1907–1946年	—
日東紡績	16人	5人	5人（1人）	6人	—	1924年	1923年（=3人）	1906–1949年	1人

資料：『有価証券報告書』昭和26年下期版；各社社史；『人事興信録』各版。

注：1. B欄「途中入社型」は、学卒後、(1) 13ヶ月以上経ってから、当該企業（被合併企業を含む）へ入社した者、もしくは (2) 1回でも被合併企業以外の他社へ入社したことがある者。C欄「外部役員型」は、兼任役員で、かつ他社の役員が本業であると推測される者を指す。
2. （　）内は内調。A欄からC欄は、帝国大学、私立大学、高等工業学校、高等商業学校、旧制専門学校（上田蚕糸専門学校等）といった高等教育機関への入学記録が見えない者をC欄に示す。E欄では、中央値の人数を示す。
3. D欄の平均値は、算術平均値であり、「6月末」（=0.5）を基準に小数第1位を四捨五入した年。A欄の被合併企業に当たる者は、被合併企業入社年をみなし入社年が不明の者は計算に含めていない。
4. 1930年代後半頃より1950年までの間に途中で辞めて再入社した者は、原則として徴兵や統制会勤務、パージ等のために一時的に休職したものとみなした。
5. 呉羽紡績のA欄の存続企業に、戦前の伊藤忠（事実上の親会社）入社組を、また日東紡績のA欄の存続企業に、片倉製糸（事実上の親会社）入社組を含む。

の結果，各企業によって異なった点もあったが，次の5つがその収益基盤の柱となった。第1に本社直営の繊維部門であり，第2に本社直営の軍需関連部門，第3に海外繊維部門（もしくは海外子会社），第4に企業グループや出資先企業，第5に工場の売却・賃貸や機械設備の売却であった。

　占領復興期前半期にESS反トラスト課が実施した改革志向型の占領政策により，上記の第1の収益源を除いて，他の収益源は消失した。さらに10大紡の経営陣はパージや自発的退任により新旧の入れ替えが生じ新体制へと移行した。そうした中で，10大紡は新たな経営戦略を模索した。

　占領復興期前半期の新経営陣は，残された本社直営部門の事業ポートフォリオをどうするか，判断を迫られた。10大紡の中には，1947年に，綿部門以外の羊毛部門や化繊部門を重視する生産計画を持った企業も存在したし，また1948年3月頃までに，集排政策のために繊維部門の分割を真剣に構想した企業も存在した。したがって，自ら企業分割して，分割された各社が独自の企業活動を選択する経営戦略を策定することもあり得た。しかし結局，1949年に10大紡は，日清紡績を除いて非繊維部門を分離し，綿部門中心の事業ポートフォリオを特徴とする経営戦略を策定した。

　上記の占領復興期中前半期に策定された10大紡の経営戦略は，戦時期の経営戦略とは大きな相違があった。特に戦時期の経営戦略では，中心部門の綿部門を，まず本社直営部門内の他部門が補完し，さらに海外部門や企業グループの投資収益によって補完する多層的な収益構造が構築された。しかし，占領復興期前半期に策定された経営戦略では基本的に，中心部門の綿部門を直営部門内の他繊維部門が補完するだけの，バッファーが単層の収益構造が構築された。これは事業ポートフォリオの特徴から考えると，1930年代に追及された戦略と類似していたと考えられる。

　以後，占領復興期後半期を通して10大紡は，綿部門中心の事業ポートフォリオを特徴とする経営戦略を保持した。なぜならば，この経営戦略は次の3点の特徴や条件を有したために，持続可能な収益構造をもたらす戦略であると，10大紡の経営者が認識したからだと考えられる。第1に，

他繊維部門が中心部門の綿部門を有効にカバーし，収益の赤字や激減を防いだ。第2に，実際の売上額から直近の需要を推測すると，また同業者間で共有されていた見通しによれば，綿製品に対する底堅い需要が将来に渡り内外に存在すると期待できた。第3に，滞貨増大をもたらす過剰生産が生じた場合に，戦前の自主的統制に類似した通産省による勧告操短や設備規制の発動により，綿糸の需給調整が可能であった。

結論

　本書が明らかにしたことは，GHQが日本綿紡績業の復興に果たした歴史的役割である。以下ではこれを，次の2つの点から整理する。まず，米国政府と日本側の間で，GHQが，どのような役割を果たしたのかという点に注目する。次に，GHQは，日本綿紡績業のためにどのような占領政策を実施し，同時に，GHQの占領政策に対して日本政府と10大紡は，どのような対応を示したのかという点に着眼する。

1　米国政府と日本側の間におけるGHQの役割

　GHQは，米国政府の棉花関連援助を日本綿紡績業が受け取る際に，両者の間を積極的に調整した。
　まず，棉花関連援助の出し手と受け手の双方の事情を確認しておこう。
　援助の出し手の米国政府は，援助が受け手の日本綿紡績業へ効果的に作用するように，何らかの工夫を行ったわけではなかった。1948年中頃までの米国政府は，米国陸軍を主体にした日本占領軍に支障を与える疾病や社会不安の防止，政府関連機関（CCC）の滞貨となっていた米棉の処理，棉花商社や民間銀行，棉花栽培州選出の上院議員の利害などの「国益」を

結論　311

要因にして，棉花関連援助を日本へ与えることを決定した。1948年中頃以降になると，米国政府は上記の諸要因の他に，冷戦の亢進を背景に日本経済の復興を目的として，棉花関連援助を行うようになった。しかしながら一貫して言えることは，米国政府は，集排政策の緩和措置などの例外的な配慮を除けば，援助供与に関する基本的な協定や規程を定めた後は，単に援助を日本へ与えただけであった。さらに米国政府の棉花関連援助の大半は，無償援助ではなく，返済が必要で利子も付く有償援助であった。また米国政府は占領当初から，棉花関連援助の実施と並行して，民主化と非軍事化を目的とした改革志向型の占領政策を日本で実施させたが，それらは日本綿紡績業へ少なくとも短期的には混乱を与えるものであり，有償援助の償還への影響を考えると，米国政府の政策には矛盾があった。また日本綿紡績業はどのような生産設備を保有しており，またどのような種類の棉花が必要としているのかなどの基本情報を収集・検討する専門機関を，日本に置いたわけではなかった。棉花関連援助に関連するこのような状況を俯瞰すれば，米国と日本の実情に通じた調整者がいなければ，米国政府の援助は有効に生かされない可能性があったと言えよう。

　他方で，援助の直接的な受け手の日本の綿紡績企業（主に10大紡）は，綿紡績業での復興を望む意思を持っていたし，縮小したとは言え，必要な生産設備を保持していた。しかし，棉花を始めとする必要物資の不足，貿易制度・環境の混乱，賠償政策，改革志向型の占領政策，米英の綿製品製造企業のロビー活動など，経営努力だけではどのようにもできない，外在的な復興阻害要因に取り囲まれていた。日本政府や，統制会を引き継いだ業界団体の力だけでは，それらの外在的な阻害要因を克服することは不可能であった。日本綿紡績業には，国内外の実情に詳しい上に，外在的な阻害要因を克服できる強い権限を持った存在による，支援が必要であった。この必要性は，日本が米国の占領下にあったことを考え合わせれば，米国政府との調整者が不可欠であったことを意味していた。

　日本にいたGHQは，まさに棉花関連援助の出し手と受け手双方の，上記のような必要性を満たすことができる，唯一の存在となり得た。GHQ内部には，理想的な将来を実現することに重点を置くリベラル派だけでは

なく，目の前の実情を改善することに重点を置く現実派が存在した。日本綿紡績業を始めとする日本経済の諸領域の大半を所管したESS内では，ESS繊維課やESS貿易課は現実派に分類することができる。このESS両課は，米国政府の棉花関連援助に関係する日本での業務に直接責任を負うことになった部署であったが，現実派であったことから，日本綿紡績業に対する援助が持つ重要性を認識して援助に関係する業務を熱心に行い，結果として調整者としての機能を積極的に果たすことになった。

　棉花関連援助に関する調整者としてのESS繊維課とESS貿易課の活動は，次のように一般化することができる。ESS両課は，日本への棉花供給に関して，日本側の要望を吟味しつつ，米国政府と日本側の双方の利害・要望を仲介して，日本への棉花供給の実現に大きく寄与した。さらに日本における棉花供給に伴う義務の執行等に関して，日本側を監督した。

　以下，より具体的に整理しておこう。ESS貿易課は，ESS繊維課（もしくはESS工業課の繊維担当係）と協調しつつ，日本綿紡績業が求めた棉花の輸入を，米国政府へ要請した。戦後初めて日本が輸入した棉花であるCCCグループ1棉に関しては，米国政府の関連機関であるCCCに米棉の滞貨が大量にあったために，ESS貿易課が要請を何度か重ねることで，米棉の供給はスムーズに実現した。ESS貿易課は輸入の前提として，日本側から情報を得て，日本綿紡績業の生産設備等の情報やどのような種類の棉花を必要とするのかを，米国政府（棉花調達に関する窓口は陸軍省民事局）に通知した。また国務省が主導して派遣した繊維使節団の一部とも協調し，89万俵が必要であると陸軍省民事局へ主張し，押し切った形になった。

　CCCグループ2棉の35万俵の米棉は，CCC所有の滞貨の米棉ではなく，CCCがわざわざ市場で買上げて日本へ供給した米棉であった。これが実現に至った直接の契機は，日本側の求めに応じたESS貿易課がESS繊維課と協調しつつ，半年に渡って粘り強く陸軍省民事局へ要請を行い続けたことにあった。

　OJEIRFに基づく米棉借款に関して，米国銀行団から資金を借入れる交渉は米国政府が行ったが，そもそもOJEIRF自体は，ESS貿易課が設立したものであった。ESS貿易課はOJEIRFを，日本経済の必要物資を輸入す

るための基金として構想していた。

　またCCC棉の対日供給は，米国政府内で取り結ばれたCCC棉協定に基づいていたが，日本国内でのCCC棉の取扱いはGHQに委任された。そこで，ESS貿易課はESS繊維課と協調して，日本綿紡績業を中心とする統制体制を築いて，CCC棉の取扱いを監督した。さらにESS繊維課は，綿製品の生産や配分の監督のために，情報・知見を交換することを目的とした日本綿紡績業に関する政策形成システムを構築した。この枠組みの中でESS繊維課は必要に応じて，日本綿紡績業を対象に，綿糸の増産を命じたり，棉花消費調整のために操短を指令したりして，日本綿紡績業の生産活動へ直接に介入した。またESS繊維課とESS貿易課は，CCC棉の借款返済のためにドル獲得を目指して，日本側へ綿製品の全生産量に関して60％以上の高率の輸出配分を命じた。

　以上のような，日本綿紡績業の生産活動や綿製品の配分比率を強く規制する，ESS繊維課とESS貿易課の占領政策によって，米棉借款の着実な返済が行われたから，ESSや日本側は米国政府の信用を得ることになったと考えられる。日本への米棉供給が占領復興期前半期に2回，数カ月に渡る大きな切れ目を経験したものの，それ以外の期間に米棉供給が継続されたのは，上記の信用が，米国政府による米棉供給の無形の基盤として存在したためであったと評価できよう。

　また他方で，そのようなESS繊維課とESS貿易課の占領政策は，内需を犠牲にし日本側を強く規制する面もあったものの，日本綿紡績業の棉花不足の解消を目的に行われ，また時折滞貨となった綿製品の内需向けの放出も包含するものであったし，そして基本的に汚職等もなく真摯に行われたから[1]，日本側は基本的にESS両課へ協力した。また，上記の統制体制の中で日本綿紡績業は，ESS両課による棉花供給の保証を受けたし，日本政府の価格統制も与って，総じて安定した収益を挙げえたから，怠業等の反抗的な姿勢をことさらに取ることもなかった。

2　GHQ の占領政策と日本側の対応

　(1) ESS 繊維課は，現実派の集団であったから，日本綿紡績業が最も必要とした棉花の調達を基本関心として持っていた。ただし，ESS 繊維課は，米棉に関係する生産面の主管部署であり，米棉借款に付随する条件・規定を日本側に遵守させる監督部署であったから，その活動には次のような特徴が見られた。第 1 に，ESS 繊維課は，その綿工業に関する政策策定は常に，米棉借款の返済に有効かどうかという点を，最重要の判断基準にして行われたことである[2]。返済重視の姿勢は米棉だけでなく全ての輸入棉花に当てはまった。第 2 に，米棉借款の返済に有効かどうかという判断基準を持った ESS 繊維課の日本綿紡績業に対する政策目的は，その復興に置かれたことである。それは日本綿紡績業の復興が，多くの場合に綿製品の持続可能な輸出増大に帰結するために，中長期に及ぶと予想された（なぜならば，慢性的な外貨不足状態にあった日本が短期的に返済することは期待できなかった）借款返済に有効であったからであった。

　以上から，ESS 繊維課の政策形成の経路は，次のように一般化できる。①現実派としての特性（＝棉花調達を推進）⇒②最重要の判断基準（＝米棉借款・棉花代金の返済）⇒③政策目的（＝日本綿紡績業を始めとする綿工業の復興）⇒④政策手段（＝産業支援的な占領政策）。米棉に関係する貿易面の主管部署であった ESS 貿易課や ESS 上層部にも，同様の政策形成の経路が存在した。

　ESS 繊維課と ESS 貿易課は，日本綿紡績業のために必要と判断した占領政策を，米国政府の意思・利害から基本的に離れた立場で策定する場合があった。このように日本綿紡績業のために必要と判断された占領政策は，主として生産設備管理政策と棉花調達の面で行われた。

　生産設備管理政策は，米国政府の対日賠償政策が未決定な状態の中で，ESS 繊維課が主導して策定したものであった。ESS 繊維課は生産設備管理政策の形成過程で，米国政府に事前に連絡することなく 400 万錘という復元水準を策定し，GHQ 上層部へ上申した。GHQ 上層部は，1947 年 1

結　論　315

月に来日し対日賠償政策の緩和を企図していたストライク使節団の意向を確認した可能性が高いものの，やはり米国政府へ許可を求める連絡を行わずに，400万錘の復元水準を許可した。併せてESS繊維課は，400万錘の枠組みの中で10大紡や新紡の保有錘数も策定し，さらに制限会社であった10大紡の復元資金の獲得にも，協力した。

　その後，この生産設備管理政策は，日本綿紡績業の一層の発展が見込まれるタイミングで廃止されたと評価できる。生産設備管理政策は1950年になると，10大紡の綿紡機の復元率が高まり，また米英の綿製品製造企業の400万錘枠撤廃への反対論が鎮まったことを要因にして，1950年6月にESS局長の判断で廃止された。なお占領復興期前半期に，化繊・羊毛工業でも同様の生産設備管理政策が運用された。

　加えて，ESS貿易課とESS繊維課は，日本の棉花調達のために，先述したCCCグループ2棉の事例に見られたように熱心に動いた。棉花調達に関して他に注目すべき事例は，1947年から1948年にかけての印棉調達であった。ESS貿易課は1947年中頃にインド政府と独自に交渉し，印棉の購入協定を結んだ。この交渉は，その途中で米国政府へ許可を求めつつ行われたが，交渉を主導したのはESS貿易課であった。さらに翌1948年になると，ESS繊維課が，ESS貿易課に誘いを掛けてインドへ両課の課員を派遣し，印棉の調達を行った。これらの印棉の調達はインドから行い，また決済方式はオープン・アカウント形式でのポンド決済であり，直接に米国の利益になることではなかった。

　また将来的な棉花調達に有益な制度の設置も，ESS貿易課が米国政府へ働き掛けて実現した。ESS貿易課は，1946年の内からGHQが独自に管理できるSCAP商業勘定の設置を米国政府に要望し，1947年に許可を得た。これは1948年になると，SCAP綿製品勘定と対になって運用され，以後，棉花の輸入と綿製品の輸出の際の決済を円滑に行う制度上の基盤となった。これらのSCAP商業勘定とSCAP綿製品勘定の管理は，後にESS貿易課の手を離れてESS内で資金管理課等に引き継がれ，その後1950年頃に段階的に日本政府へ委譲され，1950年代の日本政府の貿易決済の制度的基盤として受け継がれることになった。

このような貿易制度に関する占領政策は，策定当初から日本経済の直近の将来の必要性をも見据えていた，戦略的な行動と評価できる。ESS貿易課は，現実派であったと同時に，日本の貿易全般を分析する立場にあったから，必要物資の確実な輸入を保証するために，制度的基盤の策定が不可欠であると，認識したと考えられる。

　またESS繊維課は，集排政策の緩和のために活動した。1947年4月以降にESS反トラスト課によって進められた10大紡に対する集排政策に対して，ESS繊維課は，1948年中頃から積極的に反対活動を行った。ESS繊維課は，米棉等を円滑に製品化するためには，10大紡の企業分割は好ましくないと判断したのである。そして持株会社整理委員会とともにDRBへ陳情を行い，結果的に10大紡中7社の繊維総合経営が保持されることに寄与した。

　(2) 日本政府内で，綿紡績業に関係した領域で，一般にESS繊維課とESS貿易課と接したのは，商工省（通産省）と貿易庁であった。

　商工省と貿易庁は，ESS繊維課とESS貿易課が策定した産業支援的な占領政策の執行を担った。具体的には，まず第1に，商工省と貿易庁は，書面および対面において，ESS両課と濃密な情報交換を行った。商工省は，1945年敗戦直後から棉花の輸入をESS貿易課へ陳情し，資料提供の求めに応じた。ESS両課は，米国政府から通知された棉花に関する幅広い情報を商工省と貿易庁へ回した。そういった情報の中には，調達可能な棉花の種類の一覧表もあり，日本側のESS両課への棉花輸入の要請に生かされた。

　第2に，商工省と貿易庁は，ESS繊維課とESS貿易課が発した棉花の取扱いの執行責任を負ったことが重要である。商工省は，CCC棉の輸入にあたり構築された，日本綿紡績業を中心とする統制体制の一員として，業界団体を動員し生産計画を作成した。また貿易庁は，その統制体制の中での棉花の取扱い全般を所管した。すなわち，貿易庁は，米棉や印棉の輸入協定において日本側を代表する代理機関として扱われ，さらに，棉花の輸入から綿製品の輸出に至るまでの一連の流れの監督責任を負っていた。ただし，貿易庁の実際の業務は，半官半民の下部組織や業界団体などの中

間団体に委任されることが多かった。棉花の輸入や綿製品の販売などの業務は，官僚や政府職員にできることではなかったからである。その意味で貿易庁は，ESS 両課の指令内容を実現するために，民間の力を組織する機能が期待されていたと言えよう。

また10大紡に対する集排政策に関しては，持株会社整理委員会が，商工省や10大紡などとともに，ESS 反トラスト課や DRB と折衝した。持株会社整理委員会は，DRB に情報・知見の提供を行うことで，10大紡中7社の繊維総合経営が保持されることに大きく寄与した。

(3) 10大紡は，占領復興期前半期を通して復興を達成した。占領復興期当初，10大紡は，海外資産の喪失に加えて，戦時補償打切りや有価証券類の没収といった ESS 反トラスト課が策定した改革志向型の占領政策のために，戦時期に構築された収益モデルを否定された。しかしながら1947年以降に10大紡は，生産設備管理政策により，保有した全綿紡機の復元を許可された。また1946年中頃に，CCC 棉輸入を契機に構築された日本綿紡績業を中心とする統制体制の中で，当初は価格体系が適切でなかったことを主な要因として，収益を上げられない10大紡企業も出たが，次第に収益を安定させるようになった。

10大紡は1949年4月に，日本政府を通して ESS 反トラスト課へ整備計画を提出し，同年中に許可を得た。この整備計画は，新旧勘定の合併が主たる目的で作成されたが，同時に，綿部門中心の事業ポートフォリオを特徴とする経営戦略の策定を意味するものであった。同時期に10大紡は，日清紡績を除き，非繊維部門の分離を行った。このように10大紡の整備計画等に見られた経営戦略は，ESS 反トラスト課の改革志向型の占領政策の結果を追認したものでもあった。

占領復興期後半期には，敷島紡績，大和紡績，日清紡績のように占領復興期前半期に綿部門に特化していた10大紡企業も化繊部門へ参入を行ったために，10大紡全社が，多繊維部門から構成される事業ポートフォリオを持つようになった。ただし10大紡全社が綿部門中心を掲げていた点では，整備計画策定時と経営戦略に変化はなかった。10大紡は，勧告操

短や設備規制を受けて厳しい経営環境に置かれた綿部門に，収益基盤を置き続けたのである。

　本書で検討した産業支援的な占領政策は，GHQ諸部署によって日本綿紡績業以外の他産業でも実施されていた可能性が高い[3]。産業支援的な占領政策に関する研究の進展は，GHQの歴史的役割に関する新しい系統的な見方を形成すると考えられる。この点は，今後の課題としたい。

あとがき

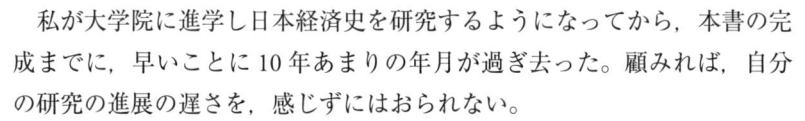

　私が大学院に進学し日本経済史を研究するようになってから，本書の完成までに，早いことに10年あまりの年月が過ぎ去った。顧みれば，自分の研究の進展の遅さを，感じずにはおられない。
　本書を完成することができたのは，多くの方々のご指導のお陰であることは，言を俟たない。修士課程2回生から指導教員としてご指導くださり，博士論文の主査をしてくださった今久保幸生先生からは，何よりも，厳密な実証研究への真摯な姿勢を学ぶことができた。また学部時代の指導教員であり，大学院進学を認めてくださった渡邉尚先生は，主に経済史に関する理論面で，多くの有益なことを教えてくださった。黒澤隆文先生からは，博士後期課程在籍時に，主に西洋経済史関係のことを幅広くご指導賜った。また籠谷直人先生は，修士課程在籍時に，日本経済史の研究手法に関して多くの有益なことをご指導くださった。その他の先生方や院生等の方々からも，貴重な多くのご指導やご助言をいただいてきた。範囲に限りがないのでお名前を挙げることは控えさせていただくが，深く感謝している。
　なお，多くの大学や諸機関で，資料閲覧の便宜を受けてきた。京都大学の他に，立命館大学，同志社大学，大阪大学，東京大学，神戸大学，大阪市立大学，京都工芸繊維大学の諸図書館，また日本綿花協会，日本紡績協

会,国立公文書館,国立国会図書館等で,お世話になった。特に立命館大学修学館リサーチライブラリーの司書の方々には,資料閲覧に関して便宜を図っていただいてきた。沢村容子さん,村上如さんを始め,歴代の司書の方々に大変お世話になった。重ねてお礼を申し上げる。また紡績企業関係の資料収集のために,日本紡績協会の資料室の利用を許されたことは非常に有益な出来事であった。日本紡績協会で特にお世話になった蒲池友子さんに,お礼を申し上げたい。

　京都大学学術出版会の斎藤至さんは,本書の原稿の出来上がりを辛抱強くお待ちくださった。また原稿の言葉遣いや構成等に関して,有益なご助言もくださった。厚くお礼を申し上げる。

　最後に,私事ながら,物心両面からの家族の支えは,私のこれまでの研究生活において極めて重要なものであった。父の好久と,母のとも子には,心の底から感謝している。また,兄弟姉妹の祐美子,滋,紗記子,祖母のみつ子にも,お礼の気持ちを伝えたい。本書は,私の研究者としての将来に期待を寄せてくれていた亡き祖父の悦朗に捧げる。

　　　　　　　　　　　　　　　　2012 年 6 月　京都　　大畑　貴裕

注

〈まえがき〉
1) 主に経済面での占領政策に関する研究史に関しては，次を参照。主要な研究を網羅している。三和良一『日本占領の経済政策史的研究』日本経済評論社，2002年，第2章，第7章。
2) GHQの占領政策の歴史的意義に関する代表的な論点として，連続説と断絶説が挙げられる。この点の先行研究の整理に関しては次を参照。沢井実「戦争による制度の破壊と革新」（社会経済史学会編『社会経済史学の課題と展望』有斐閣，2002年）。また，両説に関係する比較的近年の議論としては，次も参照。橋本寿朗『戦後日本経済の成長構造—企業システムと産業政策の分析』有斐閣，2001年，第1章；宮島英昭『産業政策と企業統治の経済史—日本経済発展のミクロ分析』有斐閣，2004年，第8章；武田晴人編『日本経済の戦後復興—未完の構造転換』有斐閣，2007年，序章。
3) GHQによる諸分野における幅広い占領政策が，全般的に言えば「成功」した，と評価する見方は，ほぼ通説的見解となっている。この点に関しては，例えば次を参照。H・E・ワイルズ著，井上勇訳『東京旋風—これが占領軍だった』時事通信社，1954年（原著1954年），第2章；ジョン・ダワー著，三浦陽一・高杉忠明訳『敗北を抱きしめて』上・下，岩波書店，2001年（写真を追加した翻訳の増補版は2004年。原著1999年）。また成功が通説となっていることを指摘した叙述として例えば，雨宮昭一『占領と改革』（岩波新書），岩波書店，2008年，i頁を挙げることができる。ただし，そういった占領政策の成功が経済援助に側面支援されたものであった点に関して，検討を掘り下げた先行研究はないと言ってよい。
4) 米国政府による占領復興等における，日本向けを含む全般的な経済援助に関しては，次を参照。丸山静雄編『アメリカの援助政策』アジア経済研究所，1966年。
5) ウィリアム・イースタリー著，小浜裕久・織井啓介・冨田陽子訳『傲慢な援助』東洋経済新報社，2009年（原著2006年）。「2.3兆ドル」は，16頁。
6) キース・ジェンキンズ著，岡本充弘訳『歴史を考えなおす』法政大学出版局，2005年（原著1991年・2003年）。
7) 例えば，次を参照。中村隆英・宮崎正康編『過渡期としての1950年代』東京大学出版会，1997年；武田晴人編，前掲書；武田晴人編『戦後復興期の企業行動—立ちはだかった障害とその克服』有斐閣，2008年。
8) 時代像の構築の観点から占領復興期の日本経済を検討している先行研究としては，例えば次を参照。浅井良夫『前後改革と民主主義—経済復興から高度成長へ』吉川弘文館，2001年。

〈序論〉
1) 本書では，1945年の敗戦時から1955年頃までを占領復興期と呼ぶ。占領と復興という別概念の接合であるから，占領・復興期と中黒を入れるべきであるが，簡略化のために中黒をはずした。日本経済史・経営史的研究では1945年の敗戦時から1955年頃までを，(戦後)復興期と呼ぶ場合が多い。しかし，1952年までは米国を中心とする連合国に占領されていた事実を踏まえ，占領期という用語も定着していることから，両者を合わせた占領復興期という呼称を採用した。管見の限り，占領復興期という呼称は次の文献でも使用されている。横浜市総務局市史編集室編『横浜市史Ⅱ』第2巻(上)，横浜市，1999年；佐々木隆『占領・復興期の日米関係』(日本史リブレット)，山川出版社，2008年。また，占領復興期を次のように前後に分けた。米国政府やGHQの占領政策が重点的に実施され影響力も大きかった1945年の敗戦時から1950年頃までは前半期として，その後の占領終期および独立後を含む1950年頃から1955年頃までの時期を後半期とした。
2) 大日本紡績，東洋紡績，敷島紡績，大和紡績，倉敷紡績，大建産業(1950年3月1日以後は呉羽紡績)，鐘淵紡績，富士紡績，日清紡績，日東紡績の占領復興期の綿紡績企業大手10社を指す。本書の本文・図表における10大紡の並べ順は，業界団体の日本紡績協会の当時の文献での並べ順(上記の通り)にならった。
3) 本書が使用した主な1次資料は，米国の国立公文書館所蔵のGHQ文書や極東委員会文書，またマッカーサー記念館所蔵のマッカーサー文書等を撮影した国会図書館憲政資料室所蔵のマイクロ資料である。なおGHQ文書に関しては，国会図書館所蔵のマイクロ資料を複製した，立命館大学修学館リサーチライブラリー所蔵品も使用した。GHQ文書の内で使用した文書は，経済科学局(ESS)文書，高級副官部(AG)文書，会計検査局(OOC)文書である。出典を記す際には不明でなければ，文書の差出元・宛先(toで結んだ)，題名(電信番号以外は" "を付記)，日付，その文書が所収されているマイクロ資料の国会図書館憲政資料室の請求番号を記した(不明の場合は省略した)。
4) なお10大紡の分析に際しては，各社社史も使用した。本書で使用する10大紡の社史は，以下の通りである。本書の注記や出典において，各社社史で通してしまった場合もある。社史編纂委員会『ニチボー七十五年史』ニチボー株式会社，1966年；ユニチカ社史編集委員会編『ユニチカ百年史』上・下，ユニチカ株式会社，1991年；東洋紡績株式会社社史編集室編『百年史東洋紡』上・下，東洋紡績株式会社，1986年；社史編集委員会編『敷島紡績七十五年史』敷島紡績株式会社，1968年；ダイヤモンド社編『大和紡績30年史』大和紡績株式会社，1971年；倉敷紡績株式会社社史編纂委員編『回顧六十五年』倉敷紡績，1953年；倉敷紡績株式会社『倉敷紡績百年史』倉敷紡績株式会社，1968年；社史編集委員会編『呉羽紡績30年』呉羽紡績株式会社，1960年；鐘紡株式会社社史編纂室編『鐘紡百年史』鐘紡株式会社，1968年；富士紡績株式会社社史編集委員会編『富士紡績百年史』上・下，富士紡績株式会社，1997年；日清紡績株式会社編『日清紡績六十年史』日清紡績株式会社，1969年；日東紡

績株式会社「回顧参拾年」編集委員会編『回顧参拾年』日東紡績株式会社, 1953 年；社史編集委員会：社史編集実行委員会編『日東紡半世紀の歩み』日東紡績株式会社, 1979 年。

5) 占領復興期の前半期の企業活動全般に関する資料としては,『証券処理調整協議会資料』「企業別資料編」（マイクロフィルム版, 雄松堂書店）や『工鉱業関係会社報告書』（マイクロフィルム版, 雄松堂書店）も存在する。前者には敷島紡績, 大和紡績, 富士紡績の資料が欠けており, また共時的に提出されたと見られる資料・データもほとんど存在せず, 10 大紡一括の分析には適していない。ただし GHQ 文書所収資料と適宜比較して, 異常値がないかどうかを見る際の資料批判のための資料・データとして使用した。また後者には 10 大紡の資料が欠落しているが, 小会社・関連会社の資料が所収されているので, 戦時期の 10 大紡の分析をする際に一部参考にした。また日本紡績協会に所蔵されていた文書類を収めた『日本紡績協会・在華日本紡績同業会資料』（DVD 版, 雄松堂書店）があるが, そこにおさめられている資料を本書で使用している（ただし日本紡績協会所蔵時に閲覧・複写した）。

6) 本書では, 繊維産業に関して次のような用語法を使用する。繊維産業は (1) 繊維工業と (2) 繊維流通業から構成される。(1) 繊維工業は, さらに繊維原料ごとに綿工業, 化繊工業, 羊毛工業, 絹織物業・製糸業, 麻工業などに分けられる。それぞれの工業分野は, 紡績, 織物, 染色・仕上, 衣類製造などの工程ごとの産業によって構成される。例えば, 綿工業は, 綿紡績業, 綿織物業, 染色・仕上業などによって成っている。(2) 繊維流通業は, 輸入, 輸出, 国内卸売・小売のそれぞれを扱う業種によって構成されている。本書で扱う用語をさらに説明しておくと, 綿業とは綿工業と綿関連の繊維流通業を包含する。また綿紡織業とは, 綿紡績業と綿織物業の 2 つを示す。

7) 田和安夫編『日本紡績業の復興』日本紡績協会, 1948 年, 49–50 頁。

8) 本文以下の叙述で, 戦時期の日本綿紡績業の著しい縮小とその背景事情, 関連事項の詳細に関しては次を参照。日本紡績同業会（1948 年 4 月より日本紡績協会）編「戦中戦後日本紡績事情」(1)〜(16)（『日本紡績月報』日本紡績同業会（日本紡績協会）, 第 4 号 (1947 年 3 月) より第 28 号 (1949 年 6 月) までに途中休載しつつ掲載)。

9) 『綿糸紡績事情参考書』昭和 15 年上半期, 大日本紡績連合会, 1940 年, 41 頁。

10) 田和安夫編, 前掲書, 1948 年, 15 頁。

11) 『日本綿業統計 1903-1949』日本紡績協会, 1951 年, 1 表。

12) 田和安夫編, 前掲書, 1948 年, 15 頁。

13) 同上書, 1 頁。

14) 復元とは占領復興期の文献に頻出する用語であり, 稼働が不可能な生産設備を稼働可能な状態に修復することを示す。GHQ 文書ではこの意味で, 名詞としては rehabilitation が, 動詞としては rehabilitate, rebuild が使用された。また綿紡機の復元は実際上, 紡績工程における各工程の設備や兼営織機, 付属設備, 設置工場等の生産設備全体の復元を意味していた。

15) 本文以下, 次を参照。田和安夫編, 前掲書, 1948 年, 第 4 章；田和安夫編『戦後

紡績史』日本紡績協会, 1962 年, 第 1 章；日本繊維協議会（昭和 22 年版のみ日本繊維連合会）編『繊維年鑑』繊維年鑑刊行会, 昭和 22 年版, 昭和 23 年版, 昭和 24・25 年版の各論篇の「綿紡績業」。

16) 石炭は自家発電設備のためだけではなく, ボイラーによる温度調整にとっても重要であった。綿繊維の表面には蝋分（ワックス）が薄いフィルムのような状態で付着しており, 約 21℃ 前後で溶けて繊維の表面に潤滑性を与える作用があった。この作用は紡績工程の綿繊維を引き伸ばす工程で繊維相互が滑りやすくするのを助けるために, 紡績工場は約 21℃ 以上に保たないと紡績工程に不都合が生じるとされた。中村耀『繊維の実際知識』東洋経済新報社, 1954 年, 18-19 頁。本書第 4 章の第 4-1 表から分るように, 戦時期に 10 大紡の数社が亜炭鉱業へ進出したが, その理由の 1 つはこの点にもあったと見られる。

17) 田和安夫編, 前掲書, 1962 年, 57-64 頁。

18) 李石「占領期日本綿業の復興」（『一橋論叢』第 97 巻第 5 号, 1987 年 5 月）。

19) 高村直助「民需産業」（大石嘉一郎編『日本帝国主義史』第 3 巻「第二次大戦期」東京大学出版会, 1994 年）。

20) 次を参照。関桂三『日本綿業論』東京大学出版会, 1954 年；山崎広明「日本綿業構造論序説——日本綿業の発展条件に関する一試論」（『経営志林』第 5 巻第 3 号, 1968 年 10 月）；西川博史『日本帝国主義と綿業』ミネルヴァ書房, 1987 年。なお占領復興期以後の戦後においても日本では米国・欧州と比較して, 川上にある紡績業が川中・川下に位置する織物業や染色加工業, アパレル産業よりも収益力が強い状態が続いた。この事実を明快に記したものとして次を参照。伊丹敬之＋伊丹研究室『日本の繊維産業——なぜ, これほど弱くなってしまったのか』NTT 出版, 2001 年。

21) 例えば 1950 年 6 月末に 10 大紡は綿糸生産量の約 89％ を占め, また綿織物生産量（専業企業を含む）の約 43％ を占めていた。『綿糸紡績事情参考書』昭和 25 年上半期, 日本紡績協会, 1952 年より算出。

22) 例えば 1950 年 6 月末, 10 大紡は輸出用綿織物の生産量の約 52％ を占めていた。同上書より算出。

23) 例えば 1949 年後半頃, 大日本紡績社長の原吉平によれば,「人絹の機械は相当アメリカは進んでいるが, 紡績, 織布の機械は, アメリカ紡績の技術者が我が貝塚工場を見にきての意見を綜合しても, そう大きく劣っていないように思う。現に日本紡織機の海外への輸出はそのことを物語っていると思う」と述べている。一般に, 占領復興期の日本綿紡績業の技術的側面に関しては国際的にも遜色はなかったと考えられる。ただし原吉平は,「染色捺染の機械については遅れているのは事実のようである」と, 紡績の後工程の染色・仕上工程の一部に関しては消極的な認識を示している。原吉平「紡績業の現状と将来の展望」（『同盟時報』77・78 号, 同盟通信社, 1949 年 11 月）, 22 頁。

24) 本書では, 占領政策の進行過程に関して次のような過程が存在したと考えている。(1) 形成過程, (2) 実施過程, (3) 執行過程。それぞれを説明すると, (1) 占領政策は,

米国政府による形成過程を得て大枠が決定されてGHQへ伝達されるか，もしくはGHQが独自に形成し，次に (2) GHQ所管部署がより具体的な占領政策を形成して，日本側へ指令し日本側を監督する実施過程に移り，最終的に，(3) 間接統治下の日本政府や中間団体等がその政策を実行する執行過程に入った（ただし戦犯逮捕・裁判のように日本政府の執行を得ない占領政策も例外的に存在した）。(1) と (2) は区別できない場合もある。なお政策の形成自体は形成過程だけではなく，具体的な政策を定めるために実施過程や執行過程でも行われていた。また本書の叙述の中で，政策の形成を策定と呼ぶ場合もある。

25) 伊藤元重・清野一治・奥野正寛・鈴木興太郎『産業政策の経済分析』東京大学出版会，1988年。産業政策に関しては，次も参照。チャルマーズ・ジョンソン著，矢野俊比古監訳『通産省と日本の奇跡』TBSブリタニカ，1982年（原著1982年）；小宮隆太郎・奥野正寛・鈴木興太郎編『日本の産業政策』東京大学出版会，1984年；小野五郎『現代日本の産業政策―段階別政策決定のメカニズム』日本経済新聞社，1999年；橋本寿朗，前掲書。なおこれらの文献での占領復興期の産業政策に関する叙述の中で，GHQの占領政策はほとんど言及されていない。

26) 伊藤元重・清野一治・奥野正寛・鈴木興太郎，前掲書，3頁。この定義は厚生経済学的立場に偏っているかもしれないが，是認できる範囲の一般性を有していると判断できよう。

27) 1980年代に盛り上がった産業政策に関する理論的研究はもともと，伊藤元重・清野一治・奥野正寛・鈴木興太郎，前掲書の「はしがき」にあるように，戦後日本の経済発展に寄与したと考えられた「産業政策に対する欧米の関心は最近急速に高まってきた」（i 頁）ことを背景にして展開されたと思われる。しかしながら海外での日本の産業政策への高い評価は，1990年代以降低下した。フォースバーグによれば，「1990年代初期に日本のいわゆるバブル経済が崩壊し，1997年に通貨危機がこの地域を襲ったことで，経済官僚の威信は傷つき，日本の経済発展モデルに疑問が投げかけられた」ために，1990年代の米国のジャパノロジストの間では日本の産業政策や官僚の歴史的役割に対して否定的な研究動向が生じたとされる。アーロン・フォースバーグ著，杉田米行訳『アメリカと日本の奇跡―国際秩序と戦後日本の経済成長 1950-60』世界思想社，2001年（原著2000年），17-20頁，引用文は19頁。なお一部の主要産業に対する産業政策に限られるが，比較的近年の成果として次も参照。工作機械工業に対する産業政策の有効性に否定的な歴史実証的分析として，三輪芳朗『政府の能力』有斐閣，1998年。自動車工業に対する産業政策の一定の有効性を認める分析として，影山僖一『通商産業政策論研究―自動車産業発展戦略と政策効果』日本評論社，1999年。

28) 藤井光男「戦後アメリカの対日繊維政策について」（『日本大学商学集志』第40巻第2・3合併号，1970年12月）。

29) 李石，前掲論文。

30) 李石，前掲論文，701頁。

31) 阿部武司「軽工業の再建」(通商産業省通商産業政策史編纂委員会編『通商産業政策史』第3巻「第Ⅰ期戦後復興期(2)」通商産業調査会, 1992年); 通商産業省編, 内田星美執筆『商工政策史』第16巻「繊維工業(下)」, 商工政策史刊行会, 1972年。

32) 藤井光男『日本繊維産業経営史—戦後・綿紡から合繊まで』日本評論社, 1971年; 渡辺純子『産業発展・衰退の経済史—「10大紡」の形成と産業調整』有斐閣, 2010年。

33) 占領復興期後半期の通商産業省の勧告操短に端を発する産業調整(援助)政策は, 後述するGHQの産業支援的な占領政策の1つである, 生産設備管理政策の後継的な政策として把握することも可能であるが, 詳しい検討は加えていない。なお, 当該政策に関連した先行研究としては,以下も参照。内田星美, 前掲書, 1972年; 是永隆文「紡績業の産業調整と業界団体の行動—『過剰』設備の処理を中心として」(『西南学院大学経済学論集』第37巻第1号, 2002年6月); 同「紡績業における構造調整援助政策の展開—1960年代後半から80年代前半まで」(『西南学院大学経済学論集』第37巻第2号, 2002年11月)。

34) 大蔵省財政史室編『昭和財政史—終戦から講和まで』第20巻「英文資料」, 東洋経済新報社, 1982年, 739-740頁。

35) 外務省特別資料部編『日本占領及び管理重要文書集』第1巻「基本篇」, 1949年(ただし本書ではその復刻版を使用した。『日本占領重要文書』第1巻, 日本図書センター, 1989年)。「初期の対日方針」は91-108頁, 「初期の基本的指令」は111-166頁を参照。引用する場合には, 日本語翻訳文を原文と対比して一部訂正した。

36) セオドア・コーヘン著, 大前正臣訳『日本占領革命—GHQからの証言』(上), 時事通信社, 1983年, 24頁。一応の原著は, Theodore Cohen, Edited by Herbert Passin, *Remaking Japan: The American Occupation as New Deal*, The Free Press, A Division of Macmillan Inc. 1987. 編者のH. パッシンの「まえがき」によれば, 原著の米国版の最終稿はコーヘンの死によって, 完成されなかった。日本語版との間には, 部分的に細かい相違がある。著者のコーヘン(Theodore Cohen)は, ESS労働課長やESS局長の顧問を務め, ESS内の事情・雰囲気に通暁していた。コーヘンによれば, GHQでは初期の基本的指令の実行を厳格に実施することが求められていた。「JCS1380/15のうち, 誰にも割り当てられなかった部分はなく, ほとんどの局, 部, 課がただの一句にせよ, 同指令のどこかをその"使命"として割り当てられた。そして, その使命は国家の最高軍事機関である統合参謀本部から課せられたものであり, 解釈を許されない文言どおりのものであった」(同上書, 32頁)。これに対して, 「初期の対日方針」に関してコーヘンは,「二つの文書は仲間同士のはずであり, 国務省文書[『初期の対日方針』]は公開され, 公表されたものだが, 私はGHQの誰かがそれを口に出したことを記憶していない。それは, 彼らとなんら関係がなかった」(同上書, 33頁)。なお「初期の基本的指令」も1949年には公表された。

37) また第3部の第34条から第50条までは財政・金融関係の条項であった。第1部「一般および政治」が条文数に比べて枝分かれが多く分量が大きいので単純に評価で

きないものの,「初期の基本的指令」は総条文数から見ると日本経済に関する部分が大半を占めていたことになる。

38) 大蔵省財政史室編,秦郁彦執筆『昭和財政史―終戦から講和まで』第3巻「アメリカの対日占領政策」,東洋経済新報社,1976年,183頁。
39) 三和良一,前掲書,2002年,26頁。
40) セオドア・コーヘン,前掲書(上),34頁。
41) 大蔵省財政史室編,秦郁彦執筆,前掲書,241-242頁。このような理解は,本書で挙げた他の先行研究でも総じて,共有されていると言えよう。また秦は,1946年頃に,GHQ内で経済面の占領政策を所管した経済科学局は,財閥解体や経済パージ等の「非軍事化・民主化政策を中心とする分野に重点を置」いていたとしている。同上書,242頁。そのような面もあったにしても,他方では,米国政府から巨額の棉花関連援助が行われ,それに対応した産業支援的な占領政策なども,経済科学局が実施していたことに関して,十分な検討を行っていない。
42) Assistant to DC/S to DC/S, 17 August 1945, ESS (E) 00812. クレーマーは,戦前,米国の百貨店の役員などを務めており,純粋の軍人ではなかった。竹前栄治『GHQ』(岩波新書),岩波書店,1983年,112頁。なお本章で扱うGHQ文書は,ESS総務課文書である。米国の国立公文書館でGHQ文書を示すRG331文書内のBox番号で示せば,Box No. 5984-6414にある文書を指す。
43) Assistant to DC/S to C/S, "Draft Directive for Economic and Scientific Section," 14 September 1945, ESS (E) 00812.
44) 竹前栄治・中村隆英監修,高野和基解説・訳『GHQ日本占領史』第2巻「占領管理の体制」,日本図書センター,1996年,155頁。
45) セオドア・コーヘン,前掲書(上),278-280頁。「プラグマティズム」は279,280頁から引用。なおマーカットは,マッカーサーの腹心の1人で,「バターン・ボーイズ」であるが,26歳まで民間で記者を務めた後に軍人となっている。竹前栄治,前掲書,1983年,112頁。クレーマー同様に,民間企業での勤務経験がある点で,他の主だったマッカーサーの部下たち(純粋の軍人や弁護士出身者が多かった)とは異なっていた。
46) 1946年7月23日付で改称した。"Administrative Memorandum No. 15," 23 July 1946, ESS (E) 00809. さらに1948年4月16日付で,貿易・通商課(Foreign Trade and Commerce Division)と改称したが,本書では混乱を避けるために貿易課で通した。"Administrative Memorandum No. 34," 16 April 1948, ESS (A) 00574. なお,"Administrative Memorandum (Order)"を本書では,「ESS行政指令」と呼んでいるが,これはESS局長やESS総務課長の名で出され,ESS内の人事や組織改編,諸規定等を定めたものである。
47) 竹前栄治・中村隆英監修,高野和基解説・訳,前掲書,43-50頁。
48) ESS各課の活動状況の概要については,同上書,43-53頁を参照。
49) 少数ではあるが,連合国出身の者もESSに所属していた。例えば,ESS科学・技術

課にはオーストラリア人がGHQ官僚として勤務していた。ボーエン・C・ディーズ著, 笠本征男訳『占領軍の科学技術基礎づくり――占領下日本1945〜1952』河出書房新社, 2003年。

50) 思想の科学研究会編『日本占領研究事典』(共同研究『日本占領軍』別冊), 徳間書店, 1978年, 109頁の竹前栄治執筆「ニューディーラー」の項目を参照。占領史研究の文献ではGHQ内のニューディーラーへの言及は頻繁にあるが, 具体的な定義はほとんどされていない。竹前の定義は, 例外的なものと言える。ニューディーラーの主だった人々としては, GHQ民政局では副局長C・ケーディス, またA・ハッシー, E・ハードレー, GHQ経済科学局では反トラスト課長E・ウェルシュ, 労働課長W・カルピンスキーなどが挙げられる。同上書以外に次を参照。大蔵省財政室編, 秦郁彦執筆, 前掲書, 377頁。

51) 民主化と非軍事化に関しては, 「初期の基本的指令」内で条文をまとめた小グループに付けられたタイトルの一部に, 民主化(democratization)と非軍事化(disarmament)が使用されており, 個別の占領政策を抽象化する場合に, それに基づいて両者の使い分けが行われる場合がある。例えば, 三和良一, 前掲書, 2002年, 260-264頁を参照。ただし, 実際にGHQが行った1つ1つの占領政策を, 民主化と非軍事化のどちらかに分類することは, 難しいように思われる。どちらの要素も含まれる場合があるからである。

52) 上注と関係するが, 経済面での改革志向型の占領政策に類似した用語としては, 経済民主化(政策)や経済的非軍事化(政策), 経済改革が挙げられる。このうち経済民主化と経済的非軍事化に関しては, 三和良一, 同上書, 特に第3章と第4章を参照。また経済改革に関しては, 例えば香西泰・寺西重郎編『戦後日本の経済改革－市場と政府』東京大学出版会, 1993年, 序章を参照。

53) C・A・ウィロビー著, 延禎監修, 平塚柾緒編『GHQ知られざる諜報戦―新版ウィロビー回顧録』山川出版社, 2011年。ウィロビーは占領軍で防諜活動を所管した参謀第2部(G-2)の部長を務め, GHQ内の保守派の代表的な人物であったと言われる。吉田茂とたびたび密会し, 第2次吉田内閣の誕生を間接的に助けたとされる。

54) 1948年後半に決定された米国政府の対日占領政策の大きな転換に関しては, 次を参照。大蔵省財政史室編, 秦郁彦執筆, 前掲書, 第4章;マイケル・シャラー著, 五味俊樹監訳, 立川京一・原口幸司・山﨑由紀訳『アジアにおける冷戦の起源』木鐸社, 1996年(原著1985年), 第7章;五十嵐武士『戦後日米関係の形成』(講談社学術文庫), 講談社, 1995年, 第1章。

55) 例えば, 次を参照。伊藤正直「戦後ハイパー・インフレと中央銀行」(『金融研究』第31巻第1号, 日本銀行金融研究所, 2012年1月)。

56) 戦前1933年から1941年まで, 綿織物輸出国の世界首位であった。もっとも, 綿織物の戦前の年間最大輸出量は1935年の約27億2500万平方ydsだったが, 戦後の年間最大輸出量は1957年の約14億6800万平方yds(1935年比0.54倍)であった。戦後は, 新興国の輸入代替や輸出増大を背景にして, 輸出依存度は低下傾向を示し

た．代わりに国内消費量は戦前より増大し，戦後のピークと見られる 1973 年は，1934〜1936 年平均の約 2.7 倍となった．『紡協百年史』日本紡績協会，1981 年，92，122 頁．

57) 本書では，「政策主体」とその「客体」との区分に注意し指揮命令系統を明示するように努めているが，同時に日本綿紡績業という「場」に登場する何らかの行為を行う者が，各々に固有の目的・利害に沿って下す意思決定にも注意を払っている．そこで，本書では意思決定を行う主体という意味で行為主体という用語を使用している．ただし当然ながら，基本的に米国政府以外の各行為主体は指揮命令系統の中で，より上位者の指示に服する制約条件のもとで意思決定を行っていた事実を無視するものではない．

〈第 1 章〉

1) 例えば，1946 年 1 月から 1947 年 2 月まで ESS 労働課長を務めたコーヘンは，共産党員，社会党員，労働組合専従者，企業経営者などの幅広い日本人と GHQ 内で接触し，意見交換を行ったり陳情を受け付けたりしたことを証言している．セオドア・コーヘン，前掲書（上），第 11 章，第 12 章などを参照．
2) 岡崎哲二・奥野正寛「現代日本の経済システムとその歴史的源流」（岡崎哲二・奥野正寛編『現代日本経済システムの源流』日本経済新聞社，1993 年）．
3) 同上論文，28-32 頁．また，次も参照．岡崎哲二「日本の政府・企業間関係―業界団体-審議会システムの形成に関する覚え書き」（『組織科学』第 26 巻第 4 号，1993 年 4 月）．なお近年，米倉誠一郎・清水洋が本書でいう政策形成システムに似た「政府-業界団体-企業」の構造が戦前に淵源があることや，また戦後，少数の業界でしか有効に機能しなかったことを指摘している．しかし占領復興期の GHQ の役割に関しては統制会を解散させたことに触れているにとどまり，岡崎・奥野の研究と同様に，占領復興期のそのようなシステムの実態や機能を検討していない．米倉誠一郎・清水洋「日本の業界団体 ―産業政策と企業の能力構築の共進化」（柴孝夫・岡崎哲二編『講座日本経営史』第 4 巻「制度転換期の企業と市場 1937〜1955」ミネルヴァ書房，2011 年）．なお本章では，ESS 繊維課の所掌範囲や組織構成等を明らかにしているが，ESS 内の他課に関する先行研究としては，ESS 科学・技術課を対象とする，次が存在するくらいである．市川浩「GHQ 科学技術課の政策と活動について」（『大阪市大論集』第 54 号，1987 年 9 月）．
4) ESS 内の各部署の任務規程を定めた，1945 年より 1952 年までの ESS 行政指令を参照した．なお，本章で扱う GHQ 文書の大半は，ESS 総務課文書である．
5) H. W. Rose to Marquat, 5 February 1946, ESS (C) 00722.
6) Bogdan and Tamagna, "An Economic Study for Japan," 3 May 1946, ESS (B) 16717-16718.
7) ボグダン＝タマーニア報告をマーカットへ提出した際の添状を参照．Bogdan and Tamagna to Marquat, "Economic Study for Japan," 3 May 1946, ESS (B) 16717. なお，ボ

グダンは，J・ヘンリー・シュローダー銀行出身で，ドイツ占領軍司令部から移って来日し，タマーニアはもともと中国経済専門家であった。大蔵省財政史室編，秦郁彦執筆，前掲書，296頁。
8) 竹前栄治・中村隆英監修，高野和基解説・訳，前掲書として刊行されている。GHQ内の諸局諸課の設置，変遷，廃止等の簡潔な記録である。
9) 同上書，45頁。
10) 大蔵省財政史室編，秦郁彦執筆，前掲書，46頁。
11) Bogdan and Tamagna, op. cit. p. 1.
12) Bogdan and Tamagna, ibid. p. 2.
13) 『棉花月報』第1巻第1号，日本棉花輸入協会，1946年8月，67頁。
14) Magagna to Marquat, "Justification of Textile Division," 7 June 1946, ESS (E) 00814.
15) 原料不足を主な原因として，1945年後半から1947年にかけての羊毛・化繊工業における生産活動は一般に低迷していた。終戦時に残った原料在庫の食いつぶしによる生産が，しばらく続いていたのである。まず羊毛工業の原料である羊毛は，戦前から全面的に海外に依存していたが，戦後初めて輸入されたのは，1947年6月6日であった。日本繊維産業史刊行委員会編『日本繊維産業史』「各論篇」繊維年鑑刊行会，1958年，312頁。また化繊工業の原料であるパルプや化学製品の主要な原料（苛性ソーダ，2硫化炭素，硫酸）は日本国内で生産できたが，本格化に化繊工業に配分されたのは1948年頃からであった。同上書，491-492頁。なお化繊原料に適したパルプは日本国内にはほとんどなく，化繊製品の「品質向上のためには外国より人絹パルプを輸入し，本邦パルプに少くとも50％混用することが必要」な状態にあったが，実際に輸入が実現したのは1948年1月であった。『繊維年鑑』昭和23年版，繊維年鑑刊行会，1948年，166頁。
16) "Administrative Order No. 10," 19 June 1946, ESS (E) 00772.
17) 同時期のGHQ文書やGHQ電話帳（本章注27を参照）から判断するに，マガーニアはこの時期，ESS局長マーカットの顧問を務めていたようである。後に，ESS繊維課に所属するようになった。この点は，第1-2表の1946年9月の項を参照。
18) Magagna to Marquat, op. cit.
19) 例えば，第2次産業に限られるが，1909年の生産額においてほぼ全製造業に占める「紡織工業」の比率は約50％であった。以後傾向的に低下し，1941年には約17％にまで低下した。関桂三，前掲書，434頁の附表3。繊維工業が重化学工業に比して日本経済に「基軸的」な意義を有したとされる1920年代でも，生産額における全製造業に占める「紡織工業」の比率は40％前半であった。西川博史，前掲書，1987年，第2章。ただしそれぞれ原資料は『工場統計表』。
20) 例えば，1930年の就業者数における全製造業に占めた「紡織工業」の比率は約55％と高率であったが，これは全人口の内の約188万人に対する比率であった。三菱経済研究所『綿と化繊の産業構造—日本経済構造の分析』産業経済新聞社，1956年，98頁。

21）1946年2月の段階でマーカットは繊維課設置の構想を持っていたわけであるが，実際に設置の指示を出すのに4ヶ月掛けている。これは，懸案に時間をかけて対応しようとする，マーカットの性格に拠っていたとも考えられる。マーカットの側近として経済顧問（Economic Adviser）などを務めたS・ファイン（Sherwood M. Fine）の後年の証言によると，マーカットは「頭脳も明晰」だが，「繊細で思慮深くて，典型的な軍人タイプとはほど遠い人だったと思います。」「問題をどんどんさばくタイプではありませんでした。」竹前栄治『GHQの人びと―経歴と政策』明石書店，2002年，218-219頁。また当時，終戦連絡事務局に勤めていてGHQ諸局と折衝した朝海浩一郎によれば，「マーカットのいったことは後日変更されることがない」と評価しており，決断までに時間を掛ける慎重な性格だったことを窺い知ることができる。外務省編『初期対日占領政策（上）―朝海浩一郎報告書』毎日新聞社，1978年，26頁。

22）"Administrative Order No. 10," 19 June 1946, op. cit. これは本文にて前述したように繊維課の任務規程を兼ねていた。この任務規程は全6条からなり，この6条は，マガーニアが6月18日付でマーカットへ提出したと見られる，繊維課の任務規程案（"Textile Division / Functions and Responsibilities," 18 June 1946, ESS (E) 00809）で示された全14条の内から6条分をほぼ全文引用したものであり，マガーニアの提案が繊維設置に直接関係したことが分る。

23）"Administrative Order No. 11," 19 June 1946, ESS (E) 00772. なお，前述の1946年2月5日付書簡においてローズは，テイトが新部署の長（Chief）になることを前提に，テイトを補佐する人物の必要性を述べている。この時点ですでに，テイトを新部署の長にする話が，ローズとマーカットの間にあったのであろう。

24）次の文書記載の軍歴を参照。Marquat to Commander-in-Chief, USAFP, "Promotion of Officer," 31 January 1946, ESS (F) 00110.

25）田和安夫『紡協45年』大阪繊維学園出版部，1976年，118頁。なお田和は，1926年に大日本紡績連合会に就職し，戦後，日本紡績同業会（1946年5月〜1948年3月）の専務理事，その後身団体の日本紡績協会（1948年4月設立）の常務理事，副委員長，理事長を務めた。同上書，末尾の表を参照。

26）1949年8月22日から設備・燃料課（Utilities and Fuels Division）が所管した。"Administrative Memorandum No. 34," 22 August 1949, ESS (A) 00938. 同課は，電力，ガス，固体燃料の各産業の主管部署であった。1951年2月12日付で廃止され，残務はESS工業課が引き継いだ。"Administrative Memorandum No. 7," 12 February 1951, ESS (C) 01797.

27）本書においてESS上層部とは，最高意思決定者としてのESS局長，またESS内の指揮命令系統上でESS局長に次ぐ位置にある上級職者，およびESS局長の周囲にいて意思決定を助けた「助言者」を，示すものとする。ESS局長の助言者とは，基本的に，ESS局長と同じビルの同じ階に執務室を持ち（1947年以後になるとESS局長室があった農林中金ビル5階は上級職者と助言者で占められた），その責務が直接ESS局長に負っている役職者を示すものとする。代表的な上級職者や助言者の変遷を，以

下に記そう。1946年前半期では，同時期のESS文書や「GHQ電話帳」（役職名や執務室を判別することができる。本注以下の記述でも参照した）から総合的に推測するに，上席行政官（Executive Officer）のW・ライダー（William T. Ryder），また各分野の臨時雇い的な顧問（例えば，ボグダン，タマーニア，マガーニア）などの，限られた人物しかなかったようである。しかし1947年前半期にもなると，ESS局長補佐する基本的な陣容が整えられた。1947年6月7日付のESS行政指令（"Administrative Memorandum No. 48," 7 June 1947, ESS (A) 00449）によれば，その代表的な人物は，副局長（Deputy Chief.「局長が自分の代わりに責任を持つことが適切と判断した，全ての業務と活動を行う」とされ，この時以降に常設された）のW・ライダー，経済顧問（Economic Adviser.「全ての政策と業務に関して助言を行う」とされた）のS・ファイン，経済計画班（Economic Planning Group.「［経済科学］局の将来の業務に関する長期計画を策定する」とされた）の要員のT・コーヘン，極東必需品委員会（Far East Requirements Committee.「日本経済の最低限の水準に必須である重要な国内産品と輸入原料の適切な割当を決定する」とされた）の委員長となったO・フレイル（Ormond R. Freile）などの人物を挙げることができる（なお経済計画班や極東必需品委員会はその後，改組・廃止されている。他にもESS局長に近い各種の委員会が設置されたが，その概要は，竹前栄治・中村隆英監修，高野和基解説・訳，前掲書，43-50頁を参照）。また1948年4月になると，ESS局長をより直接的に補佐する顧問の人数が増やされ，次の各領域に1名ずつ設置された。経済問題（economics. ファインが任命された），工業（industry. フレイルが任命された），繊維品（textiles. 後に第2代繊維課長になるF・ウィリアムズが任命された），貿易（trade），計画（programs），商取引（business），金融（finance）であった。また顧問と同格の特別補佐官（Special Assistant. 特に専門領域は置かれなかった）として1名，コーヘンが任命された。"Administrative Memorandum No. 34," 16 April 1948, ESS (A) 00574. しかし1949年8月になると，ESS局長の助言者の体制に変化が見られた。ESS局長に助言することだけを役割とする者は特別補佐官3名（内1名はコーヘン）だけとなり，代わりに，ESS局長への助言に加えて，次の各領域に関わるESS内の諸課を束ねる役割をも担う担当官（Director）が5名置かれた。すなわち，貿易・サービス（Trade and Services），生産・施設（Production and Utilities），経済問題・計画（Economics and Planning. ファインが任命され，占領終了時まで勤めた），労働（Labor），金融（Finance）の5領域であった。"Administrative Memorandum No. 34," 22 August 1949, ESS (A) 00938. 担当官が設置されたのは，1949年に経済安定9原則の実施のためにESSの業務量が増加し，ESSの人数が最大になったことが背景にあった。竹前栄治・中村隆英監修，高野和基解説・訳，前掲書，47-49頁。以後，特別補佐官と担当官による助言者体制が続けられた（1949年以後で，ESS全体の組織編成に関するESS行政指令は1951年9月に出ているが，各職の責務に関する改変がほとんどで，大きな改変はない。"Administrative Memorandum No. 41," 5 September 1951, ESS (C) 01795）。ただし占領が終わりに近い1952年1月の時点になると，課の数は7課にまで減っているものの，天然資源（Natural

Resources）の担当官が置かれたために担当官が 1 名増加して 6 名，特別補佐官も 6 名に増やされていることが確認できる。"Administrative Memorandum No. 3," 11 January 1952, ESS (C) 02497．また上記しなかったが，ESS 内の諸課長も ESS 局長の広義の助言者として機能し（ただし執務室は同階とは限らなかった），自らの所管分野に関する様々な情報や知見を上申する責務を有していた。以上から窺い知れるように，マーカットは通説的イメージ（「性格は直情径行，経済についてはずぶの素人で，政策はもっぱら課長たちにまかせていたといわれる。」竹前栄治『GHQ』（岩波新書），岩波書店，1983 年，112 頁；「経済に関して素人同然であったため，ファイン経済顧問などの経済専門家に大きく依存することとなった。」増田弘『マッカーサー——フィリピン統治から日本占領へ』（中公新書），中央公論新社，352 頁）のように，政策決定を部下に丸投げしていたわけではなく，ESS の組織の陣容を整えて自らを補佐する体制を整然と築いた上で，少なくとも要所では，主体的な意思決定を行った人物と考えられる。

28) ESS 繊維課は，一般的な繊維製品の他に，皮革製品や染料等も所管していた。
29) Textile Division（以下，注で挙げる場合には TEX と略称する）to Legal Division, ESS, "Petitions for Temporary Waiver of Purge of Cotton Spinning Company Officials," 4 June 1947, ESS (E) 03666.
30) ただし実際には第 3 章にて後述するように，1947 年 4 月から 8 月頃に ESS 繊維課と ESS 貿易課は，CCC 棉（CCC グループ 1 棉）の返済に一旦，目途が立ちつつあると認識していた。この時期に書かれた引用文にある，CCC 棉返済に関する危惧の念の記述は，方便と言えよう。しかし引用文から ESS 繊維課が，綿紡績業の弱体化につながる措置には反対であったことが読み取れる。また直後に，再び新規の米棉借款（CCC グループ 2 棉）が生じており，それは改めて，ESS 繊維課が綿紡績業の弱体化につながる措置に反対する，理由になったと考えられる。
31) このことは，次のようなことから分かる。1946 年 12 月に，満蒙からの引揚者の代表と ESS 繊維課員が会合を持った際，綿製の衣料品が入手できるようにしてほしいと求められた繊維課員は，「繊維課は国内向けの衣料品の配給を管轄していない」と告げ，日本政府の商工省繊維局か厚生省，もしくは ESS 価格統制・配給課が対処すべき件である旨を伝えている。Campbell, "Cotton Fabrics for Distribution Among Repatriates," 27 December 1946, ESS (E) 03541.
32) タイトルはおおむね "Tokyo and Vicinity Telephone Directory" である。国立国会図書館所蔵。毎月作成されていたわけではなく，不定期に作成されていたようである。本章注 27 も参照。
33) イートンは 1946 年 3 月 7 日時点で 38 歳。ペンシルバニア大学卒業後，ニューヨーク連邦準備銀行に勤めたあと，綿花買付会社，紡績工場管理等の仕事をつとめており，綿紡績業に精通していた。CAD to CINCAFPAC, W99535, 7 March 1946, ESS (B) 00029. またイートンの履歴書は ESS (B) 09071 に所収。1949 年中頃に GHQ を退職している（第 1-2 表を参照。また同時期から，GHQ 文書中の ESS 繊維課文書に名前

が見えなくなっている)。その後，一旦帰米した後に再来日して，棉花商の代理店をしていた。「非常な親日家であり，日本の紡績復興には忘れることのできない人物であった」と田和安夫は評価している。田和安夫，前掲書，125 頁。

34) "Administration Memorandum No. 40," 16 June 1948, ESS (A) 00573.
35) 離職の正確な日付は不明であるが，日本側によって 1948 年 5 月 20 日にテイトの送別会が開かれている。日本繊維協議会『繊維年鑑』昭和 24・25 年版，繊維年鑑刊行会，1949 年，11 頁。また離職後のテイトは，中国の上海へ渡り，国民党政府の経済部の紡績事業管理委員会の「繊維顧問」(Textile Adviser) に就いている。Tate to Campbell, 1 July 1948, ESS (E) 03617.
36) "Administration Memorandum No. 42," 24 June 1948, ESS (A) 00573.
37) "Administration Memorandum No. 35," 21 April 1948, ESS (A) 00573.
38) "Administration Memorandum No. 43," 28 June 1948, ESS (A) 00573.
39) "Administrative Memorandum No. 63," 11 August 1948, ESS (A) 00939. ウィリアムズは，1948 年 7 月上旬に，クリーブス (後の第 3 代繊維課長) らを伴って，来日した。Campbell to Tate, 12 July 1948, ESS (E) 03617.
40) これら 2 つの部署は，1948 年 7 月頃まで，ESS 貿易課の中でそれまで，繊維係 (Textile Branch) 内で輸出班 (Export Unit)，輸入班 (Import Unit) として設置されていた部署に対応すると考えられる。"Tokyo and Vicinity Telephone Directory, 1 July 1948." 1948 年 7 月現在で ESS 貿易課繊維係長だった J・トレンズ (James G. Torrens) は，1948 年 10 月時点で ESS 繊維課繊維調達・取引係長に就いていた。"Tokyo and Vicinity Telephone Directory, 1 October 1948."
41) Ibid. 1 July 1948 版と 1 October 1948 版の双方を比較した。なお，ここで注意すべきことは 1948 年 10 月現在，ESS 繊維課の毛・雑繊維係も 1 階に位置しており，また課長室は ES 局長マーケットと同じ 5 階にあった。
42) "Administration Memorandum No. 20," 11 June 1949, ESS (A) 00939.
43) "Administrative Memorandum," 22 August 1949, op. cit. この ESS 行政指令によって，ESS 他課の任務規程の改変が同時に行われた。
44) 竹前栄治・中村隆英監修，高野和基解説・訳，前掲書，45 頁。
45) "Administration Memorandum No. 53," 14 November 1949, ESS (A) 00937.
46) "Tokyo and Vicinity Telephone Directory, 1 January 1950."
47) Ibid., 1 April 1950, 1 July 1950, 1 January 1951, 1 April 1951, 1 April 1952 各版。GHQ 電話帳は毎月号が存在しているわけではないので，正確な人事と部署設置・解散の日付は確認できない。GHQ 文書中に残されている文書から部署や役職者の名前が分かることもあるが，正確な人事と部署設置・解散の日付までは分からないことが多い。また一般に，課内の組織の改編や人事は，ESS 行政指令をたどっても判然としないことが多い。そのため，本項の記述には，曖昧な点が残らざるをえなかった。
48) Ibid., 1 April 1950.
49) Ibid., 1 July 1950.

50) Ibid., 1 April 1951, 1 April 1952.
51) Ibid., 1 January 1950.
52) Ibid., 1 April 1950.
53) 同時期にGHQ電話帳からは人名が省略されるようになり，またESS行政指令として発令された人事ではないために，それらの資料から確認できないが，同時期に作成されたESS貿易課のキャンベル名発出の文書等にある肩書きの記載から，ESS貿易課長に就任していたことが確認できる。例えば，次を参照。Campbell to Chief, ESS, "Anglo-Japanese Cotton Conference," 11 December 1951, ESS (C) 02059.
54) ただしGHQによる占領政策の実施を監視する軍事組織が，日本全土に展開していた。進駐した米軍の実働部隊である第8軍の地方軍政部が，それを担った。また，中国地方には米軍の指揮下に英連邦軍が進駐した。地方軍政については，例えば，次を参照。西川博史『日本占領と軍政活動―占領軍は北海道で何をしたか』現代史料出版，2007年，第1章。
55) ESS, "Standard Operation Procedure," ESS (E) 00811-00812. 作成日付は不明だが，内容および原資料における前後の文書から1946年前半と推定される。GHQ諸局ごとにSOPの内容は多少異なっていたようである。またESSのSOPは細かい修正を何度か重ねたが，根本的な変更はなかった。なおSOPは，陸軍省とGHQ上層部が出した諸通達によって規定されていたと見られる。これらの点については，次も参照。荒敬「GHQ文書の種類とその解読―GHQ・SCAP資料と政策決定」(『史学雑誌』第240号，2003年6月)。
56) 本書では「GHQ参謀長」で通したが，正確には連合国軍最高司令官と米国太平洋陸軍 (後に米国極東軍) のそれぞれの指揮下の参謀部の長を兼ねていたから，GHQ専従の参謀長ではない。マッカーサーはこの2つの司令官を兼任していたため，指揮下の組織・人事にも重複が見られた。竹前栄治，前掲書，1983年，88-90頁。
57) 外務省特別資料部編『日本占領及び管理重要文書集』第2巻，1949年，2-8頁。ESSではSOPの規定に則って策定・通達された指令を，SCAPINと呼んでいた。ESS, "Standard Operation Procedure," op. cit., p. 21. ESSではSCAPIN以外にも，各課より日本側へ直接，通達された指令が存在した。ただし所掌範囲が重なる場合，GHQ関係部署の同意を必要としていたことは，SOPの通りである。
58) 繊維統制会 (および前身の綿ス・フ統制会) には，統計調査を実施する担当部署が設置されていた。機関誌『綿ス・フ統制会報』各号の「事業状況」，『繊維統制会報』各号の「事業概況」を参照。統制会設立以前は，大日本紡績連合会が明治時代より統計収集を行っていた。この点は，各年 (各半期) に刊行された『綿糸紡績事情参考書』を参照。これは，戦時期に中断したが，戦後再び日本紡績協会が1946年上半期版から刊行するようになった。
59) ただし，1947年5月に，日本繊維協会と異なり生産や割当に関する権限を持たない形で，繊維関連産業の業界団体の上位団体として，日本繊維連合会が設立された。同連合会は1948年9月に閉鎖機関指定を受けるが，それに先立ち同年5月に日本繊

維協議会が設立された。日本繊維連合会編『繊維年鑑』昭和22年版，88頁；竹前栄治・中村隆英監修，阿部武司解説・訳『GHQ日本占領史』第49巻「繊維工業」，日本図書センター，1998年，18頁。
60) TEX to Japan Textile Association, 25 September 1946, ESS (C) 07140; TEX to Japan Textile Association, 8 October 1946, ESS (C) 07139.
61) Campbell to Tate, "Textile Association," 2 December 1946, ESS (E) 03542. ただしこの措置が実際に実施されたかどうかは，確認できなかった。
62) なお1948年7月28日付でESS繊維課は，改めて日本紡績協会に対し「タイプB」～「タイプF」の統計調査の定期的な提出の継続を命じている。TEX to Japan Cotton Spinners Association, "Reports," 28 July 1948, ESS (E) 03556.
63) 通産大臣官房調査統計部『繊維統計年報』昭和28年，繊維年鑑刊行会，1-2頁。なお「タイプG」も，前注の1948年7月28日付指令の中でESS繊維課が提出の継続を命じていないことから，もともとESS調査・統計課の方で作成・提出の指示を出したものと考えられる。
64) 日本繊維協議会編，前掲書，昭和23年版，47頁。
65) 1947年制定の統計法に基づき「生産動態統計調査」（指定統計第11号）の一環として実施されるように改められ（正木千冬・松川七郎編『統計調査ガイドブック』東洋経済新報社，1951年，105-107頁）．以後，商工省（通商産業省）は綿紡績業に関する情報の定期的で直接的な入手が可能になった。ただしこの制度変更によって，日本紡績協会などの業界団体が，独自に統計調査を行うことが妨げられたわけではなかった。日本紡績協会はその後も，ESS繊維課などに統計資料の提出をしている。
66) 『日本紡績月報』第6号，日本紡績同業会，1947年6月，2-3頁より引用。ただし翻訳とともに掲載されている英語の原文と比較参照の上，一部翻訳を改めた。
67) 第1-4表が，ESS各課の日本人との接触の必要性の程度を知る尺度となりうることは，次のことを踏まえている。守衛部隊の本部からの通達が，1946年2月12日付でESS諸課へ通知され，申請書の様式が変更されたが，それは偽造通行証の出現と元GHQ日本人従業員の通行証横流しとに対応するためであった。ESS / ADM to ESS, Division Administrative Officers, "Passes for Civilian Employees," 12 February 1946, ESS (E) 00804. このような事実はESS諸課にとって，日本人の通行を必要以上に申請することに対する一定の心理的な歯止めとなり，大略，自らの必要性の範囲内で申請させることにつながっていたと考えられる。なお上記通達によれば，通行証の有効期限は30日間と定められ，再発行には新たな申請が必要であった。諸課は，毎月該当する日本人をほぼ一括して申請していた。
68) ただし繊維貿易公団や，貿易庁の下部組織であった棉花買付委員会と繊維品海外販売委員会（第3章にて後述）には，民間の商社から多数の役員・社員が出向していた。竹前栄治・中村隆英監修，阿部武司解説・訳，前掲書，74頁；日本綿花協会編『綿花百年』下巻，日本綿花協会，1969年，460頁；社史編纂委員会編『日綿70年史』日綿実業株式会社，1962年，183頁；東棉四十年史編纂委員会『東棉四十年史』東

洋綿花株式会社，1960 年，200-201 頁．

69) 第 1-5 表では申請回数計 5 回以上を基準として名前を挙げているが，これは 5 回より下の者の多くは 1〜3 回しか申請が見られず，また第 1-5 表の資料 B〜D これらに（記載されている者の大半は部課長職以上の者）からも所属先での地位が判明しない場合が多く，主要な通行者と見なせないと判断したことによる．申請回数 4 回以下の者の大半は，隋行員などの下位の職員・社員であったと考えられる．

70) また，ESS 繊維課等の ESS の大半の部署が入居していた農林中金ビル以外での，「非公式」の接触もあった．これまでの GHQ 文書の調査から確認できたのは，次の 2 件である．2 件とも，日清紡績による「接待」と考えられる．1947 年 10 月 21 日付でイートンやキャンベルといった ESS 繊維課綿係の 4 人が，日清紡績の招待により歌舞伎を見る許可を占領軍の監督部署へ求めている．TEX to PMO/RS, "Pass for Permission to Attend Tokyo Theatre," 21 October 1947, ESS (C) 00215. また，1949 年 1 月 14 日付で，ESS 繊維課長ウィリアムズや次の課長となるクリーブスら ESS 繊維課の 4 人が，浜名湖近郊での鴨狩りのために，日清紡績の宿舎に泊まる許可を占領軍の監督部署へ求めている．"Permission to Stay in Off Limits Areas and Installations," 14 January 1949, ESS (B) 00304. ESS (C) 00215.

71) GHQ 文書（RG331）の Box 番号で言えば，Box No. 6896-6912 である．これらは，これまで ESS 工業課文書とされてきたが，実際には ESS 繊維課の課員たちの在籍時の文書が収められているため，本書では ESS 繊維課文書と呼んでいる．

72) 会合に関する記載の体裁は，会合の出席者と議題が記され，その後に会合の内容や決定事項が簡潔に 2〜3 行記されたものが多い．

73) 会議録には，出席者と会合の概要を記したものと，出席者の発言が逐次記録されたものとの 2 つがあるが，前者の場合が多い．

〈第 2 章〉

1) 制限会社は，1945 年 11 月 24 日付で公布された勅令「制限会社令」で規定された．制限会社に関しては，大蔵省財政史室編，三和良一執筆『昭和財政史－終戦から講和まで』第 2 巻「独占禁止」，東洋経済新報社，1982 年，181-217 頁が詳しい．

2) 大蔵省財政史室編，安藤良雄・原明執筆『昭和財政史—終戦から講和まで』第 1 巻「総説，賠償・終戦処理」，東洋経済新報社，1984 年，250-256 頁．

3) 「管理」は，占領史研究において連合国による占領下での統制もしくは占領政策一般を示す用語として使用されている．この意味での管理概念に関しては例えば，豊下楢彦『日本占領管理体制の成立—比較占領史序説』岩波書店，1992 年，ix-x 頁を参照．またこの管理概念は，すでに占領復興期当時から使用されていた．もともと管理は，1945 年 9 月 6 日付 JCS がマッカーサーへ通達した「連合国軍最高司令官の権限に関するマッカーサー元帥への通達」（外務省政務局特別資料課，前掲書，1949 年，109-110 頁），また「初期の基本的指令」等で，control of Japan という言い方が使用され，これが翻訳されて「日本管理」とされたことに由来すると見られる．当時の使

用例としては，主として法学者が設立した日本管理法令研究会（学会誌は『日本管理法令研究』）などといった名称から知ることができるし，『繊維年鑑』昭和22年版，昭和23年版といった出版物に管理政策との用語法が見られることからも，確認することができる。本章でいう生産設備「管理」政策は，これら当時および占領史研究での用語法を継承している。

4) 田和安夫編，前掲書，1948年，10-16頁；Report of Textile Mission to Japan", 31 March 1946, ESS (C) 00721, pp. 1-14. 本章で使用したGHQ文書の大半は，ESS総務課文書とESS繊維課文書である。

5) 竹前栄治監修『GHQへの日本政府対応文書総集成』第7巻，エムティ出版，1994年，（5634）頁。

6) 『繊維年鑑』昭和23年版，93頁。本文以下の引用も同様。なおこの件に関する日本側とGHQ（交渉相手はESSの工業課繊維係か繊維課と推測される）の間のやり取りに関する資料を，GHQ文書から見つけることはできなかった。

7) 同上書，93頁；「繊維産業再建計画の答申に関する件」1946年10月1日，（請求番号 1-2A-029-04 昭57雑00149-100，国立公文書館所蔵）。

8) 「生産計画並ニ設備」（日本語表記），12 Sept 1946, ESS (E) 03589; "Daily Conference Report / Report of the Expert Committees on the 3-Year Rehabilitation Plan for Japanese Textile Industry," 25 September 1946, ESS (E) 03589.

9) Chief, TEX to Chiefs, ESS, "Future Levels of Japan Textile Industries," 14 October 1946, ESS (C) 00724.

10) 例えば，ESS貿易課には輸出可能な繊維製品の数量や輸出先，ESS工業課には産業用に必要な繊維製品の情報等を，提出するよう要請している。

11) "Orientation Conference on Discussions of Desired Levels of Textile Production," 17 October 1946, ESS (E) 03588; "First Conference — Desired Level of Cotton Textile Production," 17 October 1946, ESS (E) 03588. 両会合には，ESS内の計8課（繊維課は除く）の代表が出席した。この8課は，貿易課，工業課，労働課，価格統制・配給課，調査・統計課，法務課，財政課，反トラスト課であり，ESS内の大半の課の代表が集まった。

12) 引用文中の「世界の他産業」の含意は会合で明示されなかったが，米国の棉花関連産業もしくは主に米英の綿工業が示唆されていたと考えられる。またESS繊維課が，会合指針の中で他課へ協力関係の構築と資料の提供とを要望していることに触れたが，この中でESS繊維課はESS貿易課へ，「もしも日本の繊維製品輸出が制限されなければならない地域を規定する指令がワシントンから示されるようであれば，ESS繊維課はそれに応じて生産を調整できるように準備をしておくつもりである」と断っており，ワシントンの指令次第では，米国や英国等の繊維工業の主要市場を避けることを考慮していた可能性もある。

13) "Textile Production Levels," 29 October 1946, ESS (E) 03589. 前回10月15日の会合とは異なり，ESS貿易課とESS反トラスト課の代表は出席しなかった。

14) 対照的なことに前回の会合では，他課は1人もしく2人しか出席させていなかったが，ESS貿易課は最多の4人を出席させており，会合への関心の高さを窺わせていた。
15) "Desired Level of the Japanese Cotton Textile Production," 23 November 1946, ESS (E) 03588.
16) ただし第1章で検討したように，ESS繊維課でさえ綿紡績業への通常の監督業務のために必要とした情報を，1947年初頭までは十分把握できていなかった。ESS他課も何らかの思惑からというより，主に情報収集体制の未整備の故に十分に協力できない状況だったとも考えられる。
17) ESS繊維課長テイトは1946年11月22日に，日本人に対して記者会見の場を持った。ここで3ヶ年計画に関して質問を受けたテイトは，現在受理した上で検討中であることを述べた上で，「指令部としては日本に許容されるばかりではなく将来数年間に到達するよう慫慂される生産能力の限界を決定すべく目下慎重な検討がなされている」ことと，「再建三ヶ年計画中特に利用すべき部分に対してどの程度にこれが実現可能か慎重に研究されている」とも述べていた。『日本紡績月報』第3号，1947年1月，5頁（『日本繊維新聞』1946年11月26日の記事の転載）。
18) "Interim Level of Japanese Cotton Textile Production," 7 December 1946, ESS (E) 03588.
19) 12月7日付報告書の中には「1947年度の……［引用者省略］……GHQの現在の推定値」としか典拠が示されていないが，この綿製品輸出量の推定値は，日本側との協議の末にESS貿易課が1946年4月に確定した「1946年度貿易計画」（西川博史「貿易の実態と通商政策」（通商産業省・通商産業政策史編纂委員会編『通商産業政策史』第4巻，通商産業調査会，1990年），81, 84頁）内の綿織物輸出値とほぼ同値であることから，ESS繊維課はこれを1947年度の輸出推定値として採用したと考えられる。同値とした理由は，同上書の84頁に掲載されている平方ヤード単位の綿織物輸出値を，12月7日付報告書で採用されている3.3平方ヤード＝1ポンドの比率で換算して比較した結果から判断した。
20) 11月23日付報告書の末尾には，ワシントン（米国陸軍省）への送信電報案（SCAP to WARCOS, "Draft / Outgoing Message," ESS (E) 03588）が添付されていた。関係部署に対して，報告書とともに同意が求められたものと考えられる。
21) 綿紡機の撤去への言及がある米国政府の対日賠償政策に関する主要文書は，この総括報告書のみである（経済再建研究会編『ポーレーからダレスへ―占領政策の経済的帰結―』ダイヤモンド社，1952年，巻末の「対日賠償計画推移一覧表」）。
22) 署名欄に関係部署の同意を示す署名が記されていない，記録用覚書が残されている。"Memo for Record," 26 November 1946, ESS (E) 03588. 同意の取得が想定されていたのは，ESS貿易課，ESS価格統制・配給課，ESS工業課，公衆衛生福祉局，天然資源局の5部署であった。
23) "Conference / Staff Study on Proposed Levels of Cotton Textile Production," 19 December 1946, ESS (E) 03603.

24）Chief, Research and Statistics Division to TEX, "Comments on Staff Study "Desired Level of Japanese Cotton Textile Production," 12 December 1946, ESS (C) 00735. また，長期的な需要量の推定も，より時間をかけて行うべきであるから，報告書に盛り込むべきではないとも，述べている。
25）Textile Bureau, Ministry of Commerce and Industry（以下，TB と略称する）, "Temporary Synopsis concerning Re-establishment of Cotton Spinning Equipment," ESS (E) 03577. 日付不明だが，内容や前後の文書から，1946年7月から9月上旬頃提出と推定した。
26）TEX, "Spindle," 6 November 1946, ESS (E) 03543.
27）田和安夫，前掲書，1976年，118-119頁。また引用文中の「在華紡」は，後に綿紡績業へ参入する新紡25社中の新内外綿等を指していると考えられる。
28）1946年11月25日付で一旦，3ヶ年計画に関する日本側への回答が ESS 繊維課によって行われた。TEX to ESS, Chief, "Statement on Three-Year Plan," 26 November 1946, ESS (C) 000724; TEX to TB, CLO, "Statement," 25 November 1946, ESS (C) 000724. この中で ESS 繊維課は，3ヶ年計画に対して「現時点で評価不可能な予期できない要因が多数あるために，無条件に完全な形での承認もしくは不承認を与えることは不可能である」として，事実上の回答保留を伝えている。また日本側へ「陸軍省・米国商事会社・CCC の間での棉花計画［CCC 棉契約を指している。第3章にて後述］の実現のために，綿製品の生産最大化と諸工場が現有する約375万錘をできる限り早く稼働させることが望ましい」とも伝えていた。なお，これに関して日本側の一部では，375万錘までの保有が認められたと解釈していた。『繊維年鑑』昭和22年版，85頁。
29）計8部署から同意を得ている。この8部署は，ESS 貿易課，ESS 工業課，ESS 価格統制・配給課，ESS 調査・統計課，天然資源局，公衆衛生福祉局，民間通信局，民間運輸局であった。TEX, "Memo for Record," 27 December 1946, ESS (B) 00832. ESS 繊維課は，この8部署の内の ESS 外の4部署とも，協調を図っていた。すなわち，1946年10月までに，天然資源局，公衆衛生福祉局，民間通信局，民間運輸局へ，各々の所管領域での繊維品の必要量を質問している。Tate to Chief, ESS, "Plan for Determination of Desired Levels of Textile Production," 21 October 1946, ESS (C) 00724; ESS to PHW, "Determination of Desired Levels of Textile Production," 16 October 1946, ESS (C) 00724; ESS to CCS, "Determination of Desired Levels of Textile Production," 16 October 1946, ESS (C) 00724; ESS to CTS, "Determination of Desired Levels of Textile Production," 16 October 1946, ESS (C) 00724, 実際に，天然資源局，民間運輸局が，ESS 繊維課へ必要量を回答していたことを資料上，確認することができる。Tate to Chief, ESS, "Plan for Determination of Desired Levels of Textile Production," ibid.; CTS to ESS, "Determination of Desired Levels of Textile Production," 30 October 1946, ESS (C) 00724. しかしながら，1947年1月3日付報告書などから判断するに，それらの情報は直接的に，400万錘の算出の基礎として利用されなかった。
30）ESS to Chief of Staff, "Interim Level of Japanese Cotton Textile Production," 3 January 1947, ESS (B) 00828.

31) 以下の叙述は，大蔵省財政史室編，安藤良雄・原明執筆，前掲書，351-361 頁を参照．
32) 大蔵省財政史室編，前掲書，第 20 巻，1982 年，464-471 頁．
33) ESS to CCS, PHW, CTS, NRS, "Cotton Program," 10 February 1947, ESS (B) 00832.
34) 400 万錘が中間水準であることは，SCAPIN-1512 に関する GHQ 渉外局の発表の中で明らかにされた．「総司令部は日本政府に対する覚書において，来るべき数ヶ年において漸次輸出を増大させ得るよう中間水準として綿紡績工場の能力を四百万錘まで拡張することを勧告した」．田和安夫編，前掲書，1948 年，9 頁．同上書での典拠は，1947 年 2 月 22 日付の日本経済新聞．
35) ESS と日本側双方にこの点は認識されていた．商工省繊維局が 11 月 21 日に提出したと見られる，復元融資計画を説明した文書 (TB, "Outline of Rehabilitation Funds Plan for Cotton Spinning Industry," 21 [November, 月名のみ判読不可能だが，内容と前後の文書から 11 月と推定できる] 1946, ESS (E) 03670) の中で，「当計画は綿紡績企業現有の全ての設備を復元することを前提として策定された」とされている．
36) TEX, "Meeting Held on 15 October 1946 to Discuss the Current Textile Production Problem," 15 October 1946, ESS (E) 03544.
37) TEX, "Meeting Held 18 October 1946," 23 October 1946, ESS (E) 03544.
38) Antitrust and Cartels Division, ESS, "1st Draft / Financial Plan for Rehabilitation of the Cotton Industry in Japan," 8 November 1946, ESS (E) 03670.
39) TEX, "Meeting Held 25 November 1946," 25 November 1946, ESS (E) 03670.
40) TEX, "Meeting Held 11 December 1946," 12 December 1946, ESS (E) 03670.
41) この SCAPIN-1427 では，許可の条件として，資金支出案の詳細を ESS 反トラスト課へ申請することや，今回の資金で中古もしくは新規の紡機を購入してはならないこと，保有紡機のための関連設備の修理や建物の建設の分を超えて，関連設備や建物に支出をしてはならないこと，据付紡機数や運転可能紡機数等の報告を毎月末に ESS 繊維課へ報告することを挙げていた．
42) この文書は，ESS の労働課，貿易課，価格統制・配給課，工業課，反トラスト課，財政課，調査・統計課に送られた．TEX, "Cotton Program," 11 February 1947, ESS (E) 03588.
43) TEX, "Cotton Program Conference," 14 February 1947, ESS (E) 03588.
44) TEX, "Meeting Held 5 March 1947," 5 March 1947, ESS (E) 03575.
45) ESS 繊維課は，すでに前年 1946 年の内から，名前は不明ながら，9 社が綿紡機を所有している商工省繊維局の報告書から知っていた．TB, "Temporary Synopsis Concerning Re-establishment of Cotton Spinning Equipment," op. cit.
46) ただし繊維使節団は報告書で，将来の復元水準を 352 万錘と推測した (Textile Mission to Japan, op. cit., p. 4) が，10 大紡の所有水準を 360 万錘と勧告していない．
47) Campbell to Tate, "Freezing of Uninstalled Spindles Held by 10 Big Spinners," 31 December 1946, ESS (E) 03576.

48) TEX, "Meeting Held 2 January 1947," 2 January 1947, ESS (E) 03549.
49) TEX, "Agenda for Meeting to be held with Anti-Trust & Cartels on Thursday 17 April 1947,"［日付不明］, ESS (E) 03545.
50) コンデンサーは，繊維屑や落綿を原料にして糸を作る際に使用される紡績機械。中村耀，前掲書，120, 143頁。
51) TD-×の記号を付けられた指令は，SCAPIN-1440を法的根拠にしていた（第2-2表の「参照先」欄を参照）。SCAPINの通達に必要な手続きは第1章で見たように煩瑣であったことから，手続きの迅速・簡略化を図ってこの形の指令が出されたものと考えられる。
52) TEX, "Application for Loan of Approximately ¥5,000,000 to Start a 10,000 Spindle Spinning Mill," 13 November 1946, ESS (E) 03543; TEX, "Meeting Held 20 February 1947," 21 February 1947, ESS (E) 03547.
53) TB to TEX, "Report on Limitation on Size of Spinning Companies," 18 March 1947, ESS (E) 03575.
54) Eaton to Chief, TEX, "Kowa Cotton Spinning Company," 21 March 1947, ESS (E) 03546.
55) その後本文前項で見た1947年7月15日付のTD-17に，制限会社への紡機配分を禁止する文句が再び盛り込まれたが，この文句は6日後に出されたTD-19で撤廃された。
56) Tate to Chief, IND, AC, FCR, FIN, RS, FT, 1 October 1946, ESS (E) 00860.
57) 人絹とスフは，木材パルプもしくはコットン・リンター（実棉から繊維［いわゆる棉花］と種子とを分けた後に，種子に残る短い繊維を採取機にかけて取り集めたもの）を主原料に製造する点では相違はない。相違点は，人絹を細かく裁断したものがスフであること（そのためスフはスフ綿とも呼ばれる。またスフを紡績した糸には比較的ふくらみが生じるため人絹織物よりもスフ織物は保温性が高かった），またスフ製造の生産設備において紡糸の際の口金の孔数が人絹よりも10倍以上多い構造になっていることやそれに応じた紡糸の巻き取り方法・設備が異なる点等が，挙げられる。中村耀，前掲書，68-81頁。
58) Tate, "Memo for Record," 7 March 1947, ESS (D) 00801. GHQ関係部署6課は，ESS価格統制・配給課，貿易課，工業課，反トラスト課，調査・統計課，天然資源局林業課。
59) TEX to ESS, Chief, "Rayon Program," 7 March 1947, ESS (F) 01187.
60) ESS to C/S, "Rayon Program," 13 March 1947, ESS (D) 00801.
61) 報告書の完成は，GHQ参謀長の承認の後の4月9日にづれこんだ。TEX, "A Rayon Program for Japan," 9 April 1947, ESS (D) 00800.
62) ESS to C/S, "Revised Rayon Program," 8 July 1947, ESS (F) 01186.
63) 当時，綿紡機はCCC棉を原料にしていたが，CCC棉の対日供給を規定した，CCC棉協定（第3章にて後述する）では，混綿が禁じられていた。したがって，報告

書に記載はないけれども，CCC 綿との混紡を防ぐためにスフ紡機の復元水準を特に規定したと考えられる。このことの背景には，スフ紡機と綿紡機とに代替性が強かったことがある。なお TB-15 は，日本側が，スフと他繊維との混紡を考慮する場合は，それを 1947 年 7 月 8 日から 10 日以内に GHQ へ申請するように定めていた。これに応じて 7 月 19 日付で申請を出した商工省への返答として TD-20 が通達され，スフ，絹糸（silk fiber），亜麻との混紡用に 1 万 1812 錘を，50 万錘から割くことが許可された。TEX to TB, "TD-20," 22 July 1947, ESS (D) 00803.

64) TEX, "A rayon Program for Japan," 28 February 1947, ESS (F) 01187, p. 8.
65) 日本化学繊維協会編『日本化学繊維産業史』日本化学繊維協会，1974 年，356 頁。
66) 同上書，359 頁。
67) 同上書，359 頁。
68) 1946 年 12 月 13 日に化繊業界が調査した数値。同上書，346-347 頁。
69) 当初，ESS 繊維課の 2 月 28 日付，4 月 9 日付報告書はともに，15 万トンは今後人絹とスフに 7 万 5,000 トンで半分ずつ分割されることが定めていたが，商工省繊維局は，6 月 3 日付の ESS 繊維課宛文書で次のように質問している。15 万トンは日産に直すと，「204 トン」であるが，「現在日本に残存する生産能力は人絹日産 150 トン［ママ］，スフ日産 300 トン」である。故に，スフの生産能力を減らして人絹の能力を増大させるべきであるか，と。Chief, Rayon Section, TB to Wesson, 3 June 1947, ESS (F) 01187. これに対応して ESS 繊維課の 6 月 25 日付報告書は，最終的には 15 万トンは人絹 55%，スフ 45% に分けるように記載しており，人絹の生産能力の増大とスフの減少とを構想している。これは，同報告書の別個所にあるように，人絹の方が輸出の増大の見通しがあることを理由としていると見られる。しかしながらこの比率は GHQ 指令の形では出されておらず，当時の日本側文献にも見られないことから，日本側には通知されなかったと推測される。商工省繊維局は上記の 6 月 3 日付文書の中で，スフよりも人絹の方が，輸出が増大するという見通しに対して，確実なものかどうか疑義を提示していた。ESS 繊維課も今後の貿易状況の見通しが確かでないと考え，人絹を重視した比率の指令はためらったのであろう。
70) TEX to Chief, ESS, "A Program for the Japanese Woolen Industry," 19 August 1947, ESS (D) 00807.
71) TEX, "A Program for the Japanese Woolen Industry," 25 August 1947, ESS (D) 00807.
72) 通産省通商繊維局繊政課編『臨時繊維機械設備制限規則の解説』商工協会，1949 年，2-16 頁。
73) TB to TEX, "Cotton Textile Capacity," 28 July, 1947, ESS (E) 03585.
74) TEX, "Report of Meeting Held 29 July 1947," 30 July 1947, ESS (E) 03669.
75) 『繊維年鑑』昭和 23 年版，594 頁。全文がある。
76) 田和安夫編，前掲書，1948 年，46-50 頁。
77) ESS (E) 03587 に所収されており，日本側が ESS 繊維課へ提出したと推定される審査結果を記した一覧表を参照。作成者，タイトル，日付は不明。

78）商工省繊維局が提出したと推定される，次の報告書を参照．"Present State of Restoration of Textile Industry," 15 November 1947, ESS (E) 03587. また上注も参照．
79）SCAPIN-4611-A, 29 September 1947, ESS (C) 01055.
80）Eaton to Tate, "Future Level — Cotton Spinning Industry," 22 April 1947, ESS (E) 03588.
81）当時，米英両国では綿製品製造・輸出企業の業界団体，中国では政府関係者が，日本綿紡績業の生産能力の制限を主張していた．しかし米英両国でも一枚岩ではなく，また時期によって，それぞれ見解が異なることもあれば一致することもあった．日本綿紡績業に対して，制限と協調の2つの見解が存在していた．田和安夫編，前掲書，1948年，291-305頁，日本紡績協会調査部「日本をめぐる英米綿工業者のその後の動き—英米綿業視察員の来日について」(『日本紡績月報』第37号，1950年2月)；安原洋子「連合国の占領政策と日本の貿易」(通商産業省通商産業政策史編纂員会編，前掲書，第4巻，1990年) 29-31頁．
82）"Brief of Letter from Mr. W. C. Plantz, the Cotton-Textile Institute to Mr. Willard L. Troop, U. S. Dept. of State 24 March 1947," ESS (B) 00841; Tate to Marquat, "Comments on Discussion Presented by the Cotton-Textile Institute, Inc.," 16 May 1947, ESS (B) 00841
83）日本繊維協議会編『日本経済の自立と繊維産業』繊維年鑑刊行会，1951年，15-19頁．
84）Campbell to Marquat, "Cotton Ring Spindle," 7 June 1948, ESS (C) 01022.
85）当時，経済安定本部が作成した「経済復興計画第一次試案」(1948年5月)では計画最終年に「583万錘」が必要と見積もられていた．その後の「経済復興計画」でも，800万錘案は提出されていない．田和安夫編，前掲書，1962年，635頁．800万錘案は，日本紡績協会の非公式案かと思われる．田和安夫編，前掲書，1948年，52頁．同著(『日本紡績業の復興』)は，日本紡績協会専務理事の田和安夫が編集者として1948年6月に刊行している本であり，単に業界団体として当時の詳細な記録を残すという役割以上に，内容から見て1948年前半期に生じていた諸問題(棉花輸入や400万錘枠の保持，それから集中排除問題等)に関しての日本紡績協会の主張を世論に問うという役割を有していたと考えられる．ただし，1949年までの間に400万錘枠の拡大に関して，日本紡績協会は正式見解の発表はしていない．「昭和二十四年中の紡績業」(『日本紡績月報』第38号，1950年3月号)，46頁；日本紡績協会(1947年は日本紡績同業会)の1947年度から1949年度(4月から翌3月まで)の『事務成績報告書』(日本紡績協会所蔵資料)．
86）1947年10月に策定された「均衡した日本経済の可能性」を指すと見られる．RS, "Possibility of a Balanced Japanese Economy," October 1947, ESS (E) 03610.
87）Campbell to Tate, "Mr. Dtanley Nehmer's Letter of 14 October 1947," 29 October 1947, ESS (E) 03587.
88）Bushee to Chief, TEX, "Rehabilitation Program Cotton Spinning Industry," 3 December 1948, ESS (E) 03587.
89）当時の状況を記した『繊維年鑑』等の記録に，ESS繊維局が綿紡績の復元率の低位

性を問題にして日本側へ何らかの指令や口頭での指示を出したという記述はない。
90)　加藤末雄「錘数談義閉幕とこれから」(『日本紡績月報』第42号，1950年7月)．
91)　日本繊維協議会編，前掲書，1951年，6頁．
92)　本文以下，各社社史によった．
93)　『鐘紡百年史』，361，433頁．
94)　『大和紡績30年史』，272-273頁．戦災で「鐘淵紡績につぐ被害」を受け(同上書，273頁)，「設備制限が撤廃された25年6月27日までに，当社の復元は，その目標の81.6%(紡機)，98.9%(織機)を完了した．……[引用者省略]……．この時点で，他社との比較のうえでは，とくに紡績部門の遅れがめだつが，当社の場合，紡績の戦災の大きかったことが何よりの原因であった」(同上書，291頁)．
95)　『回顧参拾年』，105頁．
96)　日本紡績同業会編「戦中戦後日本紡績事情(三)」，前掲書，30-32頁．
97)　本文以下は，次を参照．田和安夫編，前掲書，1948年，22-45頁．
98)　日本繊維協議会編，前掲書，1951年，6頁．
99)　『綿糸紡績事情参考書』各半期版．
100)　「座談会　繊維製品の輸出はまだ伸びる」(『東洋経済新報』第2379号，東洋経済新報社，1949年7月2日号)．紡機数の明示はないが，次の記事でも同様の趣旨を指摘した上で，日本と東アジア諸国とで計2,000万錘は必要と述べ，日本の増錘が必要であることを示唆している．「紡績業の現状と将来の展望」(『同盟時報』第77・78合併号，同盟通信社，1949年11月)．ただしこれらでは，棉花輸入の増大や輸出制度の拡充等の必要性も同時に主張しており，紡機数の拡大は，それら条件が実現された際における潜在需要の充足策，という論理だったと見られる．
101)　前掲記事，『東洋経済新報』，1949年7月2日号，11-12頁．
102)　「これからの日本経済」(『Chamber』1950年第3号，大阪商工会議所，1950年3月)．
103)　「紡錘制限撤廃について」(『東洋経済新報』第2432号，1950年7月22日)．さらに翌年1951年になると，国内外の需要と英国を刺激しないことを考慮しなければならないために，600万錘以上は妥当ではなく増錘は自制すべき，とする旨を述べている．「紡績は増錘を自制せよ」(『ダイヤモンド』第39巻第38号，ダイヤモンド社，1951年11月21日号)．
104)　「紡績設備の撤廃と日本綿業復活の限界」(『日本紡績月報』第42号，1950年7月号)．
105)　「四百万錘設備撤廃に伴う増錘の見透しとその諸対策」(同上誌)．
106)　3国綿業者会談は，1950年5月12日から17日にかけて行われた．会合の詳細に関しては次を参照．『日本紡績月報特集―日米英綿業者会談記録』第41号，1950年6月号．
107)　加藤末雄，前掲記事，6頁．
108)　佐橋滋『日本への直言』毎日新聞社，1972年，173-174頁．引用部分は同者の173頁．また，同「特振法の流産」(伊東光晴監修，エコノミスト編集部編『戦後産

業史への証言』第1巻「産業政策」毎日新聞社，1977年），134頁。
109) FTC, "Controls on Textile Machinery," 22 March 1950, ESS (A) 01278.
110) この会合を簡潔に記した同上の文書には，統制維持の結論に関する理由については記載がない。
111) IND to Deputy Chief ESS, "Abolition of Control regulations over Textiles," 25 March 1950, ESS (A) 01278.
112) PS to Deputy Chief ESS, "Authorized levels of Capacity, textile Industries," 14 April 1950, ESS (A) 01278. この文書は，ESS工業課と価格・配給課にも送られた。
113) IND to Deputy Chief ESS, 3 May 1950, ESS (A) 01278.
114) ESS貿易課の態度もESS工業課と大きく変わらなかったと見られる。ESS貿易課は，綿製品の潜在内需の推定の点から，設備増大を暗に否定していた。1950年3月24日付でESS価格・配給課とESS工業課へ送った文書によれば，「最近の報告によると，日本人は推定されたほどには，消費者用の繊維製品に対する購買力を有していないことが示されている。……［引用者省略］……日本の消費大衆は繊維製品を得るのに必要な所得（funds）を持っていないのか，もしくは日本人はすでに必要を十分に満たす繊維製品を有しているものと思われる」と述べている。FTC to PD, through IND, "Textiles for Domestic Purposes," 24 March 1950, ESS (A) 01278.
115) 第1章の注27で触れたように，1949年8月のESS内の機構改革によって，生産・施設担当官等の5つの役職が設けられ，やがてこれら役職者は直接に担当する課の活動を指揮するようになった。生産・施設担当官は工業課を直接担当していた。竹前栄治・中村隆英編，高野和基解説・訳，前掲書，1996年，47-48頁。
116) T. Kennedy, "Memo for Record," 15 June 1950, ESS (B) 01333.
117) 上注の資料の右上の作成者や決済者を示すイニシャル欄にマーカットのイニシャルが入っていることと，ESS局長に近いESS総務課の文書群に所収されている文書であることから，実際にマーカットへ送付されたと推測される。
118) Marquat, "Memo for Record," 24 June 1950, ESS (B) 03342.
119) SCAP to DA, C-56768, 24 June 1950, ESS (B) 03342.
120) IND, M. Laupheimer, "Memo for Record," 日付不明，ESS (A) 01302.
121) 当時，化繊の製造法として，原料として使用される化学製品の違いと製造過程における相違の点から主に3つの方法，すなわち，ビスコース法，銅アンモニア（ベンベルク，キュプラ）法，酢酸繊維素（アセテート）法が存在し，またそれぞれで生産される化繊には軽さや光沢，手触り，染色の容易性等に特質があった。なかでもビスコース法が，多用されていた。強力人絹は，ビスコース法で生産されるが，製造過程において通常のビスコース法化繊とは異なる点があり，用途もほぼタイヤコード（タイヤの芯）に限定されていた。中村耀，前掲書，68-81頁。
122) 前掲の文書，IND, M. Laupheimer, "Memo for Record," 日付不明，ESS (A) 01302を参照。これは指令には，記されていない。
123) 特に指令番号が付けられていない次の文書により通達された。IND to TB, "Rayon

Staple Spinning Capacity," 27 June 1950, ESS (A) 01302.
124) IND, "Memo for Record," 27 June 1950, ESS (A) 01302.
125) IND, "Memo for Record," 17 October 1950, ESS (A) 01302.
126) 1950年の人絹・スフ織物の輸出比率は, 対1949年比で400％以上の伸びを示した。『繊維年鑑』昭和27年版, 22-23頁。
127) IND, M. Laupheimer, "Memo for Record," 27 June 1950, ESS (A) 01306.
128) 特に指令番号が付けられていない次の文書により通達された。IND to TB, "Woolen Industry Capacity," 27 June 1950, ESS (A) 01306.
129) 通産省令第94号による。『繊維年鑑』昭和27年版, 8頁。なお, 通産省通商繊維局は, 1950年10月6日付で, ESS工業課へ同規則の廃止に関して報告している。TB to IND, "Rescission of Temporary Regulation concerning Textile Machinery and Equipments Cotton Spinning and Others," 6 October 1950, ESS (A) 01281.
130) 米川伸一「綿紡績業」(米川伸一・下川浩一・山崎広明編『戦後日本経営史』第1巻, 東洋経済新報社, 1991年), 61-65頁。

〈第3章〉
1) 西川博史「貿易の実態と通商政策」(通商産業省通商産業政策史編纂委員会編『通商産業政策史』第4巻「第Ⅰ期　戦後復興期(3)」, 通商産業調査会, 1990年)；阿部武司, 前掲論文。
2) 田和安夫編, 前掲書, 1948年, 2頁。
3) 前掲『日本綿業統計 1903-1949年』, 表6を参照。
4) GHQ指令第1号(SCAPIN-1)の付属文書「一般命令第1号, 陸・海軍」(General Order No. 1, Military and Navy) の規定(第6条)による。外務省政務局特別資料課編, 前掲書, 1949年, 40頁。なお本書で原資料として使用するGHQの指令の内, SCAPINに関しては, 竹前栄治監修『GHQ指令総集成-SCAPIN』全15巻, エムティ出版も参照。
5) 田和安夫編, 前掲書, 1962年, 8頁。
6) SCAPIN-58の第2条による。
7) 田和安夫編, 前掲書, 1948年, 93頁。
8) "Memorandum of Conference held between Office of Assistant to DC/S and Japanese Representatives of Ministry of Commerce and Industry and Ministry of Agriculture and Forestry," 12 September 1945, ESS (E) 00450. 本章で使用する資料は主に, GHQ文書のESS総務課文書に所収されている資料(特に電信とその記録用覚書)から, 1946年から1948年にかけての分を使用した。なお, 1948年中頃までの棉花調達に関するGHQ発の電信は主にESS貿易課が作成しているが, その記録用覚書にはESS繊維課担当者(もしくは課長)の同意を意味する署名が見られることや電信会合の記述にESS繊維課担当者の出席が記されていることから, ESS繊維課も棉花調達に関与していたことが読み取れる。また, ESS繊維課文書, ESS貿易課文書(RG331文書のBox

No. 6415〜6819, 10124〜10125), OOC 文書などからも使用している。
9) J. Z. Reday, "Memo for Record," 28 September 1945, ESS (E) 00850.
10) 以下, 原資料には様々な単位が登場するが, 分りやすくするために基本的に本文中ではポンド (lbs) もしくは俵 (bale) に換算して表した。なおここでは 1 担 = 132 lbs で換算した。
11) この 9 月 20 日時点の在庫量は, 9 月の棉花消費量約 204 万 lbs (田和安夫編, 前掲書, 1948 年, 3 頁) から考えて, 前述の 8 月末の在庫量 2,225 万 lbs と比べあまりに少ない。綿紡績企業側が過少に報告したのか, 統計収集作業が不十分だったかによると思われる。
12) ただし実際には, 米棉が初めて輸入される翌 1946 年 6 月 5 日まで, 10 大紡は戦時期から持ち越した棉花を使用し, 量は多くないが綿紡糸と混紡糸, 綿織物の生産を行った。田和安夫編, 前掲書, 1948 年, 93-94, 96-97 頁。またこの 10 大紡保有の棉花の中に「手持軍綿を相当量保有しており, これが紡績の無償利益を形成していたのではないかともみられる」とされ, 1945 年後半から 1946 年前半にかけて, 多大な利益形成を生んだとの指摘もある。有沢広巳編『現代日本産業講座』第 VII 巻「各論 VI 繊維産業」, 岩波書店, 1960 年, 94-95 頁, 引用は 94 頁。しかしこの時点で挙げた利益は, 1946 年前半以降のインフレ昂進の中でその価値を低下させしまったと考えられる。
13) 通商産業省編, 内田星美執筆, 前掲書, 253 頁。
14) 『繊維年鑑』昭和 22 年版,「繊維産業日誌」より。
15) CINCAFPAC (下記にクレイマーの署名がある) to WASH (WD TAG for JCS), CA52514, 30 September 1945, ESS (C) 00729.
16) ESS to JCS, "Report on Cotton Textiles, Japan," 6 October 1945, ESS (C) 00729.
17) SCAPIN-110.
18) 通商産業省編, 内田星美, 前掲書, 1972 年, 253-254 頁。また, 田和安夫編, 前掲書, 1962 年, 8 頁も参照。
19) SCAP (下記にクレイマーの署名がある) to WARCOS, CA55231, 23 November 1945, ESS (C) 00729.
20) 原資料では, 5 万小トン (short tons)。ポンド換算で 1 億 lbs を示し, さらに 1 俵 = 500 lbs で換算すると 20 万俵。以下, 同様に米棉は 1 俵 = 500 lbs で換算。
21) 原資料では 73 万トン (metric tons)。ポンド換算で約 16 億 970 万 lbs になる。
22) なお商工省は, 1945 年 11 月 30 日付で, ESS へ棉花輸入を求める要請を行っている。ここで, 商工省は 11 月 13 日現在, 棉花は約 10 万担 (1,330 万 lbs = 2 万 6600 俵) しか在庫がないと報告している。そして今後 12 ヵ月間に必要とされる棉花推定量は, 米棉 5 億 5,195 万 lbs, エジプト棉 1,995 万 lbs であることを伝えていた。CLO to GHQ/SCAP, "C. L. O. No. 789 Application for Importing Raw Cotton," 30 November 1945, ESS (C) 00729.
23) WASHINGTON (CAD) to CINCAFPAC, W85103, 25 November 1945, ESS (C) 00729. GHQ (もしくは米国太平洋陸軍司令官) 宛電信は, 末尾に GHQ の高級副官部によっ

て，担当部署の名が印字される。そこから，ESS 宛と理解できる。
24) 棉花の品位を区別するために，繊維長や細さ，強力，色合，光沢，天然撚等の程度により，産地ごとに格付の相違があった。格付の低いものほど低級品ということになる。
25) IND, J. A. O'H, "Memo for Record," 28 November 1945, ESS (C) 00729.
26) CINCAFPAC to WASHINGTON (CAD), CA55426, 28 November 1945, ESS (C) 00729.
27) この 271 万 2694 錘は，阿部武司，前掲論文，565 頁に記載の 1945 年「9 月ないし 10 月に商工省が作成したとみられる」資料にある錘数と同一である。ただし前掲論文には運転可能錘を示すものかどうかに関しては，記載がない。
28) 繊維長（length of staple，単に staple）は毛筋とも呼ばれる。繊維長が長いほど高番手の細い綿糸が紡績できた。
29) 実際には格付の決定に繊維長が関連するので，格付は紡績に重要ではないといえない。商工省は，各種格付の棉花の混紡を行うことで，繊維長に関する問題はある程度の解決が可能であるとの前提で返答したものと見られる。
30) CCC は 1933 年に設立され，1939 年以降は農務省の所管の下に置かれた機関であった。第 2 次世界大戦前は農産物の安定や凶作年度に備え豊作年度の過剰物資の蓄積を目的として，戦時中は食糧・繊維等の生産増強と適切な配給確立を目的として，農家への貸付や農作物の売買・配給を行っていた。『綿花月報』第 2 巻第 1 号，日本棉花輸入協会，1947 年 5 月，33-34 頁；日本綿花協会綿花経済研究所編『米国綿花政策と現行関係法規』，1956 年，82-99 頁。
31) マッカーサーへ提出された次の報告書を参照。ESS, "Review of Cotton Situation for General MacArthur," ESS (C) 00024. 日付は不明だが，所収先の前後の文書から 1947 年中頃に作成された文書と推測される。
32) WASHINGTON (CAD) to CINCAFPAC, WX-56987, 6 December 1945, ESS (C) 00729。
33) ESS, Import-Export Division, "Memorandum for Record," 19 December 1945, ESS (C) 00729.
34) 陸軍省が求めた「疾病と社会不安を防ぐ」ための必要量は，1945 年 11 月 8 日にマッカーサーへ送られた「初期の基本的指令」の第 29 条第 b 項に「貴官は，現地資源の補充のためにのみ，かつ占領軍を危うくするか軍事行動を妨げるような広範囲の疾病または民生不安の防止（prevent such widespread disease or civil unrest）に補充が必要な限度においてのみ，輸入物資の供給に責任を有する」との規定に根拠を置いていた。JCS, "J. C. S. 1566/3 Guidance to SCAP regarding Shipment of Raw Cotton to Japan," 10 April 1946, p. 43, Record of the Joint Chiefs of Staff, part2: 1946-53, reel. 1.
35) 原資料では 34 万小トン。ポンド換算で 6 億 8,000 万 lbs。
36) ESS, Import-Export Division, 19 December 1945, ibid.
37) 原資料では 20 万小トン。ポンド換算で 4 億 lbs。本文後続の「56 万俵」も資料上

小トン表示で，14万小トン。

38) SCAP (ESS 第2代局長 W・マーカットの署名がある。以下 SCAP 名義でマーカットの署名があるものがほとんどだが，特に触れない) to WARCOS, CA56255, 21 December 1945, ESS (C) 00729.
39) WASHINGTON (CAD) to CINCAFPAC, WX-92507, 12 January 1946, ESS (C) 00728.
40) ESS, Import-Export Division, "Memorandum for Record," 14 January 1946, ESS (C) 00728.
41) SCAP to WARCOS, XA-12917, 14 January 1946, ESS (C) 00728.
42) ESS, Import-Export Division, "Memorandum for Record," 17 January 1946, ESS (C) 00728.
43) SCAP to WARCOS, CA-56998, 17 January 1946, ESS (C) 00728.
44) Atcheson to The Supreme Commander and CS, 11 December 1945, ESS (C) 00728.
45) 「現在国務省で考慮されている提案」とは，GHQ と陸軍省の間の綿花に関する協議内容に関係する提案と考えられる。国務省も陸軍省から情報を得て，検討を行っていたものと推測される。
46) Marshall to United States Political Adviser, "Financing Japanese Raw Cotton Imports," 22 December 1945, ESS (C) 00728.
47) JCS, "J. C. S. 1588 Visit of a Textile Mission to Japan," 26 December 1945, Record of the Joint Chiefs of Staff, part2: 1946-53, reel. 1 所収。本文下記の引用個所は，p. 2。
48) ESS, Executive Division, "Memo for Record," 28 March 1946, ESS (C) 00728.
49) JCS, 26 December 1945, ibid. 統合参謀本部は 1946 年 1 月 3 日付で承認した。
50) Ibid.
51) 国務省所属の農業委員 (Agricultural Commissioner) フレッド・テイラー (Fred Taylor) が団長を務めた。J. Z. Reday to Chief, ESS, "Members of Textile Mission," 4 April 1946, ESS (E) 00804；田和安夫編，前掲書，1948 年，10-11 頁。上述の統合参謀本部指令 JCS-1588 では中国・インド代表は各 1 人のはずであったが，経緯は不明ながら米国代表は 1 人減って 5 人となり，中国・インド代表が各 2 人来日することになったと見られる。ただし中国代表は，ESS 局長に送られた上記の 4 月 4 日付の繊維使節団の団員一覧の資料中に名前が見られない。次注を参照。
52) SCAP (Fred Taylor) to WARCOS, (電信番号なし), 23 January 1946, ESS (C) 00723. ただし中国代表は 1 月 21 日に来日しなかった。その後の動向も，現時点で資料上，確認できなかった。J. A. O' H. ESS/IN, "Memo for Record," 23 January 1946, ESS (C) 00723.
53) Fred Taylor to MacArthur, 31 March 1946, ESS (C) 00721.
54) 解散日は不明だが，団員 5 人 (米国代表 3 人，インド代表 2 人) は 4 月上旬頃にワシントンへ向かったと見られる。ワシントンへの飛行機の手配を，ESS が参謀第 4 部へ依頼した次の文書を参照。ESS to G-4, "Air Priority for Textile Mission," 5 April 1946, ESS (C) 00722. また団長の F・テイラーは 4 月中に上海に行き，さらにそこから朝鮮

半島への繊維関連の調査のための渡航を図っていることが確認できる．G. T. W., "Memo for Record," 29 April 1946, ESS (C) 00722.

55）結局，1946年1月12日付の電信にあったように陸軍省の資金を使用せずに，1946年2月に関係機関5者間のCCC棉協定という形で米棉輸出が実現されたことは，1945年12月末から1946年2月初頭にかけて，米国政府内で調整に紆余曲折があったことを意味する．借款の形式をどうするかという調整もあったであろうが，繊維使節団の派遣に象徴されるように国務省が他の連合国へ配慮して，大規模な棉花の日本への輸出に躊躇したことも推測されよう．国務省の動向に関して，当該時期は日本占領管理に関する極東委員会や対日理事会の設立について，他の連合国との間で折衝が行われていたことにも注意が必要である．豊下楢彦『日本占領管理体制の成立—比較占領史序説』岩波書店，1992年，第4章—第6章．当時国務省は，折衝を有利にするためにも，できる限り他の連合国との協調関係を維持しようと努めていた．

56）USCCは，1942年に設立され，米国政府の対外経済活動の実施・強化の目的を持った外国経済局が所管した組織であった．USCCは，戦略的物資や食糧の調達，生産，通商，また国防計画に沿った施策の実施などを活動目的としていた．『棉花月報』第2巻第1号，1947年5月，32-36頁．

57）この協定はGHQや米国政府内では，Inter-Agency Contract, Inter-Governmental Agencies Contract, CCC-USCC-WD Cotton Contract 等と呼ばれた．

58）契約は，前掲の統合参謀本部文書 "J. C. S. 1566/3," の Enclosure "B" に所収されている．このJCS1566/3は，CCC棉協定にJCSが同意を与えていることを知らせるために，GHQへ通知された．GHQはCCC棉協定が正統性（authenticity）をもった文書かどうかについて疑問があると，1946年3月12日付で陸軍省へ知らせていたからである．同時にこの3月12日付文書でGHQは，「JCSの措置に従い」と条件を付けた上で，CCC棉協定におけるGHQが負う責務に同意している．GHQは，CCC棉協定に関して大きな責任を負うからには，JCSの明確な指令が欲しいと考慮したのである．なおCCC棉協定には特に記載がなかった国務省の役割であるが，同文書のEnclosure "C" Discussion によれば，国務省は「繊維製品の世界的な不足を緩和し旧敵国が自国の設備で必要不可欠な民生上の必要量を充足することに必要な限りにおいて，旧敵国の綿工業の復活計画（a program of reactivation）を支援する」と定められた．

59）1946年4月3日付の統合参謀本部指令 JCS-1566/2, "War Department and U. S. Commercial Company Contract for Exports from Japan" としてGHQへ通知された．この指令全文はESS貿易課文書の一部として，ESS (B) 07615 に所収されている．

60）"Agreement between the War department and the U. S. Commercial Company," 17 January 1946, ESS (B) 07615; R. P. Patterson, Secretary of War to C. B. Henderson, Chairman of the Board, Reconstruction Finance Corporation, 27 February 1946, ESS (B) 07615.

61）以上，ESS, Import-Export Division, "Memo for Record," 27 February 1946, ESS (C) 00728.

62）WASHINGTON (CAD) to CINCAFPAC, W-97529, 17 February 1946, ESS (C) 00728.
63）WASHINGTON (CAD) to CINCAFPAC, W98293, 24 February 1946, ESS (C) 00728. 61万5,000俵の内訳は，1インチ以上の長繊維の原棉9万5,000俵，1インチ以下の短繊維の52万俵。
64）以上は，田和安夫編，前掲書，1948年，55頁。なお棉花20万俵の内訳は3月17日に米国政府よりGHQへ知らされ，長繊維4万356俵，短繊維15万9,644俵であった。WASHINGTON WARCOS to CINCAFPAC, W-80935, 17 March 1946, ESS (C) 00728.
65）WASHINGTON (WARCOS) to CINCAFPAC, W-81342, 22 march 1946, ESS (C) 00728.
66）以上は，89万俵という数値が決められた経緯の概要を記した次の文書を参照。ESS, "Memorandum for Record," 23 March 1946, ESS (C) 00727. この文書でESS貿易課は，「これ［89万俵］は，1946年末以前に修理され稼働可能となる少量の紡機を含む，利用可能な紡機の予想生産能力の控えめな計算に基づいている」としている。
67）SCAP to WARCOS, C-59402, 30 March 1946, ESS (C) 00727.
68）田和安夫編，前掲書，1948年，65頁。
69）ESS (E) 03560-ESS (E) 3604に所収されている，ESS繊維課の1946年から1949年までの主要文書類に，ESS貿易課との意思疎通を示す文書が数多く含まれている。例えば，ESS繊維課はESS貿易課にCCC棉から生産された綿糸・織物の生産高や輸出可能な綿布の種類などの情報を頻繁に提供している。また両課は月に数度の会合を開いていた。
70）SCAPIN-854の左上のSCAPIN作成部署を示す欄に，ESS貿易課のイニシャルがある。
71）以後この規定に従い，ESSから直接貿易庁へ情報通知や指令が行われた。ESS, Import-Export Division, "Memo for Record," 22 May 1946, ESS (C) 00727. 送られた文書には，「BT-X」の記号が付けられた。ESS局長マーカットの署名が見られることもあり，重要と見られた指令にはマーカットの決済が求められたことが分かるが，ESS貿易課から直接出されることが多かった。1947年以降になると「BT-47-X」などの西暦下2桁が入る形の記号になった。
72）ESS Import-Export Division, "Memorandum for Record," 14 June 1946, ESS (C) 00725.
73）Marquat to BT, "BT-2 Raw Cotton Regulation," 15 June 1946, ESS (C) 00726.
74）正式名は「糸織物その他の製品等繊維品の生産及び輸出に関する貿易庁，繊維局及び日本繊維協会間の協調覚書」。日本紡績同業会「輸入米棉と其の取扱に就いて」（『日本紡績月報』第1号，日本紡績同業会，1946年11月，24-25頁）。
75）日本紡績同業会，同上誌，26-28頁；通商産業省編，内田星美，前掲書，254-257頁。
76）『繊維年鑑』昭和22年版，87，90頁；「昭和二十二年中の紡績業」『日本紡績月報』第14号，1948年4月，32頁。
77）田和安夫編，前掲書，1962年，34頁。またこのような形での取引は，1946年11

月 19 日の ESS 貿易課，ESS 繊維課，それに外国のバイヤーたちとの会合で ESS 貿易課から明らかにされている。Cotton and Wool Branch, "Selection of Japanese Fabrics by Visiting Buyers," 19 November 1946, ESS (E) 03542. なお，USCC の代表部が日本に置かれていた。

78) 田和安夫編，前掲書，1962 年，34 頁。
79) 同上書，34-35 頁。
80) Eaton to Tate, "Progress of Increasing the Production of Yarn from the CCC-Ⅰ Cotton," 14 November 1946, ESS (E) 03543.
81) 『棉花月報』第 2 巻第 4 号，1947 年 7 月，3 頁。
82) なお本文以下の，1946 年 8 月から 1947 年 4 月中頃にいたる棉花輸入に関する ESS 貿易課と陸軍省民事局の協議の概要に関しては，次を参照した。FT, "Memo for Record,"［日付不明だが，前後の資料から 1947 年 4 月 15 日以前の 4 月中頃作成と見られる］, ESS (C) 00838. これは，後述の電信 C-51828 を送信するために，ESS 貿易課が作成した 6 枚にわたる記録用覚書である。また本文以下で，出典表記がない記述や電信会合に関しての記述も，これに負っている。
83) WASHINGTON (WDSDA ES) to SCAP, W-97201, 13 August 1946, ESS (C) 00731.
84) SCAP to WASHINGTON (WDSDA ES), C-66493, 23 October 1946, ESS (C) 00733.
85) SCAP to WASHINGTON (WDSDA), Z-34758, 12 March 1947, ESS (C) 00832.
86) FT, "Memo for Record," op. cit., p3.
87) FT, "Memorandum for Record," 20 March 1947, ESS (B) 00834. これは後述する電信 ZX-39805 の記録用覚書である。
88) WAR to CINCFE, WAR-94319, 20 March 1947, ESS (B) 00834.
89) SCAP to WASHINGTON (WDSDA ES), C-51828, 15 April 1947, ESS (C) 00838.
90) SCAP to WASHINGTON (WDSDA ES), C-52172, 26 April 1947, ESS (C) 00837. この電信はもともと CCC グループ 1 棉の返済が終われば，それ以降は CCC グループ 1 棉から製造した綿製品を CCC 棉協定と関係なく輸出することを求めていた。要望理由として，完全なドル決済条件の緩和等による輸出促進や，インド棉との混棉禁止の撤廃による生産費の低下が見込まれること等を挙げている。
91) W. J. K. （当該イニシャルおよび資料 1 枚目の右上記載の作成・承認者の 3 つのイニシャルを当該時期の GHQ 電話帳でつき合わせると，ESS 法務課員と推定される），"Amendment to CCC Cotton Contract," 7 July 1947, ESS (B) 03632 (ただし ESS 貿易課文書に所収). この資料は今後の棉花輸入や輸出向けと国内向けの配分に関する 2 枚のメモであり，CCC 棉返済の見通しは ESS 繊維課員（綿係）のブッシー (Bushee) の発言として記録されている。
92) ただし日本側には，1947 年 7 月当時「六月末の生産計画を完全に荷渡し完了したとしてもなお四千万弗の原綿負債が残る勘定であった」と伝えられていた。田和安夫編，前掲書，1948 年，78 頁。ESS はもしも楽観的な見通しを日本側に伝えると，後述するように，抑制されていた国内向けの綿製品の量を増やすように日本側が要望し

93) SCAP to WAR. CAD, C-51932, 18 April 1947, ESS (B) 00838.
94) FT, "Memorandum for Record," 16 April 1947, ESS (B) 00838. これは，電信 C-51932 の記録用覚書である。
95) 陸軍省民事局は 1947 年 5 月 2 日付で「現状では実現可能ではない」と伝え，事実上拒否している。WAR (WDSCA ES) to CINCFE, W-97254, 2 May 1947, ESS (B) 00841.
96) 落棉とは，紡績工程で生じた棉屑を指す。中村耀，前掲書，120 頁。
97) WAR (WDSCA ES) to SCAP, W-97334, 2 May 1947, ESS (B) 00840; WAR (WDSCA ES) to CINCFE, W-97335, 2 May 1947, ESS (B) 00841.
98) 田和安夫編，前掲書，1948 年，76 頁にも同様の叙述がある。
99) WAR (STATE DEPARTMENT) to SCAP (FOR POLAD), WAR-SVC-8209, 23 August 1947, ESS (B) 00856.
100) 陸軍省民事局が，日本への棉花供給に反体する勢力（綿製品製造企業など）を抑えるために，棉花利害を有する上院議員を巻き込んだことが推測される。
101) SCAP to WAR (WDSCA ES), C-52801, 21 May 1947, ESS (B) 00840.
102) WAR (WDSCA ES) to CINCFE, W-98925, 28 May 1947, ESS (B) 00840; WAR (WDSCA ES) to CINCFE, W-98950, 28 May 1947, ESS (B) 00840.
103) FT, "Memorandum for Record," 2 June 1947, ESS (B) 00844. これは，電信 C-53104 の記録用覚書である。
104) SCAP to WAR (WDSCA ES), C-53104, 4 June 1947, ESS (B) 00844.
105) WAR (WDSCA ES) to CINCFE, W-97335, op. cit.
106) Chief, FT, to Chief, ESS, "Amendments to Cotton Contract," 23 June 1947, ESS (B) 00846. これは 6 月 19 日夜に行われた ESS と陸軍省民事局との電信会合に関する報告である。
107) WAR (WDSCA ES) to CINCFE, WAR-80964, 28 June 1947, ESS (B) 00845.
108) WAR (WDSCA ES) to CINCFE, W-81479, 5 July 1947, ESS (B) 00849.
109) SCAP to WAR (WDSCA ES), C-53831, 7 July 1947, ESS (B) 00849.
110) ESS 貿易課が抱いていた CCC の価格操作への疑念は，電信 C-53745 の記録用覚書を参照。FT, "Memorandum for Record," 26 June 1947, ESS (B) 00850.
111) FT, "Memorandum for Record," 26 June 1947, op. cit.
112) CO 59TH AACS WG to SCAP, ANATC-1303, 21 July 1947, ESS (D) 00579. また団長のクリーブランドなど 4 人は 1947 年 8 月中旬には帰国していることが確認できることから，この時期までに，使節団は解散したものと見られる。FAIRPAC to WAR, FAIRPAC-936, 13 August 1947, ESS (D) 00579; FAIRPAC to WAR, FAIRPAC-955, 18 August 1947, ESS (D) 00579.
113) WAR (WDSCA PT) to CINCFE, W-81663, 10 July 1947, ESS (B) 00848; WAR (WDSCA ECON) to CINCFE, WAR-82332, 19 July 1947, ESS (D) 00617; SCAP to WAR

(WDSCA), C-54687, 9 August 1947, ESS (B) 00853.
114) WAR (WDSCA ECON) to SCAP, W-84419, 16 August 1947, ESS (B) 00857. なお OJEIRF を元にした構想は当初, 金融面はワシントン輸出入銀行が, 実務面は北米棉花会社 (North American Cotton Corporation) が主導的な役割を果たすはずであったが, 結局, 北米棉花会社が関与することはなかった。下注および田和安夫編, 前掲書, 84-86 頁も参照。
115) SCAP to WAR, C-54712, 10 August 1947, ESS (B) 07208.
116) SCAP to WASHIGTON (WDSCA), C-69902, 7 February 1947, ESS (B) 07209.
117) 例えば, 次を参照。WAR (WDSCA ES) to SCAP, W-92143, 16 February 1947, ESS (B) 07209; WAR (JOINT CHIEFS OF STAFF) to SCAP (MACARTHUR), W-81076, 28 June 1947, ESS (B) 07209. また, 本章の注 185 も参照。
118) "GHQ/SCAP, Circular No. 9, Establishment of Occupied Japan Export-Import Revolving Fund," 15 August 1947, ESS (B) 07209.
119) WAR (WDSCA ECON) to SCAP, 5 September 1947, ESS (A) 00378; SCAP to WDSCA, Z-21382, 12 September 1947, ESS (A) 00392.
120) 使節団は 1947 年 7 月 22 日に大阪で日本側と会合をもっており, この場で日本側へ知らされた。田和安夫編, 前掲書, 1948 年, 77-79 頁。
121) 通商産業省編, 山口和雄・村上はつ執筆『商工政策史』第 6 巻「貿易 (下)」商工政策史刊行会, 1971 年, 379 頁。
122) 大蔵省財政史室編, 犬田章執筆『昭和財政史―終戦から講和まで』第 15 巻「国際金融・貿易」, 東洋経済新報社, 1976 年, 190-193 頁。
123) FT, "Memorandum for Record," 12 August 1947, ESS (B) 00853. これは, 電信 C-54772 の記録用覚書である。
124) WAR (WDSCA ECON) to SCAP, WAR-85311, 30 August 1947, ESS (B) 00853; SCAP to WAR (WDSCA ECON), C-55262, 4 September 1947, ESS (B) 00859.
125) SCAP to WAR (WDSCA ECON), C-55683, 25 September 1947, ESS (B) 00863. またこの電信の記録用覚書も参照。FT, Memorandum for Record, 22 September 1947, ESS (B) 00863.
126) 『綿花統計月報』第 6 巻, 1948 年 6 月, 7 頁
127) 田和安夫編, 前掲書, 1948 年, 80-81 頁。
128) SCAP to WAR (WDSCA ECON), C-54772, 13 August 1947, ESS (B) 00853.
129) 同上の電信の記録用覚書を参照。FT, Memorandum for Record, 12 August 1947, ESS (B) 00863.
130) 田和安夫編, 前掲書, 1948 年, 81 頁。
131) "Practical Recipes for Blending of Cotton in Japanese Spinning Mills Before War," ESS (B) 09009 [作成者・作成日付不明]。なおこの資料に他に記載がある 42 番手, 60 番手の混棉の例では, 印棉は使用されていない。
132) 当該資料の所収されたフォルダーの性質による。フォルダー名は, "102.6: Indian

Cotton"（102.6 は ESS 繊維課が使用していた分類番号）で，印棉調達のために ESS 繊維課が日本側から得た資料や ESS 貿易課へ送った要請，インド使節団との交渉記録など，印棉主体の資料が収録されているからである。

133)「米綿下級品の最大欠点であるネップと，色合の不調，除塵の困難はこれに若干の印度綿を混用することによって容易に除去し得られる」。田和安夫編，前掲書，1948年，82頁。

134) 水野良象『綿・羊毛・絹読本』春秋社，1957年，26頁。

135) SCAP to WASHINGTON (WDSDA ES), C-66493, op. cit.

136) SCAP to WASHINGTON (WDSCA), Z-34758, op. cit.

137) TEX, "Raw Cotton Import Requirement for 1947," 5 February 1947, ESS (B) 09009.

138) FT, Memorandum for Record, 4 February 1947, ESS (B) 00832. これは前述の Z-34758 の記録用覚書である。

139) Political Representative of India in Japan, Indian Liaison Mission, Tokyo, to Chief, ESS, 12 February 1947, ESS (B) 00910. および付属の２月８日付のインド政府からの電信。

140) Chief, ESS to Indian Liaison Mission, Importation of Indian raw Cotton into Japan, 14 February 1947, ESS (B) 00910.

141) Deputy Chief, FT to Indian Liaison Mission, "Indian Cotton," 18 March 1947, ESS (D) 00835.

142) SCAP to WASHINGTON (WDSCA ES), ZX-39805, 22 March 1947, ESS (B) 00834.

143) Deputy Chief, FT to Indian Liaison Mission, "Indian Cotton," 26 April 1947, ESS (D) 00840.

144) ESS 貿易課の電信の覚書に ESS 繊維課の署名があることから，ESS 繊維課も印棉輸入に積極的な姿勢を取るようになったことが分る。

145) TEX to FT, "Procurement of Indian and Egyptian Cotton," 12 April 1947, ESS (B) 09009.

146) Cotton & Wool Br., TEX, "Meeting held 16 April 1947," 17 April 1947, ESS (E) 03545.

147) WAR (WDSCA) to CINCFE, BERLIN GERMANY, WX-96948, 26 April 1947, ESS (B) 00837.

148) WAR (WDSCA ES) to SCAP, W-97334, op. cit.

149) また先述の 1947 年３月 20 日付の電信で陸軍省民事局はワシントンでの協議の結果，インド政府やインドの民間商社が棉花を持っていないので印棉の日本への早期輸出は困難と伝えていた。この間の経緯は，ESS は独自にインド側と交渉して，日本への輸入の言質を取っていたことを示している。

150) SCAP to WAR (WDSCA ES) to SCAP, C-52500, 9 May 1947, ESS (B) 00840.

151) SCAP to WAR (WDSCA ES) to SCAP, C-52624, 14 May 1947, ESS (B) 00840.

152) FT, Memorandum for Record, 9 May 1947, ESS (B) 00840. これは前述の C-52624 の記録用覚書である。

153) SCAP to WAR (WDSCA ES) to SCAP, C-52172, 26 April 1947, ESS (B) 00837.

154）WAR (WDSCA ES) to SCAP, WAR-98589, 23 May 1947, ESS (B) 00840.
155）WAR (WDSCA) to CINCFE, WAR-80964, 28 June 1947, ESS (B) 00845.
156）WAR (STATE DEPARTMENT) to SCAP (FOR POLAD), WAR-SVC-8209, op. cit.
157）James A. Loss, Commercial Attache, American Embassy, New Delhi, "Indian Trade Delegation to Japan," 23 May 1947, ESS (B) 09007.
158）次の資料から交渉の進展を窺い知ることができる。T. P. Barat, Secretary, Indian Trade Delegation to FT, 8, August 1947, ESS (D) 00872; T. Kilachand to McDermott, FT, 18 August 1947, ESS (D) 00872.
159）P. McDermott, Chief, FT, to Indian Liaison Mission, "Purchase of Indian Raw Cotton," 21 August 1947, ESS (D) 00873. およびこの文書の記録用覚書も参照。FT, Memorandum for Record, 21 August 1947, ESS (D) 00867.
160）ESSと陸軍省民事局との間では大略，次のような経過の応酬があった（合間に，電信会合が開かれていたことも各電信から確認することができる）。ESSは1947年7月31日付でインド側がもっと印棉を日本へ輸出したいと要望しているとして17万俵ではなく，38万3,000俵の輸入許可を陸軍省民事局へ求めた。SCAP to WAR (WDSCA ES), C-54446, 31 July 1947, ESS (B) 00850. これに対して陸軍省民事局は8月21日付で，35万俵以外の今後の米棉調達計画が未定であることから，印棉は17万俵調達の方針を維持するように回答している。WAR (WDSCA ECON) to SCAP, W-84419, 16 August 1947, ESS (B) 00857. そしてESSは8月28日付でインド側と17万俵調達の仮の合意に達したことを知らせている。SCAP to WAR (WDSCA ECON), C-55140, ESS (B) 00857.
161）Indian Liaison Mission to FT, 14 October 1947, ESS (B) 01057; F. P. Pickelle, Acting Chief, FT to Indian Liaison Mission, "Mutual Purchase and Sale of Indian Raw Cotton and Japanese merchandise," 16 October 1947, ESS (B) 01057.
162）協定は次を参照。"Agreement for the Mutual Sale and Delivery of Indian Raw Cotton and Japanese Products," 28 October 1947, ESS (A) 05172.
163）ESS貿易課が陸軍省民事局へ協定成立を通知したのは，調印から3週間後の1947年11月18日付であった。SCAP to WASH (CSCAD ECON), C-56739, 18 November 1947, ESS (B) 00871.
164）なお1947年8月19日付でESSは在日英国連絡使節団から，英国所有のエジプト棉を日本へ輸出したいという申し出を受けている。United kingdom Liaison Mission in Japan to FT, "Egyptian Cotton," 19 August 1947, ESS (D) 00877. しかしESSはエジプトから来日している使節団との交渉を優先することにし，9月12日付で在日英国連絡使節団からの申し出を断っている。理由としては，エジプト政府からの直接購入が外貨決済を伴わないバーター取引になる見込みであることを挙げている。ESSは決済方法を重視して，エジプト側との交渉を優先したことが分る。F. P. Pickelle, Acting Chief, FT to United kingdom Liaison Mission in Japan, "Egyptian Cotton," 12 September 1947, ESS (D) 00877. およびこの文書の記録用覚書も参照。FT, Memorandum for Record, 10

September 1947, ESS (D) 00877.

165) SCAP to WASH (CSCAD ECON), C-56739, op. cit.

166) "Contract for Purchase of Egyptian Cotton and Payment therefore by Sale of Japanese Products," 1 November 1947, ESS (C) 07118. 特にオープン勘定等の設定には言及されていない。取引規模が比較的小さいことから，決済勘定の規定は不要とされたのであろう。

167) 対敵通商法およびその解除に関しては，次を参照。WASHINGTON (WDSCA ES) to CINCFE, WCL-41001, 3 January 1947, ESS (A) 00379; SCAP to WASHINGTON (WDSCA ES), ZX-31826, 29 January 1947, ESS (A) 00379; WASHINGTON (WDSCA ES) to CINCFE, WCL-48258, 30 January 1947, ESS (A) 00379; WAR (WDSCA ES) to CINCFE, WAR-92445, 20 February 1947, ESS (A) 00379. なお陸軍省民事局が対敵通商法の適用解除に関してGHQの承認を求めてきたために，その協議を目的としてESS貿易課がGHQ諸部署を招集し会合を開いている。この会合でESS貿易課は，対敵通商法の適用解除に賛意を表明し，理由としてこれにより，GHQが望むような貿易統制の緩和を一層早期に可能にするであろう点を挙げている。ここから，ESS貿易課が日本の貿易拡大に熱心であったことを窺い知ることができる。

168) 本文以下，次を参照。WAR (WDSCA ECON) to SCAP, WAR-84983, 27 August 1947, ESS (A) 05506. なおESSはUSCCからの引き継ぎに伴い，米国での業務のためにニューヨーク事務所 (New York Office) を設置している。輸出の実務面では，それまでのUSCCや米国政府の指示に沿ったESSによる一方的な命令に基づく輸出ではなく，1947年8月15日より，綿製品や生糸などを除く商品に関して（綿製品の輸出に関しては後述する），制限付き民間貿易が開始されて外国のバイヤーと日本の商社の間の仮契約が認められた。ただし貿易庁が，最終的にバイヤーと本契約を結ぶことになっていた。1948年8月15日からは，日本の商社も本契約を結べるようになった。ただし全輸出契約には，ESSの許可が必要であった。輸出手続きの原則的な自由化は，1949年12月1日まで待たなければならなかった。通商産業省編，山口和雄・村上はつ執筆，前掲書，379-380, 390頁。

169) TEX, "Transfer of Sales from USCC to SCAP on 1 Oct 47. (Summary of Meeting held 8 Sep 1947)," 11 September 1947, ESS (E) 03652.

170) もともと貿易庁の方からESS貿易課に，民間業者へ綿製品を販売する件で話し合いたいとする要望があったことをESS貿易課は触れている。Ibid. 貿易庁もESSから貿易の権限を委譲されることを望んで，先にESS貿易課へ輸出業務を担う意思を提示していたのかもしれない。

171) TEX, "Summary of Meeting held 9 September 1947," 11 September 1947, ESS (E) 03652.

172) TEX, "Transfer of USCC Functions to SCAP," 20 September 1947, ESS (E) 03652.

173) ESS繊維課文書中のファイル名"The Transfer of Sales from USCC to SCAP"に，前後の文書から9月作成と見られる，輸出業務を行う組織の編成と日本人名が記された

表が存在する。"Committee of Sales of Cotton Goods,"［日付・作成者不明］, ESS (E) 03652. 具体的な組織内容に関して ESS と貿易庁の間で協議が進行していたのだろう。

174)「昭和二十二年中の紡績業」(『日本紡績月報』第 14 号, 1948 年 4 月), 32-33 頁。

175) Harry Naka, FT, Meeting of Proposed Japanese Cotton Textiles Sales Committee – Held at Hotel Tokyo, 8 October 1947," ESS (E) 03652.

176) TEX to FT, "Appointment of Sales Agents," 30 December 1947, ESS (E) 03651.

177)『繊維年鑑』昭和 23 年版, 99 頁。なお繊維品海外販売委員会は, 官民共同の機関であり, 繊維貿易公団所属の者が委員会の職を兼任していたし, 民間企業の出向者も参加していた。

178) United States Department of Agriculture, Office of the Secretary to The Secretary of State, The Secretary of the Army, Chairman of the Board of Directors, U. S. Commercial Company, 6 January 1948, ESS (B) 03632.

179) 以下, 次を参照。田和安夫編, 前掲書, 1962 年, 35-36 頁。

180) 小西平一郎・堀務・鷲見一政編『綿花百年』(下), 日本綿花協会, 1969 年, 460-461 頁。貿易庁長官が委員長を務め, 官僚 4 人の委員と 13 人の協力者によって構成された官民協同の機関であった。

181) この米国陸軍の買い付けに関して, 次を参照。『綿花統計月報』第 5 号, 1948 年 6 月, 56-57 頁。原資料は 1948 年 1 月 12 日, 1 月 28 日のニューヨーク UP の外電。格付, 繊維長ともに良質であったことは,『綿花百年』(下), 453 頁も参照。長繊維の棉花を対日輸出したために,「相当の批判」(57 頁) があったという。高番手綿糸による織物輸出を警戒する米国内の綿織物製造業者による批判と見られる。また QM 棉の到着に関しては,『綿花統計月報』第 7 号, 第 8 号記載の国有綿の陸揚げ明細参照。

182) H・B・ショーンバーガー著, 宮崎章訳『占領―1945-1952―戦後日本をつくりあげた 8 人のアメリカ人』時事通信社, 1994 年 (原著は 1989 年), 第 6 章。

183) "Agreement between Occupied Japan Export-Import Revolving Fund and The Controller Thereof and Export-Import Bank of Washington, Bank of America National Trust & Savings Association, The Chase National Bank of The City of New York, The National City Bank New York, J. Henry Schroder Banking Corporation," 13 May 1948, ESS (E) 01014 ; H・B・ショーンバーガー, 前掲書, 237 頁。銀行団は 1948 年 6 月 4 日付で, マッカーサーは 6 月 6 日付で署名をしている。本注に挙げた協定書の原資料の末尾を参照。

184) 前掲の資料, 電信 C-69902 を参照。

185) GHQ と米国政府の間の協議の詳細に関しては, 例えば ESS (B) 07208-07209 所収の文書ファイル "Policy File (FEC Documents, Policy Directives-OJEIRF)" にまとめられた電信類から把握することができる。またドレイパーは 1947 年 8 月 30 日に陸軍次官に就任するが, 軍に入る前はウォール街の金融機関ディロン・リードの副社長であった。そのためか民間融資に期待し, ウォール街の銀行に OJEIRF に基づく米棉借款を勧めた。H・B・ショーンバーガー, 前掲書, 224-225 頁。この米国政府と銀行団との間の交渉に関して体系的には判然としないが, ESS (A) 04598-04599 所収の文

書ファイル"American Cotton Financing Contract File"にあるこの米棉借款の交渉の記録や協定書の草案類などを参照。1947年11月頃には米国陸軍省と銀行団との間で協定の概要が決められ、1948年1月27日付で協定書の草案が作成されている。
186)『綿花百年』(下), 459頁。
187) 以上, 次を参照。H・B・ショーンバーガー, 前掲書, 225, 236-237頁。
188) PL820に基づく米棉借款の運用規程は, 次を参照。"Rules and Regulations for the Revolving Fund under Public Law 820, 80th Congress, Second Session," 10 November 1948, ESS (A) 05628. その後, その改訂が行われた。DA to CINCFE, CL-45856, 2 February 1949, ESS (C) 07115.
189)『綿花統計月報』第11巻, 46頁。
190)『綿花百年』(下), 461-463頁。1948年5月28日のA1棉に始まり, 1950年7月29日のA14棉まで続いた。
191) TEX to PC, "Transfer of Ownership of Raw Cotton and Cotton Products to Producers and Exporters," 29 November 1948, ESS (D) 00881.
192) Ibid. この文書は, 原綿払下制への同意を求めるために, ESS繊維課がESS価格・配給課へ送った文書である。
193) TEX to BT, "BT-TD-49-391, Revision of Raw Cotton Regulations," 31 January 1949, ESS (B) 03925.
194)『綿花百年』(下), 464-466頁。
195) TEX to FT, "Japanese Cotton Buying Mission to India," 25 March 1948, ESS (B) 09027.
196) FT to TEX, "Trip to India for Procurement of Cotton," 10 April 1948, ESS (B) 09026.
197) TEX to Federation of Japanese Textile Associations, "Indian Cotton," February 1948, ESS (B) 09027.
198) Federation of Japanese Textile Associations to TEX, "Sending Japanese Cotton Experts to India & Pakistan," 24 March 1948, ESS (B) 09027.
199) "Japanese Cotton Buying Mission to India," ibid.
200) TEX to FT, "Trip to India for Procurement of Cotton," 7 April 1948, ESS (B) 09026.
201) SCAP to DA, Z-46281, 22 April 1948, ESS (C) 05086. 事務的に派遣を伝える内容であり, また事前の交信・連絡を示す参照先電信の付記もない。
202) Eaton to Chief, ESS, "Preliminary Report of the SCAP Trade Mission India and Pakistan," 18 June 1948, ESS (A) 05435.
203) ESS to Chief of Staff, "SCAP Trade Mission to India and Pakistan," 13 April 1948, ESS (C) 05086; "Subject: Procurement of Indian Cotton," ESS (C) 05086. イートン(団長を務めた)の報告書も参照。"Preliminary Report of the SCAP Trade Mission India and Pakistan," ibid.
204) 当該時期の食糧不足と施策に関しては本文以下, 次を参照。田和安夫編, 前掲書, 1948年, 398頁;通産省・通産省通産政策史編纂委員会編, 阿部武司執筆, 前掲論文, 577-578頁。

205) W, R. Eaton, "Spinners cotton yarn consumption from July to December, 1946, incl.," 6 August 1946, ESS (C) 07140. 本文以下で出てくる報告書 (report) はこの会合録に添付されており，2枚の簡略な報告である。この報告書では，最初に食糧，電力，石炭の通常の割当量に触れたあとに，第3パラグラフで「1日1人当り3.6合から4合の米が期待されているのに対して，5月後半以降状況は不調から最悪に変わり，補助割当量は言うまでもなく2.1合の通常の割当量さえ規定通り得られない」[全文]とあり，さらに労働事情の悪化と繊維使節団の推定量よりも実際の生産量が減少する見通しとを述べた後の最後のパラグラフで，「計画を上回る生産は，主食の割当量が1日4合与えられる場合においてのみ望まれうるし，そうなったとしても (even so) 食糧事情の好転の効果は3ヵ月以上たってからのみ現れるだろう」[全文]と記している。石炭や電力を要望する記述はなく，全体を通して，食糧事情の悪化を生産減少の要因として強調している。
206) 添付の報告書から推測すると，繊維使節団の推定生産量に対する割合である。
207) 国立公文書館所蔵，「繊維産業の生産完遂に関する件」，請求番号：本館-4E-036-00・平14内閣00008100。
208) たとえば同上資料に添付された「繊維工業用労働者食糧（基準及加配）要確保数」の表によれば，食糧面の施策の対象業種は次の6つであった。綿紡織（さらに綿紡織一貫業[事実上10大紡である]，輸出綿布専業，輸出タオル業の3つに分けられていた），漁網，輸出メリヤス，輸出絹織物精錬，輸出毛織織，輸出人絹糸。
209) また皆川順「日本綿業の復興計画」(『日本紡績月報』第1号，日本紡績同業会，1946年11月，8-17頁。記事著者は日本紡績同業会所属とある，31頁) には，8月に行われた生産促進策に関する叙述の冒頭部分で「綿業生産の隘路は他の産業とやや原因を異にし，主原料たる棉花は米国より積極的供与を受けつつあるにも拘らず，輸出用生産は計画通り進捗せず屢々G・H・Qより警告を受けつつある現状にある」(14頁)とあり，具体的な時期は不明ながらGHQからたびたび圧力が加えられていたことが指摘されている。
210) Cotton and Wool, "Meeting with representative of Spinning and Weaving Companies," 29 September 1946, ESS (C) 07140. 会合日の日付は未記載だが，文書の日付と同一と考えた。綿・羊毛係の会議録では違う場合は通常，会合日の記載が別にあるからである。
211) 会議録にこの割合の根拠は記載されていないが，繊維使節団の報告書の数値に対する実際の生産量の割合と推定して間違いない。この会合で報告された8月の実際の生産量 1,355万355 lbs に対して，繊維使節団の報告書では8月の推定生産量を4,211万5,784 lbs としており，8月の生産量はその約32.2%となる。繊維使節団の報告書の出典は，本章の第1節第2項を参照。
212) この会議録は逐語形式のものではなく，概要を整理した形式のものであるから詳細は不明であるものの，商工省繊維局が前後の脈略なく唐突に商工大臣と相談するといった措置を発言するとは思われないので，会合でか事前にイートンから少なくと

も何らかの生産促進策を考慮しているのかと問いかけがあったと推測される。
213) Eaton to chief, TEX, "Report on Conferences held in Osaka with the big ten spinning companies at the request of Japan Textile Bureau for investigation of low production," 9 October 1946, ESS (E) 03544. 全7枚の報告書であり，本文中のカッコ内の頁番号は，報告書の引用部分の頁番号である。上司への報告書であるが，概要をできる限り客観的に記す姿勢で記されている。
214) 先行研究の阿部武司の叙述は，この会合と以下で見る商工省の生産促進策との関連についての記述でESS繊維課のイートンの介在を指摘しておらず，商工省の主導性を前提しているように思われる。通産省・通産省通産政策史編纂委員会編，阿部武司執筆，前掲論文，578頁。主な原資料としている『日本紡績月報』第1号，日本紡績同業会，1946年11月，の記事「綿紡績生産促進会議開く」と第2号の記事「綿業生産促進運動の展開」の叙述には前者の記事のみイートンの出席が記されているだけで，その動向が記されていないためと見られる。なおこの2つの記事から，10大紡との会合にはイートンだけでなく商工省繊維局長，綿業係長，各府県商工担当官も出席していたことが分る。
215) 以下で見るように商工省の政策促進策の内閣への提出が10月10日付であり，この会合から5日間で立案するのは困難と思われるので，ある程度の立案準備が前述の9月20日のイートンとの会合を契機にしてすでに9月下旬頃から行われていたものと見られる。ただし，おそらく具体案はまだ固まっていなかったので，前述の7点をイートンから指摘されたことを踏まえて約束するにとどまったのであろう。
216) この委員会は商工省繊維局によって9月30日時点で具体的に構想されていた。次を参照。"On the Establishment of the Production Promotion Technical Committee for the Cotton Spinning Industry," September 30, 1946, ESS (C) 07139. 10大紡の代表（役員か権限のある技能面での経験者）から構成されるものであることが記されている。ESS繊維文書に所収されているのでESS繊維課へ提出されたものだが，具体的にいつ提出されたかは添書きなどを発見できていないので不明。
217) 本文のこの段落の記述は次を参照。国立公文書館所蔵，「綿紡織業の生産促進に関する件」，請求番号：本館-2A-027-11・類03025100。さらに具体策として配給計画表などが添付されている。
218) 同上の原資料で，「4合」の個所が線を引かれて「3合5勺」に改定されている。経過を伝える資料を著者は発見できていないので，いつ誰の意思でそう改定されたのか詳細不明。後述する10月15日のESS繊維課とESS他課との会合で3.5合の増配がイートンから他課に報告されているので，この改訂はESS繊維課も了承していた。
219) 梳綿工程で使用される，カードもしくは梳綿梃に付けられる部品。中村耀，前掲書，106頁。
220) この「綿紡織業の生産促進に関する件」の実行を打ち合わせるために10大紡の資材委員が10月21日から25日に東京へ集まり，関係官庁や関係機関と打ち合わせを行っている。前掲記事，「綿業生産促進運動の展開」，26頁。

221) 本文のこの段落の記述は次を参照。前掲記事,「綿業生産促進運動の展開」, 26-27 頁。
222) 具体的な施策としては，たとえば商工大臣星島次郎が 1946 年 11 月 1 日 20 時から綿紡績業の重要性を訴えるラジオ演説をしている。Eaton to Chief, TEX, "Progress Increasing the Production of Yarn from the CCC-1 Cotton," op. cit. およびこの文書に添付された, 2 枚にわたる演説内容を記した文書を参照。Jiro Hoshijima, "On the Boosting Week for the Consumption of American Raw Cotton."
223) 実際に行われた共同査察の概要は,『日本紡績月報』に 2 月号から記載されている。
224) この会合の会議録は次を参照。Cotton and Wool Branch, "Japanese Textile Industry － Rehabilitation," 23 September 1946, ESS (E) 03544.
225) 融資に関する件は，第 2 章で扱った。
226) Import-Export Division, "Memorandum for Record," 15 June 1946, ESS (C) 00725. これは "BT-2 Raw Cotton Regulations" を貿易庁へ通達する前に，ESS 貿易課が ESS 工業課と法務課，USCC の日本代表者の同意を得るために作成された文書である。
227) イートンが ESS 繊維課長へあてた ESS 貿易課との会合内容に関する報告書を参照。Eaton to Chief, TEX, "Cotton for Domestic Use," 17 October 1946, ESS (E) 03544. ここでイートンは 1946 年 7 月から 12 月までの綿糸生産のために棉花約 30 万俵が使用されるだろうが，そのうちの 20％を国内向けに回す予定であると述べている。さらに日本側は「6 万 9,000 俵」(30 万俵の 23％) を要望しているものの，ESS 貿易課は 1946 年 10 月から 12 月までの 1946 年度第 4 四半期（経済安定本部の需給計画などでは「第 3 四半期」に当たる）の綿糸生産量が現在の推定量よりも増えなければ「たった 5 万 3,000 俵」(30 万俵の約 17.7％) しか回さないとワシントンへ要請する方針である，とも述べている（ワシントンの許可が必要な事項ではないはずなので ESS 繊維課への牽制のための発言か？）。本来，棉花の輸出・内需の振り分け比率の決定は ESS 繊維課の所掌範囲とも重なるはずであるが，CCC 棉の借款返済のために ESS は輸出優先であったから貿易を所管する ESS 貿易課の発言権が強かったと考えられる。なお，この文書にある 1946 年度第 4 四半期推定生産量は 8,413 万 2,400 lbs であったが，これは 1946 年 9 月 27 日付で日本側自身が提出した数値と同一である。Eaton to Chief, TEX, "Progress Increasing the Production of Yarn from the CCC-1 Cotton," op. cit. を参照。実際に生産量が推定量よりも下回ったためか，第 3-3 表にあるように最終的に 15.5％（生産と配給とのタイムラグを考慮すれば，次の四半期の分が減らされたかもしれない。実際 1947 年最初の四半期は 14.7％）に抑えられたと見られる。
228) 10 月 3 日から 5 日の会合のイートンによる報告書内に 10 月 15 日に ESS 他課を集めて会合を開くことが記されており，そして前掲資料，Eaton to Chief, TEX, "Progress Increasing the Production of Yarn from the CCC-1 Cotton," で 10 月 15 日の会合がそれに該当することが記されている。この会合に関する記述は，第 2 章でも挙げた次の会議録を参照。"Meeting Held on 15 October 1946 to Discuss the Current Textile Production Problems."

229) 国立公文書館所蔵,「労務用物資対策に関する件」,請求番号：本館-2A-027-11・類 03016100。
230) 『繊維年鑑』昭和 22 年版, 132 頁。
231) ESS 工業課は, 1946 年 10 月 21 日の会合で 10 月 24 日 25 日に針布製造業者等と生産状況に関して聴取する方針を ESS 繊維課へ伝えている。Cotton and Wool Branch, "Japanese Card Clothing Production," 23 October 1946, ESS (E) 03544.
232) Cotton and Wool Branch, "Card Clothing," 23 November 1946, ESS (E) 03542.
233) 以下, この会合に関しては次の会議録を参照。Cotton and Wool Branch, "Production Plan for the First Quarter 1947," 18 November 1946, ESS (E) 03541.
234) 通常 construction は, 織物の幅, 1 インチ当たりの経糸と横糸の密度（糸の量）と番手の組み合わせなどの総称を指した。例えば, Wesson, TEX to Japan Textile Association, 15 November 1946, ESS (E) 03543 付属の表を参照（この文書は棉花や綿製品の受け渡しに必要な書類の形式を定めたものである）。狭義の意味では, 1 インチ当たりの経糸と横糸の密度を指した。たとえば, TEX to FT, "Samples of Japanese Construction," 31 October 1946 ESS (E) 03543 の記載の表を参照。
235) この会合の会議録に添付された生産計画を参照。
236) 10 大紡など日本側は 1946 年から 1947 年にかけて混棉や織機操作の工夫を一層進めて,「ストック中僅少の高級原棉を以て, 如何に多くの高級綿布需要に応じて行けるかという問題」に対処したとされる。田和安夫, 前掲書, 72-73 頁。日本側は, ESS 繊維課の生産計画の実現に努めたことが分かる。
237) 『綿糸紡績事情参考書』昭和 21 年下半期を参照。
238) 『綿糸紡績事情参考書』各期を参照。
239) Eaton to Chief, TEX, "Progress Increasing the Production of Yarn from the CCC-1 Cotton," op. cit.
240) 綿紡績業の紡績・県営織布部門ともに就業人員数は, 1946 年 8 月を底にしてその後は 1947 年 5 月まで基本的には上昇している。その後 1947 年後半以降一旦減少に向かっている。「昭和二十二年中の紡績業」『日本紡績月報』第 14 号, 1948 年 4 月, 23 頁の表を参照。1946 年後半期から 1947 年までの状況は,「その後食糧事情の好転と生産促進運動の展開に伴い, 労働の面においても漸く所要労働者数を確保し得るに至り, 殊に本二十二年に入ってからは一応労務の安定を得たかの如き感を与えるに至ったが, 労働者の移動率は今日に至るまで依然として高い」(同上書, 23 頁) という情勢であったと考えられる。
241) TEX, "Report of Meeting held 17 April 1947," 18 April 1947, ESS (E) 03545.
242) 田和安夫, 前掲書, 74-76 頁。棉花消費の調整により, 操短を生じさせることになったとある。同上書, 75 頁。操短に関して戦前では通常, カルテル効果を高めるために特定紡機の封緘を行ったが, この時期の操短方法は棉花消費を低下させるものであり, 各社に任せられたと見られる。また輸出カタン糸の生産増大や在庫のエジプト棉の使用などにより操短を緩和することも行われた。同上書, 75 頁。

243) Cotton and Wool, "Production of Cotton Yarn," 30 June 1947, ESS (C) 07140.
244) Eaton to Chief, TEX, "The Necessity of Full Operation of Present Cotton Spindles," 12 November 1946, ESS (E) 03543.
245) 国立公文書館所蔵,「繊維緊急対策要綱（案）」, 請求番号：本館-4E-036-00・平14内閣00023100。
246) 国立公文書館所蔵,「繊維緊急対策要綱」, 請求番号：本館-2A-028-01・類03160100。
247) 片山内閣の経済政策の特徴に関しては, 次を参照。山﨑広明執筆「片山内閣期前後の商工政策」（通商産業省・通商産業政策史編纂委員会編『通商産業政策史』第2巻「第I期　戦後復興期(1)」通商産業調査会, 1991年）；中北浩爾『経済復興と戦後政治―日本社会党1945-1951年』東京大学出版会, 1998年。
248) TEX to Chief, ESS, "Consumption of American Cotton," 26 April 1948, ESS (C) 01051.
249) 1948年8月にESS繊維課へ提出された日本紡績協会の生産計画の報告書によれば, ESS繊維課の操短指示があったことが分る。Japan Cotton Spinning Association to Bushee, Tex, "Restraint Plan of Yarn Production from July to September – 1948," 2 August 1948, ESS (C) 07145. この文書の中に, 操短の決定は「あなたの指示に従った」(According to your advice) とある。
250) 田和安夫編, 前掲書, 1962年, 25頁。
251) 国立公文書館所蔵,「繊維産業生産促進対策」, 請求番号：本館-2A-028-02・類03298100。
252) 通商産業省通商繊維局編『戦後繊維産業の回顧』商工協会, 1950年, 341頁。
253) 先行研究では, 1947年の「繊維緊急対策要綱」, 1948年の「繊維産業生産促進対策」の2つの施策と綿紡績業の操短との関連を検討していない。例えば, 阿部武司, 前掲論文, 578-581頁。
254) 伊藤修「解題」（総合研究開発機構（NIRA）戦後経済政策資料研究会編『経済安定本部　戦後経済政策資料』第4巻「経済統制(1)」, 日本経済評論社, 1994年）。
255)『繊維年鑑』昭和24・25年版, 22頁。
256) 通商産業省通商繊維局編, 前掲書, 345頁。
257)『繊維年鑑』昭和28年版, 10頁。
258) Cotton and Wool, "Domestic Production," 6 November 1946, ESS (E) 03543.
259) Cotton and Wool, "Domestic Cotton Textiles Production Plan," 4 December 1946, ESS (E) 03542.
260) 林雄二郎編『日本の経済計画』日本経済評論社, 1997年。
261) 例えば, 次の文書を参照。TEX to FT, "Provisional Release of Damaged Raw Cotton Domestic Use," 20 January 1948, ESS (C) 07080. この文書から, 国内向けの放出は輸出向けの綿製品仕様の品質を保証できないほどに劣化した棉花の処理策という側面を持っていたことも分る。
262) Campbell to Chief, ESS, "Cotton Textiles for the Japanese Domestic Economy," 10 June

1948, ESS (C) 010529.

263) 所収先の前後の文書類から，ESS 繊維課作成と見られる日付不明の次の表を参照。"Total Consumption Cotton Domestic July 1946–Sept 1948," ESS (B) 09116.

264) 竹前栄治，前掲書，1983 年，60 頁。

265) 以下，次も参照した。大蔵省財政史室編，犬田章執筆，前掲書，189–260 頁；立脇和夫『在日外国銀行百年史―1900〜2000 年』日本経済評論社，2002 年，第 4 章；伊藤正直『戦時日本の対外金融』名古屋大学出版会，2009 年，第 1 章。

266) SCAP to WASHINGTON(WSCA ES), C-67678, 29 November 1946, ESS (A) 00386; SCAP to WASHINGTON(WSCA ES), C-51118, 22 March 1947, ESS (A) 00381.

267) FT, "Memorandum for Record," 12 March 1947, ESS (A) 00381. これは，電信 C-51118 の記録用覚書である。

268) ESS to Chief of Staff, SCAP Commercial Account, 28 August 1947, ESS (A) 00388.

269) WASHINGTON(JCS) to CINCFE, W-94445, 21 March 1947, ESS (A) 00381.

270) ESS to The National City Bank of New York, SCAP Commercial Account, 11 September 1947, ESS (A) 00392.

271) 例えば，次の諸勘定の一覧表を参照。"Banking and Foreign Exchange Division, ESS, Funds on Deposit – Reconciliations as at 31 October 1949," ESS (A) 01090.

272) 以下，Audit Division, Office Comptroller, FEC, "Report on Examination of Foreign Exchange Funds, For the period 1 April thru 30 September 1951," OOC01051–01052. この報告書の "Appendix No. 1, ESS, GHQ-SCAP," p. 3 参照。

273) "Application of USCC Payments on Monthly balances of Principal & InteresTEXue CCC," OOC03822.

274) 実際には，USCC は 1 億 300 万ドルを CCC 棉による綿製品の輸出によって得ているが，1900 万ドルが経費として USCC へ支払われている。したがって，CCC への支払に充当されなかった金額が約 820 万ドル残るが，これに関して詳細は不明である。前掲資料の "Appendix No. 1, ESS, GHQ-SCAP," p. 4.

275) GHQ の 3 勘定による支払後でも代金総額の残余が約 24 万ドル残る。これに関しては返済されたのは確認できるが，どの勘定から充当されたかは記録がないとされている。Ibid., p. 4.

276) Chief, Bank Operation Branch, Funds Control Division, ESS to Chief, Funds Control Division, "Cotton Textile Account," 18 December 1948, ESS (A) 10547.

277) "Report on Examination of Foreign Exchange Funds for the period from September 2 1945 to March 31 1951," OOC01052–01053, p. 34.

278) ここまで，田和安夫編，前掲書，1962 年，37 頁，210 頁を参照。

279) 占領復興期前半期の 10 大紡を論じる文献では，よく指摘される点である。同上書，50–52 頁等を参照。

280) 例えば次を参照。三菱経済研究所『綿と化繊の産業構造』産業経済新聞社，1956 年，217–219 頁；有沢広巳編，前掲書，94–95 頁；藤井光男，前掲書，1971 年，70–

73 頁。なお本章の注 12 を参照。
281）大日本紡績社長原吉平によれば，「綿糸布の受渡しは総て工場庭渡しで行われ，その加工賃は貿易庁からキャッシュ・オン・デリバリーで支払われることに契約せられてあるにも拘らず，その支払が 1，2 ヵ月遅れることは通常であり，殊に昭和 23 年 9 月より実施せられたバイヤース・サプライヤース・コントラクト制（日本の輸出業者又は製造業者が直接海外バイヤーと契約出来る制度）となってからの荷渡品は 12 月となっても代金の支払われたもの皆無であり，現在綿糸布関係の政府よりの加工賃未収高は 20 億円を遥かに越えているのである。此等の原因の一半は，複雑な書類手続と輸出生産に対する依然たる国内的統制方式が，1 つの隘路となっている……」という状態であった。原吉平「貿易産業としての我が綿業の動向」（『関経連』第 3 巻第 1 号，関西経済連合会，1949 年 1 月），7-9 頁。引用頁は 7 頁。
282）上述の 1946 年 8 月 28 日に決定された「輸入綿花処分要領」によれば，「製品の加工賃は国内向け製品と同率とすること」とあり（通商産業省編，内田星美，前掲書，256 頁），このため，加工賃が上がると，内需用の綿製品の原価が上昇することになり，また価格統制のために製品価格を自由に引き上げられなかったから，結果として利益が減ることになる。こういったことのため，内需向けで大きな収益を上げることも困難であった。
283）田和安夫編，前掲書，1948 年，128-131 頁。
284）資料上の制約から，1947 年度以降の各項目の詳細は不明だが，1946 年 8 月から 1947 年 8 月頃にかけての会計年度に関しては，10 大紡によって程度はあるものの詳細な項目が確認可能である。それによれば，各社ともに何らかの繰入を実施している。

〈第 4 章〉

1) 本章で叙述する集排政策に関する基本的な事項は，次の文献を参照した。竹前栄治・中村隆英監修，細谷正宏解説・訳『GHQ 日本占領史』第 29 巻「経済力の集中排除」日本図書センター，1998 年；持株会社整理委員会調査部第二課編『日本財閥とその解体』持株会社整理委員会，1951 年；エレノア・M・ハードレー著，小原敬士・有賀美智子監訳『日本財閥の解体と再編成』東洋経済新報社，1973 年（原著 1970 年）；大蔵省財政史室編，三和良一執筆，前掲書。以下では，特に出典として断らない場合もある。
2) "Administration Memorandum No. 33," 29 March 1947, ESS(A)00450. 彼が，ESS 上層部や GHQ 関係部署，日本側の集排政策に対する戸惑いや反対をものともせずに，ESS 反トラスト課を率いて集排政策を強引ともいえる形で積極的に推し進めようとしたことは，各種の証言で明らかにされている。例えば次を参照。セオドア・コーヘン，前掲書（下），第 19 章；野田岩次郎『財閥解体私記—私の履歴書』日本経済新聞社，1983 年。なお，本章で扱う GHQ 文書は，大半が ESS 反トラスト課文書（RG331 文書中の Box No. 8400-8475）や ESS 繊維課文書である。
3) 当時，集排政策の目的（過度経済力の解体）のためにとられる手段として，もしく

は集排政策を具現化した政策として,「再編成」(reorganization) が行われるものとされた。本書では,再編成は,当時の GHQ 側・日本側双方の史料の用例に従い,公権力が命令するか企業が自主的に決定するかにより実行される,企業分割や資産の譲渡・売却を示す。また「企業分割」に関して厳密には,企業の「分割」(旧会社を複数に分割して複数の新会社を創設すること)か,企業からの特定事業部門の「分離」(存続会社から特定事業部門を分離して第2会社を創設すること)かが問題になる場合があるが（大蔵省財政史室編,三和良一執筆,前掲書,548 頁），どちらの場合でも原則として,「分割」と表記した。ただし適宜,「分離」とも表記した。

4) 本書は,集排政策の形成過程と執行過程にはほとんど言及していない。この2つの過程が,10 大紡の経営と戦略に直接的な影響を及ぼしていないためである。
5) 安藤良雄編『昭和経済史への証言』（下），毎日新聞社,1966 年,191 頁。
6) エレノア・M・ハードレー,前掲書；大蔵省財政史室編,三和良一執筆,前掲書。
7) 集排法と同日に国会で成立した「過度経済力集中排除法の施行に伴う企業再建整備法の特例等に関する法律」（昭和 22 年法律第 208 号）の第1条により,企業再建整備法に基づく「整備計画」は,集排法の決定指令の内容に従って当局が認可を行うことが規定された。このように,企業再建整備法は集排法と密接な関係を有していた。集排指定企業は,決定指令もしくは指定解除を得るまでは,整備計画を提出できなかった。持株会社整理委員会『過度経済力集中排除法の解説』時事通信社,1948 年,176-184 頁。また,竹前栄治・中村隆英監修,細谷正宏解説・訳,前掲書の 21-22 頁も参照。
8) 大蔵省財政史室編,三和良一執筆,前掲書,560-567 頁。この点に関しては他にも先行研究が存在する。例えば以下を参照。植草益「占領下の企業分割」（中村隆英編『占領期日本の経済と政治』東京大学出版会,1979 年）；宮崎正康・富永憲生・伊藤修・荒井功・宮島英昭「資料　占領期の企業再編成」（『年報・近代日本研究』4「太平洋戦争」,山川出版社,1982 年）；渡辺純子「綿糸紡績業における企業組織の再編成―『10 大紡』を中心に」（原朗編『復興期の日本経済』東京大学出版会,2002 年）。
9) このため本章では,GHQ 文書中の ESS 反トラスト課文書,またマッカーサー文書中に残された DRB の会議録と活動日誌等の資料を重点的に使用して,審査過程の実態を解明するように努めた。
10) 渡辺純子,前掲論文,2002 年,294 頁。
11) 外務省政務局特別資料編,前掲書,101-104 頁。
12) 同上書,145-146 頁。
13) このあたりの事情に関しては,大蔵省財政史室編,三和良一執筆,前掲書を参照。
14) "FEC-230," ESS(F)00077, pp. 2-3. 引用した FEC-230 文書の翻訳は,大蔵省財政史室編,三和良一執筆,前掲書,654-667 頁を参照した。
15) 集排法の条文上では,集排法は持株会社整理委員会が全面的に運用するようになっていた。しかし実際には,ESS 反トラスト課が,集排法制定後の集排指定を行うべき企業の選定を主導し（持株会社整理委員会の委員だった脇村義太郎と野田岩次郎が残

した，以下の記録を参照。安藤良雄編，前掲書，188 頁；野田岩次郎，前掲書，79-80 頁），またその後，集排指定された企業の再編成計画の決定に関しても，全面的に監督・指導することになっていた（この手続きが明確に規定された文書として，次を参照。Marquat to DRB, "Operation Procedure re Law No. 207," 10 June 1948, ESS(D)12994）。ESS 反トラスト課が，集排法を策定し持株会社整理員会を媒介させる形で，集排政策を実施する方針を取った要因は，多数の企業に対して「反トラスト・カルテル課が際限なく指令を出さなければならない」状態よりも，「実際的」に集排政策を進めることができると考えたためであったとされる。セオドア・コーヘン，前掲書（下），213 頁を参照。つまり，1 社を解体するだけでも，妥当な解体措置のための手続きは，当該企業が行うであろう陳情の精査，企業負債の清算や関連する法的問題への対処などを含む広範囲に及ぶ煩瑣な作業であったはずであり，数百社の解体を進めるつもりであった ESS 反トラスト課は，所要人員や処理速度の点から限界を感じたためと考えられる。

16) DRB の任務規程は，次を参照。"Deconcentration Review Board Basic Interpretation of Authority," 1 June 1948, ESS(D)12994. DRB は事実上，ESS の一部署として活動した。

17) 厳密には，DRB は 28 社（本章の注 25 を参照）に対しては何らかの再編成を勧告しているので，緩和の基本方針であるジョンストン報告書のほかに，実施の基本方針も存在しなければならない。これに関しては，ESS 反トラスト課と同様に，FEC230 文書が DRB の判断の拠りどころになったと考えられる。実際の審査の結論である 66 社に対する勧告において，審査の準拠先が指摘されている場合（例えば本章の検討対象である綿紡績企業 7 社の関する勧告），FEC-230 文書に基づき制定された集排法が挙げられている。

18) ハワード・B・ショーンバーガー，前掲書，第 6 章。

19) 同上書，222-232 頁を参照。またドレイパーの後年の証言によれば，「［ジョンストン］報告書は，議会や行政府を説得するためには財界人［例えば委員長のジョンストンはケミカル・バンクの会長だった］の意見とした方が効果的なので，故意に私の名を落とした。」大蔵省財政史室編『財政史ニュース』特別第 1 号，1972 年，3 頁。

20) "Johnston Report," 26 April 1948, ESS(C)00115, pp. 12-13. また，『朝日経済年史』昭和 23 年版，朝日新聞社，1948 年，218-231 頁のジョンストン報告書の翻訳も参照した。

21) 大蔵省財政史室編，三和良一執筆，前掲書，532 頁。

22) 集排指定 325 社の内，1948 年 9 月までに実際に解除通知を受けていたものは，48 社にすぎず，残余の 277 社に関しては，ESS 反トラスト課が DRB へ審査案件として提出する可能性が残り続けていた。同上書，542 頁の「表 4-3」を参照。

23) 同上書，545 頁。

24) これを裏づけるものとしてさらに指摘できることは，DRB が，66 社の勧告の中で審査の準拠先として実際に 4 原則を挙げているものは，日本曹達の案件だけである。

25) ただし集排法の関連法令である電気事業再編成令による再編成の案件となった，電

力10社も含めれば,再編成の案件は28社となる。
26) TEX, "Conference," 17 April 1947, ESS(E)03666.
27) Welsh to Lunn, "Cotton Textile Reorganization Plan," 28 April 1947, ESS(C)14715.
28) Edward C. McKenzie, "Draft/Cotton Spinning Companies," 10 April 1947, ESS(D)12946.
29) Edward C. McKenzie, ibid., pp. 3-4.
30) 渡辺純子,前掲論文,298頁によれば,東洋紡績に対して1946年8月頃から集排政策に関係するやり取りがGHQと発生していたことが指摘されている。この場合,おそらく東洋紡績とやり取りを交わしたのは,集排政策関係を所管していたESS反トラスト課であったと考えられる。しかし実際には,1947年3月末にウェルシュが課長に赴任するまでのESS反トラスト課は,綿紡績企業への集排政策を真剣に考慮していなかった可能性が高い。
31) Welsh to Lunn, op. cit.
32) Chief, ESS to Minister of Commerce and Industry, "Reorganization of Spinning Companies," 17 July 1947, ESS(H)02222. この文書自体はESS局長マーカット名で商工大臣へ通達されているものの,その草案はESS反トラスト課が作成しており,それゆえに当課の方針であったことが分る。Welsh to S. M. Fine, "Reorganization of Textile Companies," 10 July 1947, ESS(B)00824. なお,この7月17日付の商工大臣宛文書は,これに先立って商工大臣からESS反トラスト課に寄せられた,紡績企業の再編成に関する質問の文書(この文書を著者は確認することができなかった)に回答するためのものであったことが,当該文書で触れられている。また,ウェルシュが商工省繊維局長や紡績企業の経営者との間で,紡績企業の再編成に関する会合を行ったことにも触れている。少なくても綿紡績企業に関してESS反トラスト課は,日本経済に占めるその重要性を認識していたためか,一方的な政策決定を行わずに,できる限り日本側に方針を開示し調整を行いつつ,政策決定を段階的に進めようとしたことを窺い知ることができる。
33) この頃と見られるが,ESS反トラスト課が「紡績十社を一社一工場に分割する」という極端な集排政策を構想しているという話が綿紡績企業経営者の間に出回り,この話は特に大日本紡績,東洋紡績,鐘淵紡績の3大紡にとっては,陳情活動を引き起す契機となったようである(原吉平[当時,大日本紡績の役員で,後に社長。ユニチカ初代会長]の回顧より。「座談会 綿業倶楽部の思い出」日本綿業倶楽部五十年誌編集委員編『日本綿業倶楽部五十年誌』日本綿業倶楽部,1982年,179頁)。上述の7月17日付の商工大臣宛文書で示された原則の(3)が,そのような話の源の1つになったと考えられる。
34) 各社の自主的な再編成計画(第5-1表のA)の文中に,ESS反トラスト課の要請があったことが記されている。
35) 第4-1表のBの各社の再編成計画には垂直統合の分析の節があり,工程間の垂直統合の説明や工場の間での各綿製品の配分比率等が記されている。なお他繊維部門でも一般に同様の垂直統合が存在しているとの記述が見られる。

36) ただし，なぜ水平結合を認めないのかに関する具体的な論拠は，示されていない。
37) 大蔵省財政史室編，三和良一執筆，前掲書，457-466 頁を参照。
38) Tate to Welsh, "Standards of Enterprise Reorganization," 1 July 1947, ESS(C)14714.
39) Welsh to Tate, "Standards of Enterprise Reorganization," 7 July 1947, ESS(C)14714.
40) Tate to Chief, AC, "Reorganization Plan of Toyo Boseki," 22 July 1947, ESS(C)14715.
41) Tate to All Branch Chiefs, "Reorganization Plan – Big Ten Companies," 18 August 1947, ESS(E)03666.
42) 例えば大日本紡績の計画に関しては，一部工場の売却を止めるかその工場の設置機械を他工場へ移動すること，また分割会社間で繊維機械を交換することへ配慮することが ESS 繊維課綿係長イートンにより，テイトへ提案されている。Eaton to Chief, TEX, "Dai Nippon Reorganization Plan," 21 August 1947, ESS(C)14715. また倉敷紡績の計画に関しては，一部の工場の継続使用が提案されている。Eaton to Chief, TEX, "Reorganization Plan-Kurashiki Spinning Co.," 21 August 1947, ESS(C)14715. これは 8 月 21 日に行われた ESS 繊維課綿係と倉敷紡績との会合での会社側の要望を，ほぼそのまま提案したものであった。Cotton Branch, TEX, "Report of Meeting Held 21 August 1947," 22 August 1947, ESS(E)03693.
43) どのような条件が付けられたのかは，資料が見つからず分からなかった。綿係長イートンが繊維課長テイトへ提案した条件が 2 つあり，ESS 繊維課内で綿紡績業を所管した綿係の提案であることから，この 2 つの条件が ESS 反トラスト課へ提示された可能性が高い。すなわち，(1) 資本金や総資産の分割方法への配慮と，分割に関する ESS 財政課 (Finance Division) の同意の取得，(2) 再編成計画の公表と同時に，紡績企業へ，制限会社から外されることとこれ以上の分割がないであろうことが公表されること。Eaton to Chief, TEX, "Reorganization of Big Ten Spinning Companies," 21 August 1947, ESS(E)03666; W. Eaton to Chief, TEX, "Reorganization of Big Ten Spinning Companies," 6 September 1947, ESS(C)14714. ただし，これらの条件がその後の集排政策の推移の中で，ESS 反トラスト課に順守されなかったと見られる。
44) W. Eaton to Chief, TEX, "Reorganization of Big Ten Spinning Companies," ibid.
45) この ESS 内の「雰囲気」に関しては，セオドア・コーヘン，前掲書，(下)，214 頁。
46) 渡辺純子，前掲論文，2002 年，295 頁の「表 8-5」によれば，9 月 12 日に ESS 反トラスト課は東洋紡績へ「5 社分割案 (綿，毛，人絹，絹紡，パルプ)」を「口頭にて内示」とある (第 4-1 表の B にあるように実際には 6 社分割案だったはずであるが，5 社分割と誤って伝わったか，9 月 12 日までに反トラスト課が化繊部門の 2 社分割案を化繊部門 1 会社案へと修正し計 5 社分割案に変更したか，事情は不明である。本章の注 48 を参照)。また例えば ESS 反トラスト課文書にある，大和紡績の 7 月 24 日付の再編成計画の表紙には，手書きで「Company notified 15 Sept 1947」と記されている (ESS(D)12608)。同様に大建産業の 8 月 12 日付の再編成計画の表紙にも「Company notified 12 Sept 1947」と手書き記載が見られる (ESS(D)12551)。以上から，ESS 反トラスト課は，9 月中に 10 大紡各社へ再編成計画の大要を通知したと考えら

れる。

47) 1947年11月17日付「企業再編成計画の概要」(資料97)(総合研究開発機構(NIRA)戦後経済政策資料研究会・岡崎哲二編『経済安定本部戦後経済政策資料/財閥解体・集中排除資料』(4)「過度経済力集中排除関係その他」,日本経済評論社,1998年)。12月3日付「経済力集中排除の具体的基準」(資料91),同上書,にも同様の記述がある。

48) 1947年後半に経済安定本部が,一部の10大紡の再編成に関して,より詳しく取材したと見られる資料も残っている。東洋紡績に関して見てみると,11月25日付「経済力の集中排除に伴う主要事業会社の解体計画の概要」(資料99),同上書,によれば,化繊部門も分けて,5社にするという案(さらに備考欄に「折衝の結果確答は得ないが略[ほぼ]確定のものと思われるので本案により立案準備中」とある)が載っている。また,日付不明ながら同時期と見られる別資料によれば(「不当な経済力の集中排除に伴う主要事業会社の解体計画の概要」(資料98),同上書),化繊部門を分割せずに4社分割案が記されている(備考欄に「略確定」とあり)。東洋紡績の分割に関して,4社,5社,6社と3つの案が1947年後半に存在もしくは伝聞されていたことが分かる。日本側の取材方法の巧拙やESS反トラスト課による詳しい説明の欠如,もしくは別の事情があったのかもしれないが,様々な憶測が飛び交う状態になっていたと見られる。

49) 後年,ウェルシュは集排政策の目的として「日本経済を改革し,国内に競争状態を創出することが,私の関心のすべてであった。こうすることによって,企業の経営効率は向上すると思った」と証言している。『財政史ニュース』特別第16号,1973年,3頁。

50) 繊維部門ごとの分割とは別に,特定の繊維部門をさらにいくつかに分割する構想が,1947年中には存在した。第4-1表のBにあるようにESS反トラスト課は,1947年9月までの時点では,東洋紡績に加え富士紡績,日東紡績でも化繊部門の分割を構想していたが,第4-1表のEにあるように1948年中頃までにはそのような構想は撤回し,繊維ごとの分割を基本路線として再編成を考えるようになっていた。1948年が進むにつれて,集排政策に対する反対の声が内外で高まり,集排政策の推進に熱心だったさすがのESS反トラスト課も,繊維部門ごとの分割だけではなく,その中の特定部門の分割にまで踏み込んだ再編成を構想することは困難になったのであろう。

51) 正式には,「再編成計画の作成に関する意図の簡単な説明書」。持株会社整理委員会,前掲書,190頁。

52) ただし,この7社の内の大建産業と日東紡績は,第5-1表のCから分かるように,繊維総合経営の完全な保持を図ったわけではない。大建産業は,絹織物部門を綿・羊毛部門から切り離す計画を提出しているし,日東紡績も,綿・化繊部門と化繊・絹部門とに分ける形での繊維部門分割の計画を提出している。しかしながら,それぞれに事情があった。大建産業は,1953年,自主的に絹織物部門における生産を打ち切っている。自主的な再編成計画を提出した1948年4月頃には,すでに合理化のため生

産停止を考慮していた部門であったのだろう。社史編集委員会編『呉羽紡績30年』呉羽紡績株式会社，1960年，112-113頁。また日東紡績の場合，自主的な再編成計画では繊維部門を分割することにしていたけれども，この計画の提出の頃に経営陣は，「当社としては此の機会に当社の在り方を再検討し，繊維業一本で行くことに方針決定」した。日東紡績は，事業ポートフォリオに関する経営戦略の最終的な決定が遅れたのである。「回顧参拾年」編集委員会編『回顧参拾年』日東紡績株式会社，1953年，119頁。

53) ジョンストン委員会の来日を契機に，対日占領政策の転換を日本側が認識したことに関しては，次の諸雑誌の記事を参照。「米国対日管理政策の転換」（『東洋経済日報』1948年4月3日），13-14, 18頁。「対日政策の変貌」（『世界週報』第29巻第14号，時事通信社，1948年4月7日），507-510頁（集排政策に関して，「財閥解体の方針そのものには変更はないけれども，経済力集中排除その他の具体的方策については，行過ぎないよう政策の訂正を行うことになるのではないかと思われる」と結論づけている）。「市況全面的に活況―米の対日政策転換を好感」（『エコノミスト』第26年第11号，毎日新聞社，1948年4月21日），24頁（「米国の対日政策が当初のポツダム宣言による懲罰的抑制策から日本復興政策に新展開した」と記述され，転換が明確に認識されている）。GHQと折衝していた日本側官庁・持株会社整理委員会や，それらと接触していた10大紡は，以上のような情勢変化に関する情報を，ジョンストン委員会来日時（1948年3月20日来日，4月2日帰米）頃には認識していた推定される。これは，10大紡の事業ポートフォリオに関する経営戦略の策定に次のような影響を及ぼしたと考えられる。ちょうど同時期に10大紡は，本文で触れたように集排法の規定に従って，1948年3月初めにまず自主的な再編成計画の事前計画（第4-1表のC）を提出し，その30日後の4月初めに自主的な再編成計画の本計画（第4-1表のD）を提出したが，この2つの自主的な再編成計画には相違が見られた。この相違は3月提出の計画よりも4月提出の計画の方が，自主的な再編成の内容を緩めたものとして表れた。この点は，第5章第2節で再検討する。

54) Welsh, "Memo For File," 5 June 1948, ESS(H)02222; AC, "Initial Statement by Chief, ESS/AC Meeting with Textile Companies, 14 June 1948," 14 June 1948, ESS(H)02222.

55) 混紡は，複数の繊維原料（綿花や化繊原料や羊毛等）を調合したものを原料にして糸を紡ぐことであり，交織は，繊維原料を異にする糸を複数使用して織物を製造することを示す。

56) ここまでの引用は，Welsh, "Memo For File," op. cit.

57) ここまでの引用は，AC, "Initial Statement by Chief, ESS/AC Meeting with Textile Companies, 14 June 1948," op. cit.

58) 第4-2表の日本側の「文書4」の特徴として，B群の理由，すなわち企業分割が企業の弱体化を惹起することが一層詳細に説明されたことが挙げられるが，これは，本文で見たように1948年6月4日の会合で繊維総合経営を取っていない敷島紡績，大和紡績，日清紡績が綿部門だけで十分経営できると証言したために，これに反論する

意図が込められていたと考えられる。
59) Welsh, "Reorganization of Big 10 Spinning Companies," 3 August 1948, ESS(H)02221.
60) 「回顧参拾年」編集委員会編，前掲書，119頁。引用文は一部，本章の注52と重なる。
61) P. Cullen to Chief of Division, "Proposed Reorganization Plan for the Dai Nippon Cotton Spinning Company (Dai Nippon Boseki)," 21 July 1947, p. 4, ESS(E)03679.
62) さらに言えば，事業として十分に通用する部門であった可能性もある。ESS反トラスト課は1947年中頃に作成した再編成計画（第4-1表のB）の中で，坂越工場の事業は「その製品に対する需要の点から，独立してやっていけないと信じる理由はない」と判断し，分離を勧告していた。つまり，薬品・食品部門の事業としての将来性を認めている。なおその後，坂越工場は，紆余曲折の末1950年より合繊繊維事業に転換された。ユニチカ社史編集委員会編『ユニチカ百年史』（上），ユニチカ，1991年，214頁。
63) Welsh to Williams, "Memo to Mr. Williams," 27 August 1948, ESS(C)14714. すでに1948年1月には，ESS繊維課はESS局内の会合でESS反トラスト課に対して，「日本が国際的に危険な存在となるのを阻止するに必要な措置のみをとるべきであると主張し」ており，1947年中には同意していた集排政策への懸念を伝えていた。大蔵省財政史室編，三和良一執筆，前掲書，510-511頁。
64) "Operating Procedure re Law No. 207," op. cit.
65) Welsh to Chief, ESS, ""Big Ten" Spinning Companies and Deconcentration Policy," 27 August 1948, ESS(C)14714.
66) 第4-1表のEの各社の再編成計画の指令案草案もしくはその関連文書の末尾に，GHQ関係部署の同意を示す署名欄があるが，ESS繊維課は誰も署名をしていない。
67) 大蔵省財政史室編，三和良一執筆，前掲書，530-537頁。
68) Welsh to Chief, ESS, "Procedure re Law No. 207," 7 March 1949, ESS(D)13010.
69) "The Deconcentration Law and the Textile Industry in Japan," ESS(C)14714. 作成主体・日付の記載はないが，内容・文書形式からESS反トラスト課が作成したと推定される。当該文書は7社別々に用意されたファイル（指令案と関連文書が収められた）に添付されて，DRBへ渡された。大日本紡績はESS(D)12566，東洋紡績はESS(I)01074，倉敷紡績はESS(H)01923，大建産業はESS(D)12544，鐘淵紡績はESS(H)01788，富士紡績はESS(D)12628，日東紡績はESS(A)12663に所収。（これらは，DRBへ提出された上記のファイルの一部を収めている。）
70) この「基準」（持株会社整理委員会，前掲書，226-240頁）は形式的には持株会社整理委員会が1948年2月8日付で発表した公示であるが，その草案は，1948年2月4日付でESSから陸軍省に報告されている。大蔵省財政史室編，三和良一執筆，前掲書，513頁。また内容の一部は，例えば1947年9月にESS繊維課へ送っている集排政策の一般方針（AC, "Policy and Standards for Elimination of Economic Concentration," 18 September 1947, ESS(E)03607）の一部とよく似ており，この「基準」は実質的に，

ESS 反トラスト課が主導して作成したものと考えられる。
71) さらに「第三 再編成の基準」では，12 の基準を提示し，一旦指定された場合にどのように再編成するかが規定されていた。持株会社整理委員会, 前掲書, 228-240 頁。
72) ただし，この「98%」の根拠は示されていない。
73) 持株会社整理委員会が公示した「過度経済力集中排除法に基く手続規則」の第 16 条に基づき，5 つの適用基準に関して「過度の経済力の集中の状態を記載した説明書」を指定のあった日から 30 日以内に持株会社整理委員会に提出しなければならなかった。前述の事前計画と同時に，提出された。持株会社整理委員会，前掲書，190 頁。実際には，10 大紡が過度集中の状態にないことを主張する反論書になった。これら反論書は，大日本紡績は ESS(D)12607，東洋紡績は ESS(I)01068，大和紡績は ESS(D)12607，倉敷紡績は ESS(H)01929，大建産業は ESS(D)12549，富士紡績は ESS(D)12632，鐘淵紡績は ESS(H)01082，日清紡績は ESS(A)12644，日東紡績は ESS(A)12672 に所収。
74) 上注の通り，ESS 反トラスト課文書中に所蔵されており，英文である。
75) このため，DRB は当時「5 人委員会」とも言われた。委員の経歴に関しては，次を参照。CDCAD to SCAP, W98275, 25 March 1948, ESS(D)12983; ESS, "Radio W-98725, Attached," ibid.; "Byron D. Woodside," ESS(D)12984; Hutchinson to Marquat, 29 April 1949, ESS(E)13593; CSCSD to SCAP, W96052, 18 February 1948, AG(D)01100; 大蔵省財政史室編，三和良一執筆，前掲書，570 頁。
76) DRB はもともとマッカーサーによって米国政府に派遣要請が行われ (SCAP to DA, Z-36542, 26 January 1948, ESS(D)12994)，それに応じる形でドレイパーが委員を選抜した。マッカーサーはその中で，委員として，経営と工業技術の専門家および司法省・証券取引委員会出身の専門家を要請し，さらに米国における「実業界もしくは政府を代表した人物である」(Both business and government should be represented on the board.) (Ibid., p. 5) ことや，日本に利害を有する企業と無関係であることを条件にして選抜するように依頼しており，日本経済に精通した実業家もしくは研究者等の選抜は，そもそも困難であった。
77) Robinson to Chief, ESS, 14 August 1948, ESS(E)13588. これに呼応してマーカットは，同 14 日付で ESS 反トラスト課に，繊維関連の集中排除案件を DRB へ提出することに全力を挙げるように指示を出している。Marquat to Acting Chief, AC, "Case for Review by Deconcentration Review Board," 14 August 1948, ESS (B) 13588. なお DRB は 10 大紡の代表と会合を持ったりその工場を視察したりしていたが (DRB の勧告 [第 4-2 表の「勧告」] 内にその旨の記載がある)，1948 年 12 月以降の DRB の動向が分る活動日誌 ("Deconcentration Review Board Log Book," MacArthur Papers, MMA-3, No. 17，以下，"Log" と略称する。なお以下で "Log" を出典として使用する場合，頁数は特に記さない。事象の発生した日付のある頁を参照のこと) にはそのような記載がないことから，12 月以前の時期に集中的に行っていたと見られる。例えば東洋紡績の社史によれば，DRB は，来日した 1948 年 5 月に早くも東洋紡績側と会合を持ち，富

田工場等の視察を行っていたという (東洋紡績株式会社社史編集室『百年史』上巻, 東洋紡績, 1986 年, 391 頁)。また, 1948 年 11 月にも東洋紡やその他の 10 大紡代表と会合等を持っている (渡辺純子, 前掲論文, 2002 年「表 8-5」を参照)。

78) 受理自体は迅速に行われた。例えば, 東洋紡績の指令案と付属文書一式は 11 月 27 日中に正式に受理している。DRB to AC, "Toyo Boseki K. K.," 1 December 1948, ESS(D)13070. 本章の注 69 も参照。

79) "Log." ただし 1949 年 2 月 4 日ではなく 2 月 17 日の項の記載を参照。

80) "Johnston Report," 26 April 1948, ESS(C)00115, p. 16.

81) "Johnston Report," ibid. p. 21.

82) 日本紡績協会調査部「日本をめぐる英米綿工業者のその後の動き」(『日本紡績月報』第 37 号, 日本紡績協会, 1950 年 3 月)。

83) "Appendix to the Minutes of the 138th meeting of Committee No. 2: Economic and Financial Affairs held on 19 January 1949," FEC(B)0840, p14.

84) なお国際世論を詳しく知ったと考えられるハッチンソンは, 綿紡績企業 7 社の審査が行われた 1949 年 2 月, まだ米国出張中で日本に不在であった。

85) "Minutes" (これは DRB の公式会合の議事録である。"Log" と同様に頁数は示さない。日付を参照のこと), MacArthur Papers, MMA-3, No. 17. 勧告は綿紡績企業 7 社を一括して審査したもので, 16 頁にわたる文書であった。DRB, "Recommendations of ESS/AC with reference to Seven of the "Big Ten" Spinning Companies," 24 February 1949, MacArthur Papers, MMA-3, No. 17. なお DRB の勧告はまず ESS 局長マーカットに渡されて, そこからマッカーサーへ送られることになっていたが, ESS 局長室の保管していた集排関連文書を集めたファイル (ESS(E)13587-13596 所収) から, 次のことが確認できる。この綿紡績企業 7 社の勧告内容を要約した文書が GHQ 参謀長 (おそらくは, 参謀長を通じてマッカーサー) へ送られ (Marquat, "Brief of Recommendations of the Deconcentration Review Board with Respect to Proposed Orders for the Reorganization of 7 of the "Big Ten" Spinning Companies," 1 March 1949, ESS(E)13587), 承認されていた (Chief in Staff, 5 May 1949, ESS(E)13587)。GHQ 上層部へこういった個別企業の勧告に関する特別のメモ類がマーカットから送られたのは, 他には日本製鉄の事案 (Marquat to MacArthur, 17 November 1948, ESS(E)13588. このメモには,「(日本製鉄の) 再編成は生産に影響を与えないようにして達成される予定です」と記されている) 以外, 少なくとも当該ファイル内には見当たらない。極東委員会でも取り上げられるほどの綿紡績企業 7 社の案件に関しては, 特別の関心が GHQ 上層部に存在していたのであろう。

86) DRB へ渡すための添書きの中で ESS 反トラスト課長ウェルシュは, この持株会社整理委員会の見解書について, その結論は「価値がない」が,「戦時期の合併や生産を制限するための謀議等」を詳細に示しており, 記載された諸事実は有益だ, と述べている。ウェルシュの集排政策推進の「執念」を読み取ることができる。Welsh to DRB, "HCLC's Analysis of the Cotton Spinning Companies in Relation to Designation

under Law 207," 2 February 1949, ESS (D) 013022.
87) "Log." なお会合では他に，GHQ の生産設備制限，財閥との関係や繊維製品の 6 割が輸出向けであること等が議論された．
88) "Log."
89) "Log."
90) 三和良一は，持株会社整理委員会が DRB へ大建産業分割の見解を伝えたとするが（大蔵省財政史室編，三和良一執筆，前掲書，549 頁），三和が示した論拠にはそのような記述はない（竹前栄治・中村隆英監修，細谷正宏解説・訳，前掲書，の原典である GHQ, "History of the Nonmilitary Activities of the Occupation of Japan 1945 through December 1950, Deconcentration of Economic Power," の p. 70 を指定しているが，同資料を通して筆者は該当する記載を発見できなかった）．また著者が調査した限りでは，持株会社整理委員会が大建産業の分割を DRB へ勧めた論拠となる資料を発見することはできず，むしろ分割に反対していた（第 4-2 表の「文書 10」）．ただし持株会社整理委員会は DRB の勧告の後，大建産業が要望していた 4 社分割案に理解を示し，大建産業と協議し要望に沿って，その分割（呉羽紡績，丸紅，伊藤忠，尼崎製釘）の実現のための手続きを進めた（野田岩次郎，前掲書，84 頁）．
91) Managing Director, Daiken to HCLC, "Petition for early Segregation of the Trading Section, Daiken Co., Ltd.," 24 May 1948, ESS(D)12546. 持株会社整理委員会宛だが英語で作成されており，DRB などへの転送を希望して持株会社整理委員会へ提出されたのであろう．
92) President, Mitsubishi Chemical Industries to DRB, 20 March 1949, ESS(F)06540.
93) なお DRB は勧告の中で大建産業に関して，「委員会に提出された情報は，貿易部門を 2 つの企業へ分割することが適切かどうかについて決定するに足る基礎を提供していない．その上，製釘部門を分離企業として設立することは，当該法規の目的から見て本質的なことなのかどうかは明白ではない．繊維部門と貿易部門を独立企業として設立すれば，法律第 207 号［集排法］の要求を満たすのに十分であると思われる．この目的を達成し，またその他の点で経済的に実現可能であり，当該企業と持株会社整理委員会の最良の判断に合致しているいかなる計画も満足すべきものであるだろう．」(p. 15)（傍点は引用者）と述べ，大建産業の要望する 4 分割案を一応否定してみせたものの，傍点部に見られるように，勧告を大枠として，その内側での日本側による実際の再編成計画における修正は是認していた．この規定が結局，その後の執行過程で持株会社整理委員会が大建産業の主張を入れて 4 社分割の手続きを進める際の，GHQ との折衝での間接的な支援要因となったのであろう．
94) Thomas. Bisson, Zaibatsu Dissolution in Japan, University of California Press, 1954, p. 20. なお著者のビッソンは，GHQ 民政局に 1946 年 3 月から 1947 年 5 月まで勤務し，憲法制定やパージ，財閥解体等に関わった．トーマス・A・ビッソン，中村正則・三浦陽一共訳『ビッソン日本占領回想記』三省堂，1983 年を参照．またウェルシュも，三井物産と三菱商事の解散指令を出した理由の 1 つとして，「この 2 社は戦前，軍の

手先として働らき［ママ］，植民地で支配的な役割を果していたと，他の人々は言っていた」と後年，証言している。大蔵省財政史室編『財政史ニュース』特別第23号，1974年，12-13頁。これらから判断するに，GHQ内の一部には，商事会社の利益を伸ばしたり規模を大きくしたままにしたりすることは，民主化と非軍事化の観点から見てあまり好ましいことではないとする雰囲気があったと考えられる。これがDRBの見解へ影響を与えたのかもしれない。

95) また三和良一は，大建産業が1947年の三井物産・三菱商事解体後に，「商事会社で第1位の企業」でもあった点をDRBが考慮した可能性に触れている（大蔵省財政史室編，三和良一執筆，前掲書，549頁）。

〈第5章〉

1) 本文以下，次を参照。大蔵省財政史室編，伊牟田敏充・伊藤修・原司郎・宮崎正康・柴田善雅執筆『昭和財政史―終戦から講和まで』第13巻「金融(2)，企業財務，見返資金」，東洋経済新報社，1983年；竹前栄治・中村隆英監修，岡崎哲二解説・訳『GHQ日本占領史』第40巻「企業の財務的再編成」，日本図書センター，1999年；田和安夫編，前掲書，1962年，50-52頁。

2) 集排指定企業であった10大紡は，集排法の決定指令・指定解除が通知されない限り，整備計画を提出できなかった。第4章の注7を参照。実際，10大紡は決定指令・指定解除の通知を受けた後に，1949年中に整備計画の認可を受けた。田和安夫，同上書，1962年，51頁。

3) 同時に，新旧勘定の合併の際に問題となる各種損失や諸利益，会社情報等の資料の提出も求められた。

4) ただし，事業計画明細書の中枢を占める生産計画書は通常，大部な計画の作成は必要なく，実際10大紡は用紙1，2枚に収まる程度のものを提出している。生産計画書の内容は，整備計画立案前1カ年の生産能力と生産実績，および整備計画提出後1年間の生産能力と，1年間を四半期に分けて製品ごとに数量と金額を記載したものである。また英文書式のものも各企業によって用意され，GHQへ提出されていた。本章の検討では，日本紡績協会所蔵資料中の10大紡の整備計画（日本語）と，GHQ提出分の両方を比較しつつ用いた。

5) 例えば次を参照。大滝精一・金井一頼・山田英夫・岩田智『経営戦略［新版］―論理性・創造性・社会性の追求』有斐閣，1997年，特に第3章；デビッド・J・コリス，シンシア・A・モンゴメリー著，根来龍一・蛭田啓・久保亮一訳『資源ベースの経営戦略論』東洋経済新報社，2004年［原著1998年］，特に第4章。当然ながら，占領復興期の綿紡績企業の経営者は上記のような経営戦略の概念・策定方法をまだ認識していなかった。経営戦略は1960年代に米国で形成された概念であり，それ以降，経営戦略論は経営学の一分野として発展を示し，日本へ本格的に導入されたのも1960年代以降であったからである。例えば次を参照。森川英正「戦略と組織」（経営史学会編『経営史の二十年―回顧と展望』東京大学出版会，1985年）；石井淳蔵・奥村

昭博・加護野忠男・野中郁次郎『経営戦略論［新版］』有斐閣，1996年，2-3頁。

6) したがって，資金調達の方法，資金調達先（株主や金融機関等）と設備投資・利益金処分との連関や，また繊維製品の販売戦略などに関する分析は行わなかった。10大紡の資金調達や企業財務などに関する経営戦略の先行研究として，1950年代以降に分析対象は限られるが，次を参照。白鳥圭志「高度成長期における大日本紡績の財務政策―1950年代から60年代前半における企業統治と資金政策」（一橋大学21世紀COEプログラム「知識・企業・イノベーションのダイナミクス」ワーキング・ペーパーNo. 18），2006年；渡辺純子「日本の紡績企業の企業金融」『経済論叢』第180巻第1号，2007年。

7) 米川伸一，前掲論文。本文下記の引用は，56頁。

8) 渡辺純子，前掲書，第3章。「契機」「本業回帰」は178頁。

9) 戦時統制の進展に関しては，例えば，次を参照。原朗「戦時統制」（中村隆英編『日本経済史』第7巻「『計画化』と『民主化』」岩波書店，1989年）。

10) 戦時期の綿紡績企業の動向に関しては，前掲の日本紡績同業会（途中より日本紡績協会）編「戦中戦後日本紡績事情」（一）～（十六）を主に参照した。以下，特に注として断らない場合がある。またこの時期に関する先行研究として，渡辺純子，前掲書，第1章，第2章も参照。

11) 絹紡・絹織物工業には明治時代からすでに富士紡績や鐘淵紡績などが直接参入していた。また後の10大紡として最初に，化繊工業へ東洋紡績が1927年より直接参入し（関係会社に参入させた例は，大日本紡績や倉敷紡績などにより大正時代からあった），羊毛工業へは大日本紡績が1933年に直接参入したと見られる。10大紡各社社史の他に，飯島幡司『日本紡績史』創元社，1949年，242-248頁を参照。

12) フル・ライン戦略は，特定の事業分野における製品ラインの大半もしくは全てを1社で展開する戦略を意味する。石井淳蔵・奥村昭博・加護野忠男・野中郁次郎，前掲書，26-28頁。

13) 『綿糸紡績事情参考書』昭和15年上半期版，大日本紡績連合会，1940年。

14) 前掲「戦中戦後日本紡績事情」（三）の31-32, 35頁の表より合算。また紡連加盟77社の中には，集約が進む過程で，織田紡績のように紡連より脱会した企業（大阪毎日新聞1941年2月9日付。神戸大学付属図書館新聞記事文庫データベース［http://www.lib.kobe-u.ac.jp/sinbun/index］所収。その後棉花供給が受けられず，事実上休業状態となったと見られるが詳細は不明）や，紡機を他企業へ売却しても織物専業企業等として存続した企業もあったと見られる。

15) 企業グループに関しては次を参照。下谷政弘『日本の系列と企業グループ』有斐閣，1993年。また東洋紡績に事例は限られるが，坂本悠一「戦時体制下の紡績資本―東洋紡績の多角化とグループ展開」（下谷政弘編『戦時経済と日本企業』昭和堂，1990年）。

16) 高村直助，前掲論文，225頁の表を参照。

17) 山崎広明「戦時下の産業構造と独占組織」（『ファシズム期の国家と社会』2「戦時

日本経済」，東京大学出版会，1979年）；高村直助，前掲論文；渡辺純子，前掲書。
18) 山崎広明，前掲論文；高村直助，前掲論文；高村直助『近代日本綿業と中国』東京大学出版会，1982年，第8章，第9章。
19) 本章の本文や表で使用している10大紡の企業活動に関係したGHQ文書は，次のようなものである。①ESS反トラスト課文書に収められている資料。これは，主に2つの系統の指令に基づいていた。1つは，10大紡が1946年6月までに制限会社に指定されたために，ESS反トラスト課へ提出する必要が生じた資料である。提出すべき資料は，1945年10月22日付のSCAPIN-177などによって規定されていた。またもう1つは，10大紡が集排指定企業になったために，集排法に基づき提出が義務付けられた資料である。②ESS計画・統計課文書に収められている資料（RG331文書中のBox No. 7695-8393）。ESS調査・統計課（後に計画・統計課へ改称）が企業へ資料提供を命じた諸指令に対応して，10大紡がESS調査・統計課へ提出した資料。③ESS繊維課文書に収められている資料。ESS繊維課へ陳情や情報提供のために10大紡など日本側が提出した資料。
20) 東洋紡績よりは精度の高い推定値と考えられる粗利益（表注を参照）で，化繊部門においてマイナス計上が発生している。在庫調整がされているか不明のため参考値でしかないが，粗利益が相当に低かったことが伺え，化繊からの撤退は企業整備が主因と見られるが，低収益性もその背景にあったであろう。なお，大和紡績は占領復興期前半期には化繊部門への再進出をしていないが，社史によれば「また，いずれかの機会に再び化繊部門の復活を果たすことを夢みて，石見人絹工場［1943年の操業停止年の生産能力は，人絹日産27.5 t，スフ日産36.25 t，スフ紡機2万2,346錘］は建物設備の保全に意を用い，ついに終戦まで休止工場のままで手放さなかった。戦後［昭和］26年にいたり，スフ工場の復元はこの石見人絹工場で行われたのである」（『大和紡績30年史』，240-241頁。引用内の引用者説明部分は240頁参照）とあり，主な生産設備は供出されたにしても，工場自体は保全に務めていたことが分る。占領復興期の経営陣は同工場を残し続けることで，繊維総合経営の再展開の選択肢を念頭に置いていたと見られる。
21) 1945年下期の数値は敗戦時を含むが，政府は敗戦後，後の高インフレの主原因の1つとされる軍需品の支払いを急速に進め，それまで前受金しか受けていなかった納入分の未払金の支払いが実施されたために（大蔵省財政史室編，中村隆英執筆『昭和財政史―終戦から講和まで』第12巻「金融（1）」，東洋経済新報社，1976年，27頁），当期の納品以上の売上高が急に発生したと見られる。
22) 第5-3表の作成のために主に，ESS反トラスト課に10大紡が提出した1935年以降の1945年までの貸借対照表や損益計算表を使用した。ただしこのESS反トラスト課提出分の資料は10大紡が1935年から1945年頃までに公表していた営業報告書の内容と，ほとんど変わらない。またGHQ文書中に一部欠落している部分があったため，営業報告書や社史記載の数値から採用した場合もある。
23) 『ユニチカ百年史』（上），185-186頁。

24）同上書, 181 頁。
25）1946 年前半期までに, 10 大紡各社が各繊維部門に立てた「再建計画」(10 大紡全社が系統立てた計画を有していたかは不明) の概要に関しては, 次を参照 (社史によってはその記述が散在している場合もある)。大日本紡績は『ユニチカ百年史』(上), 184-186 頁。東洋紡績は『百年史 - 東洋紡績』(上), 391-392 頁。敷島紡績は,『敷島紡績七十五年史』, 87-90 頁。大和紡績は『大和紡績 30 年史』, 281-284 頁。倉敷紡績は『倉敷紡績百年史』, 250-251 頁。大建産業は『呉羽紡績 30 年』107-108, 115 頁。鐘淵紡績は『鐘紡百年史』, 433-434 頁。富士紡績は『富士紡績百年史』(下), 40-48 頁。日清紡績は『日清紡績六十年史』, 640-657 頁。日東紡績は『回顧参拾年』, 114-128 頁。多くの再建計画が, 現存設備の復元を企図したものであった。また, 1946 年中頃から後半期には, 10 大紡は日本政府・ESS へ生産設備の復元資金借入の許可申請を行うことから (第 2 章で先述した繊維工業ごとに策定された 3 ヶ年計画も資金計画を含んでいた), その前提として再建計画が作られたと考えることができる。
26）制限会社は SCAPIN-177 の Section 5 の条項に従い, 所有する土地・工場・所有設備等の情報を GHQ へ提出する義務を負っていた。第 5-5 表ではこの資料を使用している。ただし, 上記 SCAPIN-177 は必要情報を詳細に規定していなかったこともあり, 日清紡績と日東紡績に関しては不明確な部分があったので (所有設備が戦前の数値であったり, 所有生産設備をどの工場に置いているのかが不明確であった), 一部, 社史を参照した。
27）制限会社の規制に関しては, 次を参照。大蔵省財政史室編, 三和良一執筆, 前掲書, 181-190 頁。本文以下で, 制限会社に関する記述も, これを参照。
28）上記した再建計画に関する各社社史の記述を参照。
29）ただし 10 大紡によって相違があったと見られるが, 最終的に必ずしも全ての株式が処分された訳ではなく, 例えば, 東洋紡績の場合では 115 社分 338 万株の内, 15 社分 96 万株が返還され (『百年史 - 東洋紡』(上), 338-339 頁), 富士紡績の場合,「子会社の全株式」を持株会社整理委員会に提出したが,「当社の子会社については問題ないものとして, のちに返還された」(『富士紡績百年史』下巻, 32 頁) とある。
30）第 5-7 表によると, 1950 年代末頃から 1960 年代前半にかけても 10 大紡では役員の大量の入れ替わりがあったことが分る。偶然重なったのかもしれないが, 綿工業の斜陽化が明確になった時期であったことから, 抜本的な経営戦略の転換が模索されて経営陣の刷新が必要とされたのも一因であろう。
31）敷島紡績のみ, 1955 年まで上位者に役員や役員の関連企業が入っているが, これは敷島紡績が前身の福島紡績時代から 1945 年頃まで, 野村合名を筆頭株主にして, 野村徳七 (1911 年から 1938 年までの役員) や野村生命, 野村銀行を上位株主にしていたことを背景に, 1955 年まで野村生命や野村証券が上位株主に入っていること, また福島紡績時代から 1943 年まで社長を務めた八代祐太郎やその長男の八代栄三 (『人事興信録』第 14 版, 人事興信所, 1943 年。また 1946 年から 1949 年まで取締役,

以後1967年まで監査役。『敷島紡績七十五年史』，巻末資料）が上位株主にいたためである。ただし，1950年，1955年の段階で野村系企業，八代家ともに分る範囲で各2%以下の比率でしか株式を有しておらず，大きな影響力を振うことはなかったと思われる。

32) 当該時期の株主の特徴については，次を参照。奥村宏『最新版　法人資本主義の構造』（岩波現代文庫），岩波書店，2005年，第1編第2章・第3章。

33) 日清紡績は第5-9表B欄によれば漂白染色部門が高率を占めているが，事実上綿製品の仕上加工であろう。

34) 日本繊維産業史刊行委員会編『日本繊維産業史-各論編』繊維年鑑刊行会，1958年，312頁。

35) 『繊維年鑑』昭和23年版，28-30頁。

36) 「当社も一時，綿紡織，羊毛工業，玉島機械，北越機械の四分割案を構想するところまできた。」『倉敷紡績百年史』，276頁。

37) 本文で先述したように，富士紡績は1948年3月の段階で繊維総合経営の分割案を提出しなかったものの，社史によれば，「当社も当然ながら綿紡，スフ紡，スフ製造，絹紡の総合経営が必要だが，やむを得ない場合は綿関連とスフ・絹紡の二部門に分割するほかない，と考えていた」（『富士紡績百年史』下巻，33頁）。これを裏付けることとして，持株会社整理委員会の委員であった脇村義太郎によれば，「当時紡績内部でも弱気があった」とし，例えば富士紡績社長の堀文平は，企業分割に「必ずしも反対論者でなかった」と証言している。「座談会　日本の繊維産業」（『世界』岩波書店，1963年5月号），212頁。

38) 田和安夫編，前掲書，1948年，226-228頁に比較上の数値や順位は異なるものの，第5-10表と同様の表が記載されており，各繊維部門が単体で経営できないこともないという事実は，業界では知られた事実であったと考えられる（もっとも同上書での掲載意図は，集中排除反対の根拠として，各産業内での7社の集中度の低さを主張するためであった）。ただし第4章でも見たように，実際に10大紡の繊維総合経営の解体が行われる場合，少なくとも短期的には解体で生まれた企業に混乱が生じ，ESS繊維課が危惧したように生産活動を停滞させる可能性があった。

39) 部門ごとの実際の売上高や収益を示すものではないが，1950年頃までは統制経済によって繊維製品の大半は配給・価格統制を受けていたので，比率の点で，売上額や収益が生産額の傾向から大きく乖離することはないと考えられる。

40) 日清紡績だけは，ブレーキや製紙，樹脂部門を保有し続けた。第1章の注70で触れたが，日清紡績は，GHQ文書からESS繊維課員の「接待」を行っていたことを確認できた唯一の10大紡企業である。日清紡績はそういった独自のルートを頼りにして，非繊維部門の所有を決定したのかもしれない（ただしESS繊維課が日清紡績に何らかの保証をしたかは不明である）。

41) ESS反トラスト課は，10大紡の制限会社令に基づく申請全てに許可を与えたわけではなかった。例えば，日東紡績の設備投資の申請26件の内の5件には，不認可を

出している。『回顧参拾年』，116-118頁の一覧表。ただし，申請を最初に受理しESS反トラスト課へ取り次いだ大蔵省によって，不認可が決められた可能性もある。

42) 各社社史を参照。また各社社史に，これらの企業の分離に関して，企業合理化を要因とする記載はない。むしろESS反トラスト課やDRBなどの意向を考慮している記述が，見られる場合がある。例えば鐘淵紡績は，1948年4月初めまでに「当局に対して指定解除の陳情に奔走し，繊維は1本にまとめ，異業種だけを分割する線に緩和された」という（傍点は引用者。緩和の指令を受けたと読み取れる）。『鐘紡百年史』，460頁。ESS反トラスト課は最後まで鐘淵紡績の繊維総合経営の分割を主張したし，DRBは来日前だったから，この記述はESS繊維課や持株会社整理委員会による，ESS反トラスト課から情状酌量を引き出すための助言があったこと（なおESS繊維課は第4章で見たように非繊維部門の分離には賛成していた）を，指しているのかもしれない。また大日本紡績が坂越工場を坂越産業として分離した原因は，「従業員」の要望に基づいたという。『ニチボー75年史』，344頁。しかし当時は占領復興期当初とは異なり，労働運動における生産管理闘争は下火になっていたし，またその後坂越工場として再吸収しているので経営合理化とも考えにくい。なお大建産業において製釘部門（尼崎製釘所，現在も社名をアマテイと変えて存続）分離の要因は，社史などからも不明である。

43) 大日本紡績は1949年までは亜炭を採掘していた。『ユニチカ百年史』（上），189頁。大和紡績は1948年に炭鉱を閉鎖している。『大和紡績30年史』，319頁。日東紡績は，亜炭鉱を1950年までに分離して別会社の日東鉱山に管理させるようになった。『回顧参拾年』，巻末の「縁故会社現況一覧」。

44) 原吉平「日本の紡績とその将来」（『インヴェストメント』第2巻第7号，大阪証券業協会，1949年7月，11-14頁）。引用個所は14頁。1949年6月13日の講演要旨である。

45) 「座談会　繊維製品の輸出はまだ伸びる」（『東洋経済新報』第2379号，1949年7月2日号，10-14頁）。引用個所は10頁。

46) 武藤絲治「繊維工業とその将来」（『証券タイムス』4巻10号，証券タイムス社，1949年10月，13-14頁）。引用個所は13頁。原吉平や武藤絲治のマスコミでの発言には株価対策の側面があったかもしれないので，そのまま発言内容を信じる訳にはいかない。ただ国内外における衣料品不足は当時の懸案であったから，この2人の他の10大紡の多くの経営者も所得水準の向上やドル不足の解消，貿易条約の締結などが生じれば綿製品の需要増大が期待できると考えていたであろう。

47) 各社社史を参照。

48) 田和安夫編，前掲書，1962年，164-167頁。

49) 同上書，59-63頁。

50) 同上書，67-79頁。167-171頁。

51) 表示が1947年2月になったのは，GHQ文書に残されていた10大紡各社の資料で，最も古くて共時的に揃っていたのがその年月だったためである。1955年においても

2月で揃えた。

52)『綿糸紡績事情参考書』各期より算出。なお1955年上半期段階で，東洋紡績，鐘淵紡績，富士紡績，日清紡績は少量ながら120番手以上の細糸も生産している。また10大紡以外の紡績企業（新紡，新々紡）の大半は60番手以下しか生産しておらず，20番手のみに特化している企業すらあった。同上書，昭和30年上半期，125-131頁。生産番手から見ただけでも10大紡は，1錘当りの設備投資が高かったことを窺い知ることができる。この点は，下注を参照。

53) 技術・労務管理の面から見た効率的な適正規模は番手ごとに異なり，1950年の段階で，10番手で2万5千錘，20番手で4万錘，30番手で5万錘，40番手で6万錘，そして60番手で8万錘とされた。ただし兼営織布部門がある場合，設備・人員の減少が可能のために，10番手で1万5千錘，20番手で2万錘，30番手で2万5千錘，40番手で3万錘，そして60番手で3万7千錘とされ，錘数はより少なくてよいとされた。また製造費の面から見た効率的な適正規模は10番手で3万錘以上，20番手で4万錘以上，30番手で5万錘以上，40番手でも5万錘以上とされた。いずれにせよ高番手化につれて，追加の設備投資が必要とされていたことが分かる。「四百万錘設備制限撤廃に伴う増錘の見透し［ママ］とその諸対策—参考資料第五：綿紡績工場の適正規模」（『日本紡績月報』1950年8月号），13-15頁。この文書は通産省企業合理化委員会へ提出するために，日本紡績協会が綿紡績企業の役員を主査にした小委員会の検討結果を取りまとめたものであり，上記の数値は綿紡績企業内部の経営上の知見を反映したものであったと考えられる。

54) 有沢広巳編，前掲書，126-130頁；『日本綿業講座』日本銀行調査局，1956年，76-83頁。綿紡績業に関して言えば，単一工程式混打綿機や高速コーマーなどの新技術の導入により労働節約化，高速化が企図された。占領復興期にこれら機械は国産化が進んでおらず，輸入された。有沢広巳編，前掲書，128頁。

55)『呉羽紡績30年』，138頁。

56) 第5-12表では1955年上期に綿部門で11工場が計上されているが，これは絹紡績と絹・人絹織物を主に生産していた岐阜・山﨑工場に50台ずつ綿織物用の織機が置かれたためである。効率的な措置ではないが詳細は不明。他の綿織機があった8工場では，綿紡機があって綿糸を同じ工場内で生産していた上に約700台から1500台の織機が設置されていたから，事実上9工場体制に変わりはないであろう。

57)『ユニチカ百年史』上，214頁。実際には1946年に合成繊維製造を目的に設立された合成一号公社（1949年に日本ビニロン株式会社と改称）へ1949年から出資を行っている。大日本紡績はこの日本ビニロンを1950年に吸収合併して，直接的に進出した。同上書，216頁。

58) 1955年上期当時，大日本紡績の貸借対照表の固定資産における建物・機械等の合計額は約102億円であった。1950年頃より，毎期数億円以上の規模で建物・機械等の合計額は増大している。これらの数値の比較から，ビニロンに対する投資額の僅少性を窺い知ることができる。『本邦事業成績分析』各期，三菱経済研究所。

59)『百年史-東洋紡』(下),62-63頁。また,次も参照。平野恭平「戦後の日本企業の技術選択と技術発展 ── 東洋紡績の合成繊維への進出を中心にして」(『経営史学』第42巻第3号,2007年12月)。
60)『敷島紡績七十五年史』,138頁。
61) ただし敷島紡績は,特殊綿織物製造と染色整理(主に帆布生産用の漂白設備等),カタン糸の綿関連事業を扱っていた3工場を,1953年に役員兼任の2つの子会社として分離している。その理由を「量産本位の大企業生産には適当な製品ではなかった」としている。同上書,121頁。引用も同様の頁。新たな企業グループの形成が始まったとも解釈できよう。
62) ただしスフ生産への再度の参入に関する経営判断は,すでに占領復興期前半期の1947年には立てられており,当初は子会社の形での参入が図られていた。『大和紡績30年史』,348-353頁。
63)『有価証券報告書』1955年上期版の「新規事業計画」より。
64)『有価証券報告書』昭和28年上期版,10頁。
65) 第5-12表にあるように1955年6月末に一時15工場となったが,これは絹関連製品を生産していた丸子工場が,綿織機を137台有していると日本紡績協会へ報告されたためである。しかし同年末までに丸子工場のその綿織機は撤去されたと見られ,再び14工場体制に戻っている。『綿糸紡績事情参考書』昭和30年上半期・下半期。
66)『鐘紡百年史』,638-639頁。
67)『日清紡績六十年史』,712頁。
68)『日清紡績六十年史』,654-657頁。
69)『回顧参拾年』,64頁。
70) 東洋レーヨンは,化繊工業に対する生産設備管理政策が撤廃された1950年以降,よく知られている合繊への巨額の投資だけではなく,人絹,スフ,タイヤコードなどの従来の化繊部門にも大幅な設備投資を行っている。次を参照。藤井光男,前掲書,第1編;鈴木恒夫「合成繊維」(米川伸一・下川浩一・山﨑広明編『戦後日本経営史』第1巻,東洋経済新報社,1991年)。
71) ただし他繊維との混紡交織製品の数値を完全に差し引きできていないので,推定値ということになる。
72) 第2次勧告操短の通牒(1955年4月19日付)を参照。通商産業省編,内田星美執筆,前掲書,350頁。また,過剰生産は過剰設備に基づくと,繊維工業設備臨時措置法を議論した繊維産業総合対策審議会では,認識されていた。「過剰設備の処理に関する答申案要旨について」(1955年12月7日付),同上書,361頁。
73) 引用は,前掲の『日本綿業講座』(1956年1月)の「序」(日本銀行調査局長の関根太郎執筆)。
74) 例えば1955年頃の通産省は,次のように考えていた。「化学繊維および合成繊維の育成は,構造的な外貨不足に悩むわが国にとって,自給度向上を図るための政策の一環として,今後の繊維行政の中核としてとりあげられ……[引用者省略]……今後

化学繊維および合成繊維の消費は……［引用者省略］……伸張し，天然繊維製品との代替が逐次行われることとなろう。」通商産業省繊維局綿業課編『日本綿業の現状と問題点』1955 年 10 月，33 頁。この資料は，「綿業に関係する国際問題の処理に当られる在外公館の参考資料として作成」されたものであり，通産省の公式見解を示したと考えられる。同上資料，「はしがき」。

75) 通商産業省編，内田星美執筆，前掲書，312-327 頁。
76) ただし，勧告操短の政策形成過程の詳細は明らかではない。戦前のように業界団体が主導する操短は，独占禁止法違反となるために，通産省による勧告操短が実施された。しかし，このこと自体も合法行為か否かをめぐって，通産省と公正取引委員会の間で議論があったことが，影響しているのかもしれない。御園生等『日本の独占禁止政策と産業組織』河出書房新社，1987 年，58-61 頁。
77) 例えば，綿紡績企業の役員 14 人（10 大紡からは東洋紡績，大日本紡績，倉敷紡績，鐘淵紡績，日東紡績）からなる特別委員会が，日本紡績協会内に設けられ，そこでの綿紡績設備に関する議論の結論が，1955 年 11 月 10 日に繊維産業総合対策審議会で報告されている。日本紡績協会『昭和 30 年度事務成績報告書』，143-145 頁。
78) 前掲記事「これからの日本経済」（『Chamber』第 3 号），10 頁。
79) 「関西財界人縦横談」（『ダイヤモンド』第 39 巻第 14 号，1951 年 5 月 1 日号），16 頁。
80) 「講和後の日本産業」（『インヴェストメント』第 4 巻第 10 号，1951 年 9 月），32 頁。
81) 「紡績は増錘を自制せよ」（『ダイヤモンド』第 39 巻第 38 号，1951 年 11 月 21 日号），40 頁。
82) 「市況の不振と設備の激増について」（『経済往来』第 4 巻第 3 号，経済往来社，1952 年 3 月），74-77 頁。引用は 77 頁。
83) 「鼎談／繊維不況は打開されるか」（『ダイヤモンド』第 40 巻第 21 号，1952 年 6 月 21 日号），26-27 頁。
84) 「貿易逆調をどう打開するか」（『東洋経済新報』2607 号，1954 年 1 月 2 日），55 頁。
85) 「紡績産業と独禁法」（『経済往来』第 7 巻第 3 号，1955 年 3 月）。
86) 1951 年中頃までの阿部の見解は，例えば次を参照。「座談会／ことしはどんな年か―1951 年の展望」（『同盟時報』第 97 号，1951 年 1 月），17 頁；「紡績業は儲けすぎているか」（『パブリックリレーションズ』第 2 巻第 2 号，日本投資証券協会，1951 年 2 月），16 頁。
87) 「紡績界と貿易界の実態は？」（『経済世論』第 4 巻第 11 号，世論科学研究所，1951 年 11 月），13-14 頁。
88) 「わが国綿製品の輸出競争力」（『同盟時報』第 110 号，1952 年 3 月），39 頁。
89) 「再軍備が我が業界に如何なる影響を及ぼすか」（『実業の世界』第 49 巻第 6 号，実業之世界社，1952 年 6 月），97 頁。また 1955 年の第 2 次勧告操短に際して阿部は，「戦後の綿業は概して恵まれた経済環境裏に比較的順調な復興発展を遂げ戦前の綿業がたどった苦難の道を忘れている。日本紡績史はそのまま操短史であり，倒産合併の歴史であった」と述べ，深刻な危機意識を持っているものの，戦前と同様に，現下の過剰

生産・滞貨増大の状況も，企業努力や操短によって克服できるという意識を持っていたことが読み取れる。「日本綿業の振興策」(『東邦経済』第25巻第7号，東邦経済社，1955年7月)，20頁。

90)「繊維恐慌をどうして打開するか」(『東洋経済新報』第2555号，1952年12月20日)，151頁。

91)「紡績の伝統を尊重せよ」(『経団連月報』第1巻第8号，経済団体連合会，1953年8月)，14頁。

92)「繊維不況対策の視点」(『経済人』第9巻第8号，関西経済連合会，1955年8月)，5頁。同様の認識を阿部は，次でも示している。「デフレ諸産業の問題点と今後の方向」(『通商産業研究』第3巻第3号，通商産業研究社，1955年3月号)，39-40頁。なお1956年10月頃に阿部は，綿製品の内需低迷の理由として，「化学繊維との競争の激化」も挙げるようになった。「綿業における設備処理の問題」(『通商産業研究』第4巻第10号，1956年10月)，49頁。

93)「合成繊維の将来」(『経済人』第10巻第3号，1956年3月)，5-8頁。引用は5頁。

94) しかし1960年代にもなると阿部は，化学繊維や合成繊維の伸張により，「繊維間の競合は今後もますます激化し，天然繊維が相対的な後退を余儀なくされることは疑いのないところであろう」と明確に述べるようになる。「繊維産業の将来について」(『繊維機械学会誌』第15巻第1号，日本繊維機械学会，1962年1月)，34頁(当時東洋紡績会長)。

95)「日本綿業の現状と問題点」(前掲の『日本綿業講座』) 14-15頁。引用は14頁。関が，日銀内でこの内容を講演したのは，1955年4月6日(同上書，25頁)。

96)「座談会 昭和24年の回顧と昭和25年の展望」(『日本紡績月報』第36号，1950年1月)，1949年11月29日開催；「座談会 1951年の日本綿紡績業」(『日本紡績月報』第49巻，1951年2月)，1950年12月16日開催。10大紡役員として，倉敷紡績役員の山本亀太郎や東洋紡績役員の有元憲の関連発言が，確認できる。

97)「座談会 1952年の日本綿紡績業」(『日本紡績月報』第62巻，1952年2月)，1951年12月17日開催；「座談会 1953年の日本綿紡績業」(『日本紡績月報』第74巻，1953年2月)，1952年12月11日開催；「座談会 1954年の日本綿業の展望」(『日本紡績月報』第86巻，1954年2月)，1953年12月18日開催；「座談会 1955年の日本綿業の展望」(『日本紡績月報』第98巻，1955年2月)，1954年12月16日開催。十大紡役員として，日清紡績役員の大貫朝治，鐘淵紡績役員の坂口儀蔵，東洋紡績役員の谷口豊三郎などの関連発言が，確認できる。

98) また，第5-17表のB欄の途中入社型に属する役員には同業他社や商社関係者の出身者が多く含まれており，綿紡績企業の企業活動に知悉した者が多かったと見られる。

99) 専門経営者に関しては，例えば次を参照。森川英正『トップマネジメントの経営史─経営者企業と家族企業』有斐閣，1996年。

〈結　論〉
1　先述したように接待を窺わせる資料はあったが（日清紡績の事例），汚職を窺わせる資料は管見の限り，見つからなかった。また，GHQ官僚は高給であり，ESSの課の下の係長レベルでも陸軍次官を上回る給料をもらっていたと言う。セオドア・コーヘン，前掲書（上），174頁。
2　ただし，次の点にも留意すべきであろう。GHQ官僚の中には，駐留前には日本人を憎んでいたのに，戦災によって荒廃した日本を実地に見るなどして，いわば同情したために経済復興を支援しようと考えた者もいた。例えば，ボーエン・C・ディーズ，前掲書，359頁（ここではESS科学・技術課長ジョン・オブライエン［John O'Brien］を指す）。このような動機を持って，政策形成のための判断が必要な全ての事例で活動したGHQ官僚は存在しなかったであろうが，このような動機は大半のGHQ官僚の判断に，大なり小なりの影響を及ぼした可能性はあるだろう。
3　一部の産業に関しては，GHQによる産業支援的な占領政策に触れた研究が行われている。例えば海運業や造船業については次を参照。三和良一『占領期の日本海運』日本経済評論社，1992年。

資料・参考文献
(図表にて使用した資料も含む)

1. 文献以外の資料 (一次資料, マイクロ資料, デジタル資料)

極東委員会 (FEC) 文書 (国会図書館憲政資料室所蔵マイクロ資料)

経済安定本部戦後経済政策資料 (東京大学経済学図書館所蔵マイクロ資料。公刊されている部分もある)

『工鉱業関係会社報告書』(マイクロフィルム版, 雄松堂書店)

神戸大学付属図書館新聞記事文庫データベース [http://www.lib.kobe-u.ac.jp/sinbun/index]

国立公文書館所蔵文書 (デジタルアーカイブ版もある)

GHQ 電話帳 ("Tokyo and Vicinity Telephone Director" など) (国会図書館憲政資料室所蔵)

GHQ 文書 (国会図書館憲政資料室所蔵マイクロ資料。同一資料で立命館大学修学館リサーチライブラリー所蔵マイクロ資料も使用した)

『証券処理調整協議会資料』「企業別資料編」(マイクロフィルム版, 雄松堂書店)

日本紡績協会資料 (現在, 大半は大阪大学に移転)

マッカーサー文書 (国会図書館憲政資料室所蔵マイクロ資料)

2. 文献

アーロン・フォースバーグ著, 杉田米行訳『アメリカと日本の奇跡 —— 国際秩序と戦後日本の経済成長 1950-60』世界思想社, 2001 年 (原著 2000 年)

浅井良夫『前後改革と民主主義 —— 経済復興から高度成長へ』吉川弘文館, 2001 年

『朝日経済年史』昭和 23 年版, 朝日新聞社, 1948 年

阿部武司「軽工業の再建」(通商産業省通商産業政策史編纂委員会編『通商産業政策史』第 3 巻「第 I 期戦後復興期 (2)」通商産業調査会, 1992 年)

雨宮昭一『占領と改革』(岩波新書), 岩波書店, 2008 年

荒敬「GHQ 文書の種類とその解読 —— GHQ・SCAP 資料と政策決定」(『史学雑誌』第 240 号, 2003 年 6 月)

有沢広巳編『現代日本産業講座』第Ⅶ巻「各論Ⅵ繊維産業」, 岩波書店, 1960 年

有田圓二『エコノミストのための紡績入門』青泉社, 1954 年

安藤良雄編『昭和経済史への証言』下, 毎日新聞社, 1966 年

飯島幡司『日本紡績史』創元社, 1949 年

五十嵐武士『戦後日米関係の形成』(講談社学術文庫), 講談社, 1995 年

石井淳蔵・奥村昭博・加護野忠男・野中郁次郎『経営戦略論 [新版]』有斐閣, 1996 年

伊丹敬之+伊丹研究室『日本の繊維産業 —— なぜ, これほど弱くなってしまったのか』

NTT 出版，2001 年

市川浩「GHQ 科学技術課の政策と活動について」（『大阪市大論集』第 54 号，1987 年 9 月）

伊藤修「解題」（総合研究開発機構（NIRA）戦後経済政策資料研究会編『経済安定本部戦後経済政策資料』第 4 巻「経済統制（1）」，日本経済評論社，1994 年）

伊藤正直『戦後日本の対外金融 —— 360 円レートの成立と終焉』名古屋大学出版会，2009 年

伊藤正直「戦後ハイパー・インフレと中央銀行」（『金融研究』第 31 巻第 1 号，日本銀行金融研究所，2012 年 1 月）

伊東光晴監修，エコノミスト編集部編『戦後産業史への証言』第 1 巻「産業政策」毎日新聞社，1977 年

伊藤元重・清野一治・奥野正寛・鈴村興太郎『産業政策の経済分析』東京大学出版会，1988 年

『インヴェストメント』大阪証券業協会（雑誌）

ウィリアム・イースタリー著，小浜裕久・織井啓介・冨田陽子訳『傲慢な援助』東洋経済新報社，2009 年（原著 2006 年）

植草益「占領下の企業分割」（中村隆英編『占領期日本の経済と政治』東京大学出版会，1979 年）

H・E・ワイルズ著，井上勇訳『東京旋風 —— これが占領軍だった』時事通信社，1954 年（原著 1954 年）

H・B・ショーンバーガー著，宮﨑章訳『占領 1945-1952 —— 戦後日本をつくりあげた 8 人のアメリカ人』時事通信社，1994 年（原著 1989 年）

エレノア・M・ハードレー著，小原敬士・有賀美智子監訳『日本財閥の解体と再編成』東洋経済新報社，1973 年（原著 1970 年）

大蔵省財政史室編『財政史ニュース』（小冊子）

大蔵省財政史室編，安藤良雄・原明執筆『昭和財政史 —— 終戦から講和まで』第 1 巻「総説，賠償・終戦処理」，東洋経済新報社，1984 年

大蔵省財政史室編，三和良一執筆『昭和財政史 —— 終戦から講和まで』第 2 巻「独占禁止」，東洋経済新報社，1982 年

大蔵省財政史室編，秦郁彦執筆『昭和財政史 —— 終戦から講和まで』第 3 巻「アメリカの対日占領政策」，東洋経済新報社，1976 年

大蔵省財政史室編，中村隆英執筆『昭和財政史 —— 終戦から講和まで』第 12 巻「金融（1）」，東洋経済新報社，1976 年

大蔵省財政史室編，伊牟田敏充・伊藤修・原司郎・宮崎正康・柴田善雅執筆『昭和財政史 —— 終戦から講和まで』第 13 巻「金融（2），企業財務，見返資金」，東洋経済新報社，1983 年

大蔵省財政史室編，犬田章執筆『昭和財政史 —— 終戦から講和まで』第 15 巻「国際金融・貿易」，東洋経済新報社，1976 年

大蔵省財政史室編『昭和財政史 ─── 終戦から講和まで』第 20 巻「英文資料」，東洋経済新報社，1982 年

大滝精一・金井一頼・山田英夫・岩田智『経営戦略［新版］：論理性・創造性・社会性の追求』有斐閣，1997 年

岡崎哲二・奥野正寛「現代日本の経済システムとその歴史的源流」(岡崎哲二・奥野正寛編『現代日本経済システムの源流』日本経済新聞社，1993 年)

岡崎哲二「日本の政府・企業間関係 ─── 業界団体 - 審議会システムの形成に関する覚え書き」(『組織科学』第 26 巻第 4 号，1993 年 4 月)

小野五郎『現代日本の産業政策 ─── 段階別政策決定のメカニズム』日本経済新聞社，1999 年

外務省政務局特別資料部編『日本占領及び管理重要文書集』第 1 巻「基本篇」，1949 年 (本書中では復刻版を使用した。『日本占領重要文書』第 1 巻「基本篇」，日本図書センター，1989 年)

外務省政務局特別資料部編『日本占領及び管理重要文書集』第 2 巻「政治，軍事，文化篇」，1949 年 (本書中では復刻版を使用した。『日本占領重要文書』第 2 巻「政治・軍事・文化篇」，日本図書センター，1989 年)

影山僖一『通商産業政策論研究 ─── 自動車産業発展戦略と政策効果』日本評論社，1999 年

鐘紡株式会社社史編纂室編『鐘紡百年史』鐘紡株式会社，1968 年

『関経連』関西経済連合会 (雑誌)

キース・ジェンキンズ著,岡本充弘訳『歴史を考えなおす』法政大学出版局,2005 年 (原著 1991・2003 年)

倉敷紡績株式会社『倉敷紡績百年史』倉敷紡績株式会社，1968 年

倉敷紡績株式会社社史総編纂委員会編『回顧六十五年』倉敷紡績株式会社，1953 年

『経済往来』経済往来社 (雑誌)

『経済人』関西経済連合会 (雑誌)

経済再建研究会編『ポーレーからダレスへ ─── 占領政策の経済的帰結』ダイヤモンド社，1952 年

『経済世論』世論科学研究所 (雑誌)

『経団連月報』経済団体連合会 (雑誌)

香西泰・寺西重郎編『戦後日本の経済改革 ─── 市場と政府』東京大学出版会，1993 年

小宮隆太郎・奥野正寛・鈴木興太郎編『日本の産業政策』東京大学出版会，1984 年

是永隆文「紡績業における構造調整援助政策の展開 ─── 1960 年代後半から 80 年代前半まで」(『西南学院大学経済学論集』第 37 巻第 2 号，2002 年 11 月)

是永隆文「紡績業の産業調整と業界団体の行動 ─── 「過剰」設備の処理を中心として」(『西南学院大学経済学論集』第 37 巻第 1 号，2002 年 6 月)

坂本悠一「戦時体制下の紡績資本 ─── 東洋紡績の多角化とグループ展開」(下谷政弘編『戦時経済と日本企業』昭和堂，1990 年)

資料・参考文献 393

佐々木隆『占領・復興期の日米関係』(日本史リブレット) 山川出版社, 2008 年
沢井実「戦争による制度の破壊と革新」(社会経済史学会編『社会経済史学の課題と展望』有斐閣, 2002 年)
C・A・ウィロビー著, 延禎監修, 平塚柾緒編『GHQ 知られざる諜報戦 —— 新版ウィロビー回顧録』山川出版社, 2011 年
思想の科学研究会編『日本占領研究事典』(共同研究『日本占領軍』別冊), 徳間書店, 1978 年
『実業の世界』実業之世界社 (雑誌)
下谷正宏『日本の系列と企業グループ』有斐閣, 1993 年
社史編纂委員会編『日綿 70 年史』日綿実業株式会社, 1962 年
社史編集委員会編『呉羽紡績 30 年』呉羽紡績株式会社, 1960 年
社史編集員会：社史編集実行委員会編『日東紡半世紀の歩み』日東紡績株式会社, 1979 年
社史編集員会編『敷島紡績七十五年史』敷島紡績株式会社, 1968 年
『証券タイムス』証券タイムス社 (雑誌)
ジョン・ダワー著, 三浦陽一・高杉忠明訳『敗北を抱きしめて』上・下, 岩波書店, 2001 年 (写真を追加した増補版は 2004 年)
白鳥圭志「高度成長期における大日本紡績の財務政策 —— 1950 年代から 60 年代前半における企業統治と資金政策」(一橋大学 21 世紀 COE プログラム「知識・企業・イノベーションのダイナミクス」ワーキング・ペーパー No. 18), 2006 年
『人事興信録』第 14 版 (1943 年), 第 15 版 (1948 年), 第 16 版 (1951 年), 人事興信所
人事興信所編『日本職員録』昭和 22 年版 (1947 年), 昭和 24 年版 (1949 年), 人事興信所
時事通信社編『主要繊維会社人名録』1950 年版, 時事通信社, 1950 年
鈴木恒夫「合成繊維」(米川伸一・下川浩一・山崎広明編『戦後日本経営史』第 1 巻, 東洋経済新報社, 1991 年)
セオドア・コーヘン著, 大前正臣訳『日本占領革命 —— GHQ からの証言』上・下, 時事通信社, 1983 年
『世界』岩波書店 (雑誌)
関桂三『日本綿業論』東京大学出版会, 1954 年
『繊維機械学会誌』日本繊維機械学会 (雑誌)
『繊維統制会報』繊維統制会 (雑誌)
総合研究開発機構 (NIRA) 戦後経済政策資料研究会・岡崎哲二編『経済安定本部戦後経済政策資料／財閥解体集中排除資料』(4)「過度経済力集中排除関係その他」, 日本経済評論社, 1998 年
大同毛織株式会社資料室編『糸ひとすじ』下, 大同毛織, 1960 年
『ダイヤモンド』ダイヤモンド社 (雑誌)
ダイヤモンド社編『大和紡績 30 年史』大和紡績株式会社, 1971 年

高村直助「民需産業」(大石嘉一郎編『日本帝国主義史』第 3 巻「第二次大戦期」東京大学出版会, 1994 年)
高村直助『近代日本綿業と中国』東京大学出版会, 1982 年
武田晴人編『日本経済の戦後復興 —— 未完の構造転換』有斐閣, 2007 年
武田晴人編『戦後復興期の企業行動 —— 立ちはだかった障害とその克服』有斐閣, 2008 年
竹前栄治『GHQ』(岩波新書), 岩波書店, 1983 年
竹前栄治『GHQ の人びと —— 経歴と政策』明石書店, 2002 年
竹前栄治監修『GHQ 指令総集成 —— SCAPIN』全 15 巻, エムティ出版, 1993〜1994 年 (本書で使用したのは第 1〜3 巻, 第 9〜10 巻, 第 15 巻)
竹前栄治監修『GHQ への日本政府対応文書総集成』第 7 巻, エムティ出版, 1994 年
竹前栄治・中村隆英監修, 高野和基解説・訳『GHQ 日本占領史』第 2 巻「占領管理の体制」, 日本図書センター, 1996 年
竹前栄治・中村隆英監修, 細谷正宏解説・訳『GHQ 日本占領史』第 29 巻「経済力の集中排除」日本図書センター, 1998 年
竹前栄治・中村隆英監修, 岡崎哲二解説・訳『GHQ 日本占領史』第 40 巻「企業の財務の再編成」, 日本図書センター, 1999 年
竹前栄治・中村隆英監修, 阿部武司解説・訳『GHQ 日本占領史』第 49 巻「繊維工業」, 日本図書センター, 1999 年
立脇和夫『在日外国銀行百年史 —— 1900〜2000 年』日本経済評論社, 2002 年
田和安夫『紡協 45 年』大阪繊維学園出版部, 1976 年
田和安夫編『日本紡績業の復興』日本紡績協会, 1948 年
田和安夫編『戦後紡績史』日本紡績協会, 1962 年
『Chamber』大阪商工会議所 (雑誌)
チャルマーズ・ジョンソン著, 矢野俊比古監訳『通産省と日本の奇跡』TBS ブリタニカ, 1982 年 (原著 1982 年)
『通商産業研究』通商産業研究社 (雑誌)
通商産業省編, 山口和雄・村上はつ執筆『商工政策史』第 6 巻「貿易 (下)」商工政策史刊行会, 1971 年
通商産業省編, 内田星美執筆『商工政策史』第 16 巻「繊維工業 (下)」, 商工政策史刊行会, 1972 年
通商産業省通商繊維局編『戦後繊維産業の回顧』商工協会, 1950 年
通商産業省通商繊維局衣料課『戦後衣料行政の推移』, 1951 年
通商産業省通商繊維局繊政課編『臨時繊維機械設備制限規則の解説』商工協会, 1949 年
通産大臣官房調査統計部『繊維統計年報』昭和 28 年版, 繊維年鑑刊行会, 1953 年
デビッド・J・コリス, シンシア・A・モンゴメリー著, 根来龍一・蛭田啓・久保亮一訳『資源ベースの経営戦略論』東洋経済新報社, 2004 年 (原著 1998 年)

『東邦経済』東邦経済社（雑誌）
トーマス・A・ビッソン，中村正則・三浦陽一共訳『ビッソン日本占領回想記』三省堂，1983 年
"Thomas Bisson, *Zaibatsu Dissolution in Japan*, University of California Press, 1954."
『同盟時報』同盟通信社（雑誌）
東棉四十年史編纂委員会『東棉四十年史』東洋綿花株式会社，1960 年
『東洋経済株式会社年鑑』第 15 回（昭和 12 年版），東洋経済新報社，1937 年
『東洋経済新報』東洋経済新報社（雑誌）
東洋紡績株式会社社史編集室編『百年史東洋紡』上・下，東洋紡績株式会社，1986 年
豊下楢彦『日本占領管理体制の成立 - 比較占領史序説』岩波書店，1992 年
中村耀『繊維の実際知識』東洋経済新報社，1954 年
中村隆英「金融政策」（大蔵省財政史室編『昭和財政史―終戦から講和まで―』第 12 巻「金融（1）」東洋経済新報社，1976 年）
西川博史「貿易の実態と通商政策」（通商産業省・通商産業政策史編纂委員会編『通商産業政策史』第 4 巻，通商産業調査会，1990 年）
西川博史『日本帝国主義と綿業』ミネルヴァ書房，1987 年
西川博史『日本占領と軍政活動 ── 占領軍は北海道で何をしたか』現代史料出版，2007 年
ニチボー株式会社社史編纂委員会『ニチボー75 年史』ニチボー株式会社，1966 年
日清紡績株式会社編『日清紡績六十年史』日清紡績株式会社，1969 年
日東紡績株式会社「回顧参拾年」編集委員会編『回顧参拾年』日東紡績株式会社，1953 年
日本化学繊維協会編『日本化学繊維産業史』日本化学繊維協会，1974 年
『日本管理法令研究』日本管理法令研究会（雑誌）
日本繊維協議会（昭和 22 年版のみ日本繊維連合会）編『繊維年鑑』繊維年鑑刊行会（昭和 22 年版以降宜使用した）
日本繊維協議会編『日本経済の自立と繊維産業』繊維年鑑刊行会，1951 年
日本繊維産業史刊行委員会編『日本繊維産業史』「各論篇」繊維年鑑刊行会，1958 年
日本紡績協会『日本綿業統計 1903-1949』日本紡績協会，1951 年
日本紡績協会『紡協百年史』日本紡績協会，1981 年
『日本紡績月報』日本紡績同業会（1948 年より日本紡績協会）（雑誌）
日本綿花協会編『綿花百年』上・下，日本綿花協会，1969 年
日本綿業倶楽部五十年誌編集委員編『日本綿業倶楽部五十年誌』日本綿業倶楽部，1982 年）
『日本綿業講座』日本銀行調査局，1956 年
野田岩次郎『財閥解体私記 ── 私の履歴書』日本経済新聞社，1983 年
橋本寿朗『戦後日本経済の成長構造 ── 企業システムと産業政策の分析』有斐閣，2001 年

『パブリックリレーションズ』日本投資証券協会（雑誌）
林雄二郎編『日本の経済計画』日本経済評論社，1997 年
原朗「戦時統制」(中村隆英編『日本経済史』第 7 巻「『計画化』と『民主化』」岩波書店，1989 年)
平野恭平「戦後の日本企業の技術選択と技術発展 —— 東洋紡績の合成繊維への進出を中心にして」(『経営史学』第 42 巻第 3 号，2007 年 12 月)
藤井光男「戦後アメリカの対日繊維政策について」(『日本大学商学集志』第 40 巻第 2・3 合併号，1970 年 12 月)
藤井光男『日本繊維産業経営史 —— 戦後・綿紡から合繊まで』日本評論社，1971 年
富士紡績株式会社社史編集委員会編『富士紡績百年史』上・下，富士紡績株式会社，1997 年
ボーエン・C・ディーズ著，笹本征男訳『占領軍の科学技術基礎づくり —— 占領下日本 1945-1952』河出書房新社，2003 年
『本邦事業成績分析』三菱経済研究所（雑誌）
マイケル・シャラー著，五味俊樹監訳，立川京一・原口幸司・山﨑由紀訳『アジアにおける冷戦の起源』木鐸社，1996 年（原著 1985 年）
正木千冬・松川七郎編『統計調査ガイドブック』東洋経済新報社，1951 年
丸山静雄編『アメリカの援助政策』アジア経済研究所，1966 年
水野良象『綿・羊毛・絹読本』春秋社，1957 年
御園生等『日本の独占禁止政策と産業組織』河出書房新社，1987 年
三菱経済研究所『綿と化繊の産業構造 —— 日本経済構造の分析』産業経済新聞社，1956 年
宮崎正康・富永憲生・伊藤修・荒井功・宮島英昭「資料占領期の企業再編成」(『年報・近代日本研究』4「太平洋戦争」，山川出版社，1982 年)
宮島清次郎翁伝刊行会編『宮島清次郎伝』宮島清次郎翁伝刊行会，1965 年
宮島英昭『産業政策と企業統治の経済史 —— 日本経済発展のミクロ分析』有斐閣，2004 年
三輪芳朗『政府の能力』有斐閣，1998 年
三和良一『占領期の日本海運』日本経済評論社，1992 年
三和良一『日本占領の経済政策史的研究』日本経済評論社，2002 年
『棉花月報』日本棉花輸入協会（雑誌）
『綿花統計月報』(The Cotton Statistical Journal) 綿花経済研究所（雑誌）
『綿ス・フ統制会報』綿ス・フ統制会（雑誌）
『綿糸紡績事情参考書』（昭和 39 年上半期版より『紡績事情参考書』）大日本紡績連合会（戦後は日本紡績協会）（雑誌）
持株会社整理委員会『過度経済力集中排除法の解説』時事通信社，1948 年
持株会社整理委員会調査部第二課編『日本財閥とその解体』持株会社整理委員会，1951 年

森川英正「戦略と組織」(経営史学会編『経営史学の二十年 —— 回顧と展望』東京大学出版会，1985 年)
森川英正『トップマネジメントの経営史 —— 経営者企業と家族企業』有斐閣，1996 年
安原洋子「連合国の占領政策と日本の貿易」(通商産業省・通商産業政策史編纂員会編『通商産業政策史』第 4 巻，1990 年)
山崎広明「戦時下の産業構造と独占組織」(『ファシズム期の国家と社会』2「戦時日本経済」，東京大学出版会，1979 年)
山崎広明「日本綿業構造論序説 —— 日本綿業の発展条件に関する一試論」(『経営志林』第 5 巻第 3 号，1968 年 10 月)
ユニチカ社史編集委員会編『ユニチカ百年史』上・下，ユニチカ株式会社，1991 年
横浜市総務局市史編集室編『横浜市史Ⅱ』「通史」第 2 巻，(上)，1999 年
米川伸一「綿紡績業」(米川伸一・下川浩一・山崎広明編『戦後日本経営史』第 1 巻，東洋経済新報社，1991 年)
米倉誠一郎・清水洋「日本の業界団体 —— 産業政策と企業の能力構築の共進化」(柴孝夫・岡崎哲二編『講座日本経営史』第 4 巻「制度転換期の企業と市場 1937〜1955」ミネルヴァ書房，2011 年)
李石「占領期日本綿業の復興」(『一橋論叢』第 97 巻第 5 号，1987 年 5 月)
渡辺純子「綿糸紡績業における企業組織の再編成 ——『10 大紡』を中心に」(原朗編『復興期の日本経済』東京大学出版会，2002 年)
渡辺純子「日本の紡績企業の企業金融」(『経済論叢』(京都大学) 第 180 巻第 1 号，2007 年)
渡辺純子『産業発展・衰退の経済史 ——「10 大紡」の形成と産業調整』有斐閣，2010 年

事項・人名索引
（50音順，注は除いた）

[ア行]
旭化成　294
芦田内閣　159, 170
アチソン，G・A　115
アナウンス棉　143
阿部孝次郎　243, 303, 305-307
ESS 価格統制・配給課（価格・配給課）　19, 37, 65, 70-72, 100, 145, 152
ESS 工業課　19, 31, 34, 38, 44-45, 60, 65, 70, 72, 92, 100-107, 313
ESS 資金管理課　42
ESS 上層部　35, 37-39, 42, 60-61, 107, 315
ESS 生産・施設担当官　102
ESS 繊維課，綿・羊毛係（綿係）　39, 44, 55, 58, 70, 98, 149, 157
ESS 反トラスト・カルテル課（公正取引課）　19-20, 100, 198
ESS 貿易課　19-20, 38, 43, 61, 65, 69-73, 75, 100, 112-114, 116, 118-125, 130, 132-138, 153, 156, 161
ESS 法務課　19, 36, 82, 119, 137-138
イーストランド，J・O　102-103
イートン，W・R　39, 70, 80-82, 93, 132, 137, 148-154, 159, 161, 194
井上富三　243
インフレーション（インフレ）　23, 97, 146, 148, 179, 184, 208, 216, 242
印棉　122-124, 130-136, 145, 316-317

ウィリアムズ，F・A　43-44, 210, 215, 219
ウェソン，S・C　39, 70-71
ウェルシュ，E・C　188, 194-195, 202, 210
ウッドサイド，B・D　214
エジプト棉　118, 130-131, 133-136
FEC-230　191
オープン・アカウント　146, 316
小原源治　251

[カ行]
改革志向型の占領政策　7, 22-23, 27, 35, 187, 226, 241-242, 269, 271, 308, 314, 318
外貨不足　4, 6, 30, 53, 315
会社経理応急措置法　224
価格統制　20, 22, 37, 66, 71-73, 153, 163, 176, 184, 256, 314
化繊工業　12, 84, 87, 89, 92, 101, 104, 106-107, 158, 180, 227, 262, 271
片山内閣　158, 170
加藤末雄　94, 156
加藤正人　244
過度経済力集中排除法（集排法）　188-189, 192, 194, 202, 206, 217, 261
QM棉　139
企業再建整備法　25, 179, 189, 224-225, 242
企業整備　3, 227

事項・人名索引 | 399

キャンベル, C・C 39, 42, 45, 93, 151, 153, 156, 162, 164
キャンベル, R・S 214
救済 11, 75, 209, 224
極東委員会（FEC） 2, 35, 67, 69, 74, 142, 191
クリーブス, R・D 43
クレイマー, R・C 17-19, 109-111
経済安定9原則 13, 22, 98
経済安定本部 20, 100, 152, 157, 202-203
ケナン, G・F 192
兼営織布部門 3, 5
現実派 16, 19, 23, 202, 222, 313, 315, 317
合繊工業 294, 302, 308
国務省 92, 114-117, 125, 128, 135, 148, 192, 313
国有棉（制度） 144, 162, 179, 184-185
混棉 5, 128, 131-132, 134

[サ行]
財界追放（経済パージ） 36, 187
財閥解体 20, 1897, 191
在華紡 3, 75, 228
再編成計画 25, 27, 193-197, 201-203, 209, 215, 222, 242
財務省 136, 174
桜田武 109, 243
佐橋茂 100
産業支援的な占領政策 6-7, 11, 13, 15-17, 22-23, 31, 35, 44, 46, 61, 107, 187, 222, 226, 315, 317, 321
産業政策 6-7, 10
GHQ官僚 20
GHQ参謀長 48, 75, 84
GHQ上層部 77, 315

事業ポートフォリオ 203, 225-227, 241, 255, 261, 269-271, 286, 290-294
　綿部門中心の── 270, 286, 290, 294, 318
指定生産資材割当規制 160
集中排除審査委員会 25, 27, 188
集中排除政策 7, 20, 22, 25-27, 37, 82, 187
「初期の基本的指令」 13-16, 19, 20-22, 190
「初期の対日方針」 13-14, 21, 190
商工省 12, 30, 52, 55, 61, 90, 97, 109, 112, 114, 119, 144, 148, 150-152, 159, 203, 227, 317-318
──繊維局 66, 71, 74, 81, 83, 85, 87, 90, 94, 120, 137, 144, 147, 152, 162-164
商品金融会社 112
　CCCグループ1棉 119, 122, 124, 126, 131-132, 155, 313
　CCCグループ2棉 130-131, 156, 313, 316
　CCC棉協定 37, 42, 108-109, 115-118, 121, 127-130, 134, 137-139, 143, 150, 154, 161-175, 314
ジョンストン委員会 192
ジョンストン報告書 192, 216, 218, 222
新紡 2, 25, 77, 81, 90, 94, 105, 159, 214, 219, 226, 316
SCAPIN 48
SCAP商業勘定 129, 143, 172, 174-175, 316
SCAP信託基金 124, 131, 158, 171
SCAP綿製品勘定 171, 175, 178, 316
ストライク調査団 75-76
制限会社 64, 79, 83, 97, 243, 253,

400

265, 271, 316
（日本綿紡績業を中心とする）政策形成
　システム　　23, 29-31, 47, 60, 61,
　210, 314
生産設備管理政策　　25, 65, 81, 84, 89,
　98, 101-106, 155-159, 273, 286,
　315-318
生産促進（策）　　6, 145, 147-148, 149-
　152, 154-155, 166
整備計画　　25, 242, 265, 318
繊維緊急対策要綱　　158-159, 170
繊維産業再建3ヶ年計画（3ヶ年計
　画）　　67, 71, 74-75
繊維産業生産促進対策　　159, 170
繊維使節団　　32, 66, 81, 115-119, 147-
　148, 155, 313
繊維総合経営　　203, 206-211, 214,
　216-219, 222, 261-264, 270, 317
繊維品海外販売委員会　　137, 144
繊維貿易公団　　55, 120, 145, 175, 178
戦時補償打切り　　22, 179, 224, 242,
　318
占領下日本輸出入回転基金
　（OJEIRF）　　108, 128-129, 141-
　144, 178, 313
操業短縮（操短）　　4, 7, 98, 125, 127,
　130, 133, 143, 146, 155-160, 164,
　170, 261, 273, 290, 311, 314, 319

[タ行]
高番手　　104, 131, 150, 152-153, 272,
　285
谷口豊三郎　　243, 306
タマーニア，F・A　　32-33
田和安夫　　34, 76, 156
チェック・プライス　　139
中間団体　　2, 25, 29-30, 311, 318
調整者　　314-315

通商産業省（通産省）　　4, 94, 100, 272,
　317
塚田公太　　243
TD-7　　83
TD-22　　90
帝国人造絹糸　　293
テイト，H・S　　34, 38, 42, 49, 52, 69,
　82, 91-93, 110, 119, 132, 157, 164,
　197, 200
テイラー，F　　118
東洋レーヨン　　293
特需　　11, 104, 273, 293
独占禁止　　20, 120
ドナルドソン，R　　145, 164
ドル　　30, 92, 98, 101, 106, 117, 122,
　125, 128, 130, 133-135, 143, 272-
　273, 314
ドレイパー，W・H　　139, 143, 192

[ナ行]
内藤圓治　　251
日本繊維協会　　30, 49, 52, 66, 74, 118,
　120, 146, 151, 153, 164
日本紡績協会　　30, 49, 53, 99, 156,
　203, 208, 219
日本紡績同業会　　49, 114, 205
日本綿紡績業の復興　　1-2, 4, 7, 10,
　12, 65, 76, 311, 315
（日本）綿紡績業を中心とする統制体
　制　　26, 108, 119, 143-144, 171,
　314, 318
ニューディーラー　　16, 20
農務省　　116, 128
農林省　　109

[ハ行]
バーガー，E・J　　214
賠償政策　　6, 14, 25, 35, 65, 72, 74, 76,

事項・人名索引 | 401

105, 187, 312, 315
パキスタン棉　145
ハッチンソン，W・R　214, 216
原吉平　99, 109, 244, 269-270, 306-308, 310
原棉払下制　144, 160
ハルフ，M・H　73
非軍事化　14, 22, 33, 187, 219, 312
BS コントラクト　138
標準行政規程 (SOP)　47-48, 61
広川憲　252
復元（許可）水準　25, 65, 68, 71, 73-74, 82, 315
復元融資　65, 80, 155, 158
フル・ライン戦略　227, 286, 289, 294
フロア・プライス　139
米国商事会社　116
米国第 80 議会法律第 820 号 (PL820)　116, 139, 143-144, 178
米棉借款　26, 37, 44, 61, 101, 107, 128, 139, 142-144, 165, 171-172, 178, 200, 313-315
貿易庁　114, 118-121, 129, 135-137, 139, 143-144, 160, 179, 184, 317-319
ポーレー，E・W　64
ポーレー総括報告書　72, 75, 92
ボグダン，N・A　32
保守派　16, 22
本業回帰　226
ポンド（通貨単位）　135-136, 171, 178, 316

[マ行]
マーカット，W・C　19, 31-34, 61, 84, 89, 92, 102, 107, 123, 159, 210, 215, 219

マガーニア，P・F　33-34, 67, 70
マッカーサー，D　13, 15, 17, 75, 115-116, 192
民間運輸局　65
民主化　14, 22, 187, 191, 222, 312
武藤絲治　99, 270
室賀国威　244
棉花買付委員会　139, 159
棉花関連援助　6, 311-313
棉花金融使節団　127-129, 135
棉花商社　128-129
綿紡織業の生産促進に関する件　150-151
綿紡織生産促進委員会　151
綿紡復元に関する件　90, 159
持株会社指定　3, 22, 253
持株会社整理委員会　188-190, 203, 208-209, 212-213, 215-216, 218, 222, 253, 261, 269, 317-318

[ヤ行]
羊毛工業　84, 87, 89, 101, 103, 106, 183, 227, 261-262, 286
吉田内閣　152, 168

[ラ行]
ラウプハイマー，M・B　45
陸軍省　33, 75, 112-118, 125-130, 132-135, 138-139, 142
――民事局　112-118, 122-135, 137, 313
臨時物資需給調整法　160
ロビンソン，J・V　214

[ワ行]
ワシントン輸出入銀行　129, 142

[著者略歴]

大畑 貴裕（おおはた たかひろ）

1973 年　静岡県生まれ
1999 年　京都大学経済学部卒業
2008 年　京都大学経済学研究科博士課程
　　　　 単位取得退学
現在　京都大学博士（経済学）
　　　京都大学経済学研究科非常勤講師など

（プリミエ・コレクション　25）
GHQの占領政策と経済復興
　　──再興する日本綿紡績業　　　　　　　　　　　©T. Ohata 2012

2012 年 7 月 31 日　初版第一刷発行

著　者　　大　畑　貴　裕
発行人　　檜　山　爲次郎
発行所　　京都大学学術出版会

京都市左京区吉田近衛町 69 番地
京都大学吉田南構内（〒606-8315）
電話（075）761-6182
FAX（075）761-6190
URL http://www.kyoto-up.or.jp
振替 01000-8-64677

ISBN978-4-87698-218-9　　印刷・製本　㈱クイックス
Printed in Japan　　　　　　定価はカバーに表示してあります

本書のコピー、スキャン、デジタル化等の無断複製は著作権法上での例外を除き禁じられています。本書を代行業者等の第三者に依頼してスキャンやデジタル化することは、たとえ個人や家庭内での利用でも著作権法違反です。